| 中国文学理论与批评丛书 |

学术顾问　钱中文 | 主编　吴子林

当代西方美学主潮

王岳川 著

全国百佳图书出版单位
时代出版传媒股份有限公司
黄山书社

总　序

通读眼前的八部书稿，各种情绪：兴奋、激动、享受、叹息、伤感、寂寥……轮番袭来，纠结于心。这时，我想起了一部电影——

音乐家科伦布的爱妻亡故，他从此带着两个女儿隐居深林，整日独自研习古大提琴。在绵延无休的乐声中，他看见深爱的亡妻，此刻就坐在他对面聆听。之后，他们一起祷告，一起乘坐马车，一起并肩走过春色茂密的森林，一起来到河岸渡口，直到她独自坐上小船离去。怕她再次消失，他不忍停下手中的乐曲。为了让她一遍一遍重现，他用余生不断拉奏心爱的大提琴，记下心里的悲伤乐曲，想看看爱将延续到哪里。

这是一个清静的世界。老房子旧得幽静、坦然，乐声绵延无休、难以捉摸，家中的器皿也都散发出乐器的光泽。科伦布在森林里拉琴、作曲，他拒绝宫廷表演的邀请，拒绝各种矫饰，只为灵感而作曲，只是记下瞬间的颤抖，删除多余的抒情。他的演奏闻名遐迩，在传说中更是出神入化。

有一天，17 岁的红衣少年，一个鞋匠的儿子，敲响了音乐家的门。他立志成为伟大的音乐家，慕名前来学艺，几经周折，红衣少年成了科伦布的学生。后来，红衣少年背着老师受聘为皇家乐队的演奏家，而被逐出师门。再后来，红衣少年成了宫廷乐长，生活富足；音乐给他带来了华丽的马车、镶嵌珠宝的假发衣饰、显贵的地位与指挥权杖，但他不再有17岁时那湛蓝的眼神。他深感自己始终未得音乐的要领。他记得，年少的那个午后，在森林里听到的琴曲，那种庄重、静穆、悠远而哀伤的，才是真正的音乐。

老人弥留之际，宫廷乐长深夜赶赴森林小屋，去上最后一堂音乐课。当他一身显阔地走进那简朴肃穆的家中，发现自己不过是个臃肿的丑角。他问老人："音乐是什么？为了供奉上帝？为了取悦国王？为了金钱？为了荣誉？是爱情的忧伤？或是自暴自弃的放纵？"

都不是。

他终于领悟，自己的疑问便是答案："是不是给死者的礼物？是给那些不能说话的人低声的安慰，给那些消逝了的童年？是为了让鞋匠的锤声变得柔和？是为了那我们出生之前就已存在过的时间，在我们呼吸之前，或者看见光亮之前……"

——这是电影《尘世里的每一个清晨》所讲述的三百多年前的故事，它把我们带回到音乐的黄金时代，唤醒了许多温馨美好的记忆。

是的，倘若音乐有魂魄的话，那就是它的毫无用处，它的无用之用。音乐是爱，是恩慈，是虔诚，是内心孤独的吟唱，是出神的一瞬，是人类关于光明、自由和宁静的力量的梦想。

“一个民族的政治生活只是它存在的浅层部分;为了了解其内在的生命——其行动的源泉,我们必须通过他的文学、哲学,以及艺术这些反映该民族理念、情感和梦想的东西,来深入探索它的灵魂。”罗曼·罗兰写道,“音乐展示给我们的是在表面的死亡之下生命的延续,是在世界的废墟之中一种永恒精神的绽放。”①

文学艺术的研究与创作一样,都是一种生气灌注、深邃博大的“创世”,也就是发现、创造可能世界,帮助人们建立生命的、家族的、民族的“根”的意识,确立经验的、文化的统一感与连续性,在滋养自身的同时,影响人类的精神世界。

安贝托·艾柯在《诺伯托·博比奥:重新审视博学之士的命运》一文中强调,知识分子的责任不在“解决”危机,而在“制造”危机,即时刻营造出一种危机感,唤起人类的共同意识的危机感,并寻找、创造普遍的社会共识。

20 世纪 70 年代末 80 年代初,即进入“新时期”以来,整个国家处在一种社会转型之中。如何建立中国自己的崭新形态的文艺理论,成了文艺学界的重要课题。面对当代西方文化传入所引发的诸多挑战,以及当代文学创作所提出的诸多命题,经一大批文艺理论家、批评家的共同努力,中国当代的文艺理论终于实现了现代性的转型,即“从一家‘专政’式的独语,转变为‘百家争鸣’式的对话;从政治话语转变为学科的学术话语;从非常态的中心话语,转变为自主发展的常态话语”②。文艺学研究的视野得到前所未有的拓展,如文艺社会学、文艺心理学、文艺美学、文艺解释学、中西比较诗学、文艺生态学、文艺符号学、文艺人类学、文化诗学等领域,都有人在尝试,并获得了不少结实的成果。

---

① [法]罗曼·罗兰著:《音乐散文集》,冷杉、代红译,中国文联出版社 1999 年版,第 1 页、第 7 页。

② 童庆炳撰:《新时期文学理论现代性转型概说》,《童庆炳文集》第 3 卷,北京师范大学出版社 2016 年版,第 468 页。

值得强调的是，其中的一些杰出的代表，如钱中文、童庆炳、孙绍振等文艺理论家，他们大多经历过各种政治运动，从没脱离当代中国的政治、文化现实。置身于风云际会的时代，他们怀抱笃定的理想主义的激情，广泛关注历史与现实的政治、经济、科技、文化各领域，对现有的种种结构模式始终保持质疑的态度，并通过精深的研究推翻僵化不合理的部分，表现出了对时代命脉的精确诊断和敏锐切入。由于洞察了语言符号背后的价值世界，他们成功揭示了其中丰沛而深厚的精神质地，呈现了关于生活世界的总体想象，开启了一个个一般人所未曾领悟的心灵世界。他们的学术成果是对社会文化问题的思考，是显示人文知识分子存在身份的根据，体现了对社会应履行的责任。

至于当下学界的中坚力量，如高建平、王岳川、李春青、陈晓明等一批学者，则是这些前贤的薪火相传者。与师长辈学者一样，对于他们而言，个人与历史、个人与国家互为镜像；他们有着丰富的内心生活及准则，善于提取、想象、弘扬历史与现实中稀薄而弥足珍贵的东西，并以其充沛的语言敞开、释放灵魂的悸动、精神的能量，以内在心灵的秩序对抗外部庸众的世界。

在我看来，文艺理论、美学的研究者以及批评家与作家、艺术家一样，都是这个世界的观察者、倾听者、质疑者和审判员，都是在为一个“缺席的民族”而写作，而不是做历史的书写者、抄写者和打字员。

名利诱惑与学术追求，对于所有问学者来说，是人生中不断出现的十字路口。文学艺术和生命宛若一条河流，收集了星光、烈日、蓝天、雾霾、彩虹和暴雨。面对欲望与生命力蠢动的世界，真正的学者以学术为宗教、为信仰为志业，他们洞察哪些是浮云，哪些是本质；他们所能看到的不只是现在，还有未来；他们播撒怀疑的种子，而不是收成已然明确的事实；他们不只是理念的唤醒者，同时还是社会革新进程的引导者；他们知道，生命只能燃烧，不可虚耗——因为他们手头所持有之物，不外乎时间、记忆和文学艺术所创造的美；而理论的勃勃生机，只能源于抵御纷扰人生的各种诱惑或压力，源于创造性的质疑、心无旁骛的虔诚劳作和漫长执着的自我探寻。只有在思考和写作中，每个人才能找到自己真正的皈依之所——这是上述优秀学者给我们的深刻启示。

由钱中文先生担任学术顾问，本人主编了“中国文学理论与批评丛书”。本着“学术乃天下公器”的宗旨，我们拟分期分批分人结集出版，以检阅当代中国学人的学术实绩。本丛书具有开放结构，第一辑推出的为我国当代著名的文艺理论家、美学家、批评家，其中既有年逾八旬的资深学者，也有中、青年学术新锐；每人一集，收录“有分量”的代表作，凸显“一家之言”的戛戛独造。

主编这套丛书的愿望有二：

其一，展现新时期以来中国文艺理论研究与批评所取得的实绩，凸显那些富于中国特色的、有个性、有识见、敢论断、敢担当的学术创见。如，钱中文的“新理性精神”文论，童庆炳的“文化诗学”，孙绍振的“文学文本解读学”，高建平、王岳川之于中西美学的剖析，李春青之于中国古典诗学的建构性清理，以及陈晓明、吴子林之于中国“文学问题”的探究等等。

有识之士指出，一个城市乃至一个国家的文化质量，跟它是否拥有富于价值的文学记忆或文化记忆，有着很大的关系。所谓文学记忆或文化记忆，就是有一个或一批伟大的作家、思想家，他或他们代表这个城市、国家，这个城市、国家也进入了这一个或一批伟大作家、思想家的创作生命。简言之，文学记忆或文化记忆直接关系到一个国家的文化形象的塑造，其义大焉。

毫无疑问，包括文艺理论、文学批评在内的学术本身，是中国当代文学记忆或文化记忆的重要组成部分。随着我国上升成为世界第二大经济体，中国正成为一个世界性的大国，系统地向世界展现中国的现代化成就、中国文化和价值观，塑形中国的“大国形象”，至关重要。为此，在推出本丛书的同时，我们还将努力组织专家将它们译成外文，使它们走出国门，走向世界，逐步实现中国文论走出去的宏愿，让西方人了解中国、认识中国——这是颇有文化远见的举措，在一切追求市场效应的今天显得尤为难能可贵。

其二，志在薪梓承传，泽被后学，希冀后来者能赓续前人纯正的学术品格，全副身心投入到文学这一健康的终生事业中去，以扭转目前文艺理论、美学研究以及文学批评的窘境或困境，切实推进现实社会的改善与进步，使人们重获生命的完满，走出一条焕发生命韵致与光泽的道路。

马克思有句格言："最先朝气蓬勃地投入新生活的人，他们的命运是令人羡慕的。"①通读完八部书稿，只觉时光如电，一股氤氲之气回荡其间。偶尔抬眼远望，只见雾霾重重，晨昏不明，仿佛自己悬浮于另一个世界；一阵北风骤起，雾霾一点一点散去，古老的都城一点一点透明起来，一点一点安详、生动起来。

户外，市声隐隐沸动，如深山松涛；窗外，落叶敲打着落叶，雨点追逐着雨点；远方，迷迷蒙蒙，嚣嘈不舍昼夜——我听到了生活行进的坚实步履……

一切都只是开端。"中国文学理论与批评丛书"还将推出第二辑、第三辑……并将进一步扩大规模。我们真诚地希望读者诸君提出宝贵的批评建议。

是为序。

吴子林

2016 年 12 月 23 日

---

① ［德］马克思撰：《致 R》（1843 年 5 月），见《马克思恩格斯全集》第 1 卷，第 408 页。

目　录

第四编　后殖民主义美学

第五编　文化研究与美学

第六编　生态文学与生态美学

序　言

进入20世纪后半叶，人文社会科学领域的新方法层出不穷，从各自不同的维度对当代思想文化的复杂现象加以审视和清理，并获得了诸多新颖独特的结论。在众多的美学流派中，解释学接受美学、解构主义美学、后现代主义美学、后殖民主义美学、文化理论与美学、生态主义美学等受到理论家的格外重视，成为20世纪末21世纪初东西方学术界的热门话题，形成当代西方美学主潮。因此，对这种“后”“新”理论的阐释和把握，弄清其基本文化意向及其在美学方面的新意义，就变得尤为重要。

这些当代最新西方美学流派有助于中国知识界和美学界对现实语境的再认识，并将对中国文化价值重建和定位保持清醒的头脑。就“对话”而言，当代中国学者面临自身传统文化的变革和重新书写的工作以及中国学术文化重建的任务。西方理论话语的渗入或对话直接取决于本土知识话语运作者的选择，知识者的眼光和胸襟在此变得殊为重要。我们应该在新的历史文化话语转型时期对潜历史形式加以充分关注，并在反思和对话中，重新进行学术文化的“再符码化”和人文精神价值的重新定位。

在后现代后殖民文化理论研究中，关于东方主义与西方主义问题、文化霸权与文化身份、文化认同与阐释焦虑、文化殖民与语言殖民、跨文化经验与历史记忆等问题，都与后殖民语境中的“主体文化身份认同”和“主体地位与处境”紧密相关。如今，不少第三世界文化学家和美学家、批评家，以一种深厚的民族精神和对人类文化远景的思考，介入这场深入持久的国际性“后主义”问题和前景的讨论中，去弄清“非边缘化”和“重建中心”的可能性和现实性，寻找自我的文化身份和在世界多元文化中的当代位置。

相对于20世纪前半叶以前的美学，20世纪后半叶的西方美学有了较大的差异，其表现为以下几大趋势：美学已不再局限于狭隘的文学自身的内部研究，而是具有了广阔的文化视野，并同社会学理论、心理学理论、哲学理论、政治学理论、文化学理论关系紧密，吸收其学术文化资源，使自身达到与其他人文社会科学同步发展的前沿学术境地，实现了理论和批评的话语转型；无论是现代性问题，还是后现代性问题，都深入到文艺思维和批评话语中，问题意识使得美学在变动不居的时代去多维多向地反观这个时代，因而出现了流派众多、思潮迭起的局面；以国际性的眼光来看世界美学的发展，不管是西方美学还是东方美学，都不可能再局限于某一地区和国家，而是成为人类共同面对现代性问题和后现代问题的一种理论话语，就此而言，美学已然成为当代思潮中具有国际特性的先锋话语，一个解读文化性格、民族文学精神和现代性发展的重要理论尺度；由大理论到小理论，即从“大写哲学家”到“小写哲学家”，从“大写的人”到“小写的人”，从“大世界”到“小世界”，从“大历史”到“小历史”等，这种由“大”到“小”的学术路数，在解释学接受美学、解构主义、后现代主义、后殖民主义、文化研究、生态美学等领域获得清楚的理论呈现；出现了从理性思维向语言学和文化研究转向的文化策略，同时使话语的呈现方式和言述方式上升到美学的重要地位，使得20世纪美学具有了非体系性、消解性、形式性、非主体性、非理性化和语言转向、文化转向等特征；强调文艺基本问题的审理，这类基本问题往往与国家、民族、种族、性别、写作、文本、阅读、批评和文化策略紧密相关，这构成了20世纪美学的泛化品格和向文化领域渗透的宽广视域。

就美学研究而言，“理论模式”是当代西方美学研究的主体部分，它一方面受哲学美学逻辑方法的指导和制约，另一方面又不断从其它学科吸收新的思想资源，并在具体的文学现象研究中不断完善自身。因此，在对不同的美学模式进行探讨时，弄清这一理论的源起及其历史背景，阐述其重要代表人物的主要思想，指出其理论方法论特征，并通过其理论的具体实践运用，看其当代意义和局限之所在，就成为了我们的方法论原则。

当代西方美学是一个有机的整体，它处在不断发展演变之中。没有凝定不变的美学研究模式，也没有终极真理的美学体系，真正具有生命力的美学批评方法是随着实践和思维的不断前进而发展的。因此，研究现代西方美学，有必要把握以下几个关键性问题：

在文化理论层面上总体把握当代西方美学的意向性。在文化开放和寻求对话的时代，文艺研究要从当代学术思想话语中吸收精神资源，须具有广阔的视野和学术眼光。在整个文化艺术话语转型时期，运用新方法分析作品结构、人物心态、语码符号、意义增殖等问题，具有“范式转换”的重要意义。话语转型时期的文艺研究，对门类繁多的“新理论”加以具体分析和学术批判，在推动文艺研究的不断更新和向前发展的前提下，充分发挥各种理论的长处，进行多角度、多层面的综合性研究，可以使文艺研究获得一种宏观的视野。

分析当代美学需注意其哲学语境和诗学特征。研究美学和批评方法，其目的并非盲目套用西方话语模式或将其“移植”到中国美学研究中，而是力求拓展传统的思维格局，给当代美学以新的启示。如果仅仅满足于一些新名词、新术语的分析，而背离其文学特性这一价值诉求，就会忽略文学的特性，而只重视它同一般社会科学和自然科学的共同性。

注重各流派美学研究方法之间的互补性和有效性。当代美学研究的中心是文艺的整体，面对这一整体，运用不同方法进行研究时，一方面要从具体理论模式出发对其加以把握，另一方面也应看到文艺作为一个有机整体，需要各种方法互相补充，互相协调，才有可能窥到文艺的价值特征之所在。当代美学研究的一个重要职能是充当读者与批评对象之间的中介，通过全新角度的探索，见人之所未见，言人之所未能言。优化的美学研究和文化批评，是将已经清理和消化了的新理论批评方法变成自己的精神内核，去尽可能准确地传达出对文艺现象的灵思和解悟，达到对当代文学作品、现象和思潮的多元多层意义的解读。

本书集中展示20世纪后半叶西方美学研究中影响深远的六个主要流派，旨在为深入了解当代西方美学主潮提供一个独到的视域。本著力求以中国美学研究者的眼光重新审理20世纪西方美学中重要的理论现象，分析其优劣，发现其内在的美学精神，为创立中国当代美学流派做一些基础清理性的工作。

是为序。

王岳川

2016年3月28日于北京大学

第一编

解释学接受美学

第一章　伽达默尔的解释学美学

解释学美学是当代西方的一种重要的哲学思潮。它产生于德、法两国，二十世纪六七十年代以来在欧美各国得到迅速的发展和传播，而且正在广泛地渗透到各人文学科乃至科学哲学研究中去。

解释学可以宽泛地定义为关于理解和解释“文本”（text）意义的理论或哲学。[①] 这里所说的“文本”，可以一般地解释为一切以书面文字和口头语言表达的人类语义交往的形式。而“意义”是一个抽象而难以明确统一定义的概念，它体现了人与社会、人与自然、人与他人、人与自我的种种复杂交错的文化关系、历史关系、心理关系和实践关系。对“文本”意义解释的范围大致包括：对文本作者、文本的结构和意义、读者接受文本等的理解和说明。解释学美学的核心是“理解”问题，它通过作者、文本和读者的意义关系的研究，考察解释过程中整体与部分的关系，弄清历史传统对理解的影响，区分说与听以

① Cf. R. E. Palmer, *Hermeneutics*: *Interpretation Theory in Schleiermacher*, Kilchey, Heidegger and Gadamer, Evanston: Northwestern University Press, 1960; Erwin Hufnagel, *Einführung in die Hermeneutik*, Frankfurt: Suhrlamp, 1976; Peter Szondi, *Einführung in die Literatrische Hermeneutik*, Frankfurt: Suhrkamp, 1975.

及写与读这两种对话模式，探讨作者心态对原文意义的涉入，释明理解原文意义以及读者自我理解的关系。

解释学不同于具体的注释学、训诂学，它是从总体上对理解和说明文本问题进行综合的理论研究。在当代社会，解释学主要是作为社会科学的哲学、艺术和综合哲学、文化哲学及文学批判理论出现的，它通过解释文本而寻求意义，进而成为人类全部意识形态的一种哲学反思，成为一种解释世界本体的世界观。现代解释学主要衍生自生命哲学、现象学和存在主义，在其发展过程中又吸收了语言分析哲学、结构主义乃至后结构主义的一些思想，并突出表现出融合人文哲学和科学主义两大思潮的趋势。它作为“当代思想的十字路口”，为社会科学各学科的研究开辟了新的途径和新的可能性。

第一节　理解与审美解释

就文艺作品而言，阐释的循环包括互相依赖的三种关系：单个词与作品整体之间的关系；作品本身与作者心理状态的关系；作品与它所属的种类与类型的关系。狄尔泰在《创造者的选择》中写道：“我们遇到了各种解释的一个共同困难：整个句子应当根据个别的词及其组合来理解，而充分理解个别部分又必须以对整体的理解为前提。”在文学作品研究中，他把词与句子、句子与全篇看作部分与整体相互作用关系，把意义视为出于这个相互作用而理解到的东西。个别部分的意义保证对整体意义的理解，整体也改变着句子在表述和思维图示中词的含糊不清之处，并使之得到明确。一言以蔽之，整体的意义是由个别部分的意义构成的，部分的已知的东西必须同更大的未知的背景联系起来，正是整体这个大背景关系给予已知（部分）的东西以意义。

解释活动中理解与经验的关系不容忽视。解释者看到的东西，都是他的经验准备让他看到的东西，解释者总是根据自身体验来理解和解释作品，总是将作品与自身经验联系起来，因而对同一部作品，深者不觉其浅，浅者不觉其深的情况到处可见。作品意义不会一成不变，因为解释者每次都对它进行多种多样的具体化。[①] 狄尔泰指出，作品意义在解释者个人的活生生的体验中，它是内在的。文本只等待着解释者，只是一个共同感受和体验的条件和源泉。与此同时，理解过程本身的任务则因主体心灵的复杂而不断地复杂化，甚至渐趋主观化。这是因为，人们用眼睛外在地观察自然现象世界，而人们用心灵的眼睛去理解反思人类本体世界。

解释者与其说在理解文本，不如说在体验自身。因此，在“阐释的循环”框架中进行的理解，这本身“总是相对的，远不可能完成”。解释是对象意义生成与自我意义生成的统一。如果说，从古典解释学向一般解释学的转变，使文献考据问题从属于基本方法论问题，是一次哥白尼式的革命，那么，从一般解释学向本体解释学的转向，“使方法论问题从属于基本本体论”问题，则是“第二次哥白尼式的革命”。这一转变是由青年海德格尔在《存在与时间》中开始的。

对海德格尔来说，理解的本质是作为“此在”的人对存在的理解。

---

① Cf. Ermarth, Qilhelm Dilthey: *The Critique of Historical Reason*, Chicago, 1978.

理解不再被看作一种认识的方法，而是看作“此在”的存在方式本身。海德格尔指出：“理解的循环，并非一个由随意的认识方式活动于其中的圆圈，这个词表达的乃是此在本身的生存论的先行结构。”①

海德格尔认为，理解不可能是纯然客观的，不可能具有所谓的客观有效性，理解不仅是主观的，理解本身还受制于决定它的所谓“前理解”。一切解释都必须产生于一种在先的理解，解释的目的是为了达到一种新的理解，这种新的理解可作为进一步解释的基础。也就是说，理解的结构以理解的“前结构”为前提。海德格尔将理解看成人的存在方式本身，因而，理解就不是去把握一个事实，而是去理解一种存在的潜在性和可能性。理解不是为了寻找新的知识，而是为了解释我们存身其间的世界，于是，理解构成在世的呈现方式，而知识则成为“此在”存在的方式。正是在这个意义上，伽达默尔认为，《存在与时间》中的真正问题，不是存在以怎样的方式才能被理解，而是理解是在什么方式下存在的。因为，一切理解都是自我理解。② 在海德格尔那里，理解即在自我解蔽中敞开此在之在的最深潜能，理解文本不再是找出文本中的内在意义，而是在超越中返回的去蔽活动，并敞开指示出文本所表征的存在的可能性。

尽管海德格尔一再强调：“决定性的东西不是摆脱解释的循环，而是以正确的方式融入这一循环。”③ 然而，海德格尔并未一劳永逸地解除解释学这一中心困境。甚至，海德格尔所力求在存在之在世结构中用生成的可能性抹杀在场的先验论痕迹的企图，在难以完全摆脱此在前理解结构的内在性束缚中，也部分地落空了。海德格尔的转向仅仅是开始，他后期逐渐转向语言问题，而“言谈具有一种特殊的世界存在方

---

① Martin Heidegger, *Being and Time*, trans. by J. Macqvarrie and Robinson London, 1962, p. 195.

② Hans-George Gadamer, *Philosophical Hermeneutics*, trans. by D. E. Linge, Berkeley, University of California Press, 1976, p. 55.

③ Martin Heidegger, *Being and Time*, p. 195.

式”[1]，已预示着海德格尔向后期哲学的过渡。后期海德格尔不再注重此在的分析，而直接从语言上的表现力入手，集中探讨两大问题：其一、追寻希腊语源和希腊式思维的原始魅力，确立整个哲学思想相世界的本源，重新解释西方哲学史；其二、找出“抵达存在之真理”的路途，转向在与思的诗化。

然而，海德格尔后期哲学已显示出解释学的危机，即解释学所要解释的却是不可解释的。海德格尔对狄尔泰“解释的循环”困境似乎并未能完全解决，相反，利科尔认为：“这个难题未被解决，而仅仅是被转移到别处，甚至因而变得倍加难解。”[2] 可以认为，海德格尔对存在的诗化，从生存之“畏”转向“诗意的栖居”，不过是“无”的不可理解的理解，亦或是不可解释的解释罢了。后期海德格尔抛弃了解释学的概念，抛弃了此在的释义结构中的解释的循环。因为，在他看来，理解循环中“前理解”是此在难以摆脱的先验图式。它体现为既与的语言构成我们理解的边界，成为我们存在的有限性。甚至可以说，语言只要对存在意义加以解释，就必得滞留于时间维度中，既摆脱不掉“前理解”这一先验自明性，又摆脱不掉“理解循环”这一内在性。因此，将语言的诗化本质同存在的“缺席”联系起来，是海德格尔语言诗化的明显标志。海德格尔深谙语言的幽妙之处在于，它显示了语言自身的深不可测的无意识域。诗不是“在”本身，而是“在”的“缺席”，同时也是“在”的“吁求”。这样，通过诗与言的思之本体拓展，实现更内在的意识与无意识、可说与不可说之间的转换与意义生成。

总体上说，海德格尔强调人的存在和理解的历史性，注重人理解的普遍性。他不是在旧解释学的意义上将“解释的循环”看作整体和部分的循环，而是从本体论角度，认为这一循环揭示了存在和认识的根本条件，是“此在”的本体论属性之一。从此，解释学走到一个更高的

---

① Martin Heidegger, *Being and Time*, p. 204.

② P. Ricoeur, *Hermeneutics and the Human Science*, p. 59.

层次，不仅是文本（text），而且整个世界和人生，以及存在和世界的一般关系，都成为解释学的对象。当然，海德格尔的解释学理论也存在一些局限性，他夸大了理解对于生活和存在的重要性，没有看到理解活动是随着人的实践发展而展开的这一事实，因而其解释观具有不确定论色彩。

海德格尔已为解释学朝存在本体论转向提供了一般的理论原则，他的学生伽达默尔则系统地建立了作为存在本体论的哲学解释学。

第二节　走向解释学美学

伽达默尔（Hans-Georg Gadamer，1900—2002）是当代解释学著名的代表人物。

伽达默尔于20世纪20年代初在德国慕尼黑学习。经历了一战的伤痛，伽达默尔感到人类虽然拥有知识和文化，却对人自身仍然一无所知。这种“知者无知”的状态，使人类一直停留在生活和生命的表层，一直未能对人生这有如广漠间的十字路口的境况加以领悟。世界历史都被误解了，真实对人来说都等于虚无。但伽达默尔并不悲观，他深信荷尔德林说的：人只有被迫离家漂泊，沉沦于无家可归之境，才能真正体认自己的本真故乡。人类失落自己，然而也必将重返故里。要重新认识自己，要重返家园，就必须重新解释历史、文化和人生。

在慕尼黑大学学习期间，伽达默尔对哲学发生了浓厚的兴趣。他曾为康德的宏伟思想宫殿和“无可挑剔的精美语言”所迷醉，而希望“集中自己的注意力和能力，服从一个真正的思想大师去艰苦而勇敢地探索”；他也曾为费希特那犀利的言辞和警彻的思想所打动；为“谢林能把枯燥的书本知识和充满活力的深刻思想相融合为颇具魅力的艺术”

而惊叹。

然而，这位带有诗人气质的思想者，终于感到进入哲学领域学习康德和新康德主义的语言、概念、范畴，已使自己不堪重负，并产生了一种逆反心理。伽达默尔再次逃向荷尔德林、里尔克、霍夫曼斯塔尔的诗章中，并从这些诗哲的隽永深邃的诗章中，感到诗的活动使自身精神产生了诗的追问，并透彻地领悟到，诗哲的天命在于把陷入历史迷误中的大地转换成诗意的大地，把可见之物转换成不可见的灵性凸现，使短暂的生存浸透到富有深奥意味的存在中去。伽达默尔甚至认为，正是诗人、哲学家用全新语言创造了自我自由和独立精神，因而，在哲学领域中，除了诗的语言外并没有其他东西，也从未有过其他东西。

慕尼黑大学学习结束后，伽达默尔进入马堡大学攻读哲学博士学位。马堡大学是新康德主义的根据地，伽达默尔在这里深深地浸染了新康德主义思想。但是，战争使新康德主义无可挽回地崩溃了。伽达默尔也逐渐从新康德主义主观唯心主义的影响中摆脱出来，这期间，他研读了斯宾格勒的《西方的没落》一书。这本书对他产生了巨大的震撼，伽达默尔看到，19 世纪人们树立的对于“理性”和“进步”的普遍信念，在一战后已经遭到致命的摧毁，一代知识分子对西方文明和自由时代骄傲的文化意识、进步信仰产生了空前的怀疑，德国思想和文化传统处于解体之中。新康德主义这在德国哲学界占统治地位的哲学，在严酷的现实面前彻底崩塌，人们急切地寻找精神的立足点和栖身地，思想者不停地谈论时代的危机、探讨摆脱危机的出路和方法。

伽达默尔一边参加讨论，一边如饥似渴地读莱辛的《欧洲和亚洲》、托马斯·曼的《追求非政治》和斯宾格勒的《西方的没落》。在伽达默尔看来，斯宾格勒的著作，创造了一种文化历史哲学观，一种关于文化或历史的形而上学和本体论。至此，历史不再成为用自然科学研究方法考察的历史，而成为一种人类精神发展史。而新哲学的使命，就在于从这个历史的世界着眼，去重新深刻地审视世界的形式、运动及其最终意义。

一种历史现象不仅是一种可供理解的事实，同时也是一种精神表现；不仅是一个事件，同时也是一个象征。所有这一切，从哲学上看都具有全新的意义，这表明历史作为一种主体意识已经变得愈来愈清晰，历史进入了哲学本体论。人们开始寻求对自我、社会、世界的重新解释和理解，并通过这种全新的历史哲学视界重新审视历史，以寻找自己研究的思想根基。

1922 年伽达默尔在新康德主义马堡学派代表人物那托普指导下，以其对柏拉图思想研究的论文获博士学位，并于 1923 年去弗莱堡大学参加海德格尔主持的“亚里士多德伦理学”讨论班。当时，伽达默尔同其他青年学者一样，坚信以胡塞尔为代表的现象学运动，会给德国哲学界带来新的希望。来到弗莱堡大学以后，伽达默尔见到了在那里任教的胡塞尔，并对现象学产生了浓厚的兴趣。

胡塞尔的现象学哲学是一门严格的科学，以直观思维为特征，以自然事物为研究对象。现象学作为反思的直观思维，是思维意识本身，从而将人的思想转向纯粹意识领域。现象学反对笛卡尔的“我思”、康德哲学的“自在之物”、黑格尔的“绝对精神”等先验存在物，认为这一切无法证明而只能加以悬搁，存而不论。现象学通过还原而使思维和目光有可能反思性地转向意识本身，并把握住意识流中固定不变的本质因素，达到对对象的本真认识。

伽达默尔感到，现象学的基本立场是破除旧的形而上学而成为一门严密的科学，然而又最终回到先验的基础，仍然蒙有德国唯心主义的阴影。伽达默尔赞同胡塞尔让对象直接呈现在人的意识中，通过内心体验使研究对象在人的意识中直接呈现的思想，但不同意胡塞尔的先验唯心主义观点。这时，他更多地倾心于海德格尔。海德格尔在《存在与时间》出版之前，就已经在课堂上向伽达默尔这些青年学生讲述了自己的观点，他在“此在”的分析中揭示了存在的时间性，彻底破除了旧的形而上学，一举改变了时代的哲学意识，这给学生们留下了深刻的印象。伽达默尔经常拜望海德格尔，受到海德格尔哲学思想的强烈影响。伽达默尔晚年回忆说："当时我们期待着一种全新的哲学方向，这种哲学方向尤其是与现象学这充满魅力的词连在一起的，但是胡塞尔仍停留在具有新康德主义印记的先验唯心主义上，正是海德格尔给我们带来了哲学思维的全新帮助。"①

1929 年，伽达默尔在海德格尔那里通过教授备选资格考试。这段时期，伽达默尔对柏拉图进行了深入研究，并先后出版了《柏拉图的辨认伦理学》（1931 年）、《柏拉图与诗人》（1934 年）。以后就开始了他在德国各大学教授哲学的生涯，1937 年受聘到马堡大学，1939 年到莱比锡大学，并于 1946 年至 1947 年到莱比锡大学执教，1947 至 1949 年到法兰克福大学任教，其间出版了《歌德与哲学》（1949）一书，赢得广泛的好评。1949 年，年近 50 岁的伽达默尔结束了法兰克福大学的教职，去海德堡大学任教授，从此告别了自己的"前解释学时期"，迈向了自己的黄金时代——哲学解释学时期。1960 年，伽达默尔发表大部头代表作《真理和方法》从而成为一位世界著名的哲学家。

伽达默尔系统地发展了海德格尔晚年的思想。他将海德格尔后期哲学所显露出的解释学的危机看作一个"谜"，他没有在这个"谜"前止步，而是沿着海德格尔反心理学和反方法论的哲学方向，进一步推进了本体论解释学，并建立起自己的哲学解释学体系。

伽达默尔在海德格尔困惑和驻足的地方伸展下去。他说：我在批判作为认识论时代特征的唯心主义和方法论主义中找到了第一个出发点。特别是海德格尔把理解的概念扩展到存在性（existential），即此在（Dasein）的一个基本限定，这标志着我的一个决定性的阶段。在他的推动下，我才超出了同方法论批判有关的问题争论，把解释学问题扩大到科学范围之外，连美学经验和历史经验也归并进去。

---

① Hans-Georg Gadamer, *Kleine Schriften*, Band 2, Tbingen, 1972, S. 483.

伽达默尔要求解释学的普遍性。在他看来，理解的能力是人的一项基本限定，人正是凭借彼此的理解才能生活在一起。这种限定首先在言语和对话的共同性中得以实现。也就是说，人们的说、写和交往，甚至潜意识活动和内心独白，都是寻求理解或自我理解。因为，渗透于对话中的语言和理解，总是超越对话中的任何一方理解而扩展着已表达的和未表达的无限可能的关联域。解释的普遍性从某种特殊经验开始，就美学经验而言，人们发现“它自身永远不能由概念所确定形式而彻底终结”，在时间之维中，它永远敞开着期待你的期待；就历史经验而言，我们处在历史的变化之中，不知目前发生些什么，只是事后才知道发生了些什么。这就是历史永远要被每一个新的现在重写的缘故。

然而，理解毕竟不是对语言的理解，而是通过语言对存在所进行的理解。伽达默尔注意到事情的另一方面，即言语的理解基础也构成一种不可克服的疑难。德国浪漫主义第一个揭示了其形而上的限度，这个限度可以用“个体性不可言喻”加以表达。这意味着语言永远达不到个人的最高奥妙，因而也无法解除这个奥秘。

所谓解释学循环，其实是转向世界的存在自身结构，即转向主客体分裂的扬弃。而主客体分裂则是海德格尔提出的有关存在的先验分析的基础。伽达默尔在《解释学的挑战》中认为：海德格尔随后又完全抛弃了解释学的概念，因为他看到这个概念不能使他走出先验思辨所限定的范围。于是我的一个想法就是开辟可以介绍海德格尔关于存在——不是现存的存在——的说法的道路。这使我深究传统解释学的历史，并在我的批判中努力突出它所隐含的创新因素。

在“理解的循环”这一难题面前，海德格尔靠语言的唤神的诗意本质和多义的原始生动性向本身趋近。然而，“在”的不可描述性造成了生存和理解的两难处境，海德格尔终于没能走出困境，那么，这是否意味着解释学面临着自身的冲突或断裂呢？伽达默尔在面临解释学的危机之时，陷入了痛苦的反思。他不愿追随海德格尔从时间性转向空间性，而是坚持沿着历史性（时间）的道路去建立自己的哲学解释学，从而趋达哲学解释学的顶点。伽达默尔在《解释学的挑战》中说：人们为我对解释学循环的依恋中可以识别这种‘内在性’，而事实上，要打破这个循环在我看来是一项无法实现的要求。甚至可以说，这在我看来完全是违背意义本身的。因为这种内在只不过是对理解是何物的一种描述而已。

然而，稍稍深究一下，即可看出伽达默尔确乎有打破这种“内在”的想法，尽管他标举“游戏原则”和“对话逻辑”，希冀通过对话的无穷回答显示出永恒变化，并试图阐明言语的对话特征，把一切锚定在主体的主观性上，以疏远主体的“主观性”，但似乎未见令人满意的结果。但不管怎么样，海德格尔的“生命-理解-语言”的解释学循环，毕竟开创了一代“语言中心主义”，它标示出理解与存在的关系，已然成为现代解释学得以展开的轴心。这就从根本上克服了传统形而上学的“理念”与“现实”相对立二元论，扬弃了人为的“主体-客体”的对立。正是在这个意义上，伽达默尔说：“这项贡献（语言中心主义）在我看来，仍是决定性的。”

《真理与方法》的出版，标志着哲学解释学正式登上当代思想论坛。同时，这部里程碑式的著作，也为伽达默尔带来很大的声誉。在《真理与方法》中，海德格尔所未能解决的问题——“在基本解释学的框架内如何能说明一般‘批判’的问题”——变成了伽达默尔解释学的中心问题。伽达默尔在该书第二版序言中说：“我们的目的并不是要提供一种关于解释的一般理论和对解释学方法的独特说明，而是要揭示所有理解方式所共有的东西，并进而说明，理解从来不是对于某种给定‘对象’的主观行为，而是对事物对象的效果历史的主体行为，换言之，理解属于被理解物的存在。”① 解释学并非是一个方法论问题，它并不追求“一般解释学”所标举的那种科学方法的“客观性”，相反，

① Hans-Georg Gadamer, *Truth and Method*, New York, The Continuum Publishing Co., 1975, p. X X.

哲学解释学的中心，是关注人的存在和人与世界的最基本状态，关注人类理解活动这一人存在的最基本模式，去发现一切理解模式的共同性。正是在这个意义上，伽达默尔说："我认为，海德格尔对此在的时间性分析令人信服地指出：理解不只是主体的诸多可能行为之一，而是此在本身的存在方式。本书中的'解释学'，一词就是在这个意义上使用的。它表示此在基本运动中的存在，这种存在构成此在的有限性和历史性，从而包括了此在对世界的总体经验。"①

不妨说，"解释学现象基本上不是一个方法论问题"，其实意在强调哲学解释学研究的是本体论问题。《真理与方法》这一书名本身，就包含了海德格尔的真理概念和狄尔泰的方法概念的对立，② 其含义实际上是个两难推理：要真理，就不能要方法；要方法，就不能有真理。任何方法都不能与真理划等号，要追求真理必须深入到方法论背后的本体论上去。

哲学解释学关涉到一个远为根本的问题，即关于真理的问题。传统认识论将真理看作那种以命题形式出现的判断与对象的符合。这种以求知为目的的真理观在认识论领域内有其合法性，但推到极点，那种以认识对象为唯一标准，作为实践的工具（方法）的真理，则可能与人的存在隔膜，甚至成为一种与人怎样立身处世这一生命意义无关的真理，使真理丧失了本体论意义。伽达默尔赞同海德格尔的看法，坚决抛弃这种异化真理观，确信真理就是存在的敞亮，即展露自身随之揭示他者的澄明过程。换言之，真理就是去蔽，就是对人生意义的本真阐明。③ 可以说，伽达默尔标举真理论，反对狄尔泰的方法论，因为在他看来，狄

① Hans-Georg Gadamer, *Truth and Method*, 1975, p. X V.

② 利科尔认为伽达默尔的《真理与方法》，准确地说，应被名之为《真理或方法》，意即在真理与方法之间必须加以抉择。Ci. P. Ricoeur, *Hermeneutics and the Human Science*, pp. 60-61.

③ 需要强调的是，伽达默尔所谓的真理（Wahrheit），是一种本体论意义上的真，即"本真"。其与胡塞尔的"实事本身"（Zu den Sachen Selbst!）以及海德格尔所谓"在的遗忘"中的"在"（Sein），有着不可割裂的渊源关系。

尔泰想用自然科学方法原则要求人文科学，企图站在对象之外，用外在于对象的一套“方法”去认识对象，不仅不能“去蔽”，而且只能歪曲对象的“真实”本性。伽达默尔寻求的是超越科学方法控制范畴的真理的经验，这种关于人生意义的真理，是用科学手段所无法证实或证伪的。

从自己的真理观出发，伽达默尔强调艺术、历史、语言中的“真理”的经验，进而将解释学分成三个领域，即美学领域、历史领域和语言领域。艺术、历史、语言中的“真理”的经验，包含着比单纯的“方法”更多的丰富性和生动性。伽达默尔因此将这些丰富而生动的意义内容，纳入了一条逻辑道路，并展开其著名的“理解的历史性”“视界融合”“效果历史”等原则。

哲学解释学的出发点，是反对一般解释学和以贝蒂为代表的现代“解释学理论”学派所坚持的客观主义立场。伽达默尔强调理解的历史性，认为历史性是人类生存的基本事实。人是历史的存在，因而有其无法消除的历史特殊性和历史局限性。无论是认识主体或对象，都内在地嵌于历史性之中，真正的理解不是去克服历史的局限，而是去正确地评价和适应它。从这个意义上讲，对文本的理解也是历史性的。

理解的历史性包含三方面因素：其一，是理解之前已存在的社会历史因素；其二，理解对象的构成；其三，由社会实践决定的价值观。理解的历史性构成了我们的偏见（Vorurteil）。所谓偏见即在理解过程中，人无法根据某种特殊的客观立场，超越历史时空的现实境遇去对文本加以“客观”理解。伽达默尔声称：“不是我们的判断，而是我们的偏见构成了我们的在。偏见未必就是不合理的和错误的，实际上，我的存在的历史性产生着偏见，偏见实实在在地构成了我的全部体验能力的最初直接性。偏见即我们对世界敞开的倾向性。”① 问题并不在于抛弃偏见，而是将促进理解的合法偏见和歪曲理解的错误偏见加以区别，因为合法

---

① Hans-Georg Gadamer, *Truth and Method*, p. 262.

偏见是进行理解的前提和出发点，为解释者提供视界，使过去和现在交织融合。

显然，伽达默尔的偏见观源于海德格尔的理解的前结构观点。这表明没有“偏见”，没有理解的前结构，理解就不可能发生。偏见是一种积极的因素，它是在历史和传统下形成的。传统是先于我们，使我们不得不接受的东西。传统总是在历史变化中有选择地存在，因此，我们与传统有一种无法割裂的关系，不仅我们始终处在传统之中，而且传统也是我们的一部分。没有超出传统之外的理解者，也没有与传统无涉的文本，人与文本都处在世界之中，处在传统之中。就此而言，“理解是把自身置身于传统的进程中，在这一过程中过去和现在不断融合。”① 然而，理解不仅以偏见为基础，同时在理解的过程中，又会不断地产生新的偏见，也就是说，不仅传统决定我们，同时，我们也决定新传统。

偏见构成了解释者的特殊视界，而“视界属于视力范围，它包括从一个特殊的观点到能见到的一切。”② 视界指人的前判断，即对意义和真理的预期。视界具有敞开运动的特点，人的前判断产生了变化，视界也会产生变化，反之亦然。“人类生活的历史运动在于如下事实，即它绝不会完全束缚于任何一种观点，因此绝不可能有所谓真正封闭的视界。视界是我们悠游其间而又随我们而移动的东西。”③ 理解者与他所要理解的对象都各自具有自己的视界。文本总是含有作者原初的视界（亦称“初始的视界”），而去对这文本进行理解的人，具有现今的具体时代氛围中形成的视界（亦称“现今的视界”）。蕴含于文本中的作者原初的视界，与对文本进行解读的理解者“现今的视界”之间存在着各种差距，这种由时间间距和历史情景变化引起的差距，是任何理解者都不可能消除的。伽达默尔主张，应在理解过程中，将两种“视界”交融在一起，达到“视界融合”（Horizontverschmelzung），从而使理解

---

① Hans-Georg Gadamer, *Truth and Method*, p. 268.

② Hans-Georg Gadamer, *Truth and Method*, p. 269.

③ Hans-Georg Gadamer, *Truth and Method*, p. 271.

者和理解对象都超越原来的视界，达到一个全新的视界。这个更高、更优越的新视界，既包含了文本和理解者的视界，又超越了这两个视界，而给新的经验和新的理解提供了可能性。可以说，任何视界都是流动生成的，任何理解都是敞开的过程，是一种历史的参与相对自我视界的超越。

理解者和理解对象都是历史的存在，文本的意义是和理解者一起处于不断形成过程之中，伽达默尔将这种过程历史称为“效果历史”(Wirkungsgeschichte)。“真正的历史对象不是一个客体，而是自身和他者的统一，是一种关系，在这种关系中，同时存在着历史的真实和历史理解的真实。一种正当的解释学必须在理解本身中显示历史的真实。因此，我就把所需要的这样一种历史叫作‘效果历史’。理解本质上是一种效果历史的关系。”① 理解意味着对自己不熟悉之物的理解，即通过解释活动去消除理解者与理解对象之间的陌生性和疏远性，克服由于时间间距和历史情景造成的差距。

但是，理解始终是在历史之内进行的，历史是由我们来经验的，在理解中我们始终是历史的一部分。因此，伽达默尔既不同意历史客观主义看法，即所谓把历史看作可供解释者重新复制的东西，也不同意历史主观主义看法，而是认为，历史既非客观的对象，也非绝对精神或生命的体验。相反，历史绝不重复过去的东西，它是可能性与现实性、过去与现在的统一，是一个不断创新的过程。

历史的内部结构不仅要求具有解释者理解的解释学情景和自身独特的视界，以对传统开放，而且重视理解者与文本之间的复杂对话关系。解释学经验具有一个对话模式，理解就是一个对话事件，对话使问题得以揭示敞开，使新的理解成为可能。对话具有一种问答逻辑形式。“传统不仅仅是我的学习认识和体验把握的过程，它是一种语言。它像一个‘你’一样表达自己。这个‘你’不是一个客体，而是处在同我们的关

① Hans-Georg Gadamer, *Truth and Method*, p. 267.

系之中。”[1] 文本是一个“准主体”，只有破除那种生硬的主客体关系，代之以我与你（主体与主体）之间的平等对话和问答关系，我们才能倾听他者向我们说的话。这样，文本好像不断向理解者提一个又一个问题，而为了理解文本所提出的问题，理解者又必须提出文本业已回答的那些问题。通过这种互相问答过程，理解者不断超越自己的视界。伽达默尔说：“理解一个问题意味着问这个问题，理解一个观点就是把它理解为一个问题的答案。”[2] 在问与答的对话过程中，文本向理解者敞开，它向我们言说，而为了理解他人和理解自己，又必须使文本说话，问题问得越多，文本也说得越多，一个答案意味着又一个新问题的产生，文本意义的可能性是无限的。

一切历史都是当代史，理解过去意味着理解现在和把握未来。人类通过与文本的“解释学相遇”来达到理解的真实。而效果历史代表了进行积极和创新理解的可能性。解释者在效果历史中发现自身的情境，他必须在这种情境中凭借着传统而来的偏见去理解和追问传统，因为“预期一个答案就假定了问问题的人是传统的一部分，并将自己看作是它的听众，这就是效果历史的真理”[3]。也就是说，对历史现象的任何认识是以效果历史的结果为指导的，因为效果史先在地决定了什么是值得去认识的。毋庸讳言，人类在不断理解中不断超越自身，在不断更新着发展着的“效果历史”中，始终不断地重新书写自己的历史，重新对自己和文化进行反思的批判。

对语言的重视，使伽达默尔从解释对话的问答逻辑中，更深一步地发现了语言与世界的本体论关系。诚如海德格尔所言，哲学家不只是在语言中思考，而且是沿着语言的方向思考。伽达默尔对此深为赞同，他在《真理与方法》第三部分中，着重阐述了语言在理解活动中的重要

---

① Hans-Georg Gadamer, *Truth and Method*, p. 321.

② Hans-Georg Gadamer, *Truth and Method*, p. 338.

③ Hans-Georg Gadamer, *Truth and Method*, p. 340.

性。在他看来，哲学解释学的“对话”逻辑是不同于科学的“独白”逻辑和黑格尔绝对唯心论的“辩证”逻辑的，解释学的理解从根本上说就是理解者与文本之间的对话过程。语言是理解的普遍媒介，是过去与现在实际互渗的介质。理解本质上说是语言的，艺术文本或其他文本形式的解释都是语言的解释。

人只有借助语言来理解存在，人的本质是语言性的，语言不只是工具或表意符号系统，而是我们遭际世界的方式，它揭示着我的世界。“能理解的存在就是语言”①，也就是说，只有语言才能本真表达人与世界的内在关系，人永远是以语言的方式拥有世界的，语言给予人一种对于世界特有态度或世界观。“人类世界经验的无限完满性意味着，无论我们用什么语言，我们获得的只是一个更为扩大的方面，一种世界观。”② 更进一步说，因为语言与世界是不可分的，理解的界限也就是语言的界限。“不仅世界只有进入语言才是‘世界’，而且语言也只有在世界中得以表现这一事实才有它真正的在。因此，语言本原的属人性质，同时意味着人在世的基本的语言性。”③ 伽达默尔重视语言对世界的揭示作用，是基于这样一种认识，即语言是“我”与世界的交接点。语言把“我”与世界连在一起，不可分割，不可离弃。

人只有掌握语言才能理解世界，因为我们所认识的世界是语言的世界，世界在语言中呈现自己。然而，我们掌握语言，我们同时也为语言所掌握。伽达默尔强调语言与世界的本体论关系，力图打通语言本体到世界的道路，使解释学获得在“对话”逻辑和“语言游戏”中扬弃“主-客”即又包含“主-客”于自身的事实性。伽达默尔在其语言理论中仍注意其解释学理解的历史性，使存在的意义直接从语言“背后”

① Hans-Georg Gadamer, *Truth and Method*, p. 422.
② Hans-Georg Gadamer, *Truth and Method*, p. 405.
③ Hans-Georg Gadamer, *Truth and Method*, p. 401.

产生出来。[①]

伽达默尔提出了自己的“语言游戏”说，这一点与后期维特根斯坦相近。[②] 他认为，对话就犹如在游戏之中一样，呈现出游戏般的“没有主体的、自行呈现的、自行更新的结构”。游戏者不是主体，游戏的真正主体显然不是在其他所从事的活动中也能存在的主体性，而是游戏本身。文本或艺术品正像游戏一样生存于其呈现作用中，作为游戏的艺术对话，其字词的意义也来自对话的情境，每次艺术品的解释就是一次新的未知的探险。因为，在与艺术品的对话的每一瞬间，说话人聚集了已言说之意，并同时向对方传达多样尚未言说之意。艺术阐释者正是要参与这多样未说意义之中，这就使得每次艺术对话都包蕴了一种内在的无限性。因而艺术文本的真正意义是在理解的言谈中处于一个不断生成、不断产生新意义的过程，文本的意义的可能性是无限的，对艺术文本意义的探究，也是没有止境的。

以“游戏”来表示语言与世界的关系，无疑，伽达默尔看到了语言的任意原则和社会约定性。正是语言的这种由随意偶然的规定向逻辑必然的无限转换，才使得语言空间超出实在世界，从而把现实世界的或然性提升到意向设定的必然性。语言揭示事物的意义，其实质在于要让事物自身通过语言表现自己。解释学事件就是使事物自己成为语言并被理解。当然，进入语言的东西不等于语言本身，但语言的本性却恰恰在于，词在它的指涉对象中消隐，另一方面，通过进入不同的对话的语言世界，我们能不断被每一相继出现的视界所更新，从而借语言之思沉入更深广的意义和价值世界。

---

① 在这一点上，利科尔与伽达默尔有别，利科尔不满伽氏学说中过重的理解的历史性味道，而重视“非历史性”的“创造性沉思的瞬间”，使意义直接从语言之中而非语言背后产生出来。

② 必须指出，伽氏与维氏的“语言游戏”有两点不同，一是伽氏将语言拔高为本体存在的形式，并以此说明“效果历史”的复杂性；二是伽氏强调语言在本体上的先验性。这是需要特别注意的。

第三节　审美理解与艺术真理

在《真理与方法》第一部分中，伽达默尔对艺术真理问题进行了重新审视，推出了他的艺术经验本体论和解释学美学原则。尔后，他在1964年发表的《美学与解释学》中，更进一步提出了自己的解释学美学思想，而1967年出版的《短篇论著集》第二卷，几乎全是论述解释学美学和美学的文章。1977年出版《美的现实性》，更全面地讨论审美理解和艺术真理问题。显然，伽达默尔对艺术和美学的重视是一以贯之的，他在其哲学解释学根基上建立起自己解释学美学大厦，因为，解释学的反思对美学的解释形式具有重要意义。

艺术同哲学之间没有绝对的区别，艺术和哲学的终极目的都是“在”，其任务都是追问“在”的意义。正是在这个意义上，伽达默尔说，美学是解释学的组成部分：“事实上，解释学应当在作为包括艺术的全部领域和问题的复杂性这样一种理解意义上被认识。”因而，“解释学必须被决定为一个判断艺术经验的整体。”① 审美就是解释学的一个时刻，就是人被艺术品所吸引的那一时刻，而这一审美时刻又由那种去获得理解和自我理解的解释学任务加以完成。

从解释学美学出发，伽达默尔强调审美理解的本体论地位。同时也明确指出，自己所坚持的美学原则是论证艺术的真理，并重新使艺术取得真理性。

审美理解是人类整个世界经验中的重要部分，而审美理解对象是存在的敞露，是我们所直面的一个世界。“艺术最直接地对我们说话，它同我们具有一种神秘的亲近，能把握我们整个存在。似乎我们同艺术之

---

① Hans-Georg Gadamer, *Truth and Method*, p. 146.

间融合无间，每次同它相遇都成为同我们自己照面。”① 人们在艺术中所看到的正是自身的存在状况。对每个人而言，艺术文本都是一种开放性结构，因而对艺术文本的理解和解释，也是一个不断开放和不断生成的过程：“对一文本或艺术品真正意义的发现是没有止境的，这实际上是一个无限的过程，不仅新的误解被不断克服，而使真义得从遮蔽它的那些事件中敞亮，而且新的理解也不断涌现，并揭示出新的意义。”② 艺术文本意义的可能性是无限的，文本的真正意义是和理解者一起处于不断生成之中。

审美理解是在传统的偏见中进行的，伽达默尔不同意胡塞尔现象学本质直观中对传统和成见加以悬搁、存而不论的做法，相反，他充分肯定了偏见对审美理解的意义，认为这种“合法偏见”构成理解的历史性因素。正因为每个人都处于自己特定的时代氛围，具有自己的文化历史传统和独特的境况，所以每个人对艺术文本的理解都会打上自己的个性和存在的烙印。正如前面所述那样，在伽达默尔看来，理解的历史性同时也构成了理解者的主观偏见，而主观偏见又构成了解释者的特殊的视界。因而理解者的视界与对象内容所包蕴的过去视界在理解中达到“视界融合”，使得理解者和理解对象都超越了原来的视界，达到一个崭新的视界。要消除历史性和主观性，无偏见无主观性地“理解”根本不可能。因为，艺术解释活动就是主体参加的理解和体验活动，必然带有一定的主观性，这种主观性是对艺术作品文本加以理解不可缺少的“前结构”，正由于有这个“前结构”所蕴含的主观性，作为解释活动的结果的“意义”，就不能是纯然客观的，而成为主体创造性理解，也就是说在理解活动中，作品产生了新的意义。

诞生于艺术作品理解阐释活动的新的意义说明了理解是生成的，理解便是主体的选择、先行具有、先行看见和先行掌握决定了理解的目的

---

① Hans-Georg Gadamer, *Philosophical Hermeneutics*, p. 96.

② Hans-Georg Gadamer, *Truth and Method*, pp. 265-266.

性。理解绝不是理解与对象的绝对吻合，相反，理解是人存在的个体性活动。理解充分体现出人的精神存在的能动性和创造性，它在理解者主观前见中去照亮作品文本，在对作品的体验、感悟中揭示作品的意义。这种对作品意义的寻求活动本身就是人精神生命的实现和拓展，是人在世的基本模式。

不仅要把艺术作品作为一个文本去理解，而且艺术作品的意义是不能脱离接受者的，是依赖于理解者的理解传导的。伽达默尔认为："作品和它当前的观赏者之间存在着一种绝对的同时代性。艺术品是由人和为了人而创造的，它们对我们而诉说。"① 正是对理解者或接受者的重视，正是对作品意义的寻求中强调理解者与作品的"视界融合"，正是把读者的体验和理解看成是对艺术作品本真意义的揭示，伽达默尔才格外注重"效果历史"这一重要范畴，并认为：每一个经验着艺术作品的人都整个地把这种经验纳入自身中，即纳入到他整个的自我理解中。艺术作品在这自我理解中才对他来说意味着某种东西。

可以认为，伽达默尔所理解的"效果历史"是理解者和理解对象相互作用、相互融合的历程。这表明艺术品超越产生它的时代，在不同时代中被重新理解，产生新的意义。因此，"文学对每个现代而言都是当代的"②，"艺术品的创造者可以投其所处时代的公众之好，但他的作品的真正存在却在于它自身所言说的东西，作品存在超越叙述的历史限制。在这个意义上，艺术品是一种永恒的现在"③。艺术文本的真义必须通过审美理解的历史性得到呈现，而同一艺术文本的无限多样的意义也只能在审美理解的嬗变过程中得到确证。究极而言，审美理解并不需要对作品原意加以复原，也无法复原，而需要一种创造性的审美态度。

通过对审美理解的分析，伽达默尔重新审理了艺术真理问题，认为，康德美学将艺术与真理问题分离开来，艺术的任务不是提供对象的

---

① Hans-Georg Gadamer, *Philosophical Hermeneutics*, pp. 96-98.

② Hans-Georg Gadamer, *Truth and Method*, p. 115.

③ Hans-Georg Gadamer, *Philosophical Hermeneutics*, p. 96.

知识，因而它也没有真理。而康德以后的美学家一方面高扬主体性，一方面仍然贬低艺术与真理的关系。艺术作品成了对现实的逃避，成了个人喜好的审美判断问题。伽达默尔感到必须复兴艺术真理。他强调："艺术经验是一种独特的知识模式。它仍是知识，即真理的传达，美学的任务难道不正是为了这个事实提供基础吗？"① 艺术的经验本身为真理的认识进行辩护，这是伽达默尔给自己提出的任务，也是他的美学基本价值取向。

就今日美学而言，其弊端在于主观主义倾向。伽达默尔既不满意那种艺术创作中的天才崇拜倾向，又不满意过分强调"体验美学"。因为在他看来，近代以来的美学中的天才崇拜观，将天才的创造看作一种无意识的创造，过分夸大艺术家的作用，却无视艺术真理以及作品本真意义之所在。同样，体验美学尽管认为在其体验的生命结构上同审美特性的存在方式之间，存在着一种亲合关系，但因过分强调"体验"概念，而无法更深入地说明艺术真理。因为艺术真理存在于意义的连续性中，这种连续性既超出创作者的体验，也超出欣赏者的体验，从而代表着一般体验的本质方式，而蕴含着一个无限整体的经验。而将美学建立在体验上会导致绝对的非连续性，仅仅成为个人一时的个别经验，不具有普遍的意义。

从根本上说，真正的艺术是连续不断被理解接受的艺术，作品只有在被理解和感知的过程中，其意义才会得到实现。因而，艺术真理问题，既不孤立地存在于作品上，也不孤立在作为审美意识的主体上，而在特定具体的审美理解活动中。把握艺术真理，既不可仅仅从作品出发，也不能仅仅从审美意识出发，而必须从解释学美学角度出发去对艺术真理加以把握。对此，美国学者戴维·霍伊评论说："为重建一个方法以讨论真理，不仅是解释的真理而且也是普遍诗歌与艺术的真理，伽达默尔必须批判占正统地位的哲学美学。这种美学主要源于康德，使艺

① Hans-Georg Gadamer, *Truth and Method*, p. 87.

术主体化，把艺术转变为一种超功利的纯粹感官的审美意识。历史的相应审美化必须由一种对艺术的历史性的强调所反对和取代。伽达默尔写道：“美学不得不转化为解释学。”①

显然，伽达默尔通过艺术经验本体论的探讨，转变了美学的视界，使艺术真理得以复兴。他把审美经验看作是对审美对象存在方式的确认，改变了传统美学单纯寻找作品原义的倾向，要求人们从人的历史现实性上去看待艺术和美，强调艺术经验所具有的历史性和社会制约性、主体性因素及其与伦理观念的联系，都从全新的角度重新理清了审美理解与艺术真理的本体论关系。

第四节　艺术作品审美结构

在论证了审美理解和艺术真理以后，伽达默尔提出了自己的艺术作品本体论。艺术作品本体论问题是当代美学最为重要的维度。伽达默尔把他的美学称为“艺术本体论”，绝非偶然，说明他在艺术问题的解决上是诉诸本体论的。

黑格尔的“艺术解体说”表现出艺术的危机。伽达默尔认为，黑格尔的看法已经得到了证实，因为艺术哲学已经成了一种真正的艺术历史。在黑格尔看来，艺术终究不能离开自己特有的感性形象性和感性享受性，这就决定了艺术尚不是精神的最高体现，从而也就决定了艺术不是至极之境，它必得向更高的形式和阶段转化。艺术终结（解体），说明艺术虽能体现真理，但已不再是表现真理的最高形式，不再是真理的最高实存，不再是精神的最高需要，也不再能完成其精神超越的最高职能。艺术成了问题，不再是自明的，它的终结意味着它作为真理最高表

① D. C. Hoy, *The Critical Circle*. Berleley: University of California Press, 1982, p. 137.

现形式的终结。艺术的解体，表明艺术由于自身的局限性而自己越出自己，转化为宗教和哲学（美学）。这一转化，同时意味着艺术在宗教和哲学中得到扬弃和获得新的存在形式。

艺术史上的历史继承性与现实创造性的冲突永远不会止息。新的艺术总是同过去的艺术传统产生偏离和进行挑战，并以新的姿态在哲学法庭前重申“艺术的合法性”问题，以确立自己存在的权力。然而，伽达默尔并不完全同意黑格尔的艺术过去性看法，他试图将艺术的过去性看作艺术的同时性。他认为，艺术作品具有其“本身”，它的同时性是对它的自身的时间性的解释。一部作品在其创作时代以及随时代环境变迁中的境况存在相当差距，但不管怎样，“作品本身在其自身变迁的方面显然并不将自己分离开来，以致竟会失却其同一性。情况恰好相反，作品存在于自身变迁的各方面。这所有方面都属于它，都是与它同时的。这就提出了对艺术作品作时间性解释的课题”①。在伽达默尔看来，必须将同时性与时间连续性联系起来考察，二者具有辩证的关系。作品本身永恒地处在不同时代的人的理解和解释中，这一过程是连续的没有终止的。同时，对每一时代的观赏者而言，艺术品始终有其自身的现时性，“就每一特定的现在而言，艺术品是绝对的现在，同时它又准备为每一个将来而言说”②。因此，艺术不会消亡，它将在每一时代的新的理解中，成为“永恒的现在”。

伽达默尔用“游戏”这一概念来表述他的艺术的同时性观点，并认为，艺术的本质即在于，艺术是一种游戏，而游戏即艺术品本身的存在方式。游戏具有以下特征：首先，是主体的自我表现性特征，游戏者并非是游戏的主体，而是游戏通过游戏活动者达到的表现。游戏不是直线式的，而是往返重复进行的，是一种本身的来回运动。其二，游戏具有无目的性和自动性特征，它是一种不束缚于目的的过程，是一种不谋

① Hans-Georg Gadamer, *Truth and Method*, p. 115.

② Hans-Georg Gadamer, *Philosophical Hermeneutics*, p. 103.

求外在目的的自我生命力的过剩表现。其三，游戏具有自律性和同一性。游戏能巧妙地超越自己所设立的目的而回归自身，而被看作绝对自身等同的重复现象。在游戏的情境中，“我”对待自己像一位旁观者，或者“游戏本身则是由游戏者和观者所组成的整体。的确，游戏最根本地是由观者去感受的”。[①] 游戏者始终需要观者，反过来，正因为观者在场作为参与者而成为游戏本身的组成部分，游戏才进行着。

“游戏”概念强调处身在游戏中，游戏本身及其特征、游戏的来回运动是首位的，这就为艺术作品的本体论地位提供了基础，并从中引申出解释学美学的基本原则：游戏与旁观者、文本与解释者之间的关系是平等的、互参的、彼此相关的，没有超然的、无偏见的静观对象的所谓旁观者。相反，只存在解释学的“对话”，在审美过程中一种往复无穷的来回运动，我们以全部生命意识参与文本，从而获得一种视界融合。质言之，一件艺术品要求一个解释者，艺术品并非一个固定不变的存在物，它本身并不会实现自己，只有进入审美理解中，文本才会变成活生生的意象，产生富有生命力的意义。

伽达默尔以解释学的眼光，在游戏与艺术的类似中，看到了“游戏具有作品的特质”，并称“游戏为一种创造物”。他声称，游戏作为创造物，其真实性超越了现实的真实，而预设可能性于未来视野之中。同时，游戏是一个意义整体，其内涵是流动变化的。它不断在与每一个现在相遇的瞬间产生出新的意义。

从“游戏”出发，伽达默尔进入了艺术本体论的另一维——“象征”的探究。他说：“总之，歌德的话‘一切都是象征’是解释学观念最全面的阐述，它意味着每一事物都指向别一事物，这种‘每一事物’不是一个关于它的存在是什么的论断，而是一个关于这是如何与人的理解力遭际的论断。在他看来，一切都意味着什么。”[②] 他认为，歌德的

---

① Hans-Georg Gadamer, *Truth and Method*, p. 105.

② Hans-Georg Gadamer, *Philosophical Hermeneutics*, p. 103.

象征思想，一方面表明了一览无余地观察所有关系的不可能性，另一方面表明个别对于再现全体的象征性功能。作为解释学的普遍性，只有艺术的象征才能臻达。“因为艺术语言的区分是个别艺术品在自身中积聚了象征特性并使之呈现出来，这种象征在解释学看来是属于一切存在之物的。”①

象征，不是一种以一物说明另一物的比喻。象征物在一种个别而具体的东西中显示出一种对应的整体希望，甚至这为了整体而寻觅作为它的生命的另一部分。艺术作品是一种对可能恢复的永恒秩序的呼唤。他不同意黑格尔那种将作品看作绝对理念的承担者和传达信息的媒介的看法，而是坚持艺术品本身就是一个永恒的存在，一个将转瞬而过的瞬间感受铸成永恒深沉的“在”。因而，作品是建立在它所是之物上，它不仅传达某种隐含的意义，它本身就意味着一种唯一的、不可替代存在的拓展和流变。

艺术象征的本质在于，它的意义永驻在象征本身。艺术作品作为象征，形成巨大的“解释学空间”，几乎具有无限收摄的能力，它向情思绵递、思想深邃的理解者发出呼唤，去沉浸在与存在本身觌面的欣喜之中，从而，重新体认那流逝之物中固存的东西。这是一切艺术语言的象征及象征含义的要义之所在。在伽达默尔的艺术本体论中，时间性是一个不可忽视的重要概念。如果说在艺术中游戏构造形式，象征体现意义，那么“节日”则表征一种独特的时间——共同性。“对节日庆典活动的时间经验，其实是庆祝，是一种特殊的此刻。”“节日共同性，而且是共同性本身在其完满形式中的体现。”②

节日庆祝，意味着这种庆祝是某种多次性的活动，类似于艺术的意向活动，人们在某种事情上聚集起来庆祝，这一点十分明显地关涉到艺术经验。节日的时间结构同艺术作品的时间结构有内在的一致性。节日

---

① Hans-Georg Gadamer, *Philosophical Hermeneutics*, p. 103.

② Hans-Georg Gadamer, *Truth and Method*, p. 117.

的时间性质是“被巡视遍”的，而不是分解为彼此脱节的时刻的前后连续。一般而言，人类存在着关于时间的两种基本经验，一种是按钟表分割的时间，人们或是用繁忙的空虚，或是用无聊的空虚去填满这种时间结构。时间造就了人，也成为人的樊笼，有些人蝇营狗苟，一任沉浮，只认钟表的时间，生命建筑在这所谓忙碌的“标尺”上，活了一生而却不知何为生。时间在这里是作为必须“排遣掉的”或已排遣掉的东西而被经验到的，而不是作为真正的时间来体验的。真正的时间是实现了的时间或特有的时间，它既与节日又同艺术有着最深刻的亲缘关系。因为，节日的每个瞬间都是实现了，时间是节日般进行的，即通过它自己的庆典而预付时间，因而使时间停滞和延搁——这就是庆祝。在这个可事先预料和筹划的特性中，人们一如既往地支配自己的时间，可以说，在节日庆典时，时间处于静止状态。

诚如海德格尔所说，真正的时间，不是以现成的现在为核心的过去、现在、将来逐次继替的线性流逝过程，而是在这静止凝定的瞬间，让时间之光烛照真正的人生，向我们澄明生的真理。这种实现了的时间往往具有一种“庄严的沉默”，这种沉默能自行扩散蔓延，使人被一种绝对庄严的沉默所攫住。这种无声却震撼人的沉默犹如“寂静的钟声”（海德格尔语），在一片死寂中唤醒对存在的思考，透过日常生活时间那浮沉飘荡、无聊空虚，而闪现出诗性的光辉，并陶冶出一种不畏迷误走向真理的生存态度。

正是这“停滞而延搁”的节日时间，使我们在瞬间之中领悟了它所积淀的巨大历史生命力；正是节日这种“使人们从日常有限事物的压迫中松弛一下的偶然机会”，把一切人联系起来融成一个整体。因此，“庆祝是仅仅为参加庆祝的人而存在的东西，这是一种特殊的，必须带有一切自觉性来进行的出席活动”。正是在这个意义上，伽达默尔在《美的现实性与其他论文集》中声称：“从这种被激活的生命时间经验向艺术品的过程是显而易见的一件艺术品事实上是类似于一个活生生的有机体的，一个自身中被结构起来的统一体。这即指，艺术品也有它的特有时间。”

伽达默尔对作为节日的艺术的时间性问题的重视，是围绕观者对艺术作品审美特性的参与这一中心的。他认为，与艺术感受相关的是要学会在艺术品上作一种特殊的逗留，人们参与艺术品上的逗留愈多，艺术品就愈显得生动丰富。艺术品这种时间体验本质就是学会停留，而感悟瞬间永恒的意味。

通过游戏—象征—节日与艺术经验的同时性的考察，伽达默尔从本体论上阐述了自己的艺术作品理论，其中，观者对作品的参与和生成受到了特别的重视。于是，艺术上的历史继承性与现实创造性的冲突和争论，终于在“在艺术解释面前人人平等”中，得到了颇具启示性的解决。

70 年代中期，伽达默尔解释学的发展，可以简单概括为其思想渗入各种人类知识领域的时期。他一方面继续写大量文章阐发《真理与方法》中的基本思想，同时，开始将自己的注意力更多地放到社会和文化问题的中心，从而开始了他的实践哲学时期。

伽达默尔的实践哲学思想是其哲学解释学思想的进一步发展。他曾说过，自己之所以在晚年将研究重点转移到实践哲学方面，其原因在于 60 年代后期受到哈贝马斯的批判而导致的论争。在论争过程中，伽达默尔发现仅仅在理论形态中进行解释学的反思，并不能真正破坏并超越虚假意识的解释，因为人毕竟是社会文化的人，人的理解受其社会因素的制约。伽达默尔日益步入实践哲学领域，把意义的来源从语言行为转向了实践哲学活动。他说：“我的研究发展导致的另一个方向，乃是社会科学和实践哲学问题。”①

这期间，伽达默尔采用哲学解释学的基本立场，对社会、文化、政治、教育问题进行哲学反思。在他看来，实践哲学同理论哲学一样，都

---

① Hans-Georg Gadamer, *Kleine Schriften*, Band 2, Tbingen, 1972, S. 21.

是哲学大厦不可或缺的一部分，而且，从某种意义上讲，“理论和反思应考虑如何应用于实践的领域”。一切玄思妙想的哲学思想最终都要归结到社会和人生的主题之中。正唯此，他这段时期所写的大量文章涉及范围之广，包括社会科学真理、思想意识批判、社会管理学智力问题、文化问题、理性、科学、语言问题，从这些文章中，可以看到这位哲学家渊博的学识。他著作中所具有的那种古代的、现代的对人的认识相解释的反思传统，与反文化的还原论及科学分析的思想模式截然不同。

1985 年，伽达默尔写了《自我批判的尝试》，他直面自己的灵魂，对其研究加以认真的检讨和批判。他希望人类能恢复理论和实践并重的生活模式，以正确的理论指导良善的实践生活，而努力摆脱战争、能源危机、人口问题的种种危机。他呼吁，以理性作为人类政治生活的准绳，以艺术不断陶冶人们的大智大勇、大慈大悲的情怀，使人日益挣脱本能而跃上理想的属人的新生活境界。

伽达默尔哲学解释学理论在当代自成流派，影响日深。他用哲学解释学观点研究哲学、美学、文学艺术、思想史、语言等领域的重大问题，取得了显著的成果。他的解释学美学思想成了当代接受美学思想先导和理论基础。

但是，哲学解释学也存在自身的局限性。诸如对审美理解重要性过分强调，将主体的理解和解释作用夸大，将其看作赋予文本意义、决定文本价值的决定因素，使得解释学具有极浓的主观色彩。这一点，遭到了法国哲学家利科尔、美国美学家赫希、德国哲学家哈贝马斯等人的尖锐批评，形成解释学的另一文化论争景观。

第二章　利科尔的解释学文本理论

现代法国思想家利科尔（Paul Ricoeur，1913—2005）所关注的解释学问题与其现象学思想是紧密相关的。他不仅面对了现象学的“意义”问题，同时也面对了解释学的“语言和意义”“解释与主体性”等重大问题。他不仅对现象学解释学有自己独特的贡献，而且对语言哲学、社会科学和人文社会科学问题都有独到的研究。对语言问题的深入考察，使他成为现代解释学对话和现代性思考的哲学家，同时，作为胡塞尔（观念）一书的翻译者和注释者，使他在胡塞尔现象学思想研究方面也具有很高的声望。

作为当代现象学和解释学美学的主要代表人物，利科尔的主要代表著作有：《雅斯贝尔斯与存在哲学》（1947）、《意志哲学》（1950）、《真理与历史》（1955）、《论解释：对弗洛伊德的评论》（1965）、《胡塞尔：对其现象学的分析》（1967）、《解释的冲突：解释学文集》（1969）、《生动的隐喻》（1975）、

《解释理论：话语与剩余意义》[1]（1976），《利科尔的哲学》[2]（1978），《哲学的主潮》[3]（1979）等。其中不少著作已译成英文。

利科尔的现象学之路是从他的《意志哲学》开始的。他通过现象学的描述方式直观人类的行为和动机、需要和愿望、快乐和痛苦、有限和罪恶的本质。第一部为《自由和自然》（Freedom and Nature），第二部为《有限与罪恶》，其又分为二卷，一卷是《易犯错误的人类》，另一卷是《恶的象征》（*The Symbolism of Evil*, 1967）。这部书通过人类存在的隐性罪恶的可能性和存在的负面性，以及文化符号背后暴露出来的一些基本东西，去看符号所产生的关键性思想。

解释学是通向哲学思辨之路，而思辨存在着各种“解释学冲突”。可以说，利科尔的现象学思想和解释学思想是紧密相连的，他对意志哲学的研究，对精神分析的再分析，对结构主义的考察，使得他得以通过现象学而推进到解释学领域。他在《意志哲学》第一部《自由与自然》中说：“对于我们来说，哲学是对‘是’的沉思，而不是对‘否’的无休止的争论，自由并不打算成为别人逃避之物，却要成为自然的成就。”这一自白，足见其思想的冷峻和明晰。

---

① Paul Ricoeur, *Interpretation Theory: Discourse and the Surplus of Meaning*, 1976.

② Chales E. Reagan and Darid Stewart, ed., *The Philosophy of Paul Ricoeur*, 1978.

③ Paul Ricoeur, ed., *Main Trends in Philosophy*, New York, 1979.

第一节　现象学美学景观

利科尔对现象学，尤其是对胡塞尔最严格意义上的现象学有精深的研究，使他相当注重现象学的对事物的“显现方式”。他认为，现象学作为一种独特的问题分析方式，将存在问题放到了括号里，关注事物概念、价值和人的显现方式。利科尔严格地恪守现象学的程序，强调只有走向“事物本身”，重视意识的全部复杂维度，才可以真正从事现象学研究。

利科尔区分出三种现象学研究维度：一是描述分析的维度：其主要职能是对现象加以说明，即对现象的各方面，以及它们意义、意向和意识现象的活动结构加以描述；二是超验的构成的维度。这种超验的构成主要体现在他“意志现象学”方面的写作中，但他对胡塞尔“超验现象学”观念却兴趣不大；三是本体论现象学或意识本体论的维度。区分出三种现象学研究的维度，说明利科尔坚信现象学是能够达到完满哲学的方法，因为“现象学还原”可以将注意力凝聚在事物的显现方式上，使人有可能去把握事物的本质。就此而言，现象学是哲学的开端，却非哲学的终结。

利科尔的“意志现象学”集中体现在他的《意志哲学》一书中，他为自己提出的现象学描述的任务是：“描述人的有意部分与无意部分的关系，以及对它们的理解。”对有意行为的描述，有三个不同阶段，即做决定的阶段、行动的阶段和回答的阶段。三者紧密相关，构成一个有机的、纯粹描述的现象学视域。当然，《意志哲学》的第二卷已具有明显的现象学向解释学的转折倾向，即充分关注人类受骗和失败这些模糊的负面意义问题，考察人类的意志状况，分析恶在其非纯粹形式即罪恶和罪行中的现实性。同时揭示出财产、权力和价值的原本欲望，是处于有限的快乐和无限的幸福之间，分析人类承受的无止境追求是一种自我危机和现代化陷阱。这样，利科尔在阐明人类生存中隐藏的恶的方面的研究，使他的所谓哲学解释学，超越了纯粹描述的现象学，而成为其从现象学向解释学转向的重要标志。

现象学向解释学转向之后，利科尔出版了多部解释学著作：《解释的冲突》《论解释：对弗洛伊德的评论》等，其后就转向了文字、对话、日常语言、科学语言、诗学语言的“话语研究”中。可以认为，利科尔解释学式的现象学转折，即不再将现象学看作是对意识现象的描述，而是将“象征”和“隐喻”的解释、诗歌和科学中的“话语”的“文本解释”，作为自己的首要任务。这一语言学转向使得他的研究中的现象学成分与解释学成分达到了一种新的比例，以至于他不得不在1974 年德国现象学研究会上发表论述《现象学与解释学》的纲领性的著作中，就现象学和解释学的成分加以说明：现象学是解释学的必然前提条件，而解释学则是现象学的必然前提条件。这种互为前提条件的说法，使得利科尔的现象学被人称为“解释学的现象学”，当然也有人称他的解释学为“现象学的解释学”，这一点，学界尚未完全达成共识。

第二节　解释学美学理论

利科尔在实现了哲学的根本转向，即由现象学向解释学方面发展以后，一个最重要的变化是将结构主义的思想与解释学的思想整合在一起，提出一门“批评的解释学”。他面对海德格尔、伽达默尔的主观解释学立场和本体论解释学，提出了自己的批评，进而强调应恢复到某种程度的客观性立场，并只能由认识论解释学，进入本体论解释学。

在面对哈贝马斯的批判解释学与伽达默尔的“解释的循环”的解释学思想论战中，利科尔没有投入那种枯燥的辩论，而是追求一种真正的学术建设。他不仅对这次论战进行了深入的思想辨析，而且以自己的现象学解释学为解释学的当代发展，作出了具有创见性的“对话”。大体上说，利科尔的观点是倾向于哈贝马斯的，他坚持不能再像伽达默尔所主张的那样，仅仅将解释学看作本体论的，而将方法论问题看作第二位的派生的。解释学不仅是本体论，同时也是方法论和认识论的，因而应关注如何补救当代解释学在方法论上的“迷失”，努力将本体论、认识论和方法论结合在一起，从而使解释学作为哲学本身，为现代西方哲学提供一个新方向。

作为法国现象学的重要代表人物①，利科尔致力于寻找一条认识现象学和解释学亲和关系的道路②，在他看来，解释学和现象学既有共同的视域，即将“意义问题”作为核心问题，又有共同的论题，即“意义的本源先于语言”，同时还因为现象学是解释存在的哲学，现象学方法不可避免地将成为解释学方法的重要参照。

主张将解释学“嫁接在现象学”上，并非是利科尔的专利。海德格尔很早就迈出了这一步，提出了“解释学的现象学”。但在利科尔看来，海德格尔走的是一条“捷径”。因为海德格尔本体论解释学根本不讨论具体方法，而是直接达到本体论层次。事实上，理解的本体论只有通过方法论的探讨，经过认识论的层面才能最终抵达。理解的本体论和解释的方法论不是非此即彼的，而是可以加以统一的。利科尔抛弃了海德格尔的“捷径”，采用“远道”迂回曲折的方式，走上了一条折衷融合的“第三条道路”，以开辟当代解释学的新景观。

总体上看，利科尔的解释学理论分为三个层面：1. 文本理论。2. 适用性与疏离性。3. 据为己有与反思性。三个层面相互依存，缺一不可。

---

① Cf, H. Spiegelberg, *The Phenomenological Movement*: *A Historical Introduction*, Chap. 12, 1965.

② P. Ricoeur, *Hermeneutics and the Human Sciences*, ed. trans. John. B. Thompson, Cambridge University Press, 1981.

一、文本理论

文本理论是利科尔研究的中心问题。解释学首先是一种研究理解和解释“文本”的哲学，一种“关于与文本相联系的理解过程的理论”。在利科尔看来，文本既是一种符号体系，也是“语义上凝结的生活表现”，或生活意义的客观化。他吸取日常语义学派奥古斯汀等人的语言行为论，认为语言是生活行为的形式。人们理解文本，不只是从心理上重建原作者理智的理性活动，而且是超越作者原意的创造性活动，并最终通达一种“可能的存在”。

文本是以文字、语言形式固定的社会意识形态，具有一种“文本的自律性”，文本意义有着自我生成能力。写和说都是实现言语的合理形式，但是通过写而实现的言语具有一系列特征，使得写的语言完全不同于说的言语。

首先，在“说”的言语或文本中，说话者的意向和说出的话的意义常常是重叠的、同一的；而在“写”的言语或文本中，说话者的当下性不复存在，只有文本自身的意义，文本成为独立存在之物。

其次，在说的言语或文本中，听者是预先由对话的语境关系所决定的；而写的言语是面向求知的读者，潜在地面向任何能阅读的人。因此，文本同产生它的社会历史条件无关，人们对它可以有无限多样的阅读方式。然而，文本与它的读者又并非完全脱离，文本的意义和重要性是从文本与它的读者的辩证关系中派生出来的。

再次，文本不受直接指称的限制，因为文本没有口语指称那样明晰确定，它不指称一种既定的事实，而指称一种在解释过程中展开的可能性，使人可以从一个“既定世界”进入一个“可能世界”——文本世界。

从某种意义上说，利科尔将解释学和“文本理论”联系起来，是有目的地限制海德格尔和伽达默尔予以解释学的那种广阔性和普遍性，从而达到把本体论的解释学与方法论、认识论的解释学融合为一的目的。这样，"回到文本"就是重返施莱尔马赫和狄尔泰的基点，关注由文字固定下来的生命表达形式——文本。当然，利科尔也没有忘记伽达默尔对理解的历史性的重视，强调文本对人类存在历史性而言，是一个不断产生新意义的形式结构。文本世界不同于现实世界，然而，通过文本的解释使我们重新看到了这个世界，开始自我反思、自我认同和自我理解的过程。正是在这个过程中，作为方法论和认识论的解释学与作为本体论的解释学有可能统一起来。

利科尔在《解释学与人文科学》的"文本是什么"一章中说：写与读者关系并非是言谈与应答的特殊情况，也不是简单的话语关系或对话状况。阅读通过作品与作者进行一种"对话"，是远远不够的，也是不完全准确的。其实，读者与书籍之间的关系是一种新型关系。"对话"是"问与答"的交换，而在作者与读者之间不存在这种交换，作者并不向读者做出反应。作者在写作之时，读者是个存在的，而读者在阅读的时候，作者也是不存在的。利科尔甚至说，阅读并非是与作者所谓的"对话"，因为读一本书就是将其作者看作是"已经死了"，是此后发表的书。因此，当"作者死了"的时候，读者对书的关系就变成了完全的，或是完整的了，因为作者不再应答或强求原意的把握，只剩下读者去阅读著作本身的活动。

显然，利科尔思考着这样一个问题：晚于写作的阅读，仅仅与作者具有一种松散的关系，而并非一对一的对等交谈的关系。同样，晚于言谈的书写，也可能表现出作者真正的内在精神。换言之，书写是一种可以与谈话平行的现实，甚至是一种中断了谈话的思想交锋，所以书写最终就是一种说话意象的话语，一种说话所直接形成符号的标记。利科尔像德里达一样，反对"语言是第一性而书写是第二性"的结构主义语言学的二元对立论，不将书写看成言谈的衍生物，而是强调书写的自律性和书写自身独特价值。他坚持，书写禁忌的解除就是真正文本的诞生。因为说到底，语言不管是说出来的，还是写出来的，都是人在说话，所以，当作者完成作品之后，作品或文本就成为一个自主的本体存在，可以单独地与读者进行对话，而它与其背后的作者关系已经不再重要了。

文本的根本特性在于，其书写保存了话语形式，成为一个有利于个体记忆和集体记忆的“文化档案”。进一步说，文本从口语情境中挣脱出来以后，已然具有了语言和各种相关的主观性的关系，包括作者的关系和读者的关系的真正变动、文本的不确定状态等，使它似乎处在语境之外，又似乎处在语境之中。正因为消隐了语境关系，所以每一文本都可以自由地进入到与其他文本的复杂网络关系中。这样，文本对其他文本的关系和语境的消除，就产生了文本和文学的“准语境”。这无疑影响到话语本身的变化，即当指称向着显示行为的运动被文本中断的时候，词语开始在事物面前消退，书面词语成为“自为的词语”。也就是说，当抹平了一个人所谈到的现实世界之后，文本与文本的关系就产生出文本的“准世界”或虚构的“文学世界”来。

利科尔在《引喻与解释学的中心问题》中强调：“文学文本创造了一个可能的世界。”文学不仅是在依顺或满足一个现实世界，而且，它可能是在限制日常真实世界中创造出自己独特的话语世界。一篇作品并不仅仅是其时代的“镜子”，它还敞开了一个孕育在自身之内的“新世界”。就本质而言，文本的意义并非是作者的确定的意向性或者是他以往的体验，文本是对于那些不断从它当中获取新的信息、新的体验的人的新意义之源。文本努力把我们拖进这个意义网络之中，使我们处在一种阐释学的意义结构中，即走向文本意义解释之路，从而将文本的阐释行为看作是一个意义解释的无尽过程。

二、适用性与疏离性

利科尔既不同意回到狄尔泰的完全的、纯客观的阐释立场上，也不同意回到海德格尔、伽达默尔所谓阐释的循环性（circularity）的圆圈上去，当然也反对停留在结构主义方法的直线性（linearity）上，而提出了自己的解释学的“弧线”（arc）理论。要求在解释的趋近与疏离、主观与客观之间，保持一种中立的辩证态度。

那么，如何保持呢？利科尔强调其解释学的“适用性”（application），即对文本进行严格的解释，又避免心理主义的专断性的解释学策略。但这种结构主义方法和本体论解释学所产生的“解释的冲突”，为利科尔设立了难以绕开的困难。利科尔认为，自己的“解释学之弧”是依据“适用性”原则而得以展开的，因为适用性原则包含着解释者与文化和历史距离间的斗争。正是通过当前的阐释的相关性，才有可能克服这种阐释的时空距离。质言之，通过这种挪用式阐释，既非完全回到一种纯客观的结构主义上去，也非回到本体论解释学的主观性上去，而是在这之间形成既非直线，也非圆圈的一个解释学“弧线”，从而使得世界与主体相关联之时，逃离主观性陷阱而具有相应的客观有效性。在此意义上不妨说，“适用性”成为“解释的目的”，是解释学之弧的终点。

一切解释的目的都是要克服文本所属的过去的文化和时代与解释者本人之间的疏离和距离，使自我和文本具有同代性，从而可以同化文本的意义，即使它成为向自己敞开的意义。解释通过对他人的理解，去追求深入理解自我的途径。所以，利科尔主张一切理解都是自我理解，即理解事物现象的条件同人的主观性结构密不可分。理解和解释不在于要把我们有限的理解能力加在文本上，而是向文本敞开自己，从中接受一个舒展了的自我。当文本的客观性和独立性再次成为读者的一个话语事件时，解释活动方能完成。

当然，在我看来，利科尔力求在解释的直线与曲线之间达到某种中立，愿望是好的，然而事实上却是很难达到的。利科尔的解释学之弧始于客观的解释，又属于解释的具有主体性的挪用，当解释学之弧突破客观主义的时候，当它不断随着读者的阐释、心理和情境的变化时，“理解”也就发生了不可逆的变化，语境和情境也必然随之变化。所以，这种解释学“弧线”仍然在背离“直线”的客观性，而日益趋向于阐释的循环的“曲线”。如果说，“适用性”主要是解读者解释的主观性影响了客观性，即它不断地在阅读中挪用部分意思，并叠加上自我的意思，那么，疏离性（alienation）就与适用性有相当的差异了。

疏离性是这样一种解释的态度，它使得人文科学中占主流地位的客观化解释成为可能，但是这种疏离性的冷峻客观的态度，又破坏了人们参与到历史现实中的那种原始的亲和关系。这种主体客体之间的疏离性，必然会为自己的客观性付出代价。在逃离疏离性与参与疏离性之间的选择，其主要困难就在于文本的困难，因为，文本更像主体之间相互交流的一种特殊形态，它展示了人类经验的历史性和真实性特征，即在距离中，并通过距离在一种疏离感中进行交流，它不可能完全达到亲和统一，而只有通过这种距离达到相对客观的对话。就此而言，利科尔的“疏离性”表现为四种形态：1. 通过所说的意思达到对所说事件的超越；2. 涉及到铭写的表达与原说话者间的复杂关系；3. 注重铭写所表达的与听者间存在的意义的差异；4. 文本从表面“指谓”的限制中解放出来。

进一步看，利科尔还围绕几个重要主题来深入解释这些问题，即从更广阔的视野，审视话语的语言实现问题、结构性话语的实现问题、在话语中和在作品中说与写的关系问题、语境的影射话语的作品问题、作为自我理解中介的话语和话语的作品问题。他认为，这些问题的解决及其理论特点并置在一起，就铸成了恪守文本的标准。

不难看到，在作品中，语言的客观化、疏离化构成了作品中话语的先决条件，即文学是由书面词语组成的，作品是客观的、第一位的。但是，话语、作品、书写这三者的合一，仍然使我们看到了解释学问题的一种意义中心。为了逃离那种主观的阐释立场，也逃离纯客观的立场，利科尔在适用性和疏离性之间力臻达到一种平衡，把客观化和理解放在了自我理解的中心位置。而在所有这些分析的层次上，疏离性是理解的前提条件，没有这种疏离感，理解就会造成近视性偏差而走向主观体验性。也许，这就是利科尔“解释学之弧”理论的良苦用心之所在。

三、据为己有与反思性

利科尔注意到，有一种支配解释方法论的关键的理念，关系到一个文本向某一个人说话的方式，同时还关系到阅读的顶点或阅读的终结的意义问题。这一理念就是具体的读者将文本的意义“据为己有”（appropriation）。在利科尔那里，疏离性与据为己有都关涉文本对某个人说话的方式，在这一方式中，意义的客观化是作者与读者之间的必要的中介。作为中介，它又要寻找一种更具有存在特性的补充性活动，在利科尔看来，这只能是意义的“据为己有”。

“据为己有”是德文词（Aneignung）的翻译，其意为使先前异己之物成为自我之物或为我之物。这使解释学的目标不再是还原历史，而在于同文化的距离和历史的疏离作用作斗争。解释学促成了历史之物的当代阐释性和意义领会性，通过解释把不同时代的文本放置一处，使它们向解读者展开。只有当解释为了目前的读者的意义具体化，这一目标才能达到。“据为己有”是通过主体的解释对文本加以“具体化”，它代替了对话情景中的原意应答，就像“揭示”或“去蔽”代替了对话情境中的原本所指一样。只有当阅读把文本解释为一种事件，一种话语的当下现实境况，解释才是有效的。“据为己有”使解释本身变成了一个意义揭示的“事件”。在《解释学与人文科学》中，利科尔认为，这一事件是“由具有一种反历史特性的文学批评或文本批评提示的时间疏离性的对等物”。“据为己有”说明阐释总是对对象一种占有活动，所以，解释理论不仅要求一开始就不考虑“指谓”关系，而且把主体性搁置一旁。

主体和客体必须从属于“隐喻”关系。在解释理论中，主体，无论是作者还是读者，只是在文本中扮演某种角色，因此，在解释之初可以将主体性置之不顾，而在解释过程中，直至最后一刻才返回到“自我”，即从那种扮演角色的“他者”中回到自我，理解才成为自我的理解。利科尔借用伽达默尔的“游戏论”来作为据为己有的存在的模式分析的支点，并分别讨论了“作为游戏的启发性虚构”“游戏形象的作者”和“游戏形象的读者”等问题。他指出，不管是谁，只要其参与游戏也就成为游戏之人，游戏的规则把他改变成为游戏者，规定了来回运动的原则并划出了游戏事物的边界。游戏终于瓦解了日常理性功利目的的严肃性，使主体忘掉了自己身之所处，仿佛成为了另一个人。而一旦回到严肃的现实性中，主体性又从新获得。这对解释学的理解问题而言，已然说明一部著作对世界的展现是一种游戏性展现，在游戏的摹仿中，世界被以另一种方式呈示出来。

日常现实被搁置起来，每一个人都成为了他自己，并在其游戏中表现出最为深刻的本质。艺术与此极为相像，艺术废除了未变形的现实，使虚构之境反倒成为真实本质的呈现。这就是为什么趋向本质的诗，比保留着故事的历史更具有哲学性和真理性的真实原因之所在。

放弃自我并在文本中寻找自己，重新发现一个新我，是据为己有的最根本的“一瞬”，这使它同其他任何形式的据为己有相区别。阅读既是将意义据为己有，又是对文本对象的一种意义剥夺。据为己有与揭示意义之间的连接是解释学的基础，它改变着对象也改变着自我。据为己有并不包含有一个心灵与另一个心灵之间的直接一致性，因为没有什么比与一个文本打交道更少主体之间的对话的意味了。利科尔以此来批判了伽达默尔的“视界融合”论，认为在这个“融合”过程中，文本的观念性仍然只具有中介成分。

据为己有是一个过程，通过它对新的存在模式的揭示，为主体提供了新的自我反思能力和视点。文本的“所指”是一个意义世界的投射，读者从文本中接受一个新的存在模式，扩大了自我反思的能力。

解释最终在只能在言语事件中完成，这意味着“解释的冲突”是不可克服又无从逃避的。人只能通过据为己有的方式去阐释对象，在阐释对象中阐释自我与世界。尽管文本解释的手段是方法论的，但它的目的是本体论的。语言的本质就是要抛弃符号的基本意向，超越符号形式自身，而在意指之物中抑制自己。

可以说，解释学通过对语言符号进行语义分析，对“隐喻”（metaphor）和意义进行“反思”（reflection），从而超验地理解世界本体和“自我”（ego）存在。利科尔据此指出：在语义学层和本体论层之间，还有一个“反思层”，反思是理解文本符号和自我理解之间的一个重要环节，自我理解则是解释学的最终目的。利科尔之所以用“反思”来沟通语言与存在，因为在他看来，反思是一种批判！即“我思”只有通过阐释生命记录的曲折道路，才能获得对生命意义的揭示。个体事先无法认识自我，自我只是作为解释的结果而被发现。

反思是自我反思，又是具体的反思。它必须从解释一个待定的传统文化产品开始，这使反思成为社会历史学科的重要审理方法。“反思必须成为解释，因为除了散布于世界上的符号，我无法掌握存在的行为。”① 只有走出自我，才能获得自我，只有通过对对象和行为、象征和符号的理解解释，反思才抵达真正的自我。“反思哲学”是要在人存在的本体论基础上来体认自我和把握自我。这种反思性存在成为自我意义生成的基础。

利科尔的反思，既不同于胡塞尔的现象学的意识内在因素的反思，也不同于梅洛-庞蒂的在直接知觉中所呈现的现象领域的反思，而是一种对文本意义的反思。在他看来，阅读的功效在于它有能力把文本的“他在性”变成一个为我的话语事件，而文本在阅读中的实现具有以下三个特点：1. 阅读的可能性在于文本本身，读者是由文本的行动形成

① P. Ricoeur, *The Conflict of Interpretations*, Evanston: Northwestern University Press, 1974, p. 18.

的，意义不是产生于读者的行动，而是产生于文本的行动。2. 阅读联结了作为话语的文本和作为新的话语的阅读，通过阅读，读者与文本融为一体，产生出新的理解视界。3. 阅读是一种游戏的形式。阅读中想象的变形以一种游戏的方式将自我送往一个更深的自我，在这“游戏”过程中，文本揭示了比日常世界更为真实的人类存在世界——一个可能的世界，亦即自我理解的境界。

利科尔的解释学在经过语义学层次和反思层次后，最后进入本体论层次。在这里，语言问题和反思主体问题最终都导向“存在问题”。但利科尔理解的本体论不是像海德格尔那样是一个既定事实，而只是一个趋近的目标。他的本体论没有脱离解释，本体论寓于方法论中。

尽管这样，利科尔也避免不了各种解释学之间的“内部冲突”。各种解释的本体论基础之间的辩证关系并非同一种本体论结构，但这种在的统一形态只存在于各种解释的辩证关系中。这样，一个一以贯之的、统计表式的本体论永远是一个可望而不可即的希望之乡。“存在”只有随着各种解释的过程才得以揭示，这表明解释学方法论的多样性和本体论的多元性，这种多样性和多元性又表征出存在的无限丰富性。把方法论与本体论内在地联系在一起，坚持它们的多样性和多元性原则，就使得解释学始终对存在保持开放。而这，正是解释学普遍性的先决条件，也是利科尔现象学解释学的独到新颖之处。①

第三节 隐喻与象征之美

从“文本理论”出发，利科尔非常关注“隐喻”问题。在此问题

① Cf. P. Ricoeur, *Critical Hermeneutics*: *A Study in the Thought of Paul Ricoeur and Jürgen Habermas*, Cambridge: Cambridge University Press, 1981.

的研究上，他不仅有专著《隐喻的规则》和论文《语言的隐喻使用》，还有一篇很重要的文章《言语的力量：科学与诗歌》。在这篇文章中，利科尔提出了有关“隐喻”的一系列重要思想。利科尔研究的出发点在于，弄清人类两种主要语言即“科学语言”和“诗歌语言”互相转换的问题，进而揭示二者互斥互补的话语功效。

介于科学语言和诗歌语言之间的是“日常语言”，它既不像科学语言那么严密，又不像诗歌语言那么抒情，而是二者之间的中介，同时也是二者的一个现实参照系。现实中的语言往往具有一词多义性，而一词多义性并不是语言的陷阱，相反，是语言的张力。一词多义往往具有一种功能结构，它的含义越多，它所潜在的“意义螺旋体”就越大。

一词多义所具有的优越性，主要体现在它在人类交流中具有一种直捷性的特点，人们可以在现实中，根据上下文选择出多义中与一定的论题相一致的含义，这样，可以调节语义并正确地把握文本的真实意义。然而，一词多义又具有很大的麻烦，它带来言语的不确定性和歧义性危险。歧义性使得“误解”“误读”成为意义交流中挣脱不开的阴影。

为解除日常生活中这种歧义的一词多义的困境，利科尔提供了两种解决办法，一是科学语言，它可以定义为系统地寻求消除歧义性的科学话语策略；一是诗歌语言，它从相反的角度出发，保留歧义性以使语言能表达罕见的、新颖的、独特的、非公众性的体验。这种利用歧义而不去消除它，反而是去推崇它的做法，是诗歌语言的基本特征和人文话语策略。它不仅保留并反创造了歧义的程序，并在艺术系统上生成新的语义连接网络。

在诗歌中，语言被看作待加工的材料。换言之，词语在诗歌中所意指的与它们在散文中所意指的完全不同，一种熠熠的光辉萦绕在它们周遭，使它们具有一种独特的品质的美学原则——“隐喻”。意义在隐喻中已经被置换被转移了，现实中每个隐喻都是一首小诗，而一首诗则是一个大型的连续持久的隐喻。隐喻往往造成一种话语操作式的意义交错，如“时间是一个乞丐”一句中，“时间”和“乞丐”这个词，都经历了将它们并置一起的论断性操作所产生的意义交叠，而使语境超出了日常语言范围。

在诗歌的上下文语境中，每个词都发现了更多的附加的新意义，使得它与其他词一道构成一组全新的意味。就此而言，诗歌文体的目的就在于，把摧毁形式的荒谬转化为超意志的荒谬。正是读者才可能从阅读中选择并保证这些词语作为一种新意义的统一体，而形成一种完美的“隐喻”。在利科尔看来，诗歌是这样一种语言策略，其目的在于保护人类词语的一词多义，而不在于去筛除或消隐它，在于保留其歧义的张力，而不在于拒斥和禁止它。

诗歌语言并非仅有单纯的意义系统，而是横跨或建构几套意义系统。由此可以推导到同一首诗的几种不同的阐释的可能性。“隐喻”只是在出现语义冲突时才出现或才存在，其网络以一种持久的方式，使诗歌成为一个连续持久的隐喻。利科尔把这种隐喻网络的一致原则称之为“诗的象征”，这一象征具有双重意义的表达方式。

探讨隐喻和诗的关系，并非利科尔的目的，利科尔要审理的是，通过这种探讨所解决的问题是什么？这种歧义的策略和歧义话语具有怎样的形态？通过诗歌的言说，人究竟要追求什么样的阐释意义生成？人类在科技时代借助诗歌究竟想怎样拓展自身的话语系统？利科尔的回答是惊世骇俗的——诗歌没有溢出任何东西，它取消世界。诗歌将现实话语悬搁起来，并不教给人们任何关于现实的词与物的对照法。只有科学的陈述，才有现实的对应性和经验上可证实的意义。相反，诗歌是不可证实的。

利科尔进一步指认，每首诗、每一件文字作品都禀有一个世界，都呈示一个世界——作品的世界。这是我们能居住其中的“可能的世界”。要去理解这种世界的不寻常的意义，我们必须恢复充分的想象力。每首诗、每一件文学作品都展开了一个世界神话的新假设，提出一个新世界的构图。诗歌表达人类最为本质的感情，没有什么比感情更具有本体论性质，凭借本真的感情，我们才能以新的生活态度人性地居住在这个世界上。

诗歌把世界当成我们生活于其中的世界来审视，它以不同的方式构造并重铸我们的生命态度。诗歌谈论真理，但真理在此不再意味着可证实的，而是不断生成展开的。诗歌维护了真理的理想状态。人类需要科学，更需要诗歌语言。正如利科尔所说，哲学家并不去冒充诗人，他分析、创造、理解生命。在文学中，诗意的创造和理解将我们引向了诗歌的门槛，一旦登堂入室，哲学家就向欢迎他的诗人致意，然后就沉默不语而悠然意远。也许，这就是利科尔向我们阐释的关于他的诗性哲学和哲性美学的意义之所在。

总体上说，利科尔的解释学显示出这样一种认识：人类有限的本体论仍然具有哲学思辨的视野。解释学作为当代哲学的重要形态是真正向文本意义和人性理解开放的。利科尔的思想并没有形成一个封闭的体系，他的思想不受某种正统观念或某个已经出现的学科领域限制。他的著作包含着诸多人类思维传统的积极成果，从解释学、现象学到分析哲学、结构主义和批判理论，这些积极成果被融进了他那富于创见的、独特的见解中。他将人文科学的诸多方法和研究成果引进解释学这一努力已经表明，作为一种文化的解释学本身有着宽广的发展前景。

第三章　赫希的审美解释有效性

在现代解释学理论中，如果说狄尔泰、海德格尔、伽达默尔、哈贝马斯、利科尔等主要是哲学家，其理论建树主要是哲学解释学或普通解释学的话，那么，美国的美学家赫希可以说是一位文学解释学批评家。他以自己的著述对建立文学解释学做出了不懈的努力。

第一节　意义与意味

在海德格尔、伽达默尔的哲学解释学理论风靡一时之际，哈贝马斯、利科尔和赫希均做出了自己批评性的反映。然而，三者的观点却有着相当的差异。利科尔从现象学角度补充了伽达默尔的解释学理论，是一种较温和的批评；而哈贝马斯则主要在逻辑和历史层面论争，从某个方面对哲学解释学作出一种回应。独有赫希从自己的客观论角度和立场展开了对伽达默尔哲学解释学的批判，其主要任务是“重建作者原意说”，坚持寻找“作品客观存在的意义”。与伽达默尔形成对照的是，赫希并不完全同意所谓阐释是对作品意义的一种补充、扩展或填空，它具有“前理解”，是作者的视界与阐释的“视界融合”的说法。与此相反，赫希认为，作品的意义是自明的，是需要不断阐释、发掘，才可以获得原意的。意义是可以客观获得的，关键是对主客体之间的差异加以正确的把握。

这使我想到，在中国的传统解释学中，也存在“以意逆志”“六经注我”和“我注六经”之说。看来，对作者原意的把握，和阐释者所认为的真正的意义之间，有了些很微妙的差异，这些差异构成了解释学的鸿沟。赫希坚持阐释不是随心所欲的，也并不因为主客体之间存在社会、文化、历史的差距，就可以使阐释的有效性变得可疑起来。他要重申阐释的正确合法性，其唯一的标准就是“客观的度”。

文艺审美解释学的困难就在于，文本是多义的，既包含了作者的原意，又包括了在历史的发展嬗变中不断向阐释者所叠加的意义。那么，如何去阐明一种或其中几种最合适、最确切的意义，就成了时代的难题。赫希的理论创新之处在于，他看到了伽达默尔过分强调阐释者的“填空意义”，而又忽略作者原意的倾向，认为这将导致作者的作品在后世的阐释中，逐渐淹没了作者的本意，而使作品成为言人人殊或随意阐释的相对意义的产物。因此，他将正确性、有效性看作是文学批评家的头等重要的任务，从而在相对主义和批评家决定作品意义的时代，甚至在“作者已死”（罗兰·巴特）的时代，试图重新恢复作者作为文本意义决定者的地位。因而被人称之为当代客观解释学的代表人物。

赫希说：“我们应该尊重原意，将它视为最好的意义，即最合理的解释标准。”① 他还认为，“一篇文本的重要特点在于，可以从它分析出不是一种而是多种各不相同的复杂的意义，而其中只有作者的意义才具有这种禀有统领一切意味的确切资格。”② 也就是说，只有作者的原意才是决定理解文本是否正确的关键，只有寻找到这种客观的、已经存在着的作者原意、阐释才是充分有效的，否则其意义将是不合法的。

在区分作者原意和阐释意义的时候，赫希用了两个关键词，一个是“meaning”，他称之为“意义”，即作者的原意，或者是等同于作品的字面意义；另一个是“significance”，即“意味”，是作者字面不变的确切意义和其他阐释意义的叠加。他指出：“意义是一个文本所表达的意思，它是作者在一个特定的符号序列中，通过他所使用的符号表达的意思。意味则是指意义与人之间的联系，或一种印象、一种情境、一种任何想象中的东西。”③ 他又将此同两个德文词相对比，认为前者等同于“Sinn”，后者等同于“Bedeutung”，　也就是说，前者是“意义”，后者是“意味”。“意味”是随着时代历史、批评家世界观和主观条件甚至是趣味的变化而变化的，而“meaning”这个“原意”则是不变的。

---

① E. D. Hirsch, *Three Dimensions of Hermeneutics*, *New Literary History*, 1972, vol. 3, p. 48.

② E. D. Hirsch, *Validity in Interpretation*, New Haven: Yale University Press. 1967. p. 25.

③ E. D. Hirsch, *Validity in Interpretation*, p. 8.

第二节 意义理论

赫希在“意义”和“意味”上作出的区分，受弗雷格（Frege）思想影响很大，同时也在胡塞尔思想中吸收了大量理论资源。为了对这一命题进行论证，他从弗雷格理论的借鉴入手，认为弗雷格区分意义和意味，其意义相当深刻。

在赫希看来，弗雷格考虑到不同意义具有同一种意味的情形，那么反过来可以说，同一种意义经过一段时间以后，也会具有不同的意味。它会在作者原来的意义上叠加上一些解释的因素，从而填平作者和解释之间的鸿沟。当然在其中，占首要地位的仍然应该是作者的“原意”。

事实上，赫希已经发现了解释的根本问题仍然是“意义问题”。也就是说，他要在解释对象、解释者、解释的目的和解释的语境中，去把握解释主体的“客观有效性”。因为，如果主体（即原作作者的意义和解释者的意义主体）之间是完全隔膜的话，那么，意义和意味就根本互不相关。如果它们完全相同，那么意义与意味的区分就毫无意义。

宽泛地说，整个现代西方哲学人文科学的发展，关键在于对“意义的寻求”，以及对意义真实层面的把握。在这一语境中，赫希一方面要逃离分析哲学的科学主义、纯客观主义意识，同时也要逃离存在主义式的或人本解释学的相对论色彩，而建立一种具有合法有效性的客观解释学理论。这一意向使他的理论具有了一种跨学科的性质，即不仅涉及哲学、文学、语义学、逻辑学、符号学、语用学等，而且还涉及诸多人文哲学流派，涉及逻辑实证主义先驱对“专名”的分析，以及现象学大师胡塞尔的《逻辑研究》。

就西方“意义哲学”而言，“意义”问题在霍布斯、洛克的理论之后，已经变得日益重要。弗雷格区分了意义和指谓，并把这一思想扩大到语句的分析上去，认为语句所表达的思想是语句的意义，语句的真正价值是语句的指称，这一意义论思想相当重要。其后，罗素受其影响，严格区分了摹状词和专名。维特根斯坦在《逻辑哲学论》（*Tractatus Logico-philosophicus*）中进一步强调意义和指谓的区别。当然，在《哲学研究》（*Philosophical Investigations*）中，维特根斯坦的观念出现了新的变化，即认为词的名称不是词的意义，词的意义在语言的用法中。同样，卡尔纳普也认为，命题的意义在于命题的实证方法，换言之，即单个的词没有所谓的意义，只有在一定的语境中，它们才具有独特的意义。

在美学界，自从美国的奥格登和瑞恰兹的《意义的意义》（*The Meaning of Meaning*，1923）一书出版以后，理论家大多从文学艺术、诗的语言来研究语义学，强调思想是以符号即词代表的所指客体或事件，而语词能够激发人的灵思，使词和对象之间形成一种有效的关系。没有所指的抽象词是无意义的，容易引起语言思维的混乱。人的思维、语词和所指的对象三者只有在健全的语言中，其相互间的关系才是有效的、完整的。所以，应该在一个语词句子中，找出所指的语义分析方法。无疑，普通语义学对赫希的意义解释学理论产生了不可忽略的影响。

赫希还进一步用胡塞尔的理论作为其理论的基本依据，并从胡塞尔的《逻辑研究》中吸收了相当的观点以支持其客观解释理论。他认为，胡塞尔区分了“意向性活动”和“被意指客体”，强调语言的意义因其为一种意向性客体，因而是不变的，意义最终是由说话人的意识特性所决定的。[①] 赫希抓住了胡塞尔的“意向性”概念，因此，他将“意义”看成作者或说话人的语词中所蕴含的意向性，并以此作为解释的开端。

但是，赫希的问题恰恰在于，胡塞尔并没有强调意义是在意向性客

---

① E. D. Hirsch, *Validity in Interpretation*, p. 219.

体里，意义也并非是一个纯意向性客体。胡塞尔强调的是：意义总是一种意向性行为，即作者在指定一种所指即意义的行为，或者是读者通过意向性客体或文本的媒介而复制作者意义的行为。因此，在我看来，尽管胡塞尔的意向性是作为“纯粹科学的哲学”的基础，但是他的意向性仍然是一种带有很强的主体性色彩。在胡塞尔那里，所谓意向性就是说意识总是一种关于某种对象的意识，意识的规定就是对于某种事件的趋向，它构成纯意识的唯一本质性结构。

胡塞尔的意向性分析，意味着对意识中真实和非真实内容的区别，而这种真实是处于活动状态中的行为，也叫意向性行为，而意识中的非真实性恰好被认为是意向性的对象，因此，真实的不是那种不变的对象，真实的是通过还原的、纯粹的自我意识。这种“纯自我”保持了意识的同一性，使得意识的意向性对象反而是经过多样性的意向性活动以后，形成的同一性的结果。

这样看来，赫希的纯客观解释理论，与作为其理论基础的胡塞尔思想，显然具有不小的差距和错位。赫希在《客观阐释》一章中认为，意义是一种意向性客体，应该在“指涉意义”（the referring meaning）与“主体事件”（the sbject matter）之间进行必要的区分。[①] 但是，赫希仍然强调，意义的根本倾向在于作品的不变中，阐释者面对作为文本的意向性客体，但是意义不在这个所谓的对象客体中，而在阐释的行为中。[②]

可以看出，赫希对胡塞尔的引用，实际上已经向他的纯客观的角度引申了一步。在胡塞尔的《逻辑研究》中，意向性同时指“意向客体”和“意向活动”，而意识本身被定为“意向性经验”。胡塞尔对内在于思维活动中的感觉材料、意向性行为和意向性客体进行了非常严格的区分。感觉材料是为意向性行为提供情感，但不是行为也不是客体，因为

---

① E. D. Hirsch, *Validity in Interpretation*, pp. 57-58.

② E. D. Hırsch, *Validity in Interpretation*, p. 134.

“属于意向性经验的真正结构的内在性意义是非意向性的，它们构成行为，提供使意向成为可能的必要的支撑点，但不是被意指的本身，不是展现于行为中的客体”①。相反，意向性行为组成了一个连续不断的情感交流体，使它们指向了同一个客体，而意向性的客体超越了意向性的行为。胡塞尔说：“在每一行为中，一个客体以这样或那样的方式被表现为确定的，而它们可以成为判断的、情感的和希望的等各种意向的目标。它们都声称展示着同一个客体，在这所有之中，我们意指的客体是一致的，但是，在每一个之中，我们的意识又是不同的，每一种都以一种不同的方式意指客体。”②

在胡塞尔那里，所谓“意义”（meaning）是一种语言符号及其内部所展现的思想。而语言表达的是一种内在的功能，它是要展示说话者的思想，因为“说话把这种行为呈现给听者，或者试图通过其意义与之交流，那个首先使心灵交流成为可能，并使连贯的语言成为话语的东西，在于那种受言语物质因素影响的、交流的、相对应的物质和精神之间的相互联系”。③ 在赫希看来，胡塞尔的观点之所以能够成为他的理论支点，在于胡塞尔有可能是这样表述其意义的，即说话者的意图可以被人“分享”，那么，听者就应该去复制它，即通过自己心中蕴含的一种意义，按读者所表达的方式去思考，这样，作者的意思就变成了读者阐释有效性的基础。

需要指出的是，某个客观的表述可能在许多方面意义含糊，它可能介入与几个意义的固定联系中，因而它取决于由它引起和意指的意义的心理学背景，或听者对说话者及其所处的具体情境的一种把握。然而，问题在于，听者是有一定语境的，在一种特殊的上下文语境中，听者应力求与说话者的意思保持一致吗？是否能够完全达到一致呢？怎样达到一致呢？这一系列问题正好是赫希所要解答的。

---

① E. Husserl, *Logical Investigations*, trans. by S. N. Findlay, New York, 1970, p. 559.

② E. Husserl, *Logical Investigations*, p. 578.

③ E. Husserl, *Logical Investigations*, pp. 276-277.

赫希的“意义哲学”或“意义解释学”，是把意义看作是由文本构成的意向性客体，它对意向性客体或主体内容（subject-matter）与意向性活动或意义加以区别，进而强调，意义的非作者原意论是错误的，因为文本展示与实际阐释具有相对应的意义。[①] 赫希批评说，如果意义是不可确定的，那么也就是不可知和不可分享的。这种阐释的“相对性”是赫希所不能接受的，因为一个文本的意义或此或彼的相对性，毋宁是违背作者“原意”的。否定了语言意义的自我相对性，就是否定了文本意义的特殊性。

因此，赫希要展开自己的解释学批判，他的锋芒必然指向本体论解释学代表人物海德格尔和伽达默尔。

第三节　理论特征与审美反思

赫希在确定了自己的理论依据以后，进一步将解释的客观性作为自己的理论目标。他声称，只有当意义本身是不变的时候，才会具有客观性。[②] 就此，他拉开了反对海德格尔和伽达默尔的激进“历史循环论阐释论”的序幕。

但是，值得注意的是，要达到客观性，赫希存在一个潜在的困难，即“阐释的循环”。他必得面对作者和理解者之间的阐释的循环，字词和句子、句子和章之间的阐释的循环，以及此一文本与所有其他文本之间的阐释的循环。要突破这个阐释的循环的本体论的框架是不容易的。赫希的意图就在于，尽量打破这种阐释的循环，并以他的理论为文本的阐释找到一种客观中立的基础。

---

① E. D. Hirsch, *Validity in Interpretation*, p. 45.

② E. D. Hirsch, *Validity in Interpretation*, p. 214.

一部作品的重要性可以随时间的前进和解释关系的变化而发生演变，但是作品隐含的意义是不变的。文本的意义是作者所表达的意义，因而是与自我同一的，可以再现的，具有有效性和确定性的。在阐释中，要把握这一明确的、可以再现的意义，而不受阐释者自己的体验或对作品解释的文化语境所左右，就只有排除自己的个体相对主义阐释因素，才能可谈得上“解释的有效性”。

据此出发，赫希详细地区分了“意义和意味”“理解与解释”“判断与批评”的含义。在他看来，作者想说的话即文字的“意义”，而阐释者对意义的构成是“理解”，对于这种理解的解释就是“释义”，对意味的分析和把握则是“判断与批评”。也就是说，理解与解释的对象是“意义”（meaning），而判断与批判的对象是意味（significance）。意义和意味之间有着根本性的差别，这一差别在于，理解是默然无声的，而解释是话语膨胀的；理解是内化的，而释义则是外在而不断添加的。赫希不同意伽达默尔所说的阐释是一种读者与作者的“对话”，是一种不断叠加新的意味的行为。相反，他认为，“只能按照文字意义本身的方式去进行理解，而超出这个之外，就变成了相对主义的，甚至是怀疑主义的观点”。[①] 他进而指出，“倘若我们并不是用文本自己的方式去分析文本的话，我们便根本没有触及到文本本身，根本就理解不了任何一个以我们自己的方式加以改变的东西”。[②]

在我看来，分歧的关键在于作品的“原意”究竟是否就是语言本身所表达出来的意思？作品的“原意”是否可以具有实际有效把握的可能性？尤其是当作者托名或者当作者去世后，甚至当作者对自己的原意加以反复无常的阐释之时，所谓“作品原意”究竟是什么？对此，赫希争辩说，确实存在所谓“作品原意”，而且具有两个突出的特性，即“再现性”和“确定性”。“再现性”是使解释成为可能的文字意义

---

① E. D. Hirsch, *Validity in Interpretation*, p. 135.

② E. D. Hirsch, *Validity in Interpretation*, p. 135.

的特征。假如意义不能再现，那么它就不可能被另一个人加以解读，因而也就可能被他人理解或进行新的阐释。同样，“确定性”使文本有某方面意义的特征，它是可以“共享意义”的一个必要前提。与此相反，“不确定性”不具有普遍共享意义。当一个文本的意义不确定时，它便没有了自己的框架，不可能自我同一，因而也就与别人所理解的意义不再具有同一性。①

其实，这一命题在追求确定性的时候，它的前提却变得非常可疑。如果我们认为一种意义存在，那么它实际就会存在，因此，人的阐释的决定性反过来倒成了文本本身意义的根源，这意味着这种解释的客观性其实已经具有了很浓厚的主观性色彩。用赫希的话来自我作注，就是：“我们一旦承认了意义是可以改变的，那就无法在竞争阐释中找到灰姑娘，没有一只可以用来检验的可靠的水晶鞋，因为，那只水晶鞋对于新的灰姑娘已经不适用了，因为对于解释者来说，这种稳定的规则缺乏与意义的不确定相当的内涵。”② 就是说，赫希要寻找的可靠性的依据只能是作者的原意，而作者的原意又需要阐释者在阐释过程中去寻找。这种“解释学循环”，使赫希的客观性同样难逃阐释的“怪圈”。

赫希为解除这种“怪圈”进行了相当的努力。在《解释的有效性》一书的第二章，他在反复强调意义和意味的区别后，进一步讨论了“确定性”词意和类型化问题、无意识意义和意向性意义问题、意义和对象问题，最后认为，传达作者意向性类型的可能性取决于以往解释者对这一意向类型的体验，否则解释者就没有办法揭示意义的根源，因为，他无从知道哪些意味构成了意义，哪些意味没有构成意义。为了使精神传达得以发生，意向性类型必须是一个被分解的、进行不同理解的类型。由此，意向性存在于自明的惯例中，只有这样，它才能具有共享性。

无疑，赫希将其研究的重点，即区分“意义”和“意味”的重点

---

① E. D. Hirsch, *Validity in Interpretation*, pp. 131–132.

② E. D. Hirsch, *Validity in Interpretation*, p. 146.

放到了“作者的意向性”上，其主要目标就是对于词意的确定性的把握。之所以要将确定性建立在作者的意向性上，是因为意向性是确定性的重要前提。词意的共享性，具有重要的客观化效用。意义的确定性使得意义是可以被复制的，可以被阐释者正确地理解而具有普遍性。从对作者原意和文字意义的研究，即对意义和意味的研究进一步往下推，应是解释者对“意义”的理解和阐释加以理性的反省，即“判断”和“批评”。赫希批评和判断的对象是“意味”。在他看来，文学批评即对意义和意味的区分，对理解、解释和批评的区分。这种区分对文学的批评实践具有重要的意义。深入探讨这种区分，进而运用到文学作品的判断和批评实践中去，将使所有文本的阐释都具有可共享性、普遍性和规则性。只有如此，才可能抵达“理解的客观性”的彼岸。

然而，人们在阅读实践中又经常感受到文本意义的不断增生，感受到个体解释差异性的真实存在。这种解释的差异性呈现出文本意义的不同维度，解释有助于达到理解，而理解的越多，所阐释的内涵就越多，而这正是批评的前提。面对解释的客观性“危机”，赫希仍然坚持理解在实践上先于解释，是从解释中分辨出来的，对文本作出解释的解释者都会意识到这一问题，只是其为了传达自己的理解，将采取一些略有差异的方式。这一传达依赖于他对文本的理解和他所面临的解释，他只接受了某一部分，而另一部分却在他那里隐没不彰。所以，任何解释只能部分地还原作者的原意，却在这种还原中叠加了某些方面的自我理解。这样一来，赫希的客观性实际上已不再那么“纯”了。

解释的“差异性”说明了既具有差异的理解，又具有不同程度不同层面的理解。这样，赫希就将作者的原意、作品的语言意义和读者的理解和解释区分开来：原意和语言总是存在的客观普遍有效性，是理解的潜在的基本要求，而理解和解释却具有差异性和不确定性。从这个角度，赫希强调解释确实具有客观性、有效性，但也具有差异性。它只能通过这种客观有效性去“重建作者原意”，并“保卫作者原本的意义”。

当然，赫希所探讨的真正的客观性并不仅仅限于此，他想说明的是，人们以怎样的方式理解某些作品并不重要，重要的是人们何以能就他理解的东西作出判断和批评性考察。在我看来，问题在于断定读者所作出的理解是否正确，最终也就是解释的正确性问题，因为，任何人的解释或多或少都打上了个性的印痕而具有自我意味。面对这一难题，赫希只能说，解释过程中具有解释者个性特征并不重要，而最终的解释是否“符合作者的原意”，才是问题的关键。

换言之，任何一个读者群都具有不同的解释方法，一切解释都具有历史性，所有的解释者都只能看到历史所给定他的东西。他的语言、他的兴趣、他的语境因时代而异，但这并不意味着文本的意义也因时代而嬗变。某个具备理解意义所需条件的人，以其与以前体验作品不同的方式理解作品意义，却有可能获得原意。每一个阐释者都对文学作品作出了自己的判断和阐择，在解释中既没有任何绝对正确的方法存在，也没有任何一种独一无二的可使用的范畴存在。当理解传达某种意义给某个待定的读者群时，人们总是采用那些有针对性的接受阐释法。赫希似乎并不在意有多少阅读意义的途径和方法，认为批评家作为解释者，其首要任务就是确定阅读那种文本的真实意味。基于这样一种理论框架，他在对解释与批评、意义与意味作了区分后，使这一区分超出了“注释”文本域的状况，而力求获得“普遍解释学”的意义。

就解释学论战而言，赫希严格地将“意义”和“意味”加以区分，同时又将意味、意义与理解、解释、批评的概念加以厘定，其目的是为了阐释在文本的注释中建立某个普遍学科，以导向解释学的普遍认识之维，进而通过“理解”这个概念达到对作者原意的把握。

“理解”包含着认识，“意义”的把握同样属于认识。词意和意义之间存在的区别表明，严格界定意义和意味的区别，是分析的前提。赫希强调，当我们去揭示某作品意向性意义时，我们在阅读行动上就必然受他人制约，只要他所表述的意义是我们的兴趣之所在，那我们就势必放弃自己的意志而受制于他人的意志。因为，表述的意义就是作者意向性传达的意义，就是我们努力放弃自我而揭示出原意的那个意义。一旦我们阐释的目标是去获得正确的、客观有效的意义，我们就不再是充分的自由的了。

赫希申辩说，人们如果是可以从作者原意中解放出来的话，也只是为了使自己得到更广泛的制约，但是人们仍然不可能完全抛弃作者的原意，因为作者的原意是始终与他的意向性联系在一起的，是他的意向所决定的。人们所阐释和理解出的作者立场是什么样，取决于人们进入他的深度和客观性立场，如果人们不把作者的看法转化为自我的看法，就无法揭示作者的原意，或者无法在不断的意识活动中将其意义准确揭示出来。在这个意义上，正确的批评必须从这种双重角度出发，即从作者的原意和我们正确地去阐释作者意义的角度出发方能臻达。

“理解”是解释和批评的前提，任何判断都包含着判断对象或文本的意义，判断本身就是一种评价权衡活动。“意义”这个概念就像包括价值判断一样，也包括事实的判断。人们对文本所作的阐释论述都可以视之为广义的批评。批评和意味互相依存，“批评”指向意味、涉及意味、描述意味。“意味”在给某个给定的情形中像意义一样，是确定和实在的，甚至有时比意义还重要，因为意味是读者通过客观阐释去充分揭示作者原意的有效途径。

批评比单纯的解释更有价值，尤其是当批评包含着解释之时，就更显示其批评的重要性。它不仅是揭示文本的意义，而且还准确地把握和传达出其中的价值含义。真正的批评是指将作者的意向性和行为加以对比，而不是将二者混淆起来，虚假的批评对解释的文本来说有害无益，因为这种批评经常忽视独一无二的作品所具有的独特价值性。正确的批评取决于正确的解释，而解释应该具有某个确定的认识客体，即作者意向性的词意。没有这种对正确性、有效性的验证，也就没有一个解释能够得到证实。对文本批评的方式可以多种多样，然而对该文本意味的基本判断则是保持不变的。[1] 理解、解释、判断和批评，是文本实际批评中的四大功能，缺一不可。

赫希在区别了上述两对概念以后，进入了实质性的分析，即反对新批评那种“反意图性”的批评，而坚持“作者意图”论。他认为，新批评那种斩断作者的意图谬误的说法是不合法的，因为，这事实上将文本看成了一个语言文体，而只允许对语言进行结构式的语言结构分析，这样，对文学的“文学性”批评就成了所谓的真正批评。然而，这就将其整个文学产生的背景：宗教的、哲学的、自然科学的、历史的、口语的，甚至是人的文化语境统统隔离于语言之外，以追求文学的文学性结构为名，而排斥了文学的特殊性和独特文化语境，使得追求作者作品原意变得非常艰难。从某种意义上将文学的意识、意义分析、价值分析变成了一种修辞学、语言学的分析，一种结构的分析，这无疑导致了批评思想的混乱。因为说到底，什么是文学的独特本质，什么是文学的特殊结构，很难达到统一的认识。

同样，赫希还对伽达默尔的“解释的怀疑主义”和“意义的相对主义”加以批评，认为，在现代的学院中，一种意义的怀疑和迷惘状况，很大程度上源于作者无关紧要的理论，这样一来，作品的意义变成了一种阅读行为，作者在读者的阅读中变得越来越不重要，甚至有“作者消亡”的可能性。读者不在乎作者的原意，而是强调自己的全新的阐释和体验，他成了文本意义的解读者，成了再创新的新作者。人们在某个词语、句子或文本中注了某种新的意义的时候，渐渐离开了原作者，而变成了一种自我语言的游戏。于是，读者取代了原来的作者，他先在地排除了作者意义的存在，这将导致当代美学和文艺批评的混乱。

如果文本的意义不是由作者决定的，而是由读者决定的，那么就没有任何一个读者和一种阐释能够说出文本的真实意义，因为文本根本上丧失了可供确定的意义。一个理论家，如果要“拯救正确性”“保卫作

---

① E. D. Hirsch, *Validity in Interpretation*, p. 144.

者的合法利益”的话，那么他就必须同时“拯救作者”[1]。也就是说，批评家的首要任务就是去指明，排斥作者的所谓论据是如何丧失了合法性的。

可以看出，赫希对作者原意的追求大抵难以实现。因为，这个问题涉及确定不同甚至是彼此对立的解释标准时，解释者却拿不出任何一条证据来证明是作者原意，所以他只能自己认为自己的解释是正确的，那么他只能面对这样一个悖论：解释者的解释才是作者意向性的原意。赫希就完成了这样一个逻辑怪圈，即正确的理解和解释，必与作者所意向到的意义一致，而你怎样能够证明你所把握的作者意识是如此呢？意义的客观有效性就仍然是一个悬搁的问题。

这表明，反怀疑论对相对主义具有某种意义上的纠偏，然而赫希的新的意图论即作者意图论问题仍然很多。这有可能潜在地导致解释者坚信自己对文本的看法的“唯一”正确性，而在某种意义上排斥其他看法，而其中也许有一种或多种看法是作者或接近作者的原意。如此一来，所谓解释者阐释的客观有效性，就在这种顽固的、坚持己见的看法中，离正确的客观意义越来越远了。更为严重的是，为了追求这种客观性，而将自己的解释转换成作者的原意，有可能严重歪曲文学作品的意义，从而阻止作品意义在不同时代发出新的声音。

赫希的客观解释论从某种意义上来说，确实对解释的循环、解释的相对性和怀疑主义具有某种纠偏效用，但是他自己仍然难以逃离“解释的循环”的怪圈，仍然使其客观有效性变成了以他的所谓的阐释者意识和直觉到的那种意义为其原意，这样的原意论和新意图论当然遭到了来自各方面的批评。

英国著名美学家特里·伊格尔顿在他的《文学原理引论》中认为，“赫希的基本观点‘文学的意义是绝对的、一成不变的、完全可以逃避历史的嬗变’的看法是存在问题的，这是因为他的理论像胡塞尔一样是

① Cf. E. D. Hirsch, *Validity in Interpretation*, Chap. 1.

先于语言的，意义是作者主观生成的某种东西，它是一种幽灵般的精神行为，这种行为一直被确定在一套物质符码中，这种试图确定某人头脑中在想什么，然后声称这是一篇作品的意义的想法，显然是有问题的。”① 也就是说：在赫希理论中，以为作者的意义属于自己，读者似乎不应该去攫为己有或加以侵犯，文本意义不应社会化而成为读者的公共文化财产，它仅仅属于作者个人，在他去世很长一段时间内，仍保留着独一无二的意义解释权。

不难看到，赫希的这一观点事实上是武断的，几乎无客观有效性可言。他保护作者的意义很像保护那些持有不动产的头衔，就此，伊格尔顿反问道：“批评家可以获得作者的意图，就可能要靠他把文学文本置于一个确定的意义之中吗?”② 事实上，意义并不像赫希所想象的那样稳定和明确，即使作者作品的意义也是这样，也会不断变化，因为语言本身就是不确定的、不稳定的、意味模糊的。作者的意图本身就是一个复杂的文本，它像其他的文本一样可以争论、阐释、理解和作出不同的批评的，没有什么独一无二的、根本不变的所谓的作者原意，文本只能在文本阐释中生发出的新的意义。

同样，美国客观主义批评家 P. D. 却尔在《解释：文学批评的哲学》一书中，也对赫希作出了批评。他认为，在美学上，如何确定一部作品的意义是当代重要的哲学和美学问题，而对此的回答大致有这样几种：其一是读者感受决定论，即读者的意图决定一部作品的意义，其代表人物可以说是享格尔・兰德；其二是批评家的个人兴趣决定论，其代表人物是卡勒・L. 史蒂文森；其三是美学判断决定论，其代表人物是西奥多・雷德帕斯；其四是语言结构决定论，其代表人物是克瑞斯和卡普兰；其五是历史视野融合决定论，代表人物是伽达默尔；其六是作品语言规则决定论，代表人物是门罗・C. 比尔兹利；最后是文学作品意

① Terry Eagleton, *Literary Theory: An Introduction*, England: Basill Blackwell Publisher Limited, 1983, pp. 67-68.

② Terry Eagleton, *Literary Theory: An Introduction*, pp. 68-69.

义的作者意图决定论，代表人物是赫希。①

却尔在七种观点中倒是赞同赫希的观点，因为他作为绝对客观主义者要维护这种客观解释论观点。他认为赫希的《解释的有效性》和《解释的目的》，对文学作品意义的阐述和对作者意图的阐述之间存在着逻辑关系论述是有见解的。然而，却尔又对赫希的观点深感不满，因为赫希认为作品“意味”和作者“意义”之间存在内在联系，甚至说应该把作者的意图当作判断作品意义的标准。却尔认为，文学作品“只有一个唯一正确的解释”，因为一部作品在逻辑上不可能具有相互矛盾的众多的意义，而且，在原则上是可以确定一部作品的正确解释的。这样，他就已经在客观性的道路上比赫希走得更远了。却尔指出，赫希认为的作者的意图才是真正鉴别标准的主张是错误的，因为，人们为了追求客观性有可能完全背离文学作品的原意，而且他认为，赫希提出的意义和意味之间的区别并不能帮助人们解决文学作品解释中的众多的分歧，因为这一区别是以作品的意义是作者的意图这一假定出发的，这导致了人们争论不休。加之，赫希以保卫作者的意图为出发点，而不是对表达一部作品的概念加以分析，因此，其论述不具有普遍有效性。在我看来，却尔的客观主义立场具有更多的盲点，忘掉了解释学的人文科学性质。他在阐释科学性和客观性的解释学方面，已经达到了与海德格尔、伽达默尔相对性的反面。

我想说的是，赫希在自己的理论中，对阐释的确定性做出了自己的分析，尽管他的客观主义立场使得他的论敌和自己的友人都分别对其加以批判，而他自己也遭遇到各种困惑而难以解答，然而，他终是在当代美学的关键问题上，以其理论的困惑为我们指出了一条解释学问题的“路标”，即解释的客观有效性自身的限度边界问题，以及其理论自身的有效性问题。同样，他还从反面证明了伽达默尔的解释学理论确实在

① Cf. P. D. Juhl, *Interpretation: An Essay in the philosophy of Literary Criticism*, Princeton University Press, 1980, Chap. 1.

倡导“视界融合”，倡导人文阐释的“解释学循环”是其本体论的根据这一点上的诸多合理性。

当然，赫希理论对我们如何逃避那种绝对的怀疑主义和相对论，以解释者自己的意义完全去取代作者的意义而出现的“歪曲式解读”，甚至是解构主义式的“误读”的纠偏，确实尚有其自身的意义。可以说，这种客观主义和相对主义解释学的论战，成为当代文学解释学的一道景观，同时，也成为文学解释学中值得我们进一步思考的问题。

第四章　解释学美学话语

当代解释学美学占主导地位的理论，无疑是伽达默尔的理论。然而伽达默尔的哲学解释学诞生以后，在引起人们广泛的重视的同时，也遇到了强有力的挑战。对伽达默尔的解释学进行挑战的，除了前面论及的利科尔和赫希以外，主要有三位当代哲学家，一位是“法兰克福学派”的后起之秀哈贝马斯（Jürgen Habermas，1929—　），第二位是法国解构哲学家雅克·德里达（Jacques Derrida，1930—2004）。第三位是美国哲学家罗蒂（R Rorty，1931—2007）

第一节　哈贝马斯的批判解释学

哈贝马斯在同伽达默尔的论争中，建立了自己的“批判的解释学”，标示出“法兰克福学派”的语言哲学的转向。

哈贝马斯是一位有创见和批判精神的思想家。其早期是在法兰克福学派批判理论的框架中进行自己的理论探索。他强调理论与实践的统一，强调理论与现实危机的紧密联系。他从晚期资本主义发展中，看到其不同于早期资本主义的特点，因此，哈贝马斯到了20世纪60年代后期逐渐形成自己的理论体系：强调向科学哲学靠拢，吸收分析哲学、语言哲学的理论资源，通过解释学将批判理论同分析哲学结合起来，并称自己的这种“综合性”理论为“交往合理化”理论。

从自己的理论出发，哈贝马斯不再关注解释是否可发现作品原意这类解释学问题，而是要求解释学培养批判的敏锐性。在解释作品过程中超越作品，批判地评价作品的社会价值和历史意义。

哈贝马斯注意到，伽达默尔的解释学理论继承和发展了海德格尔的思想传统，深刻地批判了近代欧洲思想界的实证主义和科学主义倾向，纠正了历史主义的偏颇，指出了理解的历史性和有限性，在诸多方面走在了时代的前头。哈贝马斯认为，伽达默尔的最大贡献是把解释学同“运用”或一般的实践联系起来。但伽达默尔重视本体问题，而忽略了重新探讨人文科学的认识论问题，而且，伽达默尔的理论缺乏对传统本身的反思和批判，因而容易导致政治保守主义和历史相对主义。因此，哈贝马斯为自己设立了一个基本目标，即重新思考批判的概念和批判理论，从而更新批判理论原初的关于解放的意向。因为，在他看来，批判和反思是人类解放的必要步骤和前提。正是基于这样一种认识，哈贝马斯在接受伽达默尔的一些正确观点时，也站在批判理论的立场上对伽达默尔进行了批判，并希望通过将分析性的科学与解释学的辩证结合，而形成一种新的批判理论。

哈贝马斯在1967年发表了《为了社会科学的逻辑》一书，书中批评了伽达默尔的一些基本观点，由此揭开了他同伽达默尔争论的序幕。这场争论的中心问题是对传统本身能不能加以反思相批判？反思能将它自己从它的历史条件中解放出来？哈贝马斯的基本看法是："解释学的洞见肯定是正确的，即理解——无论可以怎样被控制——都不能越过解释者与传统的关系。但是，从理解在结构上是通过同化进一步发展的传统的一部分这个事实，不能得出传统的中介无法被科学的反思深刻地改变。虽然它从传统出发并要回到传统，但在把握传统的发生时，它动摇了生活实践的独断论。"①

在哈贝马斯看来，伽达默尔在其哲学解释学中，过分注重传统的重要性，把传统看作一切理解活动的先决条件，使可以判断真伪的理性屈从了传统的权威之下，在传统中消融了真伪的区别，进而将全部社会意识形态都看成是真实合理的，最终陷入"相对唯心主义"② 的泥淖。哈贝马斯同伽达默尔反其道而行之，坚持理性同传统的对立。他认为，"历史影响的因素，在一切对传统的理解中都是有效的"。这一事实本身，并不能证明传统的合理性和权威，把解释学探究同传统的延续简单地等同起来，是片面强调了参与和对话而忽视了疏远化和批判。当然，批判和反思并不是拒绝任何传统的主张。实际上，在批判的反思中，我们既拒绝又接受传统的有效性主张。哈贝马斯承认传统和成见是理解和解释不可避免的必要条件，但这并不意味着解释者对制约他理解和解释的传统无所作为，全盘接受，而不能对之进行反思和批判，虽然这种反思和批判不能取消它们，却能影响和改变它们。

---

① J. Habermas. *Zur Logik der Sozialwissenschaften*, Frankfurt: Materilen, 1970, SS. 282-283.

② Cf. J. Bleiche, *Contemporary Hermeneutics*, London: Routledge and Kegan Paul, 1980, p. 204.

哈贝马斯指出："历史地前定的东西的实在在反思中被接受时，并不是不受影响的，已经明了成见的结构不再能作为一个成见起作用但这恰恰是伽达默尔似乎意指的。伽达默尔用传统来证明成见的权力这种成见，否定了反思的力量。然而，后者在能拒绝传统的主张中证明了自己权威和认识并不集于一处。当然，知识植根于真实的传统，它仍然受偶然条件的束缚。但反思并不是无所作为地在传下来的规范的事实性上消磨自己。它必须依从事实，但在回顾时它发展了一种反思的力量。"①

在作为社会意识形态的语言传统是否绝然真实这一关键问题上，哈贝马斯尖锐地批判了伽达默尔的解释学语言理论，指出，伽达默尔把语言和传统从本体论上加以绝对化，认为一切理解都通过语言发生，进而提出解释学能普遍适用于人类行为的一切领域的主张。按照这种理论，语言被看成是以它自身之外的东西为基础的。哈贝马斯拒绝这种主张，并强调，伽达默尔的语言理论，实际上认为语言是某种前语言实在的反映，然而这种反映却是一种歪曲的反映，因为由于社会统治力量的强制性作用，人们的语言交往、解释意识中的"主体间性"（Intersubjektivität）往往会被扭曲，达不到那种理想的"真实的理解"②。语言不是中立的，它必然会受到各种外部因素的影响，因而，语言是意识形态的，必须对它进行意识形态批判。哈贝马斯指出："可以说解释学是从内部碰到了传统构架的墙。把语言看作是一种一切社会体制依赖的无体制是很有见地的；因为社会活动只有在日常语言交往中构成。但这种作为传统的语言的体制，显然反过来又依赖于无法用规范制约的社会进程。语言也是支配社会权力的媒介，它用来使有组织的力量关系合法化。只要这种合法化没有说明它们使之可能的力量关系，只要这些关系只在这种合法化中得到表达，语言也就是意识形态的。这里不是语言中的欺骗的问题，而是用语言本身来欺骗。正视这种符号构架对于现实条件的领会性的解

---

① J. Habermas, *Zur Logik der Sozialwissenschaften*, SS. 284–285.

② J. Habermas, *Zur Logik der Sozialwissenschaften*, S. 273.

释学经验变成了意识形态批判。”①

伽达默尔的解释学研究方法将语言、意义同社会现实相剥离，因而它总是倾向于把复杂的社会问题研究归结为单一的寻求意义，并在设定文化传统是“包容一切”的基础上，将社会进程完全简化为文化传统，把社会学简化为对于传下来的意义的解释。

对此，利科尔在《道德与文化》一文中指出，伽达默尔与哈贝马斯的哲学分歧可以归结为两人解释学上取向的差异。伽达默尔的哲学，因总是强调语言及其意义，而无视语言、意义所赖以存在的社会生产劳动环境和经济发展的情况。因此，对作为“前理解”的结构，只单方面地肯定传统对“前理解”的制约，结果是伽达默尔无法辨识出语言是在劳动与经济发展之间作为交流的媒介。伽达默尔哲学解释学对存在的认可，只停滞在语言的层面上，造成了语言的本体论化。当海德格尔与伽达默尔痛心哲学已将存在问题遗忘，要力挽狂澜地扭转哲学的趋势，重新认识人与存在的意义关系时，哈贝马斯却同时向海德格尔和伽达默尔发出警告，他们的哲学也在语言的本体化中把更根本的人类与存在的关系遗忘了。补救的办法是解释不只以传统为背景，而要以社会的经济发展和它对人类存在的制约作用去理解传统，这样，“传统将不再是处于未决状态的某种理解的东西，而是我们能在它与社会存在的整体的其他成分的联系中把握确定传统，以便展现传统以外的那些经验的条件。在这些条件的限制下，理解与行动的超验的法则发生着变化”。利科尔将伽达默尔这种强调传统决定个人理解视界的哲学视为“上溯”（ascending）的哲学，而对哈贝马斯的注重社会的进程和经济的发展，主张对资本主义社会“传统”和意识形态，必须联系经济、政治条件展开批判，以剥离其伪装，发现历史过程的真实意义的哲学，喻为“下

---

① J. Habermas, *Zur Logik der Sozialwissenschaften*, S. 287.

降”（descending）的哲学。①

从“下降”的哲学观点出发，② 哈贝马斯认为解释学只有同意识形态批判相结合，才具有普遍有效性。当然，意识形态批判对传统的反思必须要有一个传统之外的参照系，一个由于系统地说明了传统变化发展的经验条件而使传统非绝对化的参照系。因此，解释学又必须结合对于社会制度的分析。哈贝马斯认为，正是这种对社会缺席的分析，这种通过运用因果关系的人本主义的理解来形成的意识形态批判，才使人逐渐从支配他的力量中解放出来，去实现一个更加自由的社会。

总之，哈贝马斯的批判解释学认为，那种一味对传统开放的哲学解释学态度是不足取的，相反应在对历史的敞开中对传统加以置疑。不仅要看到语言的积极作用，也要看到语言因袭传统的重负，而对人产生的消极作用。因此，理论不能单纯地从对文本的理解出发，而要把理解上升到人和社会的意义。人既为意识形态的理性所支配，又为无意识所支配。因此人的理解受社会的制约，批判地重建个人和社会过程比对文本的意义进行解释更重要。这就是说，仅有解释学是不够的，还要对理解的条件进行社会分析。

批判的解释学在西方马克思主义者中引起了争论，德国哲学家阿夫雷德·劳伦塞（Alfred Lorenzer）和桑特库勒（Hans Jorg Sandkuhler）批评哈贝马斯并未摆脱“主观主义”“唯心主义”，因而，必须真正建立一种“唯物主义的解释学”。

---

① P. Ricoeur, *Ethics and Culture*: *Habermas and Gadamer in Dialogue*, in *Philosopohy Today*, X V, p. 153.

② 利科尔认为，哈贝马斯斯的批判解释学与伽达默尔的哲学解释学在以下几个方面进行论战：1. 伽达默尔注重理解的“成见”的重要，而哈贝马斯则倡导“兴趣”（Interesse）；2. 伽达默尔注重与当代文化传统的重新解释有关的人文科学，而哈贝马斯则求助于“社会批判理论”，矛头直指制度的具体化；3. 鉴于伽达默尔把“误解”当作理解的内在障碍，哈贝马斯提出“意识形态”的理论，并解释成运用力量而造成对交往系统的曲解；4. 伽达默尔强调理解，哈贝马斯则倡导“交往”理论，并指出这种交往不是先于我们，相反，交往是从未来引导着我们。Cf. P. Ricoeur, *Hermeneutics and the Human Sciencd*, Cambridge University Press, 1981, p. 78.

同时，伽达默尔对哈贝马斯的批评，也提出了反批评。认为，哈贝马斯否认传统对理解的制约，一味标举超出历史视界和处身的传统去进行反思批判，带有唯心唯理论色彩。因而伽达默尔重申，反思仍是基于历史基础上的反思，反思的力量并不能改变反思者从属于历史。哈贝马斯简单地将传统与反思抽象地对立起来，然而殊不知，反思批判的主体不可能超出历史之外，他运用的概念、范畴、原则必然是植根于历史之中的，而且他处身于历史之中不可能对一切都提出疑问。因此，伽达默尔断言，批判必然是部分的，必然是从某一特定视界出发的。如果批判的观点本身要加以反思，那么这必然要从另一个观点出发，也就是要建立在别的被认为是理所当然的预设基础上。反思总是处于是某种特定历史处境中的反思，它无法摆脱这个处境。在向文化遗产挑战时，人们已经预设并延续了。

伽达默尔对哈贝马斯批判理论的“语言观”也提出质疑，他不同意哈贝马斯把语言看作是社会生活诸方面中的一个方面，得在一个包括社会劳动和权力关系的更普遍的构架中相对化的观点。伽达默尔说，自己从来就没有“像哈贝马斯归罪于我的，所谓语言表达的意识决定实践生活物质的在”①。相反，自己从来认为语言不能脱离世界。人永远是以语言的方式拥有世界。语言并不反映思想，或以某种方式先于世界；语言和世界同时出现，世界改变了，语言也必得改变。

纵观哈贝马斯的批判的解释学，可以看到，他企图使科学同批判理论沟通起来，即“用解释学和语言分析的概念作为消除批判理论不足之处的方法”。在哈贝马斯看来，解释学之所以能使科学与批判理论沟通，主要因为解释具有以下四个功能：1. 解释学以理解的历史性和创造性摧毁了传统社会科学自以为是的客观性；2. 解释学提醒社会科学注意到他们的理论概念并不像自然科学那样精确；3. 解释学可以使自然科学理论更具有理论特点；4. 解释学可以把有成果的科学信息转变为社

---

① Hans-Georg Gadamer, *Philosophical Hermeneutics*, p. 35.

会生活世界的语言。正是解释学具有的这一将科技知识转变为具有交往能力的“生活世界”（Lebenswelt）功能，或解释学正是具有的通过对话式的语言进行沟通的功能，解释学便开辟了这样一条道路，使人们能够将自己的普遍的人类生活经验以及科学经验都包括在一起。

哈贝马斯终于通过解释学完成了他对科学与批判理论的调和，实现了二者的“沟通”。他的批判的解释学理论使解释学避免了重新走入“玄学”的危险，从而使解释学扭转方向，而走向实践。哈贝马斯以自己的批判解释学去剖析资本主义社会意识形态扭曲和荒谬的根源，他的学说揭露了资本主义社会意识形态的扭曲性，包含着合理的批判成分。

哈贝马斯不同意马尔塞的激进主张：当代人的解放以改造社会科技结构为前提，他认为更重要的是改造扭曲的社会语言交往结构，即凭借思想家的力量，通过解释学的“对话”方式，通过改造意识形态，以改造资本主义社会，实现人类的解放。这与马克思的社会政治经济实践变革而达到人类解放的理论相去甚远，并带有浓厚的改良主义色彩。

第二节　德里达与伽达默尔

如果说，哈贝马斯和利科尔对伽达默尔的批评尚属于建设性的批评的话，那么，解构主义代表人物德里达对伽达默尔的抨击，就可说是颠覆性的了。这场德法思想家之间的关于解释学与解构学之间的论争，影响遍及哲学、美学、诗学等各个领域。

德里达与伽达默尔之间的论争和互相批判，是“新文本主义”和“新解释学”之间论争的集中表现。与逻辑实证主义认为的语言的本质是逻辑，或结构主义语言学认为语言的本质是语法不同，伽达默尔坚持海德格尔的看法：“语言的本质是诗。”语言不是工具，不是思想内容的形式外壳，人不可能到语言背后去寻找什么，而只能在语言中去发现创造。语言的诗化本质所禀有的穿透力和创造力，使存在者之间的交流直接成为生命意义的表达，使解释成为理解的往返运动。

进而言之，以后期海德格尔和伽达默尔为代表的新解释学，一方面要求一个完善的诗化作品理论，这使其坚决反对传统美学作品意义自足论，坚持作品是一个开放性体系，艺术（诗）的语言显示出语言之为语言的特质，并使语言成为语言，使存在寄寓于这种原则性的语言之中，这意味着意义是随历史的发展而不断演变的，没有客观不变的意义。另一方面要求一个富有活力的读者解释理论，这使其反对作者原意说和客观解释论，张扬理解的历史性和解释的普遍性。

这样，解释只与作品发生关系，而与作者无涉，“真理”只存在于读者对艺术的参与性体验之中。换言之，与作者“原意”相符并不意味着把握了艺术真理，相反，真理是由作品实现的，并被参与其中的读者所接受、所影响了的现实的指涉。在其中，时间或历史并非旧解释学所说的是一段在抵达作者原初意义上的无法消弭的障碍，而是构成这一理解的“前结构”和中介桥梁。正是在时间的流逝中，意义呈现出不同往昔的形态，使人在追忆过去的时代相关性中，感到作品的新意义在向未来敞开。

然而，在德里达看来，伽达默尔与后期海德格尔的差异恰恰在于，伽氏强调“被理解的存在是语言”之时，没有注意到海德格尔的另一层意思，即：说话的是语言而不是人。海德格尔之所以成为解构主义的理论来源之一，除了其重视差异性反对同一性的思想指向之外，就在于他坚持认为：人不是语言的主人，不是产生语言的主体，因为“语言就是语言”，“言语说话”。[①] 语言以敞亮的遮蔽的方式呈现世界，并以其说（Sagen）呼唤物，使物物化，在天、地、人、神四重根中形成为世界，使物从遮蔽状态走入澄明。在这个意义上，语言说的词语具有命名

① M. Heidegger, *Poetry, Language, Thought*, Harper and Row, 1971, p. 191.

的力量，使各个在者呈现出来，是其所是。而词语本身不是物，无名可循。词语存在，它只给予着。人说话，乃是因语言说话。

语言说话，意味着人必须听到语言之说，得到语言的允诺和鼓励然后才能说。人永远只能跟在语言后面说，我们之所以能俯身倾听语言，因为我们属于语言之说，人的本质就在于这 Logos（说、聚焦），人是对语言之说的说者。人不可能逃离语言的边界，人不是处于语言之外，也不足以高于语言之上，因为，人的生活意义是由语言的创生性所激活的。人一直参与着语言的本质，因为这种参与，我们才能让语言对我们说话，才能应答语言并说出语言。人的本质与在场和在场有的差异性之间的关系是语言，人只能在语言涉及我们的存在之域中直观到语言的本质。诗性语言与无聊闲扯的日常语言完全不同，它为一切提供道路（Weg），它是原初的“道”。一言以蔽之，只有诗与思才是人之说的本真方式。

伽达默尔强调解释学对语言作本体论的研究，认为“语言是我们存在世界起作用的基本方式，是世界构成的无所不包的形式”①。他将后期海德格尔的语言观与后期维特根斯坦的“语言游戏”相融合，认为语言是“生活的形式”，人在理解中使用语言，使“传统”不断演进，亦即从一种“语言游戏”演进为另一种新的“语言游戏”。然而，伽达默尔仍未逃脱德里达的批判。

在德里达看来，伽达默尔的新解释学，仍然归属于中心性、整体性形而上学观。而且，如利科尔指出的那样，他低估了言语与写作二者差异的重要性。这种分歧又尖锐地体现在新解释学和解构主义的新文本观对作品或文本的看法上。新解释学和解构主义都对传统作品观不满而加以批判，然而解构主义更为激进。它在否定传统作品观的同时，连带新解释学的作品文本论也否定了，于是，由新解释学文本论到解构主义文本论就出现了以下几个方面的历史性转折：

① Hans-Georg Gadamer, *Philosophical Hermeneutics*, p. 3.

在作品本体存在形式方面，传统作品观认为，作品是书籍表征出来的实体，是自足的系统，是自我相关的；新解释学文本观认为，文本是体验和理解的对象，文本在读者的理解中复活，作品具有被编织而成相与他者编织在一起的特点；而解构主义新文本观则认为，文本是语言活动的领域，文本之外别无他物，文本是一个自我指涉的体系，文本与其他文本交织，文本间性使终极意义不复存在。

在作者与作品的关系方面，传统作品观把作者与作品看作是父子关系；新解释学文本观认为，作者是作品之父，读者则是作品的再生之父；而在解构主义文本观那里，文本与作者无涉，是无关的网状关系。

在写作与阅读的关系上，传统作品观指出，写作与阅读是相互分离的，作品是严肃的呕心沥血的创作结果，阅读同样是严肃的事情；新解释学文本观主张，写作与阅读通过文本而联结，阅读即创造；文本是作者与读者达到心灵对话而消除误解的中介桥梁，作品具有真诚性；解构主义新文本观则认为，写作即阅读，阅读即误读。文本就是一切，文本是语言游戏，是令人欢欣的。

在作品是否表达真理问题上，传统作品观认为，作品总是为表达某种东西（观念、真理、欲望、情感）；在新解释学文本观看来，文本说话并呈现意义，它使解读者达到视界融合并超出原有的视界；解构主义新文本观认为，文本以能指为中心，只重视言说行为本身，至于表达什么是无所谓的。

在作品存在的价值问题上，传统作品观主张，作品是作者思想的外壳，是储存思想的容器；新解释学文本观认为，文本在言说，总在揭示某种现实存在，语言是存在的家；解构主义文本观认为，文本无意将词与事物一一对等起来，语言无法掌握现实，语言是存在的牢笼。

可以看出，新解释学的文本论同传统作品观强调作者的主导地位不同，新解释学张扬读者的能动性和创造性，而新文本理论则固持“人的终结”这一信条，而坚持“文本”性。这种根本的差异，使伽达默尔与德里达不断发生论战，于 1981 年 4 月 23 日和 24 日在巴黎歌德研究所举行的“文本与解释”的专题讨论会上，两位哲学大师发生了正面交锋。

伽达默尔首先宣称，自己的解释学“文本与解释”观，是基于一种人文科学的浪漫主义传统，正是在理解是永无尽期的过程这一质点上，才能正确把握“语言是被理解的存在”的命题。他明确指出，他对德里达的“语言是交流的障碍，解读是误读，语言是存在的牢笼”的观点不能苟同，相反，语言是达到互相了解和对话的中介。“文本”不是目的而是手段，理解文本是一个过程，在这个过程中，人与人达到沟通而增加共识才是目的。

伽达默尔进一步强调，文本不是“一切”，因为文本有多种类型，作为反讽的反文本和行为非本真的伪文本，并不必然地表现其文本的意义，因此，这类含有言外之意的文本，往往是对言中之意的反动。而前文本（Urtext）往往将真实意图隐没不彰，需要通过意识形态的批判去表现出来，或由心理分析家对这类梦呓般矛盾迭出的语言加以阐释方能了解。这样，理解文本就不是一种走向误读的路径，而是剥离其虚妄之意而抵达本真之意的过程。那种将扭曲的可理解性当作理解文本的标准，是行不通的。同样，那种借助词语的多义性或双关性（如德里达的分延、播撒、踪迹、替补），来说明意义的非确定性、语言的非中心性、意识理性的遮蔽性、语言的不透明性和非超越性的做法，除了使语义含混和阻断交流以外，似乎并不说明什么。伽达默尔断然反对这种含混的双关词和使用隐喻以及隐含隐喻的话语。

伽达默尔将以德里达为首的法国解构主义思潮称作是对自己的“真正挑战”，并声称德里达一再将新解释学置之于形而上学领域是一个错误，因为，哲学解释学并不必然依赖于任何“在场”的形而上学。因为，言说是为了寻求理解，理解者从来未打算去歪曲别人的言说的意义，相反，理解者总是怀着“良好的理解愿望”去理解他人的交流动机。他希望与德里达通过对话达到互相理解，以取得某种“共识”。

德里达在题为《善良的权力意愿》的回答中，向伽达默尔提出三个问题：首先，对理解者依然怀有“善良的意愿以及对达到理解中一致的意愿绝对承诺”表示怀疑，因为，这表明伽达默尔预先设定人人都怀有理解的意愿，而诸如意志、在场、意义的表达的必然性，均居于“形而上学时代”。其次，对伽达默尔所提出的理解的普通性和历史性表示怀疑。在德里达看来，伽达默尔把解释的语境描述为活的对话中的“一种体验”，一种与“生活联系”的语境，即在活的对话中的活的经验，是相当成问题的。因为理解并不是可以预先设定的，相反，理解总是一种对先验设定的突破，一种对话境乃至语境概念本身完全重构。再次，德里达对伽达默尔的理解模式提出质疑。德里达坚持认为，那种理解的终点是达到“赞同和一致”的看法，仅是一种主观的愿望而已。其实，理解的终点绝非是达成一致，而是多义误解。理解的前提也不是和谐关系的延续，相反，是在对抗中形成的和谐关系的中断。也就是说，谁也不能规定某种对文本理解的方式是唯一的，相反，对文本思考和理解方式是无限的，因此要获得所谓一致的终极意义是不可能的。

对德里达的挑战，伽达默尔以《重申：良好的权力意愿》作为回答。伽氏首先拒绝承认自己努力达到理解的一致与“形而上学时代”有什么关联，同时重申获求理解的“善良意志”仅仅是“希望被人理解”。因为，理解中的一致是人类得到共识、消除误会的前提。伽达默尔承认，那种达到理解绝对一致的设想，必然遭遇到理解之中断裂的“裂口”，任何以书写形式出现的字词总还是一种裂口，它要求人们中断其经验的习惯过程及其期待视野。然而，正因为有“裂口”，才需要不间断地理解，“正是在这种词与词、问与答的交换形式中，真正的相互理解才能产生”①。伽达默尔争辩道：自己并不想说，将人们联系在

① Cf. *Dialogue and Deconstruction*: *the Gadamer-Derrida Encounter*, State University of New York Press, 1989.

一起并使他们成为对话伙伴的那些一致因素，总足以使人们达到理解和相互之间的完全一致。就是存两人之间，也只能要求一种永无完结的对话，这同样适用于灵魂与其自身的内部对话。当然，人们会不断受到种种限制，人们各说各的，互不相干，甚至处于与自己的矛盾误解之中。人们只有共同进行长时间多方面的对话，才能达到某种共识。伽达默尔强调，每一种寻求理解的阅读都只是在一条永无尽头的道路上迈出的一步。走上这条道路的人知道，他或她将永远不会完全支配文本，文本的意义在于不断的对话式的求索之中，在于自我体验的对象化认识中。

这次思想交锋，并没有达成一致的共识，相反，展示出作为当代显学的新解释学和解构主义在诸多立场上的迥然有别和思想上的交织缠绕。德里达与伽达默尔的对话紧紧围绕文本观与解释观展开，并在理解与非理解、内在与外在、连续与中断、真理与非真理等重要问题上，提出了一系列现代思想史上最新的观点。

这次著名的论争，其重要性不仅在于已说出的方面，还在于那些未曾说出的方面。它不仅提出文本的理解和人的真正的交流是否可能的问题，而且相当清晰地展示出解释（求同）与解构（求异）的内在矛盾性。一方面，新解释学将理解、认同、意义及其表达作为根基，认为意义优先于表达的“主要部分”（即语言和符号），也优先于历史性、死亡观。因此，伽达默尔重新确立逻各斯和最接近逻各斯的一切——人类的声音，以及伴随着它的理解中逻各斯在场的方式。

德里达在文本观和解释观等方面同伽达默尔解释学所形成的冲突，是基于德里达这样一种认识，即西方形而上学的总体发展过程就是一个为确定中心结构而进行的努力，这个中心结构作为形而上学史的篇名可以是理念、上帝、先验意识、等级秩序等。而伽达默尔的哲学解释学是属于形而上学的，因为，在德里达看来，伽达默尔秉承胡塞尔、海德格尔的解释学理论，一心贯之地维护中心结构，表现出一种浓厚的历史的人本的世界观，这是德里达所不能接受的。德里达以其分延概念，力图解拆中心结构，颠倒逻各斯中心主义，坚持非时间性、非历史性的符号结构论，进而提出与伽达默尔迥异其趣的文本理论和意义理论。这样，解释学和解构学的差别，导致了当今世界著名的后现代文本意义论战。

正是在理解的历史性和普遍性这一命题上，伽达默尔受到德里达解构理论的强烈批评。解构哲学所要消解的根本目标就是“逻各斯中心主义”的“在场”。在场是中心、实体，整体的根基，是以确定的时间方式——现时呈现的本体性实体。德里达认为，包括海德格尔、伽达默尔在内的解释学，仍然置身于形而上学羽翼之下，通过“在场”的设置把语言和历史置放在同一个现时的关系中，这样，人的思想为这种现时的“在场”所支配，它作为实体直接沟通主体走向实在的路径，而具有在场的特权。正是在场使实在的本质呈现给主体，并为主体所直观。于是在场和缺席产生了人类堕落和赎罪的神话，历史则成为这些神话的世俗画卷。

伽达默尔的新解释学，以现实为中心去理解过去和把握未来的理解的历史性，以及相信在场的语言能够准确地呈现思想，达到实体世界的客观真理的理解的普通性，代表了人类的一种终极价值认同感，表达了一种返回始源，本真地直面真理的愿望。而这在德里达看来只是代表着一种永远不可能实现的梦想而已。德里达以整个传统形而上学的挑战者的姿态，向真理、明晰性、理性、确定性、理解的历史性和普遍性掷出自己的否定性判词。

德里达指出，新解释学通过人与世界的最根本状态的分析，去发现人类理解的历史性和普遍性，因而，仍带有不可磨蚀的德国哲学（形而上学）的烙印，即将现时的“在场”作为解释学的统一性的核心并最终指向一个中心。这样，新解释学的理解和解释所立足于现在、历史、传统、文本都归汇到现时之中，理解就是让散落于历史尘埃中的文本和人物在现时中“复活”，并通过与现时世界人生的对话而生成活生生的意义。这样，语言作为“在场”的统一构成，就成为解释学问题的开端与终结，并通过“在场”的理解，将世界包孕在语言世界中而排斥了将世界作为语言的对象的看法，实现了语言作为人与世界的原初统一的观念。这一结论显示出这样一个明显事实：解释接受理论的立足点是理解、对话、意义和表达意义的在场，其所持存的仍然是——一种归汇中心（理解中心），寻找新的确定性以保证语言中心论的优先地位，这是德里达绝对不能苟同的。

透过解构之镜，德里达看到伽达默尔仍然陷于逻各斯中心主义之中。德里达提出自己的关于解释的差异原则，将文本的寻求看作“关于差异的永无止境的游戏”，看作通过模糊不清、多义杂糅的层义去把握对中心性、同一性加以瓦解的尝试。解构主义对抗任何向心式辐射意义的理解，反对文本的清晰、单一意义的把握，并以其解构的实践对解释—接受理论的根本思想进行颠覆。

德里达的解构理论代表了一种更彻底的后现代精神，他在揭露形而上学的危害性时，所找到的超形而上学的语码却对自己的理论同样造成颠覆的危险。他为了文本而放逐历史，进而寻找没有始源的超越于主体和真理之上的“游戏解释学”，其可行性仍值得怀疑。他在对形而上学的抵达“本真”的梦想断然行使否决权时，又不得不在使用多种语言的双关语、玩弄文字游戏和故意含混不清的语言操作中，表达出另一类“真理”。

伽达默尔的理解方式是对话，是文本中自我与他者之间的授与受，还有差别的不断交换过程。不过，这些差别建立在必然性、上下文，甚于系统的相应性或统一性之上。质言之，伽达默尔保持的是中心之地，其做法仅仅是延伸关联的纽带以及与此相应的形而上学的包含的一切含义。解构哲学强调不清楚的、非确定的以及意义与表达之关系的非关联的特点，并且认为语言的意义是独立存在的，非先天的，永远处在变化之中。这样就能把语言、符号和文本从逻各斯的声音中解放出来。解构运动远离中心之地，要摆脱形而上学的运动，然而却每每被形而上学施加于解放思想上的威力拖了回去。

解释与解构代表了两种文本观和解释观，其一是试图辨认或把握意义和符号的真理和本源，却又对这种辨认和把握加以逃避，并将解释的必要性作为一种放逐状态的真理或本源。其二是不再转向本源，而只肯定活动本身、并试图超越人和人本主义，超越那种作为在者之名称的人的名字，这个在者存在于全部形而上学或本体论的历史之中。换言之，在人自身的全部历史中一直梦想着完全当下的在场，梦想着保障活动的基础、本源和终结。这两种文本解释观表明交流与理解在后现代来临之时，遇到了双重困境。在解释学那里，虽然坚信理解者与被理解者之间总是存在共同之处，从而试图重设“活的对话”的逻各斯和意义的在场，却终将无法彻底实践这一“善良愿望”。在解构学那里，固守反中心、反整体和寻求差异的立场，力求超越于形而上学之上，但在具体的解读实践中，却又感到超越形而上学殊为不易。

不论怎样，这样两种相交又相悖的因素，共同组成文本解释的新的理论景观。不是这种求同一与求差异的矛盾冲突，造就了一副当代文化的悖论性格，并使这一纽结交缠的内在冲突，在不断出现的意义重释和意义消解策略中重现。

第三节　罗蒂的新解释学

伽达默尔在哈贝马斯的批判解释学批评、利科尔现象学解释学和德里达解构学的批评中，却欣慰地听到来自美国新解释学家理查德·罗蒂的呼应，罗蒂是从英美分析哲学营垒中冲杀出来的思想家。罗蒂注意到当代哲学在20世纪60年代中期以来发生了重大的变化。一方面，欧陆哲学在新解释学与解构哲学之间展开的德法论争，影响到美国思想界，并使解释学和解构学都得到迅速发展；另一方面，以逻辑经验主义为主的分析哲学日益显出颓势。分析哲学似乎已经在现代主义时代领尽风骚，而在进入后现代思想舞台时，遭到了来自其自身内部的反正统力量——科学哲学中反唯科学论和语言哲学内部的反传统意义论——的冲击。

在新解释学与解构哲学声势夺人的今天，再认为存在一门只关心具有根本性问题的超级科学已值得怀疑；再抱持在人类生活、思想和艺术实践中存在着一种“第一原理”的看法，已显得陈旧过时；再固守有独立于历史和社会发展之外的“永恒不变的哲学问题”，似乎就有些冥顽不化了。罗蒂坚持说，当务之急是转换视界，摈弃西方特有的那种将万事万物归结为第一原理，或在人类、科学、政治、诗歌、哲学活动中寻求一种自然等级秩序的狂妄，对一切合法性的根基加以质疑，摧毁哲学中源远流长的对“心”的信任，使人们广泛丧失对镜喻哲学本质的信心，从而转向与非历史性的永恒模式相反的历史主义的文化思考，并逐渐臻达“后哲学文化”之境。

罗蒂将哲学分为启迪性哲学（新解释学）和体系性哲学（传统哲学），其目的在于，一方面继续摧毁人类镜式本质论，摧毁一切营建唯心主义哲学体系的可能性，另一方面，标举新解释学，提倡通过理解和解释，走向生命的真理，走向生活的启迪，走向一种新的历史意识。因此，罗蒂认为，真正的哲学是“无镜的哲学”，是由对传统知识论扬弃而出现的新解释学，是人类在对话中达到理解并增进共识的哲学。哲学不在九霄之上，它就在我与你的对话之中；哲学是一个又一个体系的罗列，哲学是一种心灵的启迪和对人类精神境界的不断超越。[①]

---

① 对罗蒂的这一理论主张，哈贝马斯将其引为同道。哈贝马斯尽管不同意罗蒂的“语境”(contextual) 理论和过浓的实用主义色彩，但仍然认为，罗蒂坚持对话的启迪哲学，坚信人类的集体生活有赖于脆弱但能带来革新的、互惠的和非强迫的。平行的日常沟通形式，与自己的理论有相通之处。Jürgen Habermas, “A Philosophical-Political Profile,” in *New Left Review*, May, 1985.

然而，罗蒂深感两千多年来，哲学的本质问题已经积重难返。哲学一步步远离人生内在性，越来越变成智力的玄学推演和体系的交替转换。这种玄而又玄的哲学，使柏拉图主义者、康德主义者和实证主义者形成这样不变的哲学标准：人具有一个恒定的本质，他必须去发现各种事物的本质。宇宙是由极简单的、可明晰认知的事物构成的，而对于其本质的知识，则提供了可使一切话语的可通约性（commensurability）得以成立的主要语汇。

对于这种知识论，罗蒂坚决加以反对，并指出从知识论到解释学，是当代哲学的必由之路。因为“解释学是这样一种希望的表达，即由知识论的撤除所留下的文化空间将不被填充，也就是说，我们的文化应成为这样一种状况，在其中不再感受到对限制和对照的要求”①。而且，解释学把种种话语之间的关系看作某一可能的谈话中各线索的关系，这种谈话不以统一着诸说者的约束性模式为前提，只要谈话持续下去，在谈话中彼此达成一致的希望就不会消失。这并不是一种发现在先存在的共同基础的希望，而只是达成一致的希望。

形而上学认识论往往将哲学家所发挥的两种作用相混淆：第一种是博学的爱好者，广泛涉猎者和各种话语间的苏格拉底式调解者的作用，以使各学科和话语中的分歧通过谈话而被调和或解决；第二种是文化监督者的作用，他知晓人人共同依据的基础，知晓他们在其中活动的最终的环境和现实条件（形式、心、语言）。在罗蒂看来，第一种作用适合于解释学，第二种作用适合于知识论。

解释学和知识论有完全不同的精神价值取向。知识论以中心性为其旨归，解释学以“解释学循环”为基础，而这种区别因可通约性和不可通约性给出一道分界线。界线的两边，一为“正常话语”，一为“反常话语”。按库恩的说法，“正常”科学是在有关被认为是对某现象的好的说明和解决问题的实践。相反，“革命的”科学是引入一种新的说

---

① Richard Rorty, *Philosophy and the Mirror of Nature*, Princeton University Press, 1979, p. 315.

明“范式”，因此也就引入了一套新的问题。据此，罗蒂认为，正常话语在一组被公认的规约内运行，这组规约涉及什么是适当的话语组成部分，什么是对一个问题的质疑，什么是对谈问题回答的合适证明或批评。反常话语就是当某人加入该话语，但他对这些规约或一无所知，或加以排除时所产生的东西。在这个意义上，反常话语既是冒险，又是创新。

从“正常话语”角度看，解释学似乎是一种离经叛道的反形而上学理论，它当然不屑于蛰伏在正常话语的阵营，而只能成为一种“革命”性的新范式，一种创造性的“反常话语”的学科。这是因为，新解释学的出现是由于现代社会人与人、人与世界、人与文本交流的阻隔和失效，人们因龟缩在自我之中而难以同他人交流，进而陷入个体的孤独和盲目崇拜形而上学（灵魂、大全、终极真理）之中。① 在这个层面上，罗蒂认为，后哲学文化之所以推举解释学，乃因为“解释学只在不可通约的话语中才为人需要，因为人需要说话，而物则不需要。区别的产生并不在话语与沉默之间，而是在不可通约的话语与可通约的话语之间”②。换言之，在罗蒂眼中，解释学不是“另一种认知方式”，即作为与（预测性）“说明”对立的“理解”，而是一种言说世界的方式。

在《机缘、反语与协同性》（1989）中，罗蒂进一步指出：世界并不言说，只有我们才言说。一旦我们自身拥有了语言，世界便促使我们拥有了思想。但是，世界无法为我们提供言说的语言，只有他人才能提供这样的语言。世界无法指点我们进行某种语言的游戏，我们必须直面我们使用的语言机缘的愿望。没有语言也就没有真理，语言和真理是人类的创造。对语言机缘的认识导致对良心机缘的认识，这两种认识促成

---

① 美国加州大学教授F·G·弗杰斯（F·G·Verges）认为，人们对新解释学感兴趣是由于基础主义认识论缓慢而痛苦的死亡引起的。关于后者，解释学家的论战似乎只涉及剖析中包括什么的问题，但这原来是一个颇为严重的问题。因为当时基础主义的废墟及其衰落和死亡要做出更令人隽的分析时，新解释学就显示出新的前景。见弗杰斯《罗蒂与新解释学》，原载美国《哲学》杂志，1987年，第7期。

② Richard Roty, *Philosophy and the Mirror of Nature*, 1979, p. 347.

了这样一幅图景：知识与道德的进步成为事物隐喻的发展史，而不是加深认识事物本来面目的历史。

新解释学与传统知识论的对立，表现在启迪性哲学和体系性哲学的对立。新解释学与启迪性的话语，在伽达默尔的哲学解释学中，取代了作为思想目标的“知识”概念。伽氏认为当我们读得更多、谈得更多和写得更多时，我们就成为不同的人，我们就“改造”了我们的内质。与知识论相反，解释学认为，谈论事物的方式，比占有真理更重要。自我与他人的交流启迪活动，实质上就是在我们的文化和某种异国文化或历史时期之间的理解活动，或在我们本行学科和其他似乎在以不可通约的词汇，去追求共识的学科之间建立联系的解释学活动。这种解释学的“启迪”性话语与那种成为“营构”体系的正常哲学话语不同，是反常的，它借助异常的力量使我们脱离自我而成为新人。这样一种除了“自身之外别无目标”的启迪哲学，是对智慧的一种爱的方式。它放弃追求绝对真理和终极本质的要求，只是追求一种人生价值。启迪哲学家以其警彻的语言和对人生深切的关注，向与人生无涉而只顾营构体系的哲学挑战，并为诗人哲学家敞开其本真的人生境况，在不断创新着、生成着的语言之中，阻断将生命“对话”蜕化为概念演绎的可能性。真理不再是高悬的终极绝对，真理成为人自身不断完善的心灵明灯和践行过程。

总体上看，作为启迪性哲学的新解释学，在当今美国哲学论坛上仍是居于边缘地位，尽管它不断向哲学的中心话语挑战，但仍未占据绝对优势，仍是一种“外围”哲学。而“主流哲学”则是那些热衷于“营建体系”的哲学。这样，两种哲学的冲突和交锋就成为不可避免的。①

作为启迪哲学的新解释学具有自身的特点，即坚持差异性、相对性原则，重反常话语，重解构，重人类的对话理解，重哲学的真理迫问性。启迪哲学家始终抱持着历史主义的意识，认为一个世纪的“迷

---

① Richard Roty, *Philosophy and the Mirror of Nature*, 1979, pp. 366-424.

信”，不过是上一世纪的理性胜利。同时，他们也抱持着相对主义的意识，认为借助最新科学成就的时髦词汇，并不能表达本质的特殊表象，因为世界是永远发展的，它的意义是在理解和解释中不断生成的，它永远不可能受制于任何一种单一的体系或论断。

新解释学哲学家尽管处于边缘哲学的位置，但它代表了一种新的眼光、新的视界、新的可能性。他没有去定义哲学，而是在躬行一种哲学；他没有套用给定的意识形态话语，而是在创造性地提出另一套解释学话语；他因违反了正统哲学的元规则（metarule），而永远只能在“反常性”中放逐自己，在“对话性”重新解释中不断向中心权力话语挑战。在这个意义上，“启迪哲学家永远也不能使哲学终结，而且他们能有助于防止哲学走上僵化之路”①。

新解释学彻底地抛弃了无蔽的自然之镜的观念，使心灵不再成为一面透镜。同时，新解释学放弃了那种认为哲学必须指出一切可能的话语，并自然地会聚为一种共识的天真想法。在新解释学看来，文化的最终冻结或许就是人类的非人化。因此，新解释学哲学家的选择是，无限地追求真理，而非“全部真理”。对新解释学家来说，禀有“全部真理”这个观念本身就是荒谬的，因为柏拉图的唯心论真理观念本身就是荒谬的。它的荒谬性在于，在虚设一种“神性”的玄乎其玄的终极真理的同时，放逐了人与人通过对话、理解而相互增进共识的可能性。

于是，新解释学的目的变得清晰可辨：它不以发现绝对的终极真理为目的，因为这种形而上学的先验设定消除了世界上还有新事物和新解释产生的可能，消除了诗意的而非仅仅只是思考人类生活的可能。新解释学的目的在于不断地进行人与人、人与世界、人与文本之间的对话，把智慧看作对话得以进行的保证，把解释看作产生新解释新描述的催生者，将理解看作达到其走向真理的过程，而这一过程永无尽期。

罗蒂并不认为体系哲学的危机使哲学有“日暮途穷”之虞，因为，

① Richard Roty, *Philosophy and the Mirror of Nature*, 1979, p. 372.

宗教未因启蒙精神而终结，绘画也并不终止于印象主义。真正的思想永远不会因时过境迁而成为明日黄花，哲学的睿智光辉将照耀和鼓励人的前行。在罗蒂看来，有一点是确凿无疑的：那种企图为全部文化提供第一原理并对其他学科领域的合法性加以仲裁的“元哲学”已经日薄西山，而倡导对话、寻求理解、达成共识的解释学的哲学、美学、文学时代，已现出晨曦。

第五章　接受美学与审美经验论

姚斯（Hans Robert Jauss，1921—　），德国美学家，文艺理论家，罗曼语言文学研究家，康斯坦茨学派创始人之一。主要著作有:《文学史作为文学理论的挑战》（1967）、《文学传统与现代风格的当代意识》（1972）、《审美经验一辩》（1972）、《艺术史与历史》（1973）、《审美经验与文学解释学》（1974）等。

第一节　重写文学史与读者中心论

作为一位罗曼语言文学研究者和文艺理论家，姚斯将自己关注的中心落在文学与历史的关系上。他在早期的理论探索活动中，集中论述了文学史的衰落及其对这种状况的革新的想法。他以解释学作为自己的根基进行文学理论范式的改建工作，从而逐步形成自己独特的理论思维方式。

进入二十世纪六十年代以后，德国的文学研究出现了一种深刻的危机。这种危机有其自身的社会、政治、经济、文化、学术背景，是渗透到德国社会生活各个领域的复杂因素的派生物。而文学研究中的危机则明显地表现在德国语言和文学领域，年轻学者们对国家社会主义研究方法论加以叛离，在各自新的基点上重新思考未来文学研究的重要可行性，人们面对各种新的文学研究方法，诸如俄国形式主义、布拉格形式主义、英美新批评、现象学文学本体论深感兴趣。而且，从事文学研究方法论研究的大学研究班形式，已成为教育课程设置的重要方面。研究方法论的文学理论书籍大量出版，目不暇接，形成一个很大的方法论转向思潮。

在文学方法论热潮中，人们开始运用不同的方法论对德国文学史上的经典作品进行研究和重新估价。但是，人们很快发现，仅仅从作品文本出发进行语言研究，是不可能正确地评价一部作品的意义和价值的。何况现代主义的崛起，使得荷尔德林、卡夫卡、里尔克、托马斯·曼声誉日起，而歌德、席勒等的德国古典主义经典著作面临各种激进艺术的挑战。旧的文学范式遭到置疑，人们痛切地感到作品的评价标准需要加以重新检验。

面对形式主义思潮和巴黎符号学和“太凯尔”小组[①]的活动，姚斯

① 太凯尔小组（Tel Quel）指1960年在巴黎成立的一个先锋文化理论团体。它出版同名期刊，并有一套丛书，主要代表是菲索莱尔和让·雷卡多。早期注意与俄国形式主义的联系，对语言学尤其是对日内瓦学派感兴趣，热衷于研究“新小说”，后来进行文艺作品结构分析和创造性阅读方法的研究，也讨论西方马克思主义问题。

感到，这种将作品用符号系统封闭起来和把文本结构绝对化的做法，必然会把人的历史经验排除在文学研究之外。这样，文学作品就成为与人无涉的纯语言学文本。姚斯认识到，目前文学理论界这种纯文学语言现象是不正常的，正面临重大的危机。因此，必须引入解释学的“历史理解”概念，从而从纯语言学视野向历史的视野转向。

迈进解释学大门的姚斯，为自己将要创立的接受美学理论找到了方法论前提。解释学理论构成自己接受美学的解释学背景，强调突破文本中心论这样一种僵硬的研究格局，实现文学研究范式或重心向审美接受方面的转移。

1967年，姚斯到康斯坦茨大学出任教授，作了题为《文学史作为文学理论的挑战》的就职讲演。这篇著名的演讲全面提出了接受美学基本思想和理论格局，确立了以读者为中心的接受美学理论，对二十世纪六十年代产生的文学研究方法论危机做出回答，实现了文学研究方向的根本改变。《挑战》的发表，引起了人们的重视，为姚斯赢得了声誉。为了更好地实现文艺语言学向接受美学和效果美学的转向，姚斯邀请了一批从事文学的语言学研究的专家到康斯坦茨大学，组成一个研究小组。这个小组在几年时间里，发表了大量论文和出版了多种专著，使接受美学走出了康斯坦茨的校园，走出了德国，成为美学界和文学理论界的一股颇有影响力的思潮。

在《挑战》中，姚斯全面地提出自己的接受美学基本思想和理论格局，因此，它被普遍认为是接受美学的历史性文献和开拓性理论纲领。姚斯指出，文学史的研究已经陷入困境，文学史所希冀达到的在文学作品的历史中展现民族个性的复现的愿望落空了，而学者们忙碌于学术杂志的诡辩之中，但所研究的问题或明或暗，大多是些伪问题。之所以出现这种境况，其原因在于，文学史家外在于历史的尺度，因而对文学这一特殊研究对象，缺乏自己所必备的审美判断。姚斯进一步分析了文学的历史思考与美学思考间的裂痕，并指出，真正的文学研究的出路在于重建历史与美学之间的联系。

对作品的历史本质加以考察，姚斯强调从作品历史中去看文学作品的意义生成，从文学作品的起源、社会功能和历史影响这种历史视野上去看文艺作品。文学的历史性并不随着审美形式系统的连续性而终结。文学的演化犹如语言的演化一样，不仅仅内在地决定于它自身独具的历时性和共时性关系，而且也决定于它在整个历史过程的关系。

对文学研究提出的文学史问题的挑战，其主要目的是力图消除文学与历史之间、历史方法与美学方法之间的对立，从而革新文学史和文学理论。过去的文学理论研究只重视作家、作品之维，而丧失了文学的接受和影响之维。而作者-作品-读者新形成的总体关系中，读者决不是可有可无、不关痛痒的因素。相反，从根本意义上说，文学作品是为读者而创作的，读者是文学活动的能动主体。读者本身便是一种历史的能动创造力量。文学作品的历史生命如果没有接受者的能动参与介入是不可想象的。因为，“只有通过读者的阅读过程，作品才能够进入一种连续性变化的经验视野之中”。① 因此，接受美学正尝试建立自己的新的理论准则。

在文学史研究中，只有运用“历史接受方法”，才能真正理解作品及其作品的意义和价值。必须从三个方面去考察文学的历史性：“文学作品接受的相互关系的历时性方面；同一时期文学参照构架的共时性方面以及这种构架的系列；最后，内在的文学发展与一般历史过程的关系。”② 可以说，姚斯的文学理论既注重文学的本体性，又避免了历史主义和形式主义的偏颇。他以文学及其接受为中心，而又不脱离一般的历史环境和历史过程去寻绎自己理论的方法论基础，使得他的理论具有很强的现实意义和理论根基。正是基于这种新的文学史观，姚斯提出了他的接受美学的几个论点，进而阐述了接受美学的基本理论。

---

① Walning, R. ed. *Rezeptionsaesthetik*: *Theorie und Praxis*, München: Wilhelm Fink Verlag, 1974, S. 127.

② Walning, R. ed. *Rezeptionsaesthetik*: *Theorie und Praxis*, S. 142.

一、接受主体论和文学效果

文学史的更新要求建立一种接受和影响的美学。迄今为止的文学史仅仅是作家和作品的历史，而读者的作用被文学史家和文艺理论家所遗忘。这是因为，理论家们将艺术作品看作是超越时空的被给定的客观存在。姚斯在《文学史作为文学理论的挑战》中指出，这完全是一个误解，事实上，文学作品并非是与读者无涉的客观存在，相反，作品渴求读者阅读，希求与接受者的对话。“文学作品并非是一个对每个时代的每个观察者都以同一面貌出现的自足的客体，它也不是形而上地展示其超时代本质的纪念碑。文学作品像一部乐谱，要求演奏者将其变成流动的音乐。只有阅读，才能使文本从死的语言物质材料中挣脱出来而拥有现实的生命。”①

读者对作品而言是非此不可的，不存在可以离开读者而自足存在的所谓的艺术作品。艺术价值的实现使得艺术作品总是“为它之物”。只有读者，才能使作品获得新的规定性存在。姚斯坚持确立读者的中心地位，因为，创作作品既非文学活动的终点，也非文学活动的目的。相反，作品总是为读者而创作，文学的唯一对象是读者。阅读活动是将作品从静态的特质符号中解放出来，还原为鲜活生命的唯一可能的途径。

作品的意义来源于两个方面：一是作品本身，一是读者的赋予。读者对作品意义的填充是能动的、决定性的。在阅读过程中，读者充分调动主体能动性，激活自己的想象力、直观能力、体验能力和感悟力，通过对作品符号的解码、翻译，不但把创造主体所创造的艺术形象中所包含的丰富内容复现出来，加以充分地理解、体验，而且还渗入自己的人格、气质、生命意识，重新创造出各具特色的艺术形象，甚至能够对原来的艺术形象进行开拓、补充、再创，见人之所未见，言人之所不能言，体味到艺术家在创造这个艺术形象或审美意境时不曾说过甚至不曾

① Walning, R. ed. *Rezeptionsaesthetik*: *Theorie und Praxis*, S. 129.

想到的东西，深化原来并不很深刻的东西。

期待视野的不同，使不同读者对阅读对象的需求不同。加上时间的流逝、体验的加深、时代的变迁、读者对同一作品的理解也会发生变异，他所领会、所赋予作品的意义也会发生很大的变化。

将文学史看成文学效果的历史，将读者放在决定文学价值的重要地位，使姚斯必然要把文学史看成读者接受作品和作品在读者中产生影响的历史。文学史是作家、作品和读者三者之间的关系史，是文学被读者接受的历史。艺术作品的审美价值并不是客观的，而是与读者的价值体验有着密切关系的。一部新的文学作品，可以通过预示、暗示、特征显示，预先为读者提示出一种特殊的接受。它将唤醒读者以往阅读的记忆，将读者导入特定的体验中，并唤起他的期待。每个读者天资、经历和修养不同，作品就会对每个人呈现出不同的意义，因此，文学的历史就不仅是作家和作品史，而是作品的效果史。正唯此，姚斯指出："文学的历史是一种美学接受和生产的过程，这个过程必须通过接受的读者、反思的批评家和再创作的作家将过去的作品加以实现才能进行。"①

二、期待视野与接受形式

接受了科学哲学家波普尔和社会学家卡尔·曼海姆所采用的"期待视野"的概念，姚斯在接受美学中提出"期待视野"的观点，以说明读者阅读作品的主动性。

读者的阅读感受与其期待视野一致，读者便感到作品缺乏新意和刺激力而索然寡味，相反，作品意味大出意料之外，超出期待视野，便感到振奋，这种新体验便丰富和拓展了新的期待视野。审美经验具有一种使人产生潜在反射审美态度的机制。个体期待视野与他的具体阅读中存在一个"审美距离"（或"角色距离"），并不断发生变化：当接受者与艺术作品中的角色距离为零时，接受者完全进入角色，无法获得审美

---

① Walning, R. ed. *Rezeptionsaesthetik*: *Theorie und Praxis*, S. 129.

享受；相反，当这种距离增大时，期待视野对接受的制导作用趋近于零时，接受者则对作品漠然视之。因而，期待视野与作品之间的距离，积淀的审美经验与新作品的接受需求的视野的变化之间的距离，决定着文学作品的艺术特性。

文学接受具有垂直接受和水平接受两种形式。实质上，这是一个关于纵的历史接受与横的同一时期的接受的划分。所谓垂直接受即从历史沿革角度考察作品的接受、评价和影响的情况，处于不同时代的读者因各自历史背景和文化背景的差异，必然对同一作家、同一作品有着不尽相同的理解、解释和评价。造成这种差异的原因除人的历史局限性以外，还存在着另一个原因，即“一部作品的潜在意义不会也不可能为某一时代的读者所穷尽，只有在不断发展的接受过程中才能逐步为读者所发掘”[①]。所谓水平接受，即指同时代人对文学作品的接受具有同中有异、异中有同的状况。垂直接受和水平接受，包蕴了接受的全部的深度和广度。

三、文学演变论与文学历史性

姚斯分析和吸收了穆卡洛夫斯基的“文学演变”思想，并将其建立在接受美学上。文学演变论表明，读者在接受活动中，总是对旧形式的作品加以扬弃，对新形式的作品加以激赏。但是，新作品崛起以先前已完成的作品为背景，尽管成功的新作品可以达到某个文学时期的“峰巅”，但也会很快变得习以为常，直到具有更新的艺术形式的作品崛起，而原先的“新作品”便成为明日黄花而无人问津。

文学系列中的演变更替只能成为一种历史的连续性，而新旧形式的对立也能使人们认识到它们特殊的调节。这种调节不仅包括作品与接受者在互相作用中的意义生成，而且包括读者的接受和评价，反过来能影响作家的创新。因此，“文学接受并非是对作品的单一的复制和还原，

① Walning, R. ed. *Rezeptionsaesthetik*: *Theorie und Praxis*, S. 135.

而是一种积极的、创造性的反作用”[1]。正是由于读者的接受是对作品中蕴含的作家创作意向的检验，正是由于读者的期待视野和判断标准会反馈到作家的创作活动中，所以作家就不可能再走司空见惯的旧路，他只能不断地创新以拉开与读者期待视野的距离。创新不仅是一个美学范畴，而且也是一个历史范畴。在审美态度不断求新的历史变化中，艺术接受刺激艺术生产，反过来，艺术生产也进一步提高了艺术接受，艺术生产和接受的相互作用的可能性远非观察所能穷尽。

文学的历史性在历时性和共时性的交叉点上显示出来。文学接受不仅要考虑历时性因素，也要考察共时性因素。如果仅从历史性出发，那么，面对审美接受态度的转向，新作品的理解与旧作品的意义之间的功能联系便与接受史的角度相抵触。因而，只有注重共时性因素才能观察文学发展中一个共时性的横切面，同等安排同时代作品的异质多重性，从而发现文学的历史时刻中的主要关系系统。假如进一步将这一横切面的以前和以后都做这样的历史性安排，那么，文学结构的演变在其开创新纪元的瞬间，便被历史地结合起来了。

在历时性与共时性交叉处显示出的文学的历史性，能够使某一特定时刻和文学视野得以理解。因为每一共时系统必然包括它的过去和未来。也就是说，在时间中的历史某一点的文学生产，其共时性横切面必然暗示着进一步的历史性以前或以后的横切面。因此，我们一旦通过对文学生产与接受相互辩证发展的过程，就有可能透过文学的形式与内容的演变，认识到作为解释世界的文学系统的重建，而且，我们就可以理解审美经验过程中视野的变化。姚斯坚信，文学史家只有找到这个“交叉点”，以使作品显现出“文学演变”在其形成的历史时刻以及这在两个时期之间的停顿中连接的过程性特点，这样才能使在传统主义和实证主义中均已迷失的事件的连续，即文学的历史层面得以复原。

文学的功能是建筑在作品社会效果之上的。文学的社会功能，只有

---

① Walning, R. ed. *Rezeptionsaesthetik*: *Theorie und Praxis*, S. 143.

在读者进入他生活实践的期待视野，形成他对世界的理解，并因之也对其社会行为有所影响，从中获得文学体验时，才真正有可能实现其自身。因此，文学实际上是一种潜在的引导力量，文学作品所产生的社会性方式和行为方式，从而生成新的生命感性和理性，对传统观念和价值标准提出疑问和挑战。

事实上，“阅读经验能使人们从一种日常生活的惯性、偏见和困境中解放出来。在接受活动中，艺术给予人们一种世界全新的感觉。从宗教和社会的束缚下解放出来，使他们看到尚未实现的可能性，为他们开辟新的愿望、要求和目标，为他们打开未来经验之途”①。

文学和读者之间的关系能将自身在感觉领域内具体化为一种对审美感觉的刺激，也能在伦理学领域内具体化为一种对于道德的反映的召唤。一言以蔽之：文学作品以不为人熟知的审美形式打破读者的期待，同时向读者提出宗教或国家认可的道路所无法回答的问题。读者接受具有重要的社会价值和现实意义，因为，文学在社会存在中的特殊功能恰恰在于，它能冲破占统治地位的道德的禁区，为人们生活实践中出现的道德疑难提出新的解决方案，这个新的方案将为包括所有读者在内的社会舆论所认可。可以认为，姚斯从文学史的角度去看待文学接受问题，考察文学作品在读者阅读过程中各个历史阶段所呈现的不同意味。他这种同过去文学史以作者、作品、流派、风格为研究中心迥异其趣的研究方法，显示出新的价值取向。

接受美学与艺术精神分析法着重探讨作者无意识、或新批评强调文本的内在结构不同，接受美学一方面发挥现象学美学关于文学文本的未定点在读者阅读过程中得到具体化的思想，另一方面，则主要从文学史角度看文学接受问题，集中考察文学作品在接受过程各个历史阶段所呈现出来的不断变化的形态。接受美学围绕读者与文本的对话这一焦点，展开了自己研究的新维度。

---

① Walning, R. ed. *Rezeptionsaesthetik*: *Theorie und Praxis*, S. 150.

可以说，接受美学作为文学研究的新范式，具有同过去一切文艺不同的理论特征，形成一种对文学总体活动（作家-作品-读者）过程研究的新思路。主要表现为：确立了读者中心地位。文学作品不是一个与读者无涉的自足客体，创作作品既非文学活动的终点，也非文学活动的目的。相反，作品总是为读者而创作，文学的唯一对象是读者。未被阅读的作品仅仅是一种“可能的存在”，只有在阅读过程中才能转化为“现实的存在”。文学并不是一种“自在之物”，而是“为它之物”，因此，阅读活动是将作品从静态的物质符号中解放出来，还原为鲜活生命的唯一可能的途径。读者在文学过程中不是可有可无的一维，而是居于整个文学活动的中心，是文学审美价值实现的不可或缺的因素。

读者在接受活动中居于中心地位。读者作为作品接受的能动力量，在阅读活动中具有重要地位。“作为意向对象的读者”已被许多作家所描述过。塞尔维亚作家伊凡·拉利奇曾相当生动地展示出这一境况：“当作家坐在一张白纸面前写作的时候，他（读者）的影子俯身站在作家的背后，甚至当作家不愿意意识到影子存在的时候，影子也还是站在他的背后，这个读者在那张白纸上打上他那看不见的磨灭不掉的标记，写上证明他的好奇心的证词，写上证明有一天他想拿起写完的作品先睹为快的难于表达的愿望的证词。”这表明，作品本身是一个召唤结构，它以其不确定性与意义的空白，使不同的读者对其具体化时隐含了不同的理解和解释。

每个读者在接受活动中，总是从自己活生生的生活和文学的“期待视野”出发去看待作品。期待视野的不同，使不同读者对阅读对象的需求不同。加上时间的流逝、体验的加深、时代的变迁、读者对同一作品的理解也会发生变异，他所领会、所赋予作品的意义也会发生很大的变化。因此，作品的意义等于作者所赋予的意义和接受所赋予的意义的总和。甚至，接受者所赋予作品意义能“溢出”原来的意义的框架，使作品出现作者所意想不到的意义来。当然，作品的规定性和接受的能动性是辩证统一的，以一方否定另一方都将导致谬误。读者的能动性无疑是值得提倡的，但正如伊塞尔所说：作品也“制约着接受活动，以使其不至于脱离文本的意向而对文本作随意的理解”。

接受美学强调读者中心论的方法论意义在于，它打破了英美新批评、巴黎结构主义的文本中心论，确立了作品的意义从读者对作品的阅读过程中诞生这一事实。任何接受活动都是在时间之域展开，都离不开历史与未来的调节，离不开视野的改换和对作品意义的重新阐释，从这个意义上说，艺术接受活动是调节欣赏者整个审美经验对作品的“空白”结构中以想象性补充、充实的过程，是一种融注了欣赏者感知、想象、理解、感悟等多种心理因素的一种艺术形象再创造活动。

读者接受作为一种心理活动而言，是人类一种特殊的心理活动形式。这是融注了欣赏者全生命、全人格的“整体震颤”，是调动整个丰盈的生命力总体投入的“高峰体验”。在这里，主体与客体、感性与理性、具体与抽象、形象与思想、有限与无限达到一种“整合”状态，消解了其间的对峙和鸿沟，达到一种“瞬间同一”境界。在读者的接受活动中，并非仅仅是单纯的想象，或仅仅是情感、知觉在起作用，而是一种所有心理因素都完全激活，都参与其中的总体生命投入活动。艺术接受中那种对存在真理的感悟和敞亮，使人见其所不能见，感其所不能感，在心驰神往、激情充盈之时，顿时领悟到作品的意义。这种艺术体验不涉理路，也不违理路；不落言筌，也不离言筌；虽不可凑泊，也并非不可捉摸。这种全部心理因素的总体投入，使人的生命力获得了诗意的光辉。

读者艺术接受过程是一个融理入情、情理统一的过程，是在这种情理交融过程中完成对文本意义的探究。任何文学文本都具有未定性，是一个多层面的未完成的图式结构。它的存在本身是一个“召唤结构”，具有很多“空白点”，读者将自己的体验以及独特的生命意义置入文本，通过活生生的体验对文本进行具体化，将作品中的空白处填充起来。这时，作品就不是独立的、自为的，而是相对的、为我的，作品成了我的作品，作品的艺术世界成为我的世界，成为我的生命意义的投射和揭示。正是在读者情理融合之中，在将自己的生活经历、生命情态投入中，作品中的未定性得以确定，使文学作品的审美价值获得实现。没有读者的阅读，没有读者将文本具体化，那么就没有文学作品审美价值的实现。因此，不同的读者在作品中投入不同的情与理，就会产生不同的审美接受和意义阐释，这些阐释和体验既可因人因地而异，也可以因时代因心境变化各有不同。但任何一种阐释都有其存在意义和价值，都有其合理性。谁都不能说自己所欣赏的《红楼梦》才是最正确的体验和最完美的解释，正是不同的解释使《红楼梦》的意义宽泛深远起来，永远不可能完全穷尽。因为，作品的效果史永远在完成之中展示出来。

第二节 对否定性美学的超越

姚斯的《挑战》问世以后，一时反驳、批评、发扬者不计其数，在学术研究刊物以及新闻报刊中亦响应者云集，在德国文艺理论界形成巨大的声势。在这种强大的接受理论冲击下，那种纯文本主义的纯结构语言运动的影响已经微乎其微，俄国形式主义的感觉陌生化以及文学演变范式已经很少为人所提及。进入二十世纪七十年代以后，甚至连期待视野这一富于创造力的概念也已不再具有先前那种魅力。当然，接受理论自身也出现了停滞不前的局面。富有独创性的理论建树愈加鲜见，人们更多地进入到更加细致、更加精微的研究领域。这时，姚斯的兴趣开始转向，即从那些激发他写出挑战性宣言的问题中转向，而开始关注一个更深入的问题——审美经验问题。

1972 年，姚斯出版了《审美经验一辩》一书，显示出姚斯思想转折的新端倪。姚斯将审美经验问题作为自己研究的重要领域，认为他过去著作中存在着对审美经验描述的片面本质的缺陷：首先，由于排除了基本的审美经验，接受美学与其理论反思成为一种空洞的、与活生生的人生体验相隔离的思考方式。其次，由于其倾向于纯艺术分析，就不仅忽略了艺术深刻的启蒙灵魂的价值，也忽略了艺术所具有或潜在地具有的诸多功能。

循此出发，姚斯对自己前期的带有偏激性的否定思想加以检讨。在认真研读阿多尔诺的遗著《美学理论》以后，姚斯觉得阿多尔诺的艺术否定理论使自己头脑更清醒了。他开始修正他理论著作中的一些观点。阿多尔诺的艺术否定性思想认为，现代艺术的审美效应产生于它对传统和现实的否定之上，否定是现代艺术的审美特性所在，通过对现实世界的否定，拯救了人在现实社会失去的希望，而且，只有艺术作品否定了它所产生的特定的社会，才会禀有自身的社会价值。阿多尔诺在《美学理论》一书中认为，“艺术在与现实的关系中，使其自身和与自身相联系的一切都处于拯救状态之中”。艺术审美特性质而言之即摈弃和否定经验现实，对异化的经验现实采取批判态度，因为任何一种艺术作品的真实都是以具体否定为其轴心的，这正是现代美学精神所在。因此，只存在否定性艺术，而不存在什么肯定性艺术或进步性文学。人们正是从文学与社会实践的对立上界定文学。在《美学理论》中阿多尔诺指出：“所谓艺术否定性，即指在艺术作品中没有任何东西是属既存事物的，甚至连作品语言和意象也是全然创新的。”只有全然否定现实，进而切断与日常语言和意象的纽带，艺术才能成为真正的艺术。

姚斯感到，这种批判的、否定性美学似乎过分偏激了一些，这与人们的审美经验事实并不完全相合。而阿多尔诺的艺术是痛苦的，与快乐和幸福是没有缘分的说法，也是姚斯所不敢苟同的。阿多尔诺声称：通过艺术作品而寻求自身的快乐，近乎于这种情状，从作为“为它而存在”的总体经验主义的经验而非经验主义的经验中挣脱出来，可能叔本华是第一个意识到这个问题的人。沉醉于艺术作品的幸福是一种倏然逸世的状态，但是艺术绝不是产生于幸福之中。逸世的快乐是转瞬即逝和微不足道的。艺术与快乐无缘，所谓艺术愉悦的概念将被解体。姚斯指出，阿多尔诺只看到现代艺术的某些特性，而对整个文学史（古代、近代、现代）却无法说明其规律。这种否定概念，无法欣赏大范围的文学作品的艺术审美价值，从中世纪的英雄史诗到“肯定文学”中的古典名著。阿多尔诺的否定美学目空一切，使艺术走到另一个极端而脱离其本质，而只能残存间接的社会功用。

从人类审美经验的丰富性和多样性观点出发，姚斯在《审美经验一辩》中指出：“那种纯粹的否定性，即否定文学与社会条件的同一性，是固执一端的否定文学的关键所在。然而，以绝然否定为标立新说的做法，并不是以显示出社会生活新图式的根据所在。”艺术审美经验与日常感性既相联系又相区别，那种一味强调二者绝然对立、从而过分重视陌生化的感知、标举“具体否定”原则的艺术“异样事物”的激进做法是缺乏历史性观念的。姚斯强调接受美学的历史感，认为根据接受美学理论，艺术作品的本质建立在其历史性上，亦即建立在从它不断与大众对话产生的效果上。艺术与社会的关系只能在解释学的问答逻辑的辩证关系中加以把握，艺术史涉及传统理解接受间的视野变化。

这段时期，姚斯已经将前期津津乐道的“期待视野”从自己美学的中心移开，而仅仅将其看作人类审美经验漫长历史中的一个方面。因此，姚斯从复杂的审美经验入手，去寻绎自己与否定性美学的重要分歧所在。姚斯的做法是：重新引进“愉悦”概念。

人们之所以喜好艺术，并不是因为“否定”这个原因，相反，大多是由于艺术魅力的愉悦性吸引了人们。艺术的愉悦与享受是审美经验中的重要维度，但在过去两个世界中，这种愉悦和交流性渐趋衰微，人们只看到艺术的否定和反抗。艺术的认识和交流功能失落了，审美愉悦表现为哲学、历史或当代美学理论的三阶层的范式中的异化的感伤，或乌托邦式的对立面。姚斯要使失落的愉悦得以重新重视，他通过把基本的审美经验恢复到文艺理论的中心这一合法地位的途径，而避免了否定性美学的偏颇。

必须将愉悦与在现象学意义上的审美愉悦加以区别。审美愉悦具有两个因素，前一个因素是所有愉悦都必须具有的，即自我为对象所吸引并沉醉其中。而后一个因素具有审美判断力意味而仅限于审美愉悦，在审美中，人们对客体存在加以现象学悬搁，使其成为一个意向对象。因此，审美态度意味着主体对对象保持审美距离，即主体在审美静观中产生意向性的想象对象。可以说，审美愉悦既是姚斯转向审美经验研究的初阶，也是他审美理论的入门处。至此，姚斯已从前期的《挑战》中标举读者中心地位，更深一层地转向注重审美经验问题上。1977年，姚斯发表自己后期一部重要著作《审美经验与文学解释学》，从而开拓出一个新的视域。

第三节　恢复审美经验的中心地位

进入二十世纪七十年代中期，接受美学已经失却轰动效应。姚斯在其探讨审美经验的新著《审美经验与文学解释学》中，其早期那种“挑战”的宣言般的锋芒已不复存在，相反，更多的是充满对自己早期理论的清算和批判。而且，一反过去那种痛快淋漓、气势夺人的文风，行文风格变得枯燥生涩，掉书袋的学院味十足，这种状况，使得姚斯后期的著作反响远不及当年，彻底失去了往昔那种霍然崛起的气势。当然，这与七十年代的文化氛围、学术气氛和人的心理状态有着紧密的关系。

然而，不管怎样，姚斯力图恢复审美经验中心地位的企图还是达到了，他的《审美经验和文学解释学》一书那富于学术探险的新颖观点，给他的学术生涯留下了不可磨灭的印记。可以说，突出艺术的审美经验，是姚斯晚期研究的重要特色。姚斯不像美学研究对一般审美经验的研究，而是着重研究以在接受活动中所表达出的艺术经验为主的历史的审美经验。

一、审美经验的基本结构

审美经验的基本结构包括三个方面：诗、审美、净化。他分别把“诗”称为创造的活动；把“审美”称为接受的活动；把“净化”称为交流的活动。也就是说，人类艺术审美活动由艺术的生产、艺术的接受和艺术的交流所组成，因此，分析审美经验只能由此入手。因为，在审美活动中，作为诗艺的生产、作为净化的交流和作为审美的世界变得清晰起来。艺术通过摆脱控制关系的历史而得到人类行为的独立自主。

姚斯从艺术创作、艺术接受和艺术交流三个维度全面阐释审美经验的内在结构，认为，艺术生产的审美经验是诗。在亚里士多德的知识体系中，诗作为生产活动在古代中世纪中归属于实践活动，而随着现代世界的改变，诗的概念也发生了变化。诗不再指一种模仿的先在完善的能力，而是一种生命的创造力，其本身就具有能产生完善的审美意象的能力。人的审美经验的生产能力，从一开始就是正在进行的创作艺术家所遇到的一种界限的抵抗的经验。诗人将自己的体验转化为一部诗的艺术作品，他既为作品的诞生而欢悦，又为寻找到一种解脱意绪的途径而兴奋。艺术家在创造的迷狂中，重新认识到自身中作为已经过去了的经验的东西和能够重新被唤起的东西：有能力在有意识的审美活动中放弃现实异化、在世界最初的新奇中重新创造世界的诗人把一种已被遗忘了的或已被排挤掉的事实塞回到我们的意识里来。正是这种由感受和想象豁然打开的、对已消失的经验进行重新认识的大门，以及重新找到逝去的年华，才把审美经验的整个深度揭示出来。①

接受的审美经验是审美愉悦，这种接受的审美经验，通过其独特的体验时间而与现实时间相区别，在这种经验中能使逝去的一切“重新看见”，使人恍然进入一种幻想境界，使滞留的时间性消解了现实流动的时间急迫性。同时，审美接受与未来经验相沟通，因而也就打开了全新活动空间的可能性。而且，审美愉悦所产生的记忆形式上的一种新经验，以及对记忆的愉悦能力的新发现，也沟通了接受经验目前的变化。

审美愉悦从古代发展到现代，形成两种不同的走向。一种具有批判的语言学功能，主导倾向是否定性美学或对所有愉悦提出挑战，它潜在地废除了审美经验的全部可能（如福楼拜、瓦莱里、贝克特、葛里叶）。姚斯对这一倾向力加批判，相反，却对具有“人类共有”的功能的审美愉悦（如波特莱尔、普鲁斯特）表示赞赏。姚斯认为，愉悦层次上的审美经验肩负着反抗社会异化的重任，即利用审美感觉的语言批判和创造功能，反抗萎靡经验和文化思想中处于依附地位的语言。不仅如此，审美感知还用来保护人的原初的世界经验，维护一个共同的视野，联络与其自身经验相疏离的社会。他强调：“只有艺术，才能最好地维护这一共同视野。”

构成审美经验的第三维是交流的审美经验——净化。净化范畴可以理解为艺术与接受者之间进行交流的组成部分。姚斯在考察了从古代亚里士多德到现代对净化的看法以后指出，在交往方面，审美经验既使旁观者可能有自己独特的角色距离，又使他有可能游戏般地确定自己的角色。在体验之中能达到日常经验所无法臻达或无法忍受之境，而且，它提供一种净化心灵、实现自身的可能性，并最终返回作为生命本源的真理的敞露。

审美经验这种生产-接受-交流的流动史，是人性深度的一种自我探寻。经过审美经验过程所有阶段以后，人们发现，那种有限与无限和

---

① Cf. H. R. Jauss, *Aesthetische Erfahrung und Literarische Hermeneutik.*

沟通的审美同一性即向自己讲述一种可能性，就是永不放弃的对自身同一化的追问。

二、审美经验三个层次

审美经验具有三个层次，这是包括由表层向中层、深层拓进的多维结构。

审美经验的表层次是审美愉悦。人在审美活动中，与对象不再处在对立的立场，人剥夺了外部世界的冷漠和陌生性质，而把它变成自己的创造源泉。人通过创作，并在自己的创作活动中获得美的享受，同样，艺术观赏的审美享受也使观赏者摆脱了具有控制关系的日常生活，摆脱被日常生活所羁绊的我，使心灵发生新的变化，达到一种新的自由感。

审美经验的中层次，体现在艺术观赏过程中，获得心灵解放并得到自我确证。观赏者一方面在艺术中发现一个迥异于日常世界的全新世界，他自由地展开想象体验，不再遭受日常经验的束缚压迫，重新找到心灵的诗意情调和圣洁的和音。另一方面，接受者通过接受活动而介入作品世界中，独立地对作品所表现的事件做出自己的审美评价和审美判断，在审美中拥有审美价值的独立自主性。

艺术审美经验具有难以驯服、难以驾驭的性格，它总是一再反抗禁令，以种种新的艺术技巧和形式来否定意识话语的控制。人正是凭借艺术经验才得以拒绝意识形态对世界的歪曲或解释，而坚持自己在本质直观之中所形成的本真解释。审美经验的最高层，即产生全新的经验方式，使人性从日常生活的麻木猥琐和习惯偏见中解放出来。艺术所产生形成的新感受方式和新经验方式，将改变人们的心灵世界，拓展其生活视野，使他们超越现实而对自身存在价值加以反思。艺术深层审美经验是一种对自己和世界重新审视和批判的感悟。可以说，这种艺术经验，不仅解放人的生活经验，而且解放人的内在存在经验和对世界所抱有的价值信念。

艺术审美经验在接受美学那里具有极为重要的现实意义。艺术的自由感和超越性功能给世界带来亮光和审美意义，正因为有艺术，这个世界才有透明性可言。

三、审美经验的五种类型

姚斯论述了审美经验三个层次以后，进一步从接受方面讨论了接受者与作品中主人公相互联系的五种类型。在姚斯看来，审美接受是一个情感体验和介入的过程，其核心体现为主人公的认同。

接受者与作品主人公的认同，是审美经验研究的重要内容。接受者根据自己的生活审美感受对作品加以体认，对主人公抱有不同的审美态度。姚斯根据诺思洛普·弗莱在其《批评的解剖》（1957）提出的文学主人公的五种原型：神、半神、英雄、凡人、反英雄，把接受者与作品主人公在审美经验中的认同划分为五种类型，即联系型、敬慕型、同情型、净化型和反讽型。不过，姚斯的着眼点与弗莱不同，是将这几种类型建立在艺术接受的审美经验形态上，而不是建立在作品形象本身上面。

联系型认同，一般都存于较低层的社会群体组织，人们可以通过中世纪仪式上演出活动与现代世俗舞台演出进行时对比来加以观察。联系型认同要求观众的自由联想的方式积极介入演出活动，使演员与观众之间拆除交流的屏障而融成一片。这种世俗演出具有浓厚的游戏娱乐性质，人们自由地享乐，把自身置于其所有其他参加者的角色之中，这与中世纪宗教演出活动强调仪式的繁复性和信仰的趋同性有别。

敬慕型认同的决定因素在于，需要一个完美的主人公，其业绩、行为、言谈超凡脱俗，一般人难以望其项背，从而构成一个群体中众口皆碑的楷模。在审美鉴赏中，接受者只能对其高风亮节表示倾倒和崇敬，以至于在赞美之中深受教诲或暗中模仿。

同情型认同，强调主人的非尽善尽美性。接受者感到主人公与自己相类似，为其苦难不幸而感动，而报之以同情和怜悯，甚至进而将自己置于英雄的地位，同受难的形象同患难共命运。

净化型认同，注重观众对受磨难的“凡人”处境和意味的体验，使接受者在悲剧性的震惊或喜剧性的欢笑中受到陶冶，并始终保持一定的审美距离：观者在一定范围内可以进入悲剧情感或报以同情的笑声，悲其所悲，乐其所乐。但要控制自己，摆脱认同的直接性，将认同升华到对表现的形象的判断与反思上。换言之，这种净化认同不仅可以有悲剧感情的升华，也可以在自由同情的笑声中获得喜剧性，形成新的道德判断和体认事物的新的价值观。

反讽型认同，发生在作品主人公被认为比接受者坏的时候。在这种类型中，主人公以卑琐、荒谬甚至邪恶的行为引起接受者的嘲弄和否定。反讽型认同，往往导致接受者产生失望、破残或否认期待的认同，促使他对现实社会进行反思、怀疑和批判。这类认同的主人公形象，在现代主义文学中普遍可见。它不仅是否定性美学的标志，也是姚斯早期接受美学所热衷的内容。但在后期姚斯那里，这种反讽认同只占审美经验诸类型的一个部分，这可以看出后期姚斯与其前期的思想转变的轨迹。

审美经验和五种认同模式涵盖了文艺作品审美效果的不同实现方式。注重对审美经验的研究，使姚斯由读者中心论发生转向，从而走向恢复审美经验中心地位的纵深领域，这亦是姚斯接受美学的终极意图所在。

第四节　走向文学交往理论

对接受理论和审美经验的思考，最终都归汇到文学交往理论的建树上。姚斯从哈贝马斯的交往理论和马克思的生产-流通-消费的“循环模式”理论中汲取养分，不断丰富和发展自己的交流范式理论。

1979年，姚斯接受了L. T. 塞杰尔斯的采访，集中谈了自己近十年的思想演变，以及对文学交往理论的看法。在姚斯看来，布拉格结构主义、符号学、接受美学文艺理论虽然其理论取向、研究重点互不相同、各有侧重，但它们的理论框架和向心力都存在一个公分母，即它们都将人与人之间的交流问题置于一个重要的位置，放在他们理论反思的中心。姚斯指出，近年来，自己的研究已经逐步地克服了过去的一些片面性，不再仅仅将文学作品的接受作为自己研究的对象，而是将作家-作品-读者这一文学总体过程作为研究的终极对象，去把握艺术审美经验中人与人的深层交流。姚斯说：“文学接受的审美效果理论基本上建立在一种文本科学上，其理论尝试日趋发展成一种文学交往理论。这种理论试图正确看待艺术生产和接受的互相作用的功能。”

姚斯晚年没有停留在《文学史作为文学理论的挑战》和《审美经验与文学解释学》的研究范围内，而是将接受美学纳入到一个普遍的交往理论模式中加以考察，从而形成对人与人心灵对话的文学总体活动过程研究的新思路。文学不是一种指向客体世界的对象性活动，而是一种主体间性的交往活动。姚斯秉承胡塞尔现象学后期所倡导的“主体间性”思想，认为人是主体，而人所构成的文本，即人的语言在历史传统中形成的种种文化也是主体。人与文本是一个互为主体的关系，人要认识自己，首先得认识人类文化的文本，而人要认识文本也得认识人自身。人与文本相互解释，相互说明。

传统文艺理论往往把文学总体活动仅仅看成文学创作过程，将文学研究作为一种片面的对象性研究，只考察作家和作品，而忽略了读者与作品的交流活动研究。自黑格尔将美定义为理念的感性显现以后，美学的目标就一直指向艺术的描述功能，艺术史被看作是作品及其作者的历史。艺术的那些在生活中发挥作用的功能，只有创作方面的审美经验研究取得了一些成就，而接受的审美经验方面成就甚少，至于交往的审美经验方面的研究可以说是一个空白。可以说，对主体间的交流研究的失落是现代文艺理论的通病。但人与作为“准主体”的文本的交流是人的本质的重要维度，因为，人离开了他的文化语言及其创造物，就什么也不是，只有通过人的语言及其文本才能了解人的本质。反之，作为意识关联物的文本的意义也只有通过人的解释方能生成，它只存在于人的理解意向性结构中。正是读者的解读和阐释，才打破了文本意义结构的封闭形式，使其未定点获得了活生生的具体化。读者经验与文本结构互为主体，相互解释，相互生成。

艺术交往活动是历史的，接受理论关注的不是文学文本的结构，而是对文学文本的理解的历史性。这样就从纯语言学的视域，转向了文本历史的视域，建立起一种作者、作品、读者的动态过程的历史学。因为，一种新型的文学理论的机会恰恰不在于克服历史主义，而在于不断地认识为艺术所特有的、显示出艺术理解的历史性。人是历史的存在，人所创造的文本也是历史的存在。文本存在于文学视野中，存在于人类历史性接受的不断交替演化过程中，不存在绝对独立的文本，也不存在超越时空、超越历史的文本，文本的意义存在于解释它的人的理解意识之中，文本是人的理解的文学效果史中永无止境的显现，而效果史和接受史都具有社会历史意义上的规定性。

艺术交往理论强调，艺术审美活动的本质在于，人总是通过文本与潜在地存在于文本中的作者进行“对话”。将人与文本的关系变成“我与你”的关系，变成一种心灵对话、灵魂问答的关系。文学的本质是它的人际交流性质，这种性质决定了文学不能脱离其观察者而独立存在。因此，主体（作家与读者）通过对象（文本）而互相沟通，因为，理解总是一种对话的形式，它是一个发生交流的语言事件。若要解释这些文本，便要与它们进入一种对话，那么，理解便发生在语言媒介之中。人栖身于语言之寓，人也通过语言而存在。通过文本的理解，创作活动与接受活动便不再成为互不相连的两个方面，而构成文学交往活动不可或缺的两维，成为作家、作品、读者是这一活动过程必不可少的因素。正如萨特所说：一切文学作品都是一种吁求，正是通过作品世界，作家与观赏者之间建立一种新型的“盟誓”关系，他们在艺术这另一世界中吁求自由。文学交往理论正是企求在文学的交流系统的环境中，去把握历史上的某种生活世界中的艺术经验，并通过这种经验的形成，使人们的思想、情感和生命意义相沟通。

将文学交往理论的研究，置于一个学术共同体的普遍的文化和学术活动中，是姚斯晚年努力的方向。姚斯认为，当今世界各种学科都趋向于人与人的交往理论学科的建立，完全有希望建立一种超学科的“普遍的交往理论”。因为，同文学研究中读者、听众、观众的复兴相呼应：文本语言学向言语活动理论和交流状况扩展；符号学在文本的文化概念上阐发；重新提出相互作用的主体问题，社会人类学中生活世界的问题和生物学中动物与环境的问题；知识社会学与方兴未艾的相互作用理论同一的回归。当然，这个宏伟目标的实现，需要时间的检验。

第五节　意义多元的召唤性结构

接受美学清理了文艺理论中的作者中心论和文本中心论，坚持文学主体性的建构，在当代美学思潮中迅速崛起。深究起来，接受美学理论在20世纪六十年代崛起，有其深刻的历史原因和现实土壤。接受美学反对孤立、片面、机械地研究文学艺术，反对结构主义化的唯文本趋向，反对作品中心论和单纯的作家研究，强调文学总体动态过程的研究，强调文学作品的社会效果，重视读者的积极参与和接受，对当代文艺理论和美学都有着重要的创新意义。

接受美学的兴起，对当代文艺理论起了转变视野的作用，影响了诸多文艺理论流派，美国的读者反应批评学派、法国的“新”新批评学派深受其影响，它们几乎取消了文本的地位，片面地发展了接受美学中主观性的一面，将读者的能动作用推到极点。而以瑙曼为代表人物的接受美学，则吸收了康斯坦茨学派的基本论点，并从马克思的生产和消费的理论出发，阐述了文学生产和文学接受、作品与读者的相互关系和相互作用。他们发展了姚斯、伊塞尔关于文学作品在动态阅读中实现的理论，同时批判了他们过高估计读者能动作用，夸大读者在阅读活动中的自由的主观化和相对性错误，重新确立了文本的决定性地位。

接受美学作为结构主义思潮之后的人文思潮重新走上前台的代表，在人与艺术的关系、人的存在与艺术社会效果方面做出了独到的理论阐释，并宣告了文学主体性的真正确立。

接受美学将文学主体性的建立作为自己的最终目的所在。认为作品作为主体的创造活动的终点，同时又是接受主体欣赏活动的起点，正是作品沟通了创造主体和接受主体这两个主体世界。因而，从本质上说，艺术活动就是一种寻求对话（心灵对话）的活动，这本质上就是一种对话，即使在审美主体的审美体验过程中（也就是还没有将体验物化出来）作者与读者这两个主体间也进行着潜对话。

接受美学的意义在于，标示出审美主体是艺术审美价值得以实现的唯一途径，强调接受主体对艺术作品的欣赏并非一种线性因果关系的链式反应，而是能动的艺术审美再创造过程，一个极为复杂的审美主体的内在建构过程：一方面是艺术作品（审美对象）的审美特性即心灵化过程，另一方面是审美主体审美能力外化的过程。这是一种在审美实践中发生的主客体之间的相互作用，是从客体到主体和从主体到客体这样一种双向运动审美过程。

接受主体性特性标明接受主体具有能动性。审美欣赏活动不仅是对审美客体直观掌握的审美体验过程，还是对审美对象进行再创造（二度创造）的过程。它要求欣赏者充分调动主体能动性。用自己那颗在体验中跳动不安的心灵去激活那些文学、那些画面、那些音符，使它们成为主体情感、意志、生命感和灵肉的载体，方才诞生出新的审美意象。这时，主体的能动性，已经超越单纯欣赏客体和对客体进行再创造的境界而迈入对主体自身审美心理结构（情感、意志、趣味、生命感）重新建构、重新吐纳的境界。可以说，欣赏活动中主体的能动性的程度标示出接受过程中主体性所臻达的高度。

接受主体性特征表明接受不是对作品“原意”的追索或还原，而是主体的理解、阐释过程，是主体自身独特存在方式的呈现。本质上说，艺术欣赏活动是审美主体以自己的感性血肉之躯的各种感官去看、去听、去触摸、去品味、去体验，因而个体性标明欣赏者作为主体对审美对象一种全面的精神把握和特殊占有，主体的各种特殊心理活动、独特的心理感受、情感意志、想象理解都将在客体上打上鲜明个性的印痕。审美主体在作品中所体验到的只是他那颗灵魂才能体验到的，他在作品中寻找到的是他自己才能找到的。他通过作品与作者的“对话”是富于个性化的，对于其他欣赏者来说不具备必然性和普遍有效性，他以自己的独特的感性（新感性）和经验模式介入和参与着对作品的审美把握，从而表征出个体美感的属人的特性。他对作品个性的把握是他自身灵魂的写照和心路历程，是他所独具的对世界、人生存在方式的一种精神照亮和持存，一种审美掌握和艺术占有，是主体生命丰盈的一种外在投射，一种人格力量的自我确证，一种内心世界与外在世界的叠印认同。

接受主体面对的并非一堆无生命的文字符号，相反，作品一旦脱离作家之手，便自己具有了生命气息，而脱离作家创作时的特殊角度、特殊氛围、特殊维度，成为像生活本身那样丰富的、立体的、多维的、多向的艺术生命体。而欣赏主体将自己的个人生活经历、个性趣味、审美偏爱、特殊心境投入这一艺术形象，再创造出的艺术形象更加栩栩如生。无数审美欣赏主体共同创造的艺术形象，总体上比作家赋予的主题要深邃全面得多。艺术欣赏（艺术接受）过程是艺术品的永恒创造的过程。正是在这一生生不息的创造过程中，历代读者把自己富于个性、民族性、时代性的审美体验赋予了艺术品，从而对作品做出特殊的阐释，这种赋予和阐释又成为后代接受的基础，不停地积淀，并影响着后代人们的艺术接受。这种不断的全新赋予和重新阐释，使作品内蕴不断创化、建构，使得其意义与指示形成越来越大的螺旋体，从而赋予艺术品以永恒的艺术魅力。

接受主体除了充分调动自己的创造性对文本进行再创造以外，他也得受接受对象的制约。主体的能动性、个体性、体验性中，存在一种内在制约性，它使得审美欣赏（接受）主体的再创造以至于出现随意性、非理性以及伪审美性。而这种制约性集中表现在审美客体中艺术形象或艺术意境的形式结构对主体的定向导引上。这种虚实结合的艺术形象或意境为欣赏者规定了一定的欣赏活动范围、方向和途径。同时，客体（审美形象）作为再现（客观物象）与表现（主观意象）的辩证统一，规定了它是明晰的确定性与非确定性的统一。这种明晰的确定性，使审美欣赏者入乎其内，探幽索奥，准确把握；作品形象的非确定性，又使接受者出乎其外，寻找未定点，进行二度创造。正是这种创新性与制约性的互相联结，才使接受主体的接受活动没有仅仅成为一种个体的行为，而是由个体性上升到一种普遍性。无数的接受主体才会在既有个体独创性，又有普遍认同性之中，总体上形成一种接受主体性。就这个意义上说，接受美学并不简单划为一种主观美学，它将其内在的普遍性硬结为广泛的客观尺度，从而达到主体客体完美结合。

当然，接受美学仍然存在自身的局限性。从总体上说，接受美学同20世纪其他美学思潮一样，回避美的本质、艺术的本质等根本问题，而将重心放在艺术的具体接受过程的特征和心理形态的揭示上。同时，接受美学尽管强调了文学活动总体性过程，但偏重于研究读者接受过程，而较少论及作品文本的形式和意义，以及作家创造活动及其主导地位，给人一种忽略文学创作和作品本体研究的印象。这样，文学活动的总体研究就出现重心后移，整个格局因而失衡。而且，姚斯在论述文学创作与接受的关系时，缺乏更为具体充分的论证，在强调文学通过读者的接受发挥其社会效果一面时，对社会对文学创作与阅读的制约作用论述亦显单薄，未能充分地展开。这些薄弱环节，使得接受美学研究的进一步深入受到了限制，以致到了20世纪80年代初，接受美学势头大减。

尽管如此，接受美学以其新的理论特色给人以有益的启示，它研究方法的新颖和思路的独特起到了扭转视域的作用，它对接受主体性的呼唤，对人这一终极本体的潜在性和可能性的重视，推进了当代美学和文艺理论。

当然，"读者反应批评"受解释-接受美学影响而迅速发展起来，到20世纪80年代进入其黄金时代，在文本解释和意义重读方面与结构注意互相呼应。费希的"情感文体学"，普莱的"内在感受"说、乔纳森·卡勒的"文学能力"说，强调文本意义生成的首位性，反对在文本中存在完整自足的意义的说法，认为意义是重新解读的结果，从而使意义的形成偏向读者一维。这样，读者反应批评（以及法国的"新"新批评）就日益走向取消文本意义一极，片面地发展了接受美学中主观再创性一面，将读者的能动作用推到极点。据此，美国文化家简·汤普金斯在其编的《读者反应批评》[①] 中认为："法国后结构主义的艰苦工作，特别是罗兰·巴克尔斯等人所撰写的论文具有决定性意义，没有前者，读者反应批评也许很难以它目前这种形式存在下去。"在这个意义

① Tompkings, J. P. ed. *Reader - Response Criticism From Formalism to Post - Structuralism*, Balitimore: Johns Hopkins University Press, 1980.

上，读者反应批评比解释—接受美学走得更远，它因受解构主义影响而更具有解释的主观能动性和意义的再生性，同时也因其主观阐释的随意性或误读性而遭人诟病。

不妨说，正是解释学、接受美学和读者反应批评理论，使文本的意义阐释成为作品生命力的关键，从而为相对主义意义论和读者主体论的确定，为一元意义论向多元意义论的转化，奠定了思想的基础，使对“原意”的有效性话语和真理的绝对论的言说，在世纪末变得相当困难。这也许为后现代的“意义不确定性”说法，提供了某种话语支持和理论参照。

第二编

解构主义美学

第六章　解构美学与巴特的零度写作

如果说，拉康是因其发现无意识后面的语言结构，进而揭示欲望的基本话语形态而驰名于思想界，福柯是通过对边缘状态，尤其是对疯狂、监狱、医院、性的文化代码分析，而立足于当代思想家的行列，德里达是透过对逻各斯中心主义、语音中心主义的揭露而获得边缘话语立场，使自己对现代形而上学进行了彻底颠覆的话，那么，罗兰·巴特则是一位扩散型思想家，以其对“零度写作”观、“欲望再生产”和“文本欢欣”的揭示，而使自己成为一个身份杂糅、主题变动不居、观点不断滑动的写作者，一个在文本的书写中获得欲望满足式的欣悦快乐的书写者。

第一节　零度——白色写作理论

在结构主义和解构主义的思想阵营中，罗兰·巴特（Roland Barthes，1915—1980）是一位重要的人物。

也许，疾病是精神的导师，尼采如此，荷尔德林如此，同样，罗兰·巴特也是如此。在求学期间，巴特由于贫穷而得了肺结核，当他以优异的成绩中学毕业，并满怀希望投考高等师范学院的时候，因肺结核病的发作而不得不休学。若干年以后，他的肺病复发，停止了工作。病魔折磨他长达十几年。正是因为疾病，使得罗兰·巴特不仅能从一个正常人的角度去看这个世界，同时也可以从病人或走向死亡之人的角度去审视这个世界。因此，同常人相比，他获得了多维性眼光和多重性角度观看世界的方式，而得以在疾病和正常之间，在痛苦和希望之间，在生存与死亡之间，进行存在结构的边缘性思考，并使自己获得生命透悟般的快乐。因为面对死亡的生命是可贵的，所以，巴特的一个重要的主题就是与死亡相对的“欢欣”“快乐”，即生命的快乐、阅读的快乐、文本的快乐、甚至是解构策略的快乐。同时，也许由于早年的贫困烙印，又使他走向了一种反向性思维，即强调了与贫困匮乏相对的另一极——“欲望”的满足。因而，在罗兰·巴特的文本中，不断出现的是关于欲望的张扬、欲望的合法性证明、欲望的渴求和欲望的再生产。

疾病、快乐、贫困、欲望这些生命符码，使罗兰·巴特的身份具有了多重性。对此，美国著名美学家卡勒在《罗兰·巴特》[①] 一书中认为，罗兰·巴特是一位多才多艺的人，一位文学史家、神话学家、批评

---

① J. Culler, *Roland Barthes*, Oxford University Press, 1983.

家、论战家、符号学家、结构主义者、享乐论者、作家、文士。总之，他是一位身份杂糅、具有多种文化符码附加于自我身份之上的当代理论家。这一身份的杂糅性使其著作很少有长篇大论式的高头讲章，大部分文章都是散文式的学术随笔，写得轻松自然、任性而为。这若干篇文章所汇成的集子，构成了罗兰·巴特基本的理论写作风貌。

罗兰·巴特一生发表了二十余部著作，并有不少著作译成英文。主要有《写作的零度》① （1953）、《米舍莱自述》（1954）、《神话》②（1957）、《论拉辛》（1963）、《符号学原理》③ （1964）、《批评文集》（1964）、《批评与真理》（1966）、《时装系统》（1967）、《S/Z》④（1970）、《符号王国》（1970）、《萨德、傅立叶、罗耀拉》（1971）、《文本的欢欣》⑤ （1973）、《巴特论巴特》⑥ （1975）、《恋人絮语》⑦（1977）、《意象、音乐、文本》（1977）⑧、《埃菲尔铁塔与其他神话》（1979）、《转绘仪》（1980）、《新批评文集》（1980）、《形式的责任》⑨（1982）、《语言的细声》⑩ （1984）等。可以认为，罗兰·巴特的思想上承结构主义，下启解构主义。其文化定位于一种承上启下的角色中，因而其一生基本上可分为三个层面：一、关注“写作”论的时期，其代表作有《写作的零度》《神话》等；二、符号学时期，其代表作有《结构主义活动》《叙事作品结构分析》《符号学原理》《批评与真理》《符号王国》等；三、“文本”研究时期，其主要代表作有《作者已死》《S/Z》《文本的欢欣》《巴特论巴特》《恋人絮语》《语言的细声》等。

---

① R. Barthes, *Writing Degree Zero*, London, Jonathan Cape, 1953.

② R. Barthes, *Mythologies*, trans. A. Lavers, London, Palladin, 1973.

③ R. Barthes, *Elements of Semiology*, trans. A. Lavers and C. Smith. London, Jonathan Cape, 1967.

④ R. Barthes, *S/Z*, London, Jonathan Cape, 1975.

⑤ R. Barthes, *The Pleasure of the Text*, trans. R. Miller, London, Jonathan Cape, 1976.

⑥ R. Barthes, *Roland Barthes by Roland Barthes*, London, 1977.

⑦ R. Barthes, *A Lover's Discourse*, New York, Hill and Wang, 1978.

⑧ R. Barthes, *Image*, *Music*, *Text*, London, Fontana, and New York, Hill and Wang, 1977.

⑨ R. Barthes, *The Responsibility of Form*, Farrar, Straus and Giroux. nc, 1985.

⑩ R. Barthes, *The Rustle of Language*, New York, Hill and Wang, 1986.

不妨说，罗兰·巴特是从一个边缘性的写作者和结构主义符号学家进入解构主义阵营的。然而，他却在学术创作的高峰时期，因1980年一次车祸而终止了旋风般的思想。

“写作”或许是“现代性社会”最大的奥秘，同时也是现代社会中最为彻底的话语转型。在传统的话语中，写作是经天纬地的“不朽盛事”，是人为寻求真理而获得的一种话语特权。写作成为思想的直接呈现，成为思想的对等物，甚至成了新思想的导引。而在巴特那里，“写作”的本质和内涵发生了根本性变化，已不再是对真理的直接砥砺，不再是对不朽盛事的先行见到，而是一种现世的书写实践，一种非意向性的世俗行动，甚至是一种无所驻心的中性的“白色写作”。

一部写作史，在罗兰·巴特看来，即某种思想在一片虚空中，欢快地升腾于修辞性字词之上而形成的所谓“写作”。所以，写作首先是对对象的把握，一种书写的劳作，并最终发展为“对对象的谋杀”，使对象达到它的一种变体，即“不存在”。于是，从对语言的尊重走向对语言的破坏，从对思想的渴求到对思想的解体，写作终于完成了自己的历史——当代新写作方式——“写作的零度”的中性写作。从此，写作除了符号以外，再也看不到思想的烙印，再也没有那种梦幻般的理想光泽，而是一种纯结构性的单色调写作——白色写作。写作的热情消失在现代平面上，写作残存的意义随着资产阶级的生活方式而逐渐解体。

就此，罗兰·巴特展开了自己的论述。写作已然形成“多重性写作”，即：政治式写作、革命式写作、西方马克思主义式写作、阶级性写作、专制性写作、思想性写作、现实主义写作、自然主义写作、小说式写作、诗歌式写作，归约性写作，以至于失语式的写作。我以为，罗兰·巴特这一分类性分析抓住了事情的本质。他从过去一般性的二元对立式模式中走出来，不仅将写作看成是历史性的协同行为以及同语言结构风格打交道的活动，而且认为，写作从存在于社会之间的那种创造性活动，已经转变为语言自身的自足性表现活动，并与历史的重大危机若即若离地联系在一起。就此，写作从一种沉重的历史记忆中走出来，而变成自由地滑行于记忆之间的妥协物，甚至变成了记忆的自由或机遇性的书写方式。

“政治式写作”表明其是一种僵硬的语言，总是呈现出被言说的语言的封闭性。这种写作使写作本身和语言相对立，因为它通过语言仅仅是以政治式隐秘的方式去指涉政治式对象，字词在政治的禁锢之下，仅仅起着一种呈现作用而已。所以，写作永远置身于语言之外，仅仅是一种与隐秘力量打交道的活动。就此而言，政治写作的显著特征是禀有权力或权势的阴影，具有一种现实的目的性和强迫性的价值意向。而写作本身倒变成了一种借口，一种“在别处的存在”。所以巴特强调，政治写作并非是真实的写作，而是在权力的压抑下所进行的泡沫式写作。

“革命式写作”就是将语言和鲜血联系起来，是一种血与火的写作。巴特认为，这种法国革命式的浪漫激情写作，一反古典式写作那种平稳、流畅和优美，充满着激进、激情和夸张的姿态，甚至也充满着流血牺牲的沉重。革命式写作最重要的方面是，它成了日常生活的否定词，成了现实生活缓慢河流中非常态的浪潮。它的语言使人感到是一种异样的语言，一种乌托邦式的语言。它在其激情性的写作中，使人们感到震惊，并使公民普遍面对流血的祭礼。于是，写作本身变得不重要了，写作的对象，即革命的话语方式成为写作的绝对主导性。

“西方马克思主义式写作”是一种“间断性的写作”，每一词都以隐喻的方式展示着它自身的原则，并指向它独特的历史意味。因此，在罗兰·巴特看来，西马式写作本身是一种价值语言的写作，是一种激进主义式的写作。这种写作的特点是世界主义、乌托邦主义和批判性意向，这构成了西马写作的基本模式。当然，这一写作与托洛斯基的写作、随机应变式的写作，甚至是斯大林主义式的写作有着难以剥离的复杂关系。就此而言，西马式写作既与阶级写作有关，又与思想式的写作有关。

“专制性写作”又被罗兰·巴特称为“警察化写作”，因为，在这种秩序的专制政权中，永远充满着压制性的内涵。写作在此变得异常沉重，变成了自身的疏离，甚至成为“反写作”的方式。因为，写作的言说本身并不重要，相反，它的重要是来自权力压抑的反弹性指认。在政治和权力滑行到现代社会轨道以后，战斗者和作家之间的新型作者逐渐进入一种平滑的、现代性的社会中。于是，为道义、为乌托邦、为专制性的写作，逐渐丧失其合法性，而语言、结构、言说方式、写作本身，上升到写作的主要地位。写作不再是集体名义下的符号签字，不再是一种集体思想的秩序话语，也不再是一种公民流血的历史祭礼。思想写作渐渐退出了现代写作主角的地位，而使得“语言写作”本身大面积地出现在思想的领域。于是，小说写作和诗歌写作成为写作在当代的主导模式。

换言之，叙事和纯文学成为现代写作的社会与公众之间的契约，而作家的言说消解了所谓政治式的写作、阶级式写作、思想式写作的那种压抑的权力性和有限性，而拓展到无边的世俗感性生活层面，具有更多的新鲜而现实的语言储存，并保证了对现实认识和对自身认识的诗意双重性。在此层面上，罗兰·巴特坚持，这就是表现了艺术的“神话学”的特性，即一种象征、一种符号、一种自身意义的当代指认。所以，“文学就像磷火，在它临近熄灭的时候，光亮反而更强”。小说和诗歌的写作既是对日常性的破坏，又是对现实性、诗意性的修复，这一切都构成了现代艺术的基本特点。艺术写作一方面在剥离现代社会的虚假面具，另一方面又在为自己寻找真实的本性而努力。

从某种意义上说，小说是将生命变成一种命运，将记忆换成一种功能，把延续转成一种有意向性的时间延伸，而只有通过在社会现实注视下完成的艺术性，才获得小说自身的特性。诗歌中现代诗是对字词的饥渴，把诗的言语变成了一种可怕的和非人的言语，并渴望建立一种充满断裂和敞亮感的话语，充满了“不在”的因素和符号意义不确定性的话语。诗歌具有了一种中断性思维，一种跳跃性的诉诸非连续性的节奏。现代诗摧毁了语言的关系，把话语变成了字词的静止凝聚，使我们对自然的认识发生逆转，造成一种现代社会理性中断的图景。所以，现代诗是一种客观的诗，是由孤寂冷漠所组成的意象连续体，同时，也是对现实社会的“能指”的表征。

而散文是最小的话语，是思想最经济的表达手段，是在言语中包含着更多精神性构思和更恰当的叙事方式的思想表述。不妨说，罗兰·巴特之所以选择散文作为自己思想的承载物，确乎是有其自己的理论依据的。

从古典写作进入现代写作，“写作”进入宽广平滑的河流和思维河床，语言变得多样化，有精雕细琢的写作，有大众主义的写作，有中立化客观的写作，有口语化日常生活的写作等，都各自依照写作者自身的行动和观念做出自己的价值选择。然而，有一点是确定的，即文学的语言本身其完整性解体了，它被分裂、中断进而自然主义化，成了形式的冒险和修辞的游戏。语言丧失诗意而变得直白，这无疑是意识现象的分裂和中断的表征。

于是，在神圣被抛弃、思想写作的权力被怀疑、语言骚动导致本身规则破坏之时，语言解体成为了必然。语言解体导致语言的沉默，使得现代性写作出现了语言瓦解的“失语症”。形式的沉默、语言的挽歌和字词的病态，使得现代性写作具有了粗糙的外表、阴郁的孤独性和反纯洁透明的复杂性。于是，“新写作”方式出现了，那就是逃离语言秩序束缚的“白色写作”“中性写作”或“零度写作”。

这种写作是直呈式的写作，是反修饰、反叙事、反深层意义的写作，或者是新闻性的写作。这种中性的写作，是主体离间、逃避、消亡的毫不动心的写作。在主体丧失了自己的激情、浪漫、乌托邦之后，离开了真实语言和文学的意向性，其写作便具有客观冷漠、身处事外般的中性言语。作者成为不在场者，写作被归结为一种否定的形式，在其中语言的社会性或神话性被消除，而代之以中性的和惰性的形式状态。尽管思想尚保持着它的职能，但它已不属于历史中承担的那种形式了。这种中性写作已经达到“纯方程式”的客观状态。它在面对人的空白存在时，仅具有一种代数式的内涵。于是，文学的浪漫性被克服，人的问题被抛弃，意义的承诺已然落空。

其实，这种“白色写作”同样是不真实的，因为它所具有的自由和新的形式诞生于不确定的语言领域中，这种语言因为与思想和现实的完全中断，使得它重新成为自己的“形式神话的囚徒”，因为它又重新创造了一种完全中立的、与任何思想形式思潮无关的、完全客观的“中性写作”的“神话”，而这一神话同样应遭到思想者的质疑。

说到底，人不可能逃离其社会和心性价值。一个人除了所谓政治、革命、阶级、思想等规定性以外，他在操持着语词的组合时，也在充分确定和表现着自己的全部历史，因为人毕竟是由语言呈现和界定的。

当然，罗兰·巴特对白色写作的分析也具有自身的困惑性，即一方面他要通过“白色写作”去扬弃萨特式的那类政治、神话、革命、阶级性的写作误区，另一方面，他在强调白色写作的同时，又对加缪所进行的对这种写作的实验不无忧虑。问题在于，这种所谓的中性写作，自身又设立了一种中心，即语言中心。在巴特看来，根本就不存在无语言的思想，也不存在无思想的语言，因为文学同形式分离，它仅仅是书写的类别，然而语言本身却包含着深刻的经验。或者是语言本身带出了文学在当代的全部困境，文学被导向语言问题，同时也被导向四分五裂的生存图景。

或许可以说，在《零度的写作》中，罗兰·巴特已经预见到二十世纪六十年代后期后结构主义思潮出现的语言分裂和思想逃避的危机。他以其诗意的直觉，穿透了许多理论家以长篇大论所未能抵达的理性分析的高度。

然而，在思想的消隐与语言的狂欢的价值判断上，他仍然是模棱两可的。他曾经说，探索一种无风格或口语的风格，探索零度的或口语级的写作，就是对绝对歧异性的社会状态的期望。作为一种必然性，文学写作证明了语言的分裂，而作为自由，它就是这种分裂的良知和超越这种分裂的努力。因此，文学只能失去激情的意义渴求而成为结构性语言的乌托邦，或与文学与神话的代码紧密地联系起来，而获得反主体性的纯客观性价值诉求。

第二节　结构主义符号学

学界往往将罗兰·巴特称为结构主义符号学大师，然而，在我看来，也许在结构主义或符号学上，罗兰·巴特的创造性并不突出。因为，他过分热心地将结构主义或符号学作为一种新的方法，并将语言学和符号学作为分析人文科学的主要原则。因此，在缺少反思性批判的前提下，他只能全面地挪用或模仿索绪尔的语言学或符号学。也许，客观性对思想躁动性的压抑规约，于此可见一斑。

结构主义作为对存在主义的反拨，既非一个学派，也非一种运动，而是一种结构性思维或话语方式。它强调其“能指”和“所指”“共时性”和“历时性”等二元对立概念，并对概念所指涉的意义加以关注，即运用能指和所指、共时性和历时性等概念，去描划人文科学的一些规律性的东西。

结构主义活动的目的在于重新建构对象，并在重建中结构性地呈现这一对象。“结构”事实上是对象的幻像。结构主义聚拢现实并分解现实，它是一种模仿活动，是对对象的抽空，是对对象的空洞的逻辑性（“分割”和“排列”）的演示。结构主义并不取消历史，它将历史不仅与内容联系起来，而且与形式联系起来；不仅与物质联系起来，而且与可理解性联系起来；不仅与意识形态联系起来，而且与审美联系起来。这样，结构主义本身就将世界看成是某种形式，而这种形式将随世界的变化而变化。抓住这种形式，去发现这种形式的变化，从而用语言去表达这种形式的变化，就结构性地把握了世界或把握了世界的内在结构。

从符号学的角度出发，罗兰·巴特提出了自己的“符号学原理”图式。他认为，在人文科学中必须进行符号学研究，才有可能真正揭示人文科学内在互相对立而又互相阐释的基本原理。巴特式的符号学“原理”，按符号语言学可以分成四大类，即：“语言和言语”“所指和能指”“系统和组合段”“直接意指和含蓄意指”。巴特对这四类范畴作了十分枯燥的逻辑演绎。①

在我看来，罗兰·巴特用了相当的精力写出了与他的散文文风截然不同的著作《符号学原理》。然而，这一著作并非其真正的代表作，其中模仿和非创造性的痕迹相当明显。当然，罗兰·巴特用了大量篇幅去反复论证这四项基本原则的用心在于，按照结构主义活动的方式去建立一个研究对象的模拟物，然后，将这种研究按照某一观点所描绘的资料，进行一种结构性分析和语义层面的分析。如他在研究“时装”和“禁忌”时，不仅要进行内部结构的分析，还要重视每一个语义系统层次上与经济学、社会学和符号学发生的关联。将研究对象作为一个相对封闭的静止状态的结构加以分析，以对对象进行各层面的彻底研究。所以研究对象的充分性和其内在特性的完整性，是结构主义符号研究的重要保证。这样，结构主义符号学就可以成功地将事件和对象从历史的流动变化中切割下来，使自己面对一个相对静止而完整的“切片”，从而删除“历时性”因素，尽可能地聚合“共时性”的整体。通过这个整体的解构性研究，去论述正在发展变化的整体系统，即时间所形成的历

① Cf. R. Barthes, *Elements of Semiology*, trans. A. Lavers and C. Smith. London: Jonathan Cape, 1967.

史流变。

总体上看，罗兰·巴特只是把符号学作为广义语言学的一部分，因为他曾把全部客观的实在简单归结为符号学的文本。也就是说，他从结构语言学的观点出发，而忽略其文学反映现实的一面，只重视研究文本本身的结构和层次，或者说，他只强调能指而非所指，因为，真正的艺术作品在他看来，其意义是由能指组成的，重要的是“怎样”，而不是“什么”。

可以说，二元对立范畴的把握，严格的系统内结构设定，内在性的非历史切片，以及细读方法的严格对称性的研究，是罗兰·巴特符号学的几个基本要素。其贡献在于扭转了人文科学或文艺研究的视野，将其从研究的对象，即内容、历史、意识、阶级斗争转向了文艺话语的表达系统，即它的能指、所指，它的意义，它的结构的纯客观层面。但是它又不完全同于现实主义式的对客观对象的把握，或自然主义式的对对象研究的纯客观性，也不是像存在主义那样，对对象研究强调其主体性和精神性，而是符号性地介于纯客观性和纯主体性之间，强调主客体之间的结构性的符号领域的研究。所以，这一点又被不少批评家称之为“新批评派”策略。

这种新批评派策略，往往强调文学作品的叙事结构分析，认为对象具有可分析的清晰结构，而主体结构也与对象结构有着某方面的对应关系。只有把握了这种对应关系，才能找到叙事结构的根本规律。因此，罗兰·巴特在《叙事作品结构分析导论》中认为，叙事作品不管是怎样的作品，它总是超越国家、历史和文化而存在的，它具有一种普遍性。而进行这样的叙事作品的结构分析，就是要去寻找作品的结构，不仅要找到叙事作品的语言即句子中的问题，而且要找到它的意义层，即描述的功能。

就此而言，罗兰·巴特把叙事作品的层次即描述层分成三个层面：一、功能层（用普罗普和布雷蒙著作中所指的含义）；二、行动层（行动一词用格雷马斯把人物作为行动者来论述时所指的含义）；三、叙事层（大体相当于托多罗夫所说的话语层）。这种功能层、行动层、叙事层是按逐步结合的方式，互相联接起来的。也就是说，一种功能只有当它在一个行动者的全部行动中占有地位时才具有意义，行动者的行动也由于被叙述并成为话语的一部分时才获得最终意义，而话语则有自己的代码。

用了相当的篇幅详尽地讨论了这三层的关系后，罗兰·巴特认为，叙事作品形式的基本特征具有两种能力，即将其符号沿着故事膨胀开来的能力和将无法预见的扩展纳入这些畸变的能力。这两种能力看上去似乎是两种自由，但叙事作品的特性正在于把这些差别包含在自己的语言中。因此，在巴特那里，叙事作品所发生的事情，从所指事物的角度来说，是完全虚构的东西，所发生的仅仅是“语言的历险”。无论是叙事作品的起源，还是语言的起源，都是与叙事作品同时产生的，似乎是对话以后的作品。所以，用结构主义方法研究文学作品，使得罗兰·巴特在叙事学层面等新的层面把握对象的同时，又遭遇到诸多的困惑。这无疑说明，完全照搬结构语言学理论来解释叙事作品的结构，其有限性和局限性是十分明显的。

当然，罗兰·巴特用符号学进行分析的时候，有一些分析也颇见新意。如他写的《符号王国》（*Empire of Signs*）中的几篇，其分析就有独到之处。在《市中心——空洞的中心》中，他将东京与西方城市的中心进行了对比，认为西方所有城市都具有中心性，每个中心都是向心的场所，因为西方的城市中心常常是非常著名的地方，它不仅具有精神性（如教堂）、权力机关（如州府）、还有经济场所（如银行）等，而且是文化、经济、权力的中心。而东京却出现了一个悖论，它确实有一个中心，但这个中心是“空无”。也就是说，它把一个“禁城”，即天皇所在的禁城置于城市中心地位，人们每天都围绕着中心转，但是谁也不能与天皇相识。这是一个丧失了权力的、非中心的中心，所以是一个“空洞的中心”。他的存在不是为了炫耀权力，而是以中心的空洞性来支持整个城市的运动。因此，这种想象出来的事物，以回环成圈的方式呈现并围绕空洞的中心迂回运行。可以说，罗兰·巴特掌握到了西方的中心是“绝对中心论”，而东方的中心是“中空中心论”的关键，同时，还体悟到了东方式的玄学性。尽管他将这一点仅仅作为城市布局的分析，显得稍稍有些牵强。

罗兰·巴特作为一个西方学者，对东方的书法的“书写”也做出了自己的符号学阐释。他感到，东方的书写，是用毛笔在书写的过程中诉之于一种不可见的细微的个性差异，让人透过笔墨看到背后的意义，笔墨是在虚空中画出的心灵痕迹。以书法为代表的东方艺术，其形式和意义的交织铸成了书写的内涵，不仅是凭借形而上的话语力量，而且是依靠多种社会、个体、心灵、艺术、历史的因素交互作用，使得书法和东方艺术向着无尽的未来时间和无穷大的空间敞开。

同样，对日本俳句的顿悟，使巴特感受到禅宗的“扬弃意义”的魅力。他在《扬弃意义》中说，这种东方式的“既非”“又非”模式，使得对于一种对象意义的把握是不可能以机械性的方法准确地获得的，而只能通过一种启悟性的、富有弹性的符号去加以表现，并在语言的终结处把握到新意义的生成。也就是说，在禅意朦胧的瞬间，会出现语言的终结，这种无声的断裂，建立起禅宗真理与俳句那简洁空灵的形式。这样就否定了对意义的极端把握的倾向，既不把语言搁浅在沉滞、深刻、神秘的沉默的问题上，也不把语言搁浅在灵魂的、通往神圣的交流的空灵境界的问题上，而是在话语的终结处不断地延展这种话语，使它凝聚到一种微淡无光之物上去，在一种极境中去理解世界万物的升腾变化。所以，最终的语言力量在于终止语言，最大的意义在于不言传意义。这也许就是那种得意忘言，或者被称为启悟和直觉的境界。

也许，罗兰·巴特体会到了这种境界，因为，从他的文字中可以看出，他非常欣赏这种境界。他说：“俳句有着纯净性、空灵性，读这样绝妙的语言，就会富于惊奇、感动、瞬间完美与一种意义。反复阅读、反复沉潜于这种境界中，就会意识到意义将会从这种纯净式的语言中被真正发现，进而被深刻性地洞悉。”于是，罗兰·巴特分析了“说出的意义”和“未说出的意义”，当然，他更欣赏那种“未言说”出来的无穷意蕴。

第三节　可读性文本与可写性文本

从思想史的角度看，1965 年以前的罗兰·巴特在法国思想界还是一位声名不显的普通学者，其主要思想刚露出冰山之一角。然而，由于他的《论拉辛》（1963）激怒了他的论敌雷蒙·皮卡尔教授，皮卡尔发表了《新批评还是新骗术?》一书，非常尖锐地批判罗兰·巴特的分析论点，在法国文坛掀起了轩然大波，加之新闻界的推波助澜，从此，罗兰·巴特被看作是文学领域的激进、怪癖、边缘思想的代表人物。于是，巴特因祸得福，从此引起文坛关注，尽管时有恶语和攻讦。然而，无论如何，这刺激了他强烈的创作欲望，同时也给他的创作带来空前的读者市场。因此，在论战中他不停地写作和发言，从而使自己的独特思想得以迅速传播。

1965 年以后，罗兰·巴特出版了多部重要的著作，其中较重要的有：《批评与真理》（1966）、《作者已死》（1968）、《从作品到文本》（1968）、《*S/Z*》（1970）、《文本的欢欣》（1973）、《巴特论巴特》（1975）、《恋人絮语》（1977）等。那些不断抛出的著述，使巴特的思想赢得了广泛的读者群，并使他在六十年代中期跻身于巴黎文化界名流之列，并与福柯、拉康、德里达同领时代风骚，掀起了一股汹涌澎湃的解构主义文化思潮。

面对皮卡尔的抨击，罗兰·巴特出版《批评与真理》一书加以反驳。他强调，法国存在着两种文学批评，一种是传统的僵化的“学院派批评”，另一种是新兴的、充满着锐气的解释学精神的“新批评”。以皮卡尔为代表的学院派批评将文学研究僵化凝固起来，而缺乏一种新的解释学的维度。罗兰·巴特主张打破这种僵局，改变这种僵化的文学语言，进行一场观念革命。因为，科学、批评、阅读，是当代批评围绕作品编织其言语活动花环时所必不可少的三种话语，应该对文学作品进行结构式的新的分析，而不是一味地局限于传统的社会学研究方法中。批评探讨意义，批评生产意义，批评对于作品的关系是一种意义对另一种形式的关系，没有任何一种批评可以穷尽作品的意义，也没有任何一个作品可以冒充它是唯一的批评而独霸批评的领域。

一本书是一个世界，批评家在书面前感受到的言语意义与作家所感受到的不尽相同，所以，他必然遭遇到批评对象的限制。传统批评家将自己的言语活动填充到作者的言语活动中，并在把象征符号添补到作品象征符号中时，只能以重现作品本身的意义为旨归。所以批评家只能激发作品的原意，而不是压缩和抹平它们。这种缺乏创造的僵化批评是必须让位于结构和心灵的批评的。因为，从阅读到批评的转化是视野的改变，是将一种新的生命力量注入作品之中，使一种新的理解精神彰显并升腾于批评中。“批评”和“真理”是一种良性的互动状态，富有创造性的“批评”是抵达“真理”的中介过程。

如果说，《批评与真理》的雄辩和其诙谐的论文风格，为罗兰·巴特赢得了读者的广泛好评，那么，他的《*S/Z*》则典型地表明他已经从结构主义向后结构主义的转型。在《*S/Z*》一书中，巴特将全文分成561个语汇单位，分析出每一个语汇中所蕴含的编码规则，并进一步阐释其编码的内在依据和基本规则。①

这一分析是针对巴尔扎克的中篇小说《萨拉辛》一书的。《萨拉

① Cf. R. Barthes, *S/Z*, London: Jonathan Cape, 1975.

辛》讲述了一个离奇的故事：巴黎的年轻的雕塑家萨拉辛在游览古罗马时，见到了一位极其漂亮的歌唱家桑比赖拉，于是倾心追求这位歌唱家，但最后发现“她”是一个男性的阉割者。罗兰·巴特就此展开分析，认为作者拒绝了一个超然于若干文本之上的普遍模型，而突出每一文本的差异性。巴特将结构主义所建立起来的固定的、封闭的、自足的意义结构打破，使它们变成一种“星状分散的文本”而失去了整体依托性。在这种“破碎的文本”中，把文本分成为“可读性文本”和“可写性文本”两种基本类型，从中发现对文本类型的全新阅读方式。然后，用五种不同的信码对这些散成几百个碎片的阅读单位加以分析。

“可写性文本”不是一种物，只是可供重新书写的文本，是可以进一步扩散改写的文本。巴特以其意义的多重性、空间的开放性和语言活动的无限性，为不同读者的解读提供了文本模式。可写性文本打破文本内部的有限性制约，使读者不是通过语言去观看一个先定的世界，而是去洞悉语言自身的新本质，并与作者一起参与创造作品中世界的新意义。

“可读性文本”是固定的自足的现实文本。在可读性文本中，能指和所指之间的关系一目了然，文本的意义是可以把握解读的，阅读只是接受或拒绝，而不是重写。所以，可读性文本是读者消费的文本，它在不断地阅读中被把握其有限的意义。而真正的思想型读者应该面对可再生创造的“可写性文本”，使其敞开自己的想象，发掘自己的潜能，超出文本之外，去把握作者所能想象或所能提供，甚至未能想象未能提供的多样性意义，使每一次阅读都是读者与作者的一次文本的相遇，一次全新阐释中所生发出重新书写式的快乐。

传统的古典型的文本大多是可读性文本，而现代的文本大多是可写性文本，因此更具有阐释意义的复杂性和阅读中的困难度。罗兰·巴特注重“可写性文本”，因为这是一个立体空间，建立在多元性基础上的再生性评述。在此，作为支柱的文本将在可写性意象中不停地被打碎，被中断，而毫不顾及其句法修辞的设定和故事细节的框架，相反，批评性阅读强调语汇歧义的列出，解释与主题的扩散性分析，全新的话语方式的产生，从而使研究者摆脱整体局限性观点。从这个意义上来讲，“可写性文本”就是打破对象的完整封闭性，用巴特的话去说，是“虐待文本”“切割言语”，否定文本的品质而扬弃其本性，通过这种话语的改变，使文本成为锻炼、衡量读者再造性水准的尺度。文本的阅读于此成了意义增值的狂欢，同时也成了意义消解的狂欢。

那么，究竟有多少种阅读方法呢？罗兰·巴特认为有五种编码的阅读方法。即阐释信码、喻意信码、象征信码、选择信码和文化信码。文本主要是由这五种信码构成的网络，每次阅读，这些信码都交错进行而彼此生发，永远在自我更新的过程中。

一般而言，阐释信码是对情节结构加以细密的内在阐释，以建立故事的情节线条，并对其字面意和字内意加以解释；喻意信码是将其故事情节和人物与其意义相联系，而构成一个主题范畴；象征信码是将一个范畴的复合价值转换性场所作为人物情节的语境，从而指认其深层次象征含义；选择信码则强调其多种意义的可能性，注重阅读的偶然性和创新性；文化信码将用多种知识型，即物理的、生理的、医学的、心理的、文学的、历史的等，进行多元的文化网络的阐释，而并不去注重建构和重新建构它们所连接的一般文化模式。

总之，在罗兰·巴特那里，“可写性文本”高于“可读性文本”，因为文学的价值不在于如何表现世界，或阐释这个已经存在的世界，而在于不断向人们理解和阐释把握这个世界的方式、方法和规则提出挑战，提出更高的意义阐释期待。所以，“可写性文本”就是邀请读者从自身的语境中解放出来，而通过偶然和约定的性质，对其所理解的传统观念和符号规约进行反思，从而去探讨对对象的更新的阐释密码。这样，读者就不再是被动的被灌输的群体，而是主动地进行阐释和意义塞入或填入的群体。

"可写性文本"表明了文学由作者向读者的中心转移。作者已经开始消隐，而读者正在全新的可写性文本上体现了"文本欢欣"的新动向。

第四节　作者之死亡与文本的欢欣

在罗兰·巴特的观念中，"可读性文本"必将转换为"可写性文本"。他在《从作品到文本》① 中认为，新的文学对象不再是"作品"，而是"文本"，因为文学研究已经从单一研究时期进入到多学科互动时期，也就是说，历史学、哲学、语言学、社会学、文学、美学等互相影响、互相汲取文化资源而形成新的研究语境。所以，任何单一的研究在这种多维多元的研究前都显得单薄无力。

从"作品"向"文本"的转化，意味着研究方法论的转型。方法论不再是单一进入作品的方式，而是面对文本的阐释的一种策略。就此而言，文本的策略从此成为解构的新思维，这种策略使得文本永远是非完成性的，它不断要求人们加入它、激发它，进而再生产其新的意义。

"文本"是与其他文本相关的"互文本"，文本是复数而不是单数。任何文本在其出现以后，都割裂了与作者的关系，变成了一个"孤儿"。在作者逝去之后，读者获得了全权阐释的权力，他将不再受作者意向性的钳制，而是直接与文本相生相发，产生出无穷多样的意义。文本的意义是无穷尽的，它是一篇被不断书写并被重新书写的意义螺旋体，其意义呈现为一个无穷庞大的堆积物、一种网状的扩张性文化结构。

这样，文学的文本就已然超越了体裁的分类。体裁总是对作品的规

---

① Cf. R. Barthes, *The Rustle of Language*, New York: Hill and Wang, 1986.

约和牵制，也是对内涵和外延的修饰。当突破了这种体裁的分类以后，文本就仅仅是一个踪迹，它可以超越体裁风格创作方法的传统类别，而使作者沿着这种踪迹去寻找新的词汇和类型、修辞方式和隐喻段落，从而把文本定义在体裁之间的边缘性或交互性上。也许，巴特所写的文体既是随笔，又是散文，同时又是论文，实际上是想打破学术论文、散文、小品文之间区别，而创造出一种不受体裁限制的新体裁。

从解构思维出发，巴特强调，文本是能指的天地，而非所指的聚集。文本的意义并非来自现实，而是来自文学结构本身，是结构相生相发所产生的能指增殖，是能指的互相指涉所产生的新的意味性。所以，在能指天地中，闪烁着“能指的星群”，成为“意义的播撒图”，文本的意义就存在于无穷的文本的分裂和意义的聚拢之间。能指制造意义，能指在滑动中总是指向一种新的不确定意义。能指在符号活动中其意义是隐藏的，能指便不断地加以替代并日益变成自由而无限的。由于能指的不断滑动和延伸，文本的意义就永远延伸而没有终结。在这个意义上说，文本并不是简单追求单一或终极意义的过程，而是能指的狂欢游戏过程，它具有无穷多的意义，每种意义都不可能取代其他意义，都有其自身的合法性。

就这样，罗兰·巴特从传统的古典的可读性作品，终于进入到现代的可写性文本中，从而完成了从结构主义向解构策略的转化。当然，在这种转化中，巴特突出地强调了关于欲望在解读中的重要性。因为，正是这种欲望的享乐、欲望自身的快乐感，使得文本的阅读成为欲望的再生产和欲望的满足。甚至，从他的《文本的欢欣》《恋人絮语》中可以看出，他对恋情、对阅读的带有色情感的“快乐”的欣赏，充分显示其欲望的显露的游戏性过程。

所谓文本的快乐，不是暴力的快乐，而是在颠覆性的边缘获得的一种优越感，是在破坏、在对传统的颠覆和中断中获得的那种欢欣感。在这样的快乐中，文化认同于边缘就是走向颠覆性的边缘。当然，巴特还强调其具有微妙的色情之欲，并以“脱衣舞”“时装”等加以解释，说明禁止就是引诱，遮掩就是挑逗，而“半露之处也就是引起快乐之地”。就文本而言，恰好是那些处于边缘的断层，处于语言活动所抵达不到的领域，处于意义中断的地方，倒能产生无穷的悬念和想象，产生快乐的欲望。所以，文本的快乐是将作品当作享乐主义的对象。进入文本就是秘密地观察别人的快乐，而进入一种反常性心态之中。文本引起的快乐并非是英雄式的快乐，而是弱化的、低俗的、平面式的快乐，甚至是一种带有肉体感的“享乐”。①

罗兰·巴特进而区别了“快乐”和“享乐”的微弱差别。然而，在我看来，这种区别的意义并非关键性或绝对的，而是微弱的或相对性的。因为，在感受文本快乐的人所体味到的就是文字带来的享乐。对罗兰·巴特而言，文学的现代性为了超出交换意义而进行着不懈的努力，他想对抗作品的市场，对抗符号排除意义，而借助于反常性的表现享乐的文本。

文本的快乐是略带无聊地感受欲望的享乐，是通过言辞和修饰或话语编码的改变而向意义多元的趋近。同样，文本的快乐是文本中作者已经死亡之后的快乐，读者在获得阐释作品的全权的同时，也禀有误读作品而带来的豁免权。于是，在这种快乐中，感性的、肉体的、甚至欲望的东西浮上了历史地表，而伟大的、隐喻的、诗意的文学已然消失。文本仅仅是文学海洋泅渡者唯一栖居的小岛，在其中可以感受自己存在的快乐，同时也只能感受到自己存在的孤独性和失望感。

就消极意义而言，这种文本的快乐是在哲学思想暗淡和意义消逝之中所获得的有限的快乐。在这种快乐中，人学会了逃避：逃避崇高，逃避伟大，逃避超越。他拥抱着一种虚无的自我价值，拥有的是通过话语的暴力去颠覆历史话语，在挪用命名的权力之时，使文本因破坏而获得暂时的快乐。就积极意义而言，文本引起的快乐是对政治异化的扬弃，

---

① Cf. R. Barthes, *The Pleasure of the Text*, trans. R. Miller, London: Jonathan Cape, 1976.

是少数人对多数人平庸洞悉后的快乐，是对反常心理状态的自我意识的快乐。在这种快乐中，一切都四散了：本源、语言、文化、意义都不复有其中心。这种散碎性使过去的权威、话语和终极价值终归失落而失去了合法性。所以，文本的快乐来自于文本中心的破坏，来自于离开写作或逃避写作的结果。

这样，在文本的嬉戏中获得快乐的人，将文本看成是一个无穷多的能指的编织物，而主体藏匿在这种编织物的缝隙中，抛弃传统的整体性和终极性，而将偶然的、暂时的、瞬间的意义塞入文本的缝隙，并通过这种塞入获得自己文本存在的权力。于是，他通过粉碎、扬弃、逃避自己，而获得了自己存在的依据，这只是在生命片断中的快乐，在生命缝隙中的快乐。

作者的死亡加速了意义的虚无化，因为写作是对任何起源的破坏，写作是主体在其中销声匿迹的中性体。写作的开始就是作者自己匿名的时候，从此，文学的中心不再是作者，不再是作者的激情和文化身份，甚至也不是他的体验、想象之类的心理本体因素，相反，作者写作只是完成他的宿命，完成他执行主体死亡的签字仪式。当作者写完最后一个字的时候，作品就告别了他，而在意义的海洋和解释的沙漠地带远游，读者或批评者成了文本意义阐释的父亲。写作成为排除意义，成为为了自己消逝而涂抹的痕迹。写作的完整性仅仅是由文本的碎片所构成，文本的意义并不能指出作者消逝的痕迹，而只是指示出他曾经在场的可能性。

因此，为使写作有新的未来，就必须将“写作的神话”打破。读者的诞生应以作者的死亡为代价来换取，这就是巴特以及他的同道——福柯、德里达的“作者死亡”观。因为作者的死亡宣布了读者尤其是批评家可以全权处理作者的遗产。于是，巴特认为，批评并不按照一种真实原则去做正确的表述，任何批评都包括一种含蓄的自我评论，任何批评都既是对被研究对象的批评，也是对批评家的批评和审视。所以，批评就是一种颠覆性的写作，是一种零度的虚无性写作，一种试图证明一切符号系统从虚无中创造意义的活动。

文学文本是一个特殊的语言系统，按照一定的规则或约定组织起来的形式结构，其作品的意义，是批评家通过这种语言规则或约定其形式结构，或颠覆其形式结构而获得的。所以，批评不是与世界打交道，而是与他人的语言体系打交道，它是评论的评论，是应用于元语言的第二语言，或者是“亚语言”。它不再去证明什么真理，或寻找什么原意，也不通过作家所不为人注意的隐秘的发现去寻找意义，而只是像一个无所驻心的、中性的、没有任何激情和意向的个体，将时代语言和作者语言加以形式系统的重新聚合，力求使其产生一种不确定的意义。文本对批评家而言，其意义是悬浮的，它将自己作为某种意味的公开系统提供给读者，而这种有意味的客体却躲避着读者的把握，因此，批评家不是要重建文本的意义，而是要重构它的体系。批评是一种亚语言，它既是虚谬的又是真切的，既是客观的又是主观的，既是历史的又是现存的，既是权力话语的又是自由漂浮的。批评并不发掘真理，它仅仅是对这个时代可理解事物的“整理”罢了。

不难看出，罗兰·巴特确实是通过自己解构的方式消解文本和世界的意义，使得文学写作变成了“零度写作”，使得结构的符号变成了“能指的滑动”，使得解构的策略变成了“文本的快乐”，变成了“作者的死亡”和批评的“意义拆解”活动。

于是，事情就变成了这样：当我们说“除了思想，我们一无所有”时，而罗兰·巴特则坚持说“除了文本和文本的快乐，我们一无所有”。

这就是罗兰·巴特的理论性格。不管我们是否同意他的结论，但他的言述方式是必须认真面对的。

第七章　福柯的权力话语与谱系美学

大体上说，20 世纪的法国思想家影响了整个现代世界的思想进程，著名的如萨特、加缪、梅洛-庞蒂、福柯、拉康、罗兰·巴特、德里达、德勒兹、雷蒙·阿隆、利奥塔德、利科尔等。这些思想家以创造思想、更新观念为己任。他们对国家民族问题、个体身份问题，以及人类未来前途等问题，都表现出相当程度的关注，从而使他们的言述具有了独特的思想魅力。他们的著作往往以其思想的深刻性、经历的独特性和体验的真切性，清晰地呈现出思想诞生、学术论战和心性的内在冲突状态，以及因对信仰追求而遭致的心灵和肉体磨难。

真正的思想者，其思想往往变化多端，观点惊世骇俗，使我们有可能了解其人其思想的神秘多变，以及他们向思想高峰挺进的艰难进程，通过阅读福柯，我们不仅可以了解福柯之所以成为一种边缘思想的尺度，而且可以了解 20 世纪真正知识者的价值诉求，那就是具有一种广阔的知识话语网络和求知的无限自由。不妨说，具有了自由而不求真，就永远不能成为一个思想者，同样，在思想着而又不履行思想者的公正，那就丧失了思想者的良知，而得到的将是一种致命的误读。如何在自由、公正、良知和创新等几方面达到和谐统一，成为一个思想者对跨国经济文化时代的人生把握的准绳。

第一节　福柯的权力话语理论

无疑，米歇尔·福柯（Michel Foucault，1926—1984）是一位“反权威的权威”，但是在当代解构理论走红时，却有可能将这个反权威的权威送上“权威的祭坛”。他是一个否弃任何神话的理论家，但是20世纪90年代，对福柯的理论和为人的评说却出现了日益神话化的倾向。甚至连他的同性恋、艾滋病，以及他对一些边缘生活方式的嗜好，都成为值得吹嘘的长处。这无疑需要我们在研究中充分注意福柯理论本身的提示——反对一切神活和反对权威造神的企图。唯此才有可能真正进入福柯的思想之中。

福柯理论充满挑战性。福柯著作和思想的考古学方法，对人文科学有重要的启示作用。而他在时代、文化和思潮中展开的理论关键，即“知识型”“人之死”“话语权力”“谱系学”等重要问题，需要进行清晰而深刻的阐释。

福柯一生著述颇丰，其著作大多译成英语，主要有：《疯狂与文明》[①]（1961），《词与物》英译书名为《事物的秩序》[②]（1966），《知识考古学》[③]（1969），《监禁与惩罚》[④]（1975），以及《性史》[⑤]（1976—1984）等。

这些主要著作试图分析疯狂、性、犯罪如何变成某种真正的游戏，而在这些人类的行为实践中，主体自身又是如何通过真理的游戏来获得改变。他不仅从人类科学的考古学角度，而且从灵魂与肉体的互介过程角度，甚至从人类的监禁、惩罚和性的权力禁忌压抑的角度，揭示主体的存在及其现代问题。福柯确信真理的存在，但假设有多种多样的真理，并对真理加以不同形式的表述。

在对疯狂、性、文明、权力、压抑等关键问题的探讨中，福柯关注这样一些实质性问题：精神病人是如何被确认被隔离被社会权力抛弃、监禁和治疗的？他们的精神病是通过怎样的制度审查而被确定？依据什么现实标准什么方式讲行医治和惩罚？也就是说，要去发现任现实的权力机构和权力压抑网络中被确认和隔离的一系列问题。因此，福柯的研究对象就不仅仅是疯狂，而且是人类文明中那些异端和边缘的东西，即注重研究现代权力机构复杂系统包容的知识和经过调整的日常实践活动的话语，而非纯理论的科学抽象话语或仅仅是文学话语。

在这个意义上，福柯问题的核心是，弄清一种知识通过什么方式得以在文明中产生转换和发展，同时又为科学理论提出新的观察领域，提

---

① M. Foucault, *Madness and Civilization*, trans. Richard Howard, New York, 1965.

② M. Foucault, *The Order of Things: An Archaeology of the Human Sciences*, New York: Random House. 1970.

③ M. Foucault, *The Archaeology of Knowledge and the Descourse on Language*. Trans. A. M. Sheridan Smith, New York: Pantheon, 1972.

④ M. Foucault, *Discipline and Punish: The Birth of the Prison*. Trans. Alan Sheridan, New York, 1977.

⑤ M. Foucault, *The History of Sexuality*, Volume 1: An Introduction, trans. Robert Hurley, New York: Random House, 1978.

出未曾涉及的问题和尚未发现的对象。因此，权力、真理、话语和考古学的方法，成为他挖掘那些被掩盖被压抑的问题和“知识型”的研究方法。这样，研究者不仅可以确定每一个内在的考古学，还可以发现它们彼此之间值得描述的同一性、类比性和差异性，这种知识型在理论文本和经验文本中萌芽，在实践和机构的整体权力中形成。

福柯的一系列著作使他得以通过不同社会权力即“硬权力”和“软权力”的侧面，对整个现代文化的进程加以独特的探讨。他尤其关注通过构成社会制度背后的那种看不见的权力规约，去观察主体的人形成过程中的正负面效应。他把历史看成是一个“谱系化”的不断总体化的图景，而要把历史打散、拆开，使它与现在、过去、未来相隔离，从而使我们意识到历史的异己性、疏离性。这样，通过对历史的解构，发现历史中人的疏离的、非总体性的性格，使“现代合法性”遭到真正质疑，进而挖掘出非连续性的、非合法性的知识，而使一种谱系学中的反常规性升上历史地平线，使非常数、非本质、非等级秩序等，成为人文科学尤其是人文科学考古学研究的真正对象。

福柯对后殖民主义理论的主要贡献是他对“权力”的分析，尤其是对微观的处于边缘话语权力的分析。于是，围绕权力与知识这一核心问题，展开权力与真理、权力与知识分子、权力与政治、权力与性、权力与后殖民问题的当代分析，成为福柯的主要工作。①

就权力与知识而言，“权力”问题是福柯研究疯狂、监狱、文化、现代化发展的一个核心问题。诸如：权力是如何实施的，权力是以一种怎样的形态在社会中运行，又受到怎样的制约等。福柯一反过去所谓的权力就是禁止或阻止人们做某种事情的力量的说法，而将权力看作是一种网络关系。他要追问权力在社会中的功能和运作方式，研究权力的策略、网络和机制，并发现权力赖以实施并促使其得到实施的手段。权力

---

① Cf. M. Foucault, “Truth and Power”, in *Power Knowledge: Selected Interviews and Other Writings, 1972–1977*, ed. Colin Gordon, New York, 1980.

无所不在、除了硬性权力以外，软性权力同样值得研究。

权力的策略产生了知识，权力与知识之间有一种微妙关系，因此，知识分子总是努力划一条不可超越的界限，把象征着真理和自由的知识领域与权力运作的领域分割开来。然而，人文科学是伴随权力机制而产生的，知识的作用就是保护个体的生存，并对外部世界加以理解，知识通过理解活动构成现代人生存的手段。知识与权力融和在一起，禀有一层现代面具，而使得统治的结构获得合法性。这种统治总是具有压迫、监禁和权力的分割等特征。知识与权力具有一种微妙关系，所以，监狱、精神病院、医院、学校甚至大众传媒等都与权力相关联。可以说，权力是与不同形式的知识连接在一起的，在它们中有可能引申出一种关系的网络体系。

在《事物的秩序》和《知识考古学》中，福柯提出了“知识型”问题，即知识和话语的形态，强调要写出一部知识型的历史，以此弄清在话语领域的一系列转型，即人们为什么用这些词而不用那些词，用这一类的话语而不用那一类的话语？从这个层次、角度、维度去看问题，而不从那个层面和那个维度去看问题？甚至每个人为何都在强调自己的独特性和文化断裂性，而放弃总体性同一性？如何发现“话语”的基本机构和话语运行中的权力参与的各种机制。即从一个平凡的、不起眼的普通个案，把握各种权力交织的作用机制，成为福柯研究的重要维度。

对话语形成和知识谱系进行分析不应该根据意识的种类、感知的方式和思想的形态来进行，而应该从权力的战略和战术角度出发，在福柯看来，对一种压抑的知识的分析，可以从“谱系学”的角度进行研究，即对斗争以及冲突的原始记忆的重新发现和阐释，只有废除总体性话语及其体系的特权地位，才可以建立这种话语的谱系学。“谱系”这个词表征为冷僻知识和局部记忆的结合，这种结合使现代人能够在当代建立有关权力斗争的历史话语，并策略性地利用这一权力话语。一般地说，谱系学的真实任务是要关心局部的、非连续性的、非合法性的知识，以此对抗整体的、同一性的理论。整体性理论以真正知识的名义和独断的态度对知识进行筛选、分级和权力运作，而谱系学则反其道而行之，注重知识话语的逆反性。当然，这种颠覆性谱系学并不剥离科学的内容、方法和概念，而是疏离那种中心化、同一化的权力所导致的后果，这种权力后果与现代社会中科学秩序话语和权力功能密切相关。谱系学反对的是被看做科学话语权力的效应，在这个意义上可以说，谱系学具有一种把历史知识从权力压抑中解放出来的倾向，是使历史知识能够对抗抽象理论的、同一的、科学的话语的新力量。它建立在局部知识的反抗之上，是以一种局部的微小话语分析反抗科学整体性的、知识等级性的知识，这种无秩序和片断性的谱系学，旨在通过建立在对局部话语的描述基础之上的权力策略，使受压制的话语得以释放出来。

可见，谱系学总是尽力避免理论性的抽象总体把握，而力求进行局部的、软权力的话语分析。因而，福柯总是不断地追问：权力的运作扩展到各自不同层面和社会部门的形态是什么？这种多样性权力的不同策略具有什么形态？权力的机制效应和内在关系是什么？政治权力能够以这样或那样的形式从经济中推导出来吗？事实上，权力总是具体的权力，每个人都与它有千丝万缕的联系。权力的部分或总体的转让，使政治权力或主权得以确立。权力的根本目的是为经济服务的吗？它注定要去实现、强化、维持和再生产与经济相吻合的关系吗？是为我们所占有、获得或转让的吗？福柯坚持，权力不是给定的，不是用来交换的，不是可以恢复的，而是在行动也仅仅在行动中才得以实施的。或许可以说，政治权力的决策不断通过各种战争来重写这种关系，这种重写表征在社会制度中、经济的不平衡中、语言的压抑中，甚至话语的操作中。

这样，福柯就把关注的重点放到了权力如何运作的分析上，并进而给自己设定了一整套方法：

首先，权力分析并不将处于中心位置的合法形式的权力作为关注焦点，相反，却注重权力的极端状态，权力的最终归宿，权力的维系管道。也就是说，关注权力的局部形式与微型机构，在权力的极端状况下揭示权力的非合法形态。

其次，权力分析不仅关心权力的自觉意向和决策层面，关注如谁拥有权力、权力者的目标是谁之类的问题，而且要在权力完全投入到真实有效实践中的区域去研究权力运作，即研究权力的外在形象，研究权力与其对象目的和应用领域的直接关系。或者说，不去看统治权占有权力的那种显现层面，而是去发现统治是怎样通过多重权力机构、势力、欲望、思想，逐渐具体地构成的隐在层面。

再次，权力并不仅仅表征为是某个人对他人或某一阶级对他人的权力支配现象，也并不仅仅表征为有权者和无权者之间的权力差异。权力在循环过程中具有一种链状结构，通过网状的组织运行和实施，使个人处在权力网络中或处在实施权力的状态中，个人成为权力的运载工具，而非权力实施的对象。

最后，从权力由中心向基层的渗透程度，考察它怎样在社会最微小的元素层面对自己进行再生产，分析权力的不断升级，以及权力怎样从无限小的基质开始，这些权力基质怎样被不断一般化的基质和不断普遍化的支配投入殖民化，以及被利用、转移、扩展等状况。进一步说，权力的主要机制确实有可能导致意识形态的生产，但从根本上说，它既超越意识形态，又逃逸意识形态，这是一种有效的工具理性生产，为的是形成登记的控制术、调查研究的程序和控制的权力机器。这就意味着，当权力通过这些微妙的机制得以实施之时，就在进行发现、组织和传播知识权力的工作。

人文科学话语处在两种权力话语类型之间，一方面是支持统治权的权力倾向，另一方面则是实施强制性的、反统治性的权力倾向。也就是说，人文科学话语有可能既是一种意识形态的表达，又是一种自由主义对意识形态的反拨和对强权的消解。在这种统治与反统治、规范与反规范、制约与反制约之间，人文科学获得了自己的话语权，或者说，人文科学从知识效力中获得了自身存在的独立性，同时，也为现代化中人的行为话语、欲望分析提供了有效的方法论基础。

总结福柯的“权力分析法”，不妨说，这种权力分析，并非指向统治权的法律属性、国家机器和与之相伴的意识形态，而是指向支配民众和具体权力的操作者，指向臣服的形式和在局部系统运作的“权力机器”。这种避开统治权和国家机器领域，将权力分析建立在支配技术的微型权力的分析上，正是福柯谱系学和话语分析的关键处。这一点无疑也为当今的后殖民主义通过边缘话语的分析，去揭露宗主国文化政治霸权的实质开辟了新的思路。

第二节 权力与文学批评

权力分析方法还进一步深入到关于真理、知识分子、政治与文学写作和批评实践中。福柯对知识分子有一种不同以往的看法，他很难认同那种对任何事情都怀有负罪感的所谓“知识分子”，因为这种知识分子无论是思考、写作，还是言谈、分析时事，都是一副真理在握的样子。在福柯看来，这种知识分子自身值得清理的问题很多，因为在一种真理话语的膨胀中，在一种虚构的思想理念中，在一种看似辉煌的理想城堡中，知识分子却被禁锢在思想的牢狱里。福柯强调，不仅使别人的思想得到改塑，也使自己的思想得到改塑，改变自己的意识，也改变别人的意识，才是知识分子的天职。

与萨特把知识分子看作是一种“介入型”的知识分子不同，福柯强调的是一种“话语分析型”知识分子，他们注重对自我的塑形，注重内在的改造，同时在知识和权力的话语分析中，使自己通过专业领域的分析，对设定的不言自明的所谓真理提出疑问，动摇人们的心理习惯、行为方式和思维形态，消解熟悉和被认可的“事物的秩序”，重新审查现行制度和规则，在此基础上重新问题化，并参与到政治意向性的形成之中。这样，知识分子就不再是声称掌握了真理的人，而是努力靠近真理的人。如果一个权力体系声称它掌握了真理，那是最危险的，而知识分子在这种权力话语前，只能保持自身的独立和沉默的对峙，从而在沉默中通过自己对权力话语的剖析使那种权力及其权力网络归于失效。

这样，福柯就接触到了“真理与权力”这一重要的话题。① 因为真理也处于权力网络中，不应该把真理当做谬误的对立面去追寻，而应追问在现代社会中真理是如何被赋予价值？我们是如何把自身置于它的绝对控制之下？

权力与真理的问题、权力与政治的问题、权力与个人行为的问题，构成了权力的三个领域，使得权力只能在相互联系中被理解，而不能割裂开来。其实，所谓令人无限崇敬而制约人的真理权力是不存在的，存在的仅仅是一种现实的话语权力。话语生产是由某些权力程序控制、选择的重新分配，其程序是消除其所具有的超权力危险，控制其导致的偶然事件后果。②

在消解了那种唯一的、中心性的所谓真理以后，福柯着重阐释权力、统治和斗争的关系。他认为话语正是在这些关系内部被建立起来并发挥作用的，这样，他的话语分析就由话语领域转向了机构范围，由话语秩序转向了话语实践。他关于司法、监狱、疯狂、话语等的理论，旨在努力揭示“权力和真理”的内在关系，并进一步想拆解权力体系，敞开权力运作的内在历史语境。从政治压抑和文化压抑的角度、福柯反

---

① Cf. M. Foucault, “Truth and Power”, in *Power Knowledge: Selected Interviews and Other Writings, 1972-1977*, ed. Colin Gordon, New York, 1980.

② Cf. M. Foucault, *The Order of Things: An Archaeology of the Human Sciences*, New York: Random House, 1970.

复强调了一个简洁的公式，即“权力来自下面”，也就是说，权力并非从最高统治者发出，而是来自下面的微型权力。在权力关系上，在统治者与被统治者之间不存在作为普遍模式的二元对立，相反，权力在家庭、受限的团体和各类机构中形成并运作，具有多重关系，渗透到整个社会机体之中。

当然，福柯过于把自己封闭在“权力分析”模式中，甚至把性、写作、政治、文学批评等等的分析都置于权力分析的框架之中，这无疑使他获得巨大成功的同时，也导致了其内在的理论危机。

在文学创作方面，福柯所强调的“作者之死”，表征出这样一种写作观：当代写作已经使自身从表达意义的维度中挣脱出来，而只指涉自身。写作犹如游戏，在不断超越自身的规则和违反其界限中展示自身。在写作中，仅只创造一个可供写作主体永远消失的空间。作品不再使作者达到不朽，相反，它成为作者的“谋杀犯”。写作与死亡的关系表现在写作主体的个性特征的消隐里。写作主体利用他在自己所写东西的所有冲突和差异，隐藏了他独特的个性标记。作家的标志降低到不过是他独一无的不在场，他必须在书写的游戏中充当一个死者的角色。①

把“写作与虚构”联系起来，使得福柯认为：写作是一种虚构，自己写的一切都是虚构。虚构话语可能产生真理的效果，真实可以产生或制造尚未存在的潜在话语，并对它加以先行虚构。人们在政治现实的基础上虚构历史，也在历史的基础上虚构尚未存在的政治。当然，这种虚构带有浓厚的对未来的设定与未来权力话语操作的某种制衡。

“人之死”是福柯理论中最引人误解的说法，即认为“主体的死亡”，可以揭示“人”的概念如何在“知识”中发生作用？人以什么方式并根据什么原则形成和发生作用？于是，在“人之死”“作者之死”的问题上，福柯进一步消解了“写作”的经天纬地、功名不朽的重大

① Cf. M. Foucault, “What Is an Author?” in *Textual Strategies: Perspectives in Post-Structuralist Criticism*, ed. J. V. Harari, Ithaca: Cornell University Press, 1981, pp. 142-143.

意义，而是将“写作”仅仅看作是人们在书写某种东西而已，仅仅是由于他们思考这些事情，同时也是为了不再思考它们，因为写完一本书就意味着能不再思考和看到它。写作成了“作者的终结”和读者“阅读的开始”，而阅读也仅仅是对作者逝去远景的踪迹的解读而已。

关于批评话语，福柯同样发表了一些颇有新意的见解。在他看来“批评”无论是文化批评还是文学批评，不是要指出对象是否按某种正确方向发展。而是指明其主体行为实践是怎样被设定和在怎样的思维模式上建立起来。思想存在于话语体系和结构之上，它经常被隐藏起来，为日常的行为提供动力。文化批评和文学批评可以除去习焉不察的思想尘埃并改变其结构，进而表明事物不是如人们所相信的那样不言自明，而是看到不言自明东西之下隐藏的东西。于是，批评实践使写作重新变得陌生化和具有差异性。

任何思想转型或话语转型都与真正的“批评”密切相关。一种转型如果只是在同一种思想模式之中发生，或仅仅将同一种思想调整得与现实更为贴近，那么这种转型就违背了批评的本真精神，而变为一种表面游戏。因此，只有在不断为批评所激励的自由气氛中，在真理的求索和彰显中，深刻的转型才能完成。在此意义上，“批评”是行使一种思想的权力，一种心理权力关系的介入。

在批评中洞悉事物和制度的权力网络，使福柯力求辨认权力的裂缝、无声的震惊和机能的失常。他使批评赋予这种现代权力关系以新的功能，表明了他并不是把历史的全部重负压在自己的笔上，而是把不可企及的理想尽可能划为自己所能把握和操作的范围内，从而剥离它那神圣的光环，还其日常生活的本来面目。

文学批评、文学写作甚至当代文学，在福柯的视野中只是其观察的对象，而非分析的对象。他强调应对人文话语的类型（文学话语、哲学话语）赋予一种独特的功能，于是他的问题就成为：构成小说、诗歌、故事在社会中流通的目的是什么？在所有叙事作品中，为什么其中一部分被加以神圣化？它们同原本并不相容的机构（如大学）发生着怎样的关系？福柯敏锐地发现，现代的先锋派文学大多由大学中的教师和学生阅读，先锋文学通过选择权威化和制度的合法化发挥功能，因此，大学在现代先锋文学的传播和再生产中，既是权力操作者，又是话语的接受者和播撒者。

在强调写作者死亡、沉默和消隐的同时，福柯还指出“文学的不及物性”，即摆脱文学是所有思想交汇点的观点，将文学仅仅看成是现实权力的微型分析结构而已。他不同意西方马克思主义所认为的文学具有解放和颠覆的审美功能的说法，而是将文学“非神圣化”，坚持文学并不是真理的言谈或真理的化身，仅赋予文学以非常有限的话语功能。他想弄清楚在文学话语之外的“非文学话语”是怎样通过一系列的运作过程进入到文学领域中去的？两个领域交互时发生了些什么碰撞？什么东西被扬弃消解？某种话语被认作是文学时它受到了怎样的修改？这种修改之后的话语为何被认为是文学性的？

福柯所向往的“文学批评”，不是去进行价值的评判，而是给一部作品带来阐释性生命。批评激活存在的符号并召唤这些存在的符号，将其从程序编码的秩序中唤醒。批评可能迸发出思想的火花，产生新的思想。批评家不仅要与作者保持相当的距离，而且要对匮乏时代的“过剩话语”和各种“文化命题”的边缘问题加以梳理，要排斥那些时尚的泡沫和文化制度的权力赘物，而使自己成为一个走向真理的批评者。

无论如何，当代文化或文学批评正在告别那种所谓“总体性”话语，走向批评的局部化和零散化。它不是折衷主义和经验主义，而是自律的非中心化的理论生产，其有效性并不依赖于既定思想体制权力话语的首肯。所以，在文学批评和文化批评方面，关键不再是理论而是实践，不再是知识而是现实本身，不再是书籍而是权力的压制和权力的分析揭露。“批评”日益告别了失效的整体神话，而在逃离纯文学话语的“非神圣化”道路，甚至是在精神的最世俗的层面上，提供了新的话语参照系。

第三节　文化监视系统与权力空间化

在20世纪70年代后期和80年代初期的一系列的文章和谈话中，福柯表现出对后殖民主义问题的关注。可以说，作为他著作的一种补充，其在这方面谈论的问题同样成为了当代的后殖民主义研究的理论资源。福柯在这方面的重要论域有：权力的压迫、知识和权力之间的关系、中央监视点及其权力空间化的问题、权力的凝视和被看等，这些都成为了后殖民主义和新历史主义文化分析的重要思想依据。

理论的迂回范围和权力的分析可以被解化在一些简单的形式中，现实世界随处可见的是压迫性的暴力、专横、封闭、控制、隔离和排斥。所以，当现代政治文化分析的最底层揭示出来以后，人们无疑能看到一个关键范式，即“权力-知识-权力”。这一知识权力模式的分析，不仅可以从文学方面、文化方面分析，而且也可以从国际政治和政治权力方面分析。

福柯借用了一个著名的比喻：圆形监狱的“中央监视点”作为权力实施的核心，指明了一个系统原则，即解决了监禁问题的权力监视方面的技术。可以说，“观看系统”是一种创新，因为可视性为权力简单有效的实施提供了方便。中心权力只有很弱的解决能力，无法对社会机体进行个人化的详尽分析，但是，当这种中心权力话语通过一种凝视（gaze）的方式去监视每个个体的时候，就可以贯彻到个体的身体、姿态与日常行为之中。所以，权力在统治各种不同的人和民族时，也可以像对一个人那样起着直接的作用。于是，文化身份、个体身份的问题突显出来。在这种“全景”权力技术构成现代社会的监视体系观念以后，每一个人都变成了监视者，每个民族也变成监视者和自我监视者。

对时间的重视逐渐转换为对空间的重视，想象的文化监视和凝视空间要求建立的透明度和可视性，不断兴起的看与被看的统治，代表了一种日益现代的监视操作模式。权力可以通过这种简单的模式得以实施，即在一种“集体匿名的凝视”中，人们被看被凝视。现代权力形式如果主要由“看”与“被看”构成，那么就不能容忍它的盲区的存在，而是尽可能设定一种渗透诸多领域的方式，即通过透明的达成权力的方式和各种细微权力监视方式，来实现权力的控制和压抑。这种圆形监狱的监视方式延伸出清晰的视觉系统，启示了现代传媒，使之同样具有将一切隐私和秘密完全暴露出来加以清晰地看与被看的可能性。因此，“凝视”就是一种话语，一种压抑，一种权力摄控的象征。

文化监视体系和监禁体系一样，只需付出很小的代价，甚至只需一种注视的目光和信息的通道就足矣。每个人在监视目光的压抑下，都会逐渐自觉地变成自己的监视者，这样就可以实行“自我监禁”。所以，在现代权力技术中，注视、凝视具有重要的地位。如果将这种微型的权力程序扩张到全社会中，扩张到东西方的权力话语分析中，那么，全社会甚至东西方的权力范围内的权力控制问题，就会得到一种新的阐释。

这种新的权力技巧可以确保权力畅通无阻，从整个社会机体直到社会最小的组织部分，这使得整个社会的大权力体系得以巩固。权力不再是某个人凭借其出身就可以拥有和施行的东西，权力与个人的能力日益分离，这就是“今日权力”的图景。

今日权力体系具有金字塔式的结构，有一个至高点和一个总体性原则，在此之下逐渐呈网络化地向下分布，它们在不同机制的权力中互相交缠扭结，相互运作、相此指涉、相互划界，并在一定程度上保持自身的特定模式，从而构成当代权力的超结构观念。可以说，在“监禁与惩罚”的论述中，福柯不仅对现实的空间化权力效应加以描述，而且也提到了城市的想象的“地理政治”。他的这一圆形监狱形象甚至提供了对国家机器进行总体描述的某种可能性，它具有一种权力模型的缩影，即微观权力的播撒和网络机器的分析，而又看不到一种中心或焦点对异质的技术或制度的横向统摄。所以，当把握了全部复杂的权力运作方式以后，就可以对区域性的、国家机器的、甚至不同民族和国家的文化进行分析。在现实中，权力的实施和分析可能会涉及更多的问题，穿越更细微的管道，而成为传播更广泛权力的复杂工具。①

于是，“国家民族话语”和“个人身份”问题逐渐在福柯的研究中被提到。因为在他看来，个人不是一个被权力抓牢的预先给定的实体，个人及其身份特性是权力关系对身体、欲望、力量施展作用的产物。在局部身份和国家身份冲突问题方面，同样有很多可以探讨的空间和领域。对权力话语的知识谱系学分析，通过战略和战术对领土的移置、分裂、分配、控制，以及对区域的组织来加以实行，这样就构成了某种地理政治学。因此，福柯打算将自己的下一步工作放在研究要塞、战役、运动、殖民地、领土等历史问题上，将自己的研究领域进一步扩大，进入更广泛的文化权力的分析中。然而，英年早逝使他终未能完成这一工作。

后殖民主义研究中一个重要问题是跨国经济问题的研究，其实这一点在福柯的头脑中也有自己的考虑。1977 年福柯在与费纳斯（Lucette Finas）谈话时指出，在一定社会内的势力之间的关系构成了政治，政治是一种普遍的战略，可以用来调节和指引这些关系。如果政治化意味着回到现成的选择和制度，那么为揭示势力关系和权力机制的分析努力，就没有什么价值了。因为面对着巨大的与跨国经济和官僚国家相关连的权力技术，必须反对以新形式出现的政治化。

总体上看，对国家民族的解析，个人身份的辨析，权力凝视监视的剖析，以及东西方文化冲突和跨国经济的分析，使得福柯的理论已不再

---

① M. Foucault, *Language*, *Counter-Memory*, *Practice*, ed. Donale F. Bouchard, Oxford: Basil Blackwell, 1977.

是一种书斋式的话语，而成为现实且具体的权力话语分析框架，并直接成为后殖民文化分析的重要理论模式。

当然，福柯并不想使自己的理论成为放之四海而皆准的真理，他清醒地认识到自己的话语并不构成对他人话语权力的制约，相反，误读和误解倒是自己著作逃不掉的命运。他对“误读”有冷静的认识：现实中的读者大多只是借助别人的阅读来阅读你，使你不断受到歪曲，你的著作成为一种非常奇怪的东西。福柯甚至设想自己有使用假名和匿名的自由，这样人们就可以关心著作本身而少一些误读。

福柯说了很多，也沉默了很久。他正如他自己所说的并不是一个什么“伟大的作者”，而只是一个“写书的人”。他的写作为世纪末的后殖民主义研究提供了一些新的基点，然而，我们不应在福柯止步的地方终止，更不能神化和重新权威化他的理论。我们仅仅是为了延伸思想而阅读福柯曾经思想过的思想，如此而已。

不妨说，福柯理论使当代后殖民主义文化问题研究获得一个更广阔的知识框架：他的权力话语分析的方法，使当代文化和文论研究总是要力求透过国际社会秩序去看文化权力的运作，尤其是运用“知识型”和“谱系学”的方法进行研究，任何单一的思维模式和研究模式都将使当代文论研究失效。他关于文学理论中写作和批评问题所提出的新看法，关于“作者之死”所强调的纯精神主体的消亡和读者解释的重要性，以及批评的转型（与现实权力相疏离，剥离任何神圣化的光环）所激发的新思想，对当代文学理论有着新的启发意义。他对后殖民主义理论提出的关于“凝视”“看”与“被看”、微型权力分析模式、文化身份问题的见解，同样是引人深思的。可以说，后殖民主义理论在世纪末的迅速发展，除了其后冷战局势和整体国际文化氛围以外，福柯对权力分析的模式和对后殖民主义文化的关注无疑也提供了重要的语境。

福柯的理论仍有不少可商榷之处，然而，他提出的权力话语分析框架和文化身份确立问题，有可能使当代文艺理论走出纯理论的思辨，而走向更大的文化话语场和文艺活动实践中去，并有可能使人生超越知识的迷途而解答现代生命启蒙的价值问题。① 同时，也可以从他的思想和生命镜像的阅读中，读出尚在寻找东方文化意义路途上的后殖民主义理论家——赛义德、斯皮瓦克、霍米·巴巴等，对自我文化身份和权力话语形态的当代追问。

① M. Foucault, "What Is Enlightenment?" in *The Foucault Reader*, New York: Pantheon, 1984.

第八章　德里达解构美学与意义改写

德里达（J. Derrida，1930—2004）是解构主义的代表人物，其激进的思想对当代世界的思想学术界产生了重要的影响。

二十世纪六十年代，是西方思想界从结构主义向解构主义过渡的重要时期。也是后现代哲学对形而上学地基和结构主义二元对立的沉重瓦解的时段。德里达指出："我们的话语无疑是属于形而上学的对立物体系的。我们只要用某种策略安排，让它在这个领域和自己的努力范围之内反对它自己的种种策略，就可以产生一种混乱的力量并扩散到这一体系，从各方面对其裂解并划定边界。这样，我们就能显示出那种成见的破裂。"① 看来，解构的权力使德里达充满解构的信心。

一、结构与解构

就美学而言，其时曾经被认为食古不化的农业主义（Agrarianism）的"新批评"以诗的审美意识去与

① J. Derrida. *Writing and Difference*, trans. Alan Bass. Chicago: University of Chicago Press, 1978, p. 34.

社会历史批评相抗衡的初衷，在战后学术界的非意识形态化中得到承认。然而，在“是历史还是文学”这一永无定论的追问中，神话原型批评、存在主义诗学、现象学美学很快取代了新批评而相继登上现代思想舞台。然而，当存在主义诗学的异化理论和现象学的主体意识造成弥漫性影响时，非主体非历史的结构主义思潮却后来居上，并氤氲而成一股席卷欧美的结构主义思潮。①

结构主义一反现象学和存在主义将人这一主体存在及其主体意识作为研究中心的做法，力求排除历史性、主体性，而转向对世界的结构和语言加以分析。于是，历史成为现在，即现在的现在和现在的过去结合成为意识的单一的瞬间，意识在时间中历时性地前后运动，甚至从当前时间回转到过去的时间。历史似乎不再是单一的时间之流，而是时间的共时弥漫。历史的源起与展开方式都永驻在现在之中，因而，从生命的全部表象中寻找生活的基本模式和符号化模式，从世界表象中寻找世界的结构就成为一种时髦。至此，对人的本质把握让位于对世界结构的分析，对模型共时态分析的科学性追求取代了对价值的历时态分析。

值得注意的是，结构主义以语言学理论为基础，却不但阐明语言学问题，而且要阐明哲学、文学和社会学问题。结构的这种所谓封闭的自

---

① Cf. J. Culler, *Structuralist Poetics* , *Structralism* , *Linguistics and the Study of Literature*, Cornell University Press, 1975.

我调节和转换体系，标举本源性、中心性自我呈现的展开形式和同一性确定性的向心指涉，从而切断了与差异性结构的参照系，成为一个不与外部发生任何联系的封闭自足的体系。同一中心性作为主导因素，使结构的各部分以一种与“差异”原理相冲突的形式附属于整体。

结构主义以中心性拒斥了差异性，以整体性排斥了局部性，以同一性排斥了矛盾性，于是，整个世界的结构被先验地把握，事物的起源和统治被先行预见，对任何本真谜底的把握和译解活动成为一种结构的内在模拟，一种对先行设定的意蕴的意义透支。这种设定中心以保证其结构的稳定性并进而将一种预先确定的真理先验地塞入结构中的做法，使结构主义可以堂而皇之地通过“批评”活动去提取早已置入结构的意义，使文本的内在意义在被写出来以前就已经被阅读，解读文本意义只不过是重复先行规约的意义。这样，结构主义的意义理论与解释学相仿，同样形成这样一种意义的“循环”：文本的意义之谜先于结构而设定，构造一个结构就是译解一个谜，解谜活动就成为对先验设定的真理的模仿。

然而，德里达对这种“结构”论加以解构，其解构的方式是用“意义链”（a chain of signification）去取代“结构”，从而避免结构的先验同一性危险。由于意义链是无限止的（open ended）、非目的论的，所以它排除了认为在系统中有一个具有统治作用的整体的想法。又由于它既是空间的又是时间的，所以它本身就不会降到整体或对象的地位上去。德里达把共时和历时之间的区分横向切断，既包括了空间又包括了时间。各种成分被看作是连锁关系的一部分，既不能说是历时的，也不能说是共时的，从而也就不能当作对象来对待。

解构即消解逻各斯中心主义、语言中心主义、在场形而上学话语，而以思想和语言游戏对“中心化”的结构主义加以拆解。德里达以解除“在场”为其理论的思维起点，以符号的同一性的破裂、能指与所指的永难弥合、结构中心性颠覆为“差异性”的意义链为自己理论的推演展开。他相信，所有话语都因历史的变化而变化，自己使用的概念、意义都受到其所处历史的影响。因此，据以给定的文本意义的历史语境，对自己是无用的。然而，语境的概念是历史地被决定的，因而语境不能重新获得，或者呈现在面前。由于同样原因，如果自己的理论和意义是历史地变化的，那么它们不能“传递”世界的本来面目，而一定是表示某一关于世界的概念。意义是历史地形成的，是一个历史的结构，所以意义自身并不能在言语中或在写下来的文本中呈现在我们面前。意义由于时间关系产生的种种概念和种种差异而被推延了。

与罗兰·巴特不同，作为结构主义理论核心的索绪尔的结构主义符号学，是德里达首先需要加以清理的。索绪尔的结构主义语言学，将任意性原则和差别性原则局限于能指，而不是用于包括所指在内的整体的做法表明：能指与神学逻各斯中心主义有一种直接关系，这样的能指犹如始终依附于其所指对象一样，始终求助于一种创造的存在或一种既定的思想性言语。这被德里达斥为形而上学和神学中心论。

在解构论者看来，进化论是哲学的，又是科学的，或者文学的话语，任何被看作固定的和确定的意义都是虚幻的。意义是流动的和易变的。那种所谓确实的真理范式是一种心灵的创造，是适合于我们目的的想象的虚构。这种想象仅仅只成功地掩饰了意义的非确定性，而不是清除它的非确定性。

解构形而上学二元对立的策略，使德里达通过颠倒说话和书写的次序，移动中心和边缘的位置来消解形而上学。德里达颠覆了言语对书写的优先地位，使说话（言语）从中心移位到了边缘。中心的解除，使说话与书写具有相同的本性，二者不存在任何中心和从属关系，也不存在二元对立的关系，而是一种平等的互补关系：书写是说话的记录保存的形式，说话是书写的补充形式，书写与说话都是思想的意义表达形式，二者互相依存，缺一不可。[1] 进而，德里达将这一解拆说话与书写关系的解构策略扩展到整个形而上学大厦，要去解拆一切不平等的对立概念，从而颠倒在本质与现象、内容与表现、隐含与显现、物质与运动关系上的传统观念，对绝对理性、终极价值、本真、本源、本质等有碍于自由游戏的观念提出质疑。在取消某项作为中心时取消中心本身，从而达到解构更基本的等级对立的在场与不在场的目的。

于是，德里达的解构策略："分延"[2]"播撒"[3]"踪迹"[4]"替补"[5]等概念，就成为与"定义"的单一固定含义相对的、具有双重意义的不断运动的模糊词语。[6] 在我看来，德里达通过分延、播撒、踪迹、替补等模棱两可、具有双重意味的词语，所要达到的目的无非是：追问自诩为绝对真理形而上学大厦赖以建立的根基是什么？这一根基的先验虚幻性是怎样有效地逃脱一代又一代哲人的质疑？破除形而上学神话的基本方略怎样才能有效地避免自身重陷泥淖？德里达相当自信地认为，自己所创造的术语不仅可以收到揭形而上学虚假之底的功效，而且还可以免遭重陷形而上学的厄运。因为，分延、播撒、踪迹、替补等概念，是一种亦此亦彼、亦是亦非，或者既非亦非（neither nor）、既是亦是（at once-at once）的非概念或反概念。这类"不断运动着的概念"，既无明确不变的意义，相互间又无明确恒定的关系。

尤为重要的是，术语内部的双重含义既互相呼应，又不断消解任何趋向于确定性、稳定性的定于一尊的解释。术语与术语之间的区分亦已消失，犹如所有文本都成为一个文本的一堆混织物一样。于是，意义的确定性和中心指涉性终于被不确定性和边缘互文性所取代。

---

① J. Derrida , *Of Grammatology*, trans. G. C. Spivak, Baltimore: Johns Hopkins University Press, 1976. p. 158.

② J. Derrida, *Positions*, Chicago: University of Chicago Press, 1981, p. 27.

③ J. Derrida, *Dissemination*, Chicago: University of Chicago Press, 1981, p. 32.

④ J. Derrida, *Of Grammatology*, p. 60.

⑤ J. Derrida, *Of Grammatology*, pp. 144-145.

⑥ 详细分析可参见拙著《后现代主义文化研究》第三章，北京大学出版社 1992 年版，此不赘述。

二、文本解释与意义误读

德里达用这些概念构成一张网状结构，宣称了本源的不复存在，文本的永不完整性。对“原”文的阅读是一种误读，是以新的不完整性取代文本原有的不完整性，因为替补成为另一种根本上不完整的文本。解构主义在否定传统作品观的同时，连带新解释学的作品文本论也否定了，于是，由旧作品观到新解释学文本观和解构主义文本观，就出现了以下几个方面的历史性的转折：

在作品本体存在形式方面，传统解释观认为，作品是书本表征出来的实体，是自足的系统，是自我相关的。新解释学文本观认为，文本是体验和理解的对象，文本在读者的理解中复活，作品具有被编织而成和与他者编织在一起的特点。而解构主义文本观则认为，文本是语言活动的领域，文本之外别无他物，文本是一个自我指涉的体系而与其他文本交织，文本间性使终极意义不复存在。

在作者与作品的关系方面，传统作品观把作者与作品看作是父子关系。新解释学文本观认为作者是作品之父，读者则是作品的再生之父。而在解构主义文本观那里，文本与作者无涉，是无关的网状关系，甚至，“作者只能在书写的游戏中充当一个死者的角色”①。

在写作与阅读的关系上，传统作品观念指出写作与阅读是相互分离的，作品是严肃的呕心沥血的创作结果，阅读同样是严肃的事。新解释学文本观主张写作与阅读通过文本而联结，阅读即创造，文本是作者与读者达到心灵对话而消除误解的中介桥梁，作品具有真诚性。解构主义文本观则认为写作即阅读，阅读即误读，文本就是一切，文本是语言游戏，是令人欢欣的。

在作品是否表达真理问题上，传统作品观认为，作品总是为表达某

① M. Foucault. “What is an Author?” , in J . V . Harari ed. *Textual Strategies* : *Perspectives in Post – Structuralist Criticism*, Ithaca: Cornell University Press, 1981, p. 143.

种东西（理念、真理、欲望、情感）；在新解释学文本观看来，文本说话并呈现意义，它使解读者达到视界融合并超出原有的视界；解构主义文本观认为，文本以能指为中心，只重视言说行为本身，至于表达什么内容则是无所谓的。

在作品存在的价值问题上，传统作品观主张作品是作者思想的外壳，是储存思想的容器。新解释学文本观认为，文本在言说，并在揭示某种现实存在，语言是存在的家。解构主义文本观认为，文本无意将词与事物一一对等起来，语言无法掌握现实，语言是存在的牢笼。

可以看出，新解释学的文本论同传统作品观强调作者的主导地位不同，新解释学张扬读者的能动性和创造性，而新文本理论则固持“人的终结”这一信条，而坚持纯“文本”性。

就文学方法论而言，新解释学的理解方式是对话，是文本中自我与他者之间的授与受，还有差别的不断交换过程。不过，这些差别建立在必然性、上下文，甚至系统的相应性，因而也是统一性之上的。质言之，其保持的是中心之地，其做法仅仅是延伸关联的纽带以及与此相应的形而上学所包含的一切含义。

解构批评方法强调不清楚的、非固定的以及意义与表达之关系的非关联的特点，并且认为语言的意义是独立存在的、非先天的，永远处在变化之中，这样就能把语言、符号和文本从逻各斯的声音中解放出来。解构运动远离中心之地，要摆脱形而上学的运动，然而却被形而上学施加于解放思想的威力拖了回去。

解释学与解构学代表了两种文本观和解释观，其一是试图辨认或把握意义和符号的真理和本源，却又对这种辨认和把握加以逃避，并将解释的必要性作为一种放逐状态的真理或本源。其二是不再转向本源，而只肯定活动本身，并只试图超越人和人本主义，超越那种作为在者之名称的人的名字，这个在者存在于形而上学或本体论的历史中。换言之，在人自身的全部历史中一直梦想着完全当下在场，梦想着保障活动的基础、本源和终结。

这两种文本解释观，表明交流与理解在后现代来临之时，遇到了双重困境。在解释学那里，虽然坚信理解者与被理解者之间总是存在共同之处，从而试图重设“活的对话”的逻各斯和意义在场，但终将无法彻底实践这一“善良愿望”。在解构学那里，固守反中心、反整体和寻求差异的立场，力求超越于形而上学之上，但具体的解读实践中，却又感到超越形而上学殊为不易。

一、结构主义整体神话的破灭

在德里达看来，结构主义仍然是西方形而上学的逻各斯中心主义（logocentrism）的支脉，必须加以消解。[①]逻各斯中心主义来源于希腊语逻各斯（1ogos），意即“语言”或“定义”，是关于正确阐明每件事物是什么的本真说明。[②]《圣经·新约》说，“万物始于词语”，将语言看作无可争议的中心和基础。[③]“约翰福音”将逻各斯看作与上帝同一，因而成为全部真理的终极本源。而当人背离上帝而堕落下凡时，与真理相对的谬误得以产生，逻各斯不再呈现在人面前，一度存在着的真理也遮掩不彰。因此，西方哲学普遍认为，逻各斯是一种主张存在着关于世界的客观真理的观念，这一观念包含着一种对“中心”的固持，一种返回本源并且永恒地、本真地直面真理的希冀。

---

① J. Derrida, *Of Grammatology*. Trans. G. C. Spivak. Baltimore: Johns Hopkins University Press, 1976, p. 3. 6.

② 在希腊语中“逻各斯”一词同时具备“存在”（Being）和“作为”（Doing）的双重含义，还具有“思维”（Denken）和“说话”（Sprechen）的双重功能。伽达默尔认为，“逻各斯”一词的意义衍变，使其含有“思想、规律、观念和语言”几层意思，“而这个词的最初含义是语言”。里特尔与格隆德尔在其合编的《历史的哲学辞典》第五卷“逻各斯”条也认为，希腊语的“逻各斯”也恰好具有思维（Denken）和说话（Sprechen）这两层含义。

③《圣经·约翰福音》开篇第一句：“太初有道”（Word），这个道同时具有“言说”和“词语”之意。

德里达将西方形而上学逻各斯中心主义看作一个自我击败的"魔咒"。[①]按照这一"神话"所说，语言是由非语言实体的真实本性所指导，而且能够以某种方式反映和理解这一非语言实体的真实本性。它引发出这样一种观念，即存在着固定不变的真理，超出语言之外的事实，它们作为对象呈现给言说者，并在实际的语言交流中被把握。因此，哲学和科学作为符号系统可以通过理性、证据和争论去发现事情本身和真理，从而创造意义。德里达以一种揭底的方式指出，在逻各斯中心主义的笼罩下，哲学和科学忘记了它们的边缘，忽视了形成自身的语言构成力量，去假装直接理解世界。于是，哲学与科学只能设定它们关于世界、真理、本源、因果的一切研究的在场，都能在日常语言中被涉及、把握和传达，这种形而上学被德里达称为"在场的形而上学"（metaphysics of presence）。

逻各斯中心主义从本质上认定某一认识真理的方法优于另外一些方法，这使得西方传统的形而上学思维方法建立在一正一反二元对立的基础之上，如：真理与谬误、生与死、有与无、精神与物质、灵魂与肉体、确定与隐喻、实在与虚构、男人与女人、语言与文字等等。这种二元项的对立并非是平等并置的，而是"某个词语支配另一个词语，并占有决定的地位"。就语言而言，当意义统治着言语，而言语统治着文字时，形而上学的等级秩序就已经形成。"举例来说，如果对亚里士多德来说，'口头语……是内心经验的符号……而书面语是口头语的符号'的话，那是因为声音与心灵有着实质的并且直接的近似关系。"[②]

---

① 德里达认为，逻各斯中心主义是与西方思维相联系。而且只是与西方思维相联系。斯皮瓦克在德里达《论书写学》的英译序言中指出了这一点："德里达几乎是以一种颠倒过来的种族中心论而坚持认为，逻各斯中心主义乃是西方的一种特产……尽管某些西方对中国的成见在第一部分中有所讨论，但是在德里达的文本中东方却是从来没有被认真地研究过或消解过的。"在我看来，德里达的看法并不全面，逻各斯不仅与西方思维相联系，而且是人类共同具有的思维模式。

② J. Derrida, *Of Grammatology*. Trans. G. C. Spivak. Baltimore: Johns Hopkins University Press, 1976, p. 11.

这种等级秩序所证明的无非是二元对立的前一项优于或先于后一项，因而前项是首位的、本质的、中心的、本源的，而后项则是次要的、非本质的、边缘的、衍生的。德里达指出："从柏拉图到卢梭，从笛卡尔到胡塞尔，整个西方哲学都设定先有善尔后有恶，先有肯定尔后有否定，先有本质尔后有非本质，先有单一尔后有繁复，先有必然尔后有偶然，先有原本尔后有模仿。这并非是形而上学态度的一面，而是其基本要求，是其最永恒、最深刻、最内在的程序。"①因此，哲学就以一种先在性（a priority）的理想化方式，成为返回本源的、纯真的、规范的和自身同一的始源上去的伟业，然后去指涉衍生物、复杂物和现象事物等等。在这种形而上学的二元对立中，哲学家们强调的是统一性、同一性、确定性和直接性，而贬斥矛盾性、差异性、不确定性和间接性。

对这种形而上学的主次秩序，德里达指出，"解构最重要的是，在一特定时候推翻等级序列（hierarchy）"。因为"在传统的二项对立的哲学观念中，对立面的平行并置是不存在的，在强暴的等级关系中，对立双方中的一方总是统治着另一方（价值论意义上的、逻辑意义上的，等等），要解构这一对立面，首先就是要在特定的情况下将这种等次关系加以颠覆"。②因此，在解构者看来，无论是哲学的，还是科学的，或者文学的话语，任何被看作固定的和确定的意义都是虚幻的。意义是流动的和易变的。那种所谓确实的真理范式是一种创造，是适合于我们目的的想象的虚构。这种想象仅仅只是成功地掩饰了意义的非确定性，而不是清除它的非确定性。

二、语音中心主义的消解

在《论书写学》（1967）一书中，德里达认为，逻各斯中心主义以同样的秩序控制着文字观，而形成"语音中心主义"（phonecentrism）。

---

① J. Derrida. "Limited Inc: abc..." Glyph, vol. 2, 1977, p. 236.

② J. Derrida. *Positions*, Chicago: University of Chicago Press, 1981, p. 41.

在索绪尔的“语音中心论”看来，语音是语言的本质，在语音（说话）和书写这一对立面上，说话是语言的本质，书写是衍生物。“语言和文字是两种不同的符号系统，后者唯一的存在理由是在于表现前者。语言学的对象不是书写的词和口说的词的结合，而是由后者单独构成的。但是书写的词常跟它所表现的口说的词紧密地混在一起，结果篡夺了主要的作用；人们终于把声音符号的代表看得和这符号本身一样重要或比它更加重要。”①

德里达坚持说，之所以在传统形而上学看来说话比书写具有优先性，是因为索绪尔同柏拉图、亚里士多德一样，认为说话时，说话人和听话人同时在场，因而说话最接近意识的自我在场，故最为真实可靠，当一个人说话时，他意识到自我与所思对象同时在场，并在言谈中自我与思想同一。因此，人们说出的声音能在短时间里与思想保持一致，而不会使意思模糊不清，以至掩盖所要表达的思想。当人们用口语表达思想时，思想就被在场的存在直接带出来，并通过问答逻辑而不断深化。所以口语具有直接性、鲜活性，它使说话者和听者在场而充满生气。②

在语言中心者看来，书写同说话相比，语言没有直接性和生动性，因而本质上是含糊不清的。书写在我们与理解的意义之间塞入了一个附加的符号层。因为作者不在场（absence），所以书写不会与说话人的思想同在。并且，因消泯了接近于自我意识和听到自我说话这一事实，语言成为在场的延搁，并被符号之网所打乱。进一步说，书写的字符有其

---

① 索绪尔：《普通语言学教程》，商务印书馆，1980年版，第47—48页。

② 这种观点，似乎亦流行于非拼音文字中。《周易·系辞上》就曾以“书不尽言，言不尽意”划出于书写、言语、意义三者的等级秩序；《老子》：“知者不言，言者不知”；《庄子》：“言者所以在意，得意而忘言”；陆机《文赋》：“意不称物，文不逮意”；刘勰《文心雕龙》：“情在词外”，“意翻空而易奇，言征实而难巧”；司空图“言外之意”说至近代王国维“境界说”，大旨可见文字、言语、意蕴三者的等级关系。但是，我们也注意到，孔子倡言“辞达而已”，可又强调：“言之不文，行之不远”（《论语》）；欧阳建《言尽意论》中说：“名逐物而迁，言因理而变，”但他同时又说：“名之于物无施者也，言之于理无为者也。”可见仍然强调书写，言语、意蕴疏离的等级关系。正是在“词”这一“意内而言外”（《说文解字》）的定义中，我们明白了《庄子》中轮扁对桓公之言：“然则君之所读者，古人之糟魄已夫！”（《庄子·天道》）。

自身的物质固定性，它掩盖了那些最初赋予它们的生命的意义。它可以不断重复和翻印，使得其意义不是自明的，而必须重新解释，尤其是因作者不在场，故解释很可能成为误解和误用。这种解释因丧失了说话的直接性和生动性，使意义成为板滞的和不确定的。在形而上学者的眼中，书写是第二级能指，因而较言语（说话）更为远离心灵内层的运思，并构成鲜活声音缺席的僵死空洞的外壳。“逻各斯的时代就这样将书写贬低为中介的中介，贬损为沦落于意义的外在性中。”①

德里达认为，这种认为语音（说话）优越于写作的二元论语言观，这种“在场”的形而上学，是逻各斯中心主义所体现出来的“暴力语言观”。在德里达看来，既不是说话者的意谓，也不是任何别的东西，能够作为非衍生的简单物直接呈现在我们面前。而且，在场的东西通常是一个奠基于我们关于那个不在场的东西的概念之上的结构。德里达的工作是解构“说话”与“书写”的二元对立模式，而他是通过解构深层的“等级对立”的在场和不在场去达到这一目标的。

解构形而上学二元对立的策略，是通过颠倒说话和书写的次序，移动中心和边缘的位置来消解在场的形而上学。②德里达首先指出，言语（说话）也同样具有意义含糊性、不确定性，也同样存在重复性。说话中也具有书写中的种种相似弊病，只不过这种问题总是被逻各斯中心主义所掩盖。而且，言说也是由具有其实质本质的符号组成，这些符号可以从最初使用的语境中分离出来反复使用。在特定场合，说话往往还是对已经写下的书写语的复述。反过来看，写作也并不绝然成为思想的蹩脚的复述。写作胜过言说之处在于，它的物质铭刻性具有阻断在场的能

---

① J. Derrida. *Of Grammatology*. Trans. G. C. Spivak. Baltimore: Johns Hopkins University Press, 1976, pp. 12—13.

② J. Derrida. “Limited Inc: abc...”, Glyph, vol. 2, 1977 中认为，书写具有优先性，一切话语的普遍特征，在写作中比在言语中看得更清楚。德里达对海德格尔“在其著作中对说出的语言过分看重”（Margins of Philosophy, trans. by Alan Bass, Chicago: University of Chicago Press, 1982, p. 132.）十分不满，因此，德里达总是根据与看和听有关的隐喻，以及围绕着书写建立起来的隐喻之间的区别，来描述自己的工作。

力。铭刻使符号之间因彼此不同又外在于彼此而产生断裂，同时又使字、句、段连成一体产生意义。铭刻对于彼此的外在性阻断了在场的回复，并被归结为它的内在的统一。①在这个意义上可以说，书写与形而上学相对立。总之，说话并不本然地具有纯洁性和确定性，说话也可以在说者与听者不在场的情况下，在完全不同的语境中重复。因此，说话（言语）与写作具有相同的本性，其中任何一个也不更贴近说话人的思想，谁也不能保证它们是解读者意识的直接现实。

这样，德里达颠覆了言语对书写的优先地位，使说话（言语）从中心移位到了边缘。但德里达并不认为这种颠覆可以使书写高踞于说话之上，因为，这无异于把隐含在逻各斯中心主义中的等级秩序颠倒过来，使书写成为新的中心。这种去掉一个中心又换上另一个中心的做法，仍然是一种重新伪装的逻各斯中心主义。

德里达拒绝建立任何中心。颠覆说话中心的目的不是重设一个书写中心，而是消除中心本身。中心的存在从来就不是它本身，也没有天经地义的本然地基。中心在德里达的构想中已植入差异性的替代链条，并进入差异符号永无止境的游戏过程。这一隐蔽的破坏性变形，就是中心始源匮乏而语言侵入普遍性的时刻。再不可能存在用另一个中心去取代前中心的时刻了，因为“中心”本身已被德里达成功地埋葬了。

中心的解除使说话与书写具有相同的本性，二者不存在任何中心和从属关系，也不存在二元对立的关系，而是一种平等的互补关系：书写是说话的记录保存的形式，说话是书写的补充形式，书写与说话都是思想的意义表达形式，二者互相依存，缺一不可。②

---

① 事实上，书写形式同样是对实在世界和客观真理的存在的照面，书写以铭刻的方式，维持了一个符号持久的知觉而禀有一种时空超越性。唯文字能永葆不灭，每一次阅读都将使作者在言说中“出场”。西方逻各斯中心主义的那种对文字书写的贬斥也只能靠文字来达意和留存，甚至，当作者的书写文字遭到不公正的贬损和歪曲时，书写文字所具有的力量本身就足以消除一切虚妄不实之词，而使自身得以昭雪并恢复尊严，这一点威信中外概莫能外。

② J. Derrida. *Of Grammatology*. Trans. G. C. Spivak. Baltimore: Johns Hopkins University Press, 1976, p. 158.

通过说话与书写二元对立的消解，解除了形而上学魔咒粗暴的等级制度和中心性。德里达认为，他的解构策略显示出传统哲学所设定的二元对立项并不具有平等关系，而是在价值论和逻辑上一个统治、制约另一个。颠覆说话的中心地位的意义在于反对赋予说话以特权，剥夺赋予说话的形而上学地位，并进而揭露形而上学为何通过特权将书写贬斥为思想的误置，却没有将这种“暴力”强加于说话上，从而发现形而上学的唯心主义和不平等性特征。

当德里达将书写从作为言语的补充形式的附庸地位解放出来时，我们发现形而上学的二元对立的封闭体系的确开始摇晃起来。在德里达看来，形而上学的哲学话语尽管彼此论争，相互攻讦，然而却有其共同点，即对终极本源和最后归宿的追求。在言语与书写上，张扬言语贬抑写作，无非是指涉一种在场的恒久性，并由此而生化出来一种以在场为中心的先验等级。现在，当书写地位被翻转过来，就获得了一种全新的写作观。文字书写不再是外在的、可有可无的，也不再是当其负载的意义、要旨或所指被抽取出来以后就被抛置无用的第二级能指。写作已成为以在场为中心的先验等级的瓦解力量。写作以能指与所指的断裂分延保持了一个符号系统的持久感觉，并以自己的符号性想象宣告形而上学对在场和实在真理追求的落空。写作不是言语，它没有声音而永远沉默，然而，它正是以这样无言的方式永无止境地言说，以这种沉默的方式去证明哲学表达（言语、写作、意义等级观）陷进的悖论境地。①

颠倒言语与写作的秩序并不是德里达的根本目的所在，德里达仅仅将这看作解构中心性同一性的开始，循此出发，德里达将这一解拆说话与书写关系的解构策略扩展到整个形而上学大厦，去解拆一切不平等的对立概念，从而颠倒在本质与现象、内容与表现、隐含与显现、物质与运动关系上的传统观念，对绝对理性、终极价值、本真、本源、本质等

---

① J. Derrida. *Writing and Difference*, Trans. Alan Bass. Chicago: University of Chicago Press, 1978, p. 166.

有碍于自由游戏的观念提出质疑。在取消某项作为中心时，取消中心本身，达到解构更基本的等级对立的在场和不在场的目的。

由此看来，解构哲学是一种深入骨髓的怀疑主义，它对几千年来的西方形而上学传统的“在场”加以消解，对语言的确切性和意义的可靠性加以怀疑，对一切重设中心的整体性、同一性原则的企图加以打击。它要摧毁过去的一切；但因不愿重蹈形而上学的覆辙，而又拒不设立一个未来；它以虚无主义的姿态否定一切终极永恒的东西，却又不再设立一个新的希望；它在消解和破坏的欢悦中，将世界变成一个没有价值深度的平面；它在放逐了一切重设深度模式的思想以后，自以为是地认定自己在语言游戏中把握了世界的本性和命运。

我充分理解德里达的反“在场”的根据对解构主义来说所具有的根本意义。然而麻烦在于，德里达尚未给我们提出一个放弃“在场”的形而上学合理论证。而且更严重的是，放弃逻各斯中心主义和在场，最终必将导致话语的难以理解和伴随符号随意性而生发的语言无意义。

看来，解构如果彻底，就必然进入自我解构的怪圈。

第一节　瓦解在场的解构方略

德里达是以同整个传统哲学决裂的姿态，而登上后现代思潮的论坛的。

然而，步入解构怪圈的德里达，在发现形而上学的迷误而又不愿重蹈其覆辙时，不得不陷进这个怪圈。

德里达发现形而上学的根本迷误在于：设定世界存在一个中心，一个终极价值或真理，然而人只能通过语言去呈现这个真实。这个在场的形而上学将语词当作不幸而必要的透镜，透过它去看到真理。这个在场意义论同时又将这样一个隐喻带出来：一旦真理被整体直观到，文字将没有什么用处而被弃置一旁。①德里达当然不能同意这种说法，他通过颠覆在场的形而上学和推翻等级秩序，否认文字的目的是通过自身去看背后的真实。德里达坚持认为，文字和文本背后没有真理，也不显示真理。所指的权威地位应加以剥夺。书本只不过提供了关于真实的可能性的幻觉，因为并没有所谓预先就存在的真实。德里达为自己的反逻各斯中心理论确定了这样一个命题："文本之外，别无它物。"②文字与文字构成一个流动的意义指涉过程，文字不需要指涉形而上学的真实。文字必须只看成文字，词语必须看成词语，而不是当作真实、实在、权威或存在（在场）的显现。究极而言，文字就足以使本身永远不朽。

任何一个文本只与文本相关，在这一无穷的意义链中，文本互相替代和反复。德里达坚持意义不能封闭在符号里，任何封闭体都有裂口。因为严格说来，封闭体需要非封闭体作为参照物，正如中心依赖于非中心一样。因此，解构就不仅是将对立的等级秩序颠倒过来，而且要摧毁这个二元对立赖以产生的整体思想体系。也就是要把传统的颠倒变为现实，总体上取代那个体系，只有这样，解构才能在其所批判的二元对立项中，提供一种干预的方法。③于是，在场不断被否定，中心不再存在，二元对立不断转化为不在场的共存。

然而，问题的解决并没有如此简单，甚至问题反倒更复杂化了。

首先，德里达否定二元对立的前提仍然是无可挽回地预设了二元对立的存在，他在对真理、权威、在场等传统哲学观念的否定，试图抹煞"文本""符号""存在"等概念时，又不得不保留某些概念，并采用传

① 这方面的例子不胜枚举：《老子》说："道可道，非常道。名可名，非常名"；《庄子·天道》说："道不可言，言而非也"；《秋水》说："可以言论者，物之粗也，可以意致者，物之精也。"席勒说："灵魂开口说话，啊，灵魂就不再言说。"维特根斯坦说："理解我的命题的人应该抛开这些命题，正如爬上梯子后把梯子抛掉"（《逻辑哲学论》）。

② J. Derrida. *Of Grammatology*. Trans. G. C. Spivak. Baltimore: Johns Hopkins University Press, 1976, p. 158.

③ J. Derrida, "Signature Event Context", Glyph, vol. 1977, p. 195.

统的形式。换言之，他在瓦解形而上学大厦时，却又踏在传统的脚手架上，这就有可能难以修正形而上学并陷入无法击败传统的危险。其次，否弃文本意义的本源性，面临滑入相对主义和虚无主义的危险。书写的文本（包括任何人类交流方式）如果可以随意解释，而且每一种解释是同等的，那么意义就必然是不确定的。而当“意义不确定性”这一本义被人所理解，那么，这一事实只能否定了其理论自身，而证明意义的交流具有确定性。再次，如果真理不存在，那么真理作为一种标准就丧失了，虚无主义将乘虚而入，标准不复存在，相对主义就成为唯一的代替物。“怎么都行”成为后现代主义的座右铭。

德里达必得面对这些问题，否则，他将冒着站在传统概念的基石上拆解着传统之墙的自我颠覆的危险，并必然遭遇到否定中心时仍经由幻想的中心从语言迷宫中逃出的悖论，甚至处在否定真理时仍不可避免地以真理的名义进行语言解构的二难境地。德里达意识到自己这种因走极端而回转到自己的对立面的双重困境。他说：“为攻击形而上学又不使用其概念是没有意义的。我们尚未拥有任何与这个历史没有关联的语言、句法和语汇，我们无法说出一个解构性命题而它又没有滑入其所驳斥的那类形式、逻辑和隐含的假定之中。”①那么，是不是在解拆在场和颠覆秩序以后，解构就陷入深不可测的悖论之中了呢？是不是解构已经无可挽回地陷入二难之境而不能自拔？

德里达绝不肯功亏一篑。

德里达没有退路，他只能让思想的骆驼去穿过针眼。而且，他最终找到了一条摆脱困境的道路：在反在场中心性整体性结构的总体思路下，尽量避免使用传统哲学话语中足以使自己重陷二元对立的词汇，尽可能地使自己的核心术语模棱两可化和“中性化”，以此删削传统的概念，并借此逃避哲学中“什么是……”这一原初本质问题。

---

① J. Derrida. *Writing and Difference*, Trans. Alan Bass. Chicago: University of Chicago Press, 1978.

于是，德里达的解构策略：分延、播撒、踪迹、替补等概念，就成为与“定义”的单一固定含义相对的具有双重意义的不断运动的模糊词汇。

一、分延：意义的不定

“分延”（différance）① 是德里达自创的瓦解结构意义确定性的关键性概念。这个词来自法语动词“to differ”（区分）和“to defer”（延搁）。德里达认为，符号并非是能指与所指的紧密结合，符号不能在字面上代表其所意指的东西，产生出作为在场的所指：一个关于某种东西的符号势必意味着那种东西的不在场（而只是推迟所指的在场）。différance 表明符号总是“区分”和“延搁”的双重运动。在空间（共时态）上，符号总是为其他符号所限定，从而具有了“非同一的，与其他符号相区别的意思”，②使词的意义不能最终确定，而只能在语境关系的区别中决定；在时间（历时态）上，符号是一系列差异区分的产物，总是延搁所指的在场，“使意欲暂时不能得到实现或满足，把意欲付诸实践时所用的方法抹煞或减弱其效果”。③这种由符号的共时态区分引出的历时态的延搁，加深了符号意义的不确定性本质。确定一个能指的所指意味着无尽地延搁过程，能指的确定事实上已成为一种延搁于此的承诺。如此一来，再也不存在所谓的语词和本源的恒定的意义，一切符号意义都是在一个巨大的符号网络中被暂时确定，而又不断在区分和

① différance 是一个几乎不可译的字眼，德里达用一个“a”字母换掉了“e”，以使他的概念区别于差异（difference），换过的词在法语发音上与原来完全一样，但写起来就显示出二者的区别。德里达似乎一方面要使人们注意这个词所具有三重含义（区分、延搁、播撒），以不同原词的单一含义相混，说明符号本质上的分裂；另一方面要表达出这样一个意思：“分延一词中的字母 a，表明这种不确定性渗透于主观和客观互相作用，而不再受到二元对立的控制和构组。”Cf. *Positions*, Chicago: University of Chicago Press, 1981, p. 27.

② J. Derrida, *Speech and Phenomena: and Other Essays On Husserl's Theory of Signs*, trans. D. B. Allison, Evanston: Northwestern University Press, 1973, p. 131.

③ J. Derrida. *Speech and Phenomena: and Other Essays on Hussert's Theory of Sign*. trans. D. B. AIIison. Evanstona: Northwestern University Press, 1973. p. 136.

延搁中出现新的意义。新的意义进一步在延搁中区分，在区分中延搁。德里达强调，分延是“时间的空间化和空间的时间化”，分延消解了存在与历史、共时与历时的对立，而成为时空经验的起源。

分延作为符号的本性标明这样一种状态，那种中心性、同一性的符号意义，丧失了其根本的、终极的本源，符号不存在所谓恒定不变的单一本源意义，只存在不断分延着的符号语境中的流动着的意义。这种意义在无始无终的分延中永远是不确定的，也是没有止境的。它在宣判符号意义的不确定性时，暗示了意义选择的无穷可能性。

分延的双重意义的杂糅，避免了定义所造成的在场的中心性。它在指涉自身之时，又使它指涉的东西远离了自身。它避免定义和概念化，因为这将会把根源、中心重新误置入自身之中。“分延是一种在在场和不在场两相对立基点上所无法设想的结构和运动。分延是各因素相互关联的区分、踪迹和分离体系的游戏。”① “分延”既无普遍性定义，又无特定性意义，它不指涉一种中心固定性，而是既否定其他二元对立，又不断否定自己。它从不固定自己，而是以似是而非的面貌否定了在场与不在场的对立，使在场既与不在场相异，又延搁到不在场，同时不在场又延搁了在场，从而，否认了符号是意义的根源，揭露了符号的“非原生”（nonprimordial）性质。这就意味着其他符号是构成这一符号的语境，任何符号都只有与其他符号相区分，并在时间的流动延搁中方能获得瞬间意义的解释。这样，符号的权威和根源就被连根拔起，传统形而上学中的存在、中心、本源、结构亦已被悬搁。对原意的虚幻追逐衍化为分解式阅读的多种可能性和非终极性。意义的神话被打破，文本意义总是一场延搁，总是处在其他文本的无尽联系网络之中，不存在任何一种绝对的意义。文本意义在德里达那里，就成为主观相对和永远无法确定的。

作为不断拆解不同替代物的意义链条的分延，瓦解了意义的确定

---

① J. Derrida. *Positions*, Chicago: University of Chicago Press, 1981, p. 27.

性，从此，意义的根本性和确定性之梦业已逝去，只有分延才存在。恒定的意义让位于不断流动变化的意义，任何形而上学的追问已不可复得本源意义或终极意义，而只能得到没有尽头的分延，得到一个又一个不断替代的新意义。就文本而言，字词意义的不确定性决定了句、段，乃至整个文本甚至文本网络的意义不确定性，任何结构都可以从内部予以解构，甚至往往从一些令人不察的细部开始拆解，就可能使整个思想体系崩塌。

德里达用分延重申了解构的基本立场：世界上不存在所谓终极不变的意义，正如不存在一成不变的结构一样。语言不过是分延的永无止境的游戏，[①]终极意义永远可望而不可及。

二、播撒：文本的裂缝

"播撒"（dissemination）是德里达对"分延"一词的进一步扩展。在德里达看来，播撒是一切文字固有的功能。这种功能并不表示任何中心指向意义而排斥一切潜在的在场或不在场。正因为文字的分延所造成的区分和延搁，使意义的传达不可能是直线传递的，不可能像在场形而上学那样由中心向四周散开，而是像撒种子一样，将不断分延的意义"这里播撒一点，那里播撒一点"[②]，不断地以向四面八方散布所获得的零乱性和不完整性来反抗中心本源，并拒绝形成任何新的中心地带。

播撒作为解构策略的重要之维，试图进一步消解那种通过等级秩序而获求明晰的意义去把握真实的可能性，以显示出在无始无终的符号分延网络中的文本自主性。

播撒不断地瓦解文本，揭露文本的零乱无序，松散重复，宣告任何在场永远不能直接呈现在我们面前。这样，播撒作为拆除文本秩序的力

① 德里达在《立场》（*Positions*）中反复中说："分延是一个结构，一种运动，它不能基于在场与不在场来设定。分延是各种区分及其踪迹的系统游戏，是各种元素据以相互关联的空间游戏，这一空间是既主动又被动的间隔的产物。"

② J. Derrida, *Dissemination*, Chicago: University of Chicago Press, 1981, p. 32.

量使得无论从作者、读者、文化、社会、精神分析、政治历史、人类学、结构主义等任何一个方面对作品文本进行分析。所构筑出的文本的意义（或中心思想），都仅仅只具有暂时交汇和粘结的性质，文本的播撒性的解拆力量可以对在某种语境中产生的任何一种主题或意义加以内部瓦解并予以否定。瓦解否定的不断性构成作品文本意义永无止境的所指意义域，在丰富着文本无穷意义之中延续了作品的生命。意义不可避免地是来自于你的（或我的）关于你（或我）所使用符号之间的分延的概念结构。没有一成不变的主题，也不存在先行设定的先验结构，更没有唯一确定的某种意义解读方式。德里达努力证明的是，文本内部组合方式是无限多样的，构成意义的方式不可穷尽，那种新批评、现象学、结构主义式的追求某种唯一的本质和意义的作法，除了深陷形而上学泥淖，给意义寻求加以先验给定和现时限定以外，什么也不是。

播撒不止于一篇文本之内，播撒以其弥散的不完整性构成文本的文本性（textuality）。任何文本都在自我宣布其不完整性时，确认每篇文本都永远延搁了在场，正如意义已被延搁而没有被呈现一样。播撒所注重的文本在任何语境中临时构成意义并不断自我瓦解特征，使文本意义具有了后现代主义的多元性、敞开性和不确定性。从此，深度模式消解四散，再也没有深层结构模式所指涉的终极意义，文本所具有的自主性使其可以自由地禀有或粘附一种意义，并予人以解释的自由权限；再也没有一种辩证法模式所制约的现象和本质的关系，文本没有所谓现象背后的本质意义，文本处在一个分延网状的平面结构中，没有中心本质或中心思想；再也没有存在主义模式的确定性与不确定性的对立了，一切确定都是不确定，一切不确定都是有限意义上的确定，整个世界就是一堆不确定的文本，不确定性成为后现代主义精神旗帜；再也没有结构主义符号学模式的能指与所指的对立了，播撒使文本可以在不同语境中显示截然不同的意义，并得到互相矛盾的任何解释。于是，中心、结构、根源、本质都在德里达语义玩弄中荡然无存，剩下的只有分延和播撒。

播撒作为文本的文本性的结果，是宣告任何一篇文本都有裂口而不完整。任何一种新的解释或误解，都成为原文不完整和不稳定的证据。解读原文既是对原文意义的发掘又是对它的意义的抹煞。这样，德里达的追问，就已经抵达对“根源”匮乏的分析层次。于是，德里达又提出另一个晦涩不明的概念：踪迹。

三、踪迹：始源的迷失

踪迹（trace）原来意味着一个不出场的物的现在的符号，一个为这种不出场在其过去之后，在已经出场的地方留下的痕迹。它是在场中的不在场，是存在的某种影子。踪迹在海德格尔那里仍然是指向在场和根源的，他意识到了语言与在场的宿命联系，所以，在使用“存在”一语时，在上面加了一个无形的删除号“×”。[①]德里达认为，这个加删除号的“存在”是一个时代的最后“文字”。因为在这个词语中，超验所指的在场被擦去，而其永恒指向隐而不显根源的踪迹却依然可寻。海德格尔坚信通过踪迹可以追寻到那曾被遮蔽的存在，因为，在海德格尔看来，踪迹总是暗示着现时不存在的存在，指涉出一个在之为在的本源。每一在场都带有一个限定其界限的不在场的踪迹。

这种抱持踪迹乃意味着一种本源的观点，在德里达看来是应该加以消解的。德里达在《论书写学》中明确指出：“说踪迹实际上是意义的绝对本源，无异于再次说明并不存在通常所说的意义的绝对本源。”踪迹并不意味存在着一个根源，而只是暗示出在场之物与不在场的分延网之间的联系，不断变化的延搁的分延网使在场之物的意义具有任何可能性。因此，踪迹似乎标示出根源的消逝。然而，德里达却说：踪迹“不仅仅是根源的消逝，就我们保留的话语限度而言，踪迹意味着无所谓根

① 德里达称这种删除为“抹去”（法文为 sous rature，英译为 under erasure），表明这个符号“既是、又不是”。这种二重性一方面它显得不完全，另一方面，它又是必要的，必须保留它。因而，加上无形的删除号，就可将这种二重性体现出来。

源的消失，其实从来也没有构成过根源，除非它由相反的非根源即踪迹所构成，这样，踪迹变为了根源的根源”。①

正因为本来就无所谓根源，所以也就无所谓根源的消失，因此，那种关于踪迹成为根源消失的暗示的说法，就很值得怀疑。德里达坚持说，踪迹在暗示了此时不存在的存在中不断出现和消失，在一个没有对等替代物的链条中呈现和延搁自身，并使那种寻迹求源的确定性企图永远落空。所指被延搁所造成的符号残缺不全，使其永远成为指涉其他符号的一组踪迹。踪迹指向分延，它永远延搁意义。意义并不依存在场的迟延的充分性，它产生于分延游戏之中，这种游戏依赖于某些名词的必然不在场。这样，那种寻求作者原意的根源论，在德里达看来，就成为一种可笑的乐观的冒险。

拒斥确定性的意义，这使德里达在使用一个词语时，又将它删去。这一删除的踪迹以其确定意义的回应给予表达以暂时的意义，即这一意义立刻被撤回和被否弃。这一做法使德里达最终承认违背了同一性逻辑。但德里达的解构方略就是要冲破同一性逻辑。他在“想象力冒险”的支持下，相当偏激地认为：“在我需要使用每一概念的每一时刻，我便放弃每一概念。”如此一来，踪迹就既暗示出踪迹之所本（此时不在的存在），又否定了踪迹之所本（根源根本不存在）。踪迹不是根源，也不指涉根源。“它只是分延、不断的分延而已。它展开一切意义和心理现象，成为一切重复、一切充实性的源泉。”②德里达就这样将文本看作供读者发现和追溯的一组踪迹。这组踪迹不仅进入其他踪迹的文本意义延搁变化的分延网中，而且永无尽头。

德里达进一步强调，与其说每一符号都是指涉其他符号的踪迹。不如说它们是踪迹的踪迹，“文本中只有区别和踪迹的踪迹”。换言之，

---

① J. Derrida, *Of Grammatology*. Trans. G. C. Spivak. Baltimore: Johns Hopkins University Press. 1976, p. 61.

② J. Derrida, *Of Grammatology*. Trans. G. C. Spivak. Baltimore: Johns Hopkins University Press, 1976, p. 95.

一个字，一个符号，一个文本总是包含另一些已经写出的字、符号或文本。文本绝非封闭的自足实体，它没有意义的确定性。“文本深藏着一个永不呈现的意义，对这个所指的确定总是被延搁下来，被后来替补的替代物所重新构造。”任何文本都是在关涉另一些文本中获得自身的意义，它置身众多文本的语境中，是其他文本的回声、重复和移植（fabric of grafts）。当文本的意义确定置入更广阔的其他文本堆聚域中时，文本本身似乎是由不加引号的众多引文构成的。①对文本的解释会使人陷入一个意义无尽增殖的过程。文本意义的确定性永无尽期地延搁在一长串其他文本之中，这意味着文本的意义是由其他文本所构成。

文本作为不断指涉其他文本的构成过程本身，又是对自身确定性意义的解拆。文本所必得禀有指涉其他文本的“文本性”，使文本成为一种开放体系。文本意义的寻觅不复是追本溯源求“原意”的过程，文本没有“原意”也无“本源”可言，解读文本只不过是顺着文本给定的踪迹暗示另一些踪迹的过程，即从这一文本到另一些文本，然后再进入更大的文本群，这一从踪迹到踪迹的过程永无止境。在踪迹的踪迹的无尽分延中，意义的根源隐遁，该文本所关涉的终极意义不复存在。在踪迹中，不再有中心，不再有根源，一切都是不确定的。

正是踪迹使得文本意义的寻求活动成为文本自我离心解构的运动，文本总是指向文本自身之外的文本群体，总是在意义的分延中和踪迹的暗示中走向不确定性。这种意义自身解构的运动机制，在德里达看来是“替补”。

四、替补：根本的空缺

替补（supplement）一词，也是由“补充”和“替代”双重意义所

① 只要思想史、文学史、学术史上千百年来所推崇的“字字有来历”就够了。文本并不是单一意义体，相反，文本总是由众多其他文本移植和编织而成。任何标新立异之作都可以在其中找到另一些文本，并与众多文本互相指涉，它仍逃不脱由其他文本构成和呈现意义的命运。

构成。一方面，“替补是一种补充、增加，是一种充分丰富另一种充分丰富，是存在的最充分的限度。替补是存在的增补和累积。”另一方面，“替补又是为了替代。替补总是介入或悄然插进替代的行列。如果它填充，就犹如某物填充了空白之处。如果它再现和塑造意象，那是因为这意象是先前匮乏的存在。替补是附加的、次要的，但在增补过程中又成了取代者。替补不是简单地对已经确定的存在的增补，而是以替代者方式出现。替代不是转换，因为替代者的位置已由结构中的空白标志所确立”。[①]

替补既是一种增补，又是一种替代。替补因存在的虚空而起，是存在不完善的证明，它的根本指向是彻底否定存在的根源和形而上学绝对真理的神话。[②]

德里达在《系动词的替补：语言学之前的哲学》[③] 一文中，通过对亚里士多德《形而上学》中“是”的分析，认为“是” （亦可译“有”，“在”）作为哲学和语言学的重要问题，一直在将一个虚构设定的真理作为可以真切把握（在场）的对象，这种虚构的彻底隐瞒是在印欧语系这一特殊伪装下进行的。

德里达借助本尼维斯特的描述进一步指出，“在”（being）这个词用法非常特别，它并不是一个实词，而是一个系动词（to be），只具一种语法功能。这一特点使其虽不具备词汇的内容却具词汇的一形式。这种作为语言的原词的功能，使其并不指涉某一概念，并没有明确的所

---

① J. Derrida, *Of Grammatology*. Trans. G. C. Spivak. Baltimore: Johns Hopkins University Press. 1976, pp. 144-145.

② 德里达提醒说，绝对不可忽视这样一个问题：在场的存在被绝对化以后，人类便无疑自设了一座超验圆圈。这个虚构的十全十美的圆圈企图使人相信，世界之所以如此是因为有一个终极统一力量，而人所认识的那种可以确定的、唯一全面的永恒实在或真理，是通过在场而看到的对象世界完美整一的统一体。古希腊哲学（尤其是亚里士多德）从一开始便隐瞒了这真真切切“有”本身恰恰是不可验证的，因为它的所指物是“无”，它的意义是“不在场”，而无数西方哲学家事实上习焉不察地接受或延续着这场欺骗。

③ J. Derrida, “The Supplement of Copula: Philosophy before Linguistics”, in J. V. Harari, Textual Strategies: Perspectives in Post-Structuralist Criticism, London, 1979.

指。德里达基本同意本尼维斯特："希腊语给予'在'一种逻辑上的功能，一种系动词的逻辑功能。因而，这个词得到了比任何其他词更广的外延。"①但德里达强调指出，希腊形而上学虚构的真理和普遍性，是依赖于某一特定的语言现实。在印欧语中，"本体论"功能也只是由某几个动词或词形承担。换言之，作为语言的系词"'是'不指能确定的意义，因而更不是能够代某一事物的不在场。"②然而，系动词却从来没有局限在自己的语法身分之内，而是不断跻身于真正的"词汇"之中，当它的变体"动名词"（to be 的动名词形式 being）不断用作主语，并指涉那超验性存在时，being 获得了确切的形而上学意义"在"，并与"诸在者"（beings）相对。

"在"作为系动词而获得真词的地位，说明"在"是在印欧语系的特殊伪装下形成的，将系词的语汇功能置换为名词性功能，而再使之成为真词。这样，不知不觉之间，完成了从语言学向哲学的转向：将一个先验的抽象的虚假设定置换为对事物的确定，并进一步等同于认识对象，而成为无所不在的"在"本身。这样，德里达的批判实际上成了一种揭底，借此发现形而上学虚设的真相，达到颠覆其形而上学神话的目的。

系动词 to be（是）所连接的表语，总是指向一种意义寻求——"是什么"。德里达认为，这个"是"已被证明不可能指向确定意义，指向本质，那只不过是一种形而上学的虚设而已。而这个"什么"却可以使存在者在意义的追求中不断地进入具体的关系之中。存在者可以得到一个又一个不同的具体的意义，但永远也得不到终极的、永恒的意义。因为"是"后面的"什么"永远可以置换，是一种无尽期的"替代"。

作为"替补"特性之一的替代，既是系词的本质，又是语言的特

① J. Derrida, "The Supplement of Copula: Philosophy before Linguistics", in J. V. Harari ed., Textual Strategies: Perspectives in Post-Structuralist Criticism, London, 1979.

② 同上。

性。当我们问：诺贝尔文学奖得主帕斯（Octavio Paz）的长诗《太阳石》是什么？人们可能说是现代主义最后一位大师帕斯的杰作；是一位后现代主义诗人帕斯的作品；是对"瞬间"的感悟；是对现代文明的诅咒；是对现代世界的象征；是一个神秘的世纪末寓言……似乎可以在"是"后无限地说（替代）下去。同样，哲人们在"语言是……"后面，也可以通过"是"将"语言"这一主词带入一种具体关系中，给出不同的替代。于是，替代物五花八门：语言是思想的媒介，是思维的符号，是存在的家园，是理解的迷宫，是生命的怪圈，是文化的功能，是交流的手段，是思维的游戏，是思想的牢笼……这些从语言学、存在哲学、解释学、文化哲学、文化交流学、解构主义等不同角度作出的回答，都仅仅揭示出语言某一方面的意义，它们都与语言的本性相关，但都不能囊括和穷尽语言的意义，因此，寻求终极意义和恒定不变的本真事实上是不可能的，意义和本质的寻求产生于寻找替代物的永恒过程之中。

替补的另一特性"增补"。增补填补的是先前匮乏的全白。换言之，原物不仅从来没有呈现，而且根本就没有原物。增补因存在的匮乏而起，反过来，又因增补而使存在的不完善得到证明。当人们每说一次"是"，都将得到比主词多一些意义的谓词，使主词的意义得到增补。[①] 反过来，正因为谓词是对主词的增补，又说明了增补之物与原物（主词）不同，否则就无所谓增补。因此，增补使增补者与被增补者，替代者与被替代者区别开来。德里达强调，既然增补成为原物存在虚空的证词，那么就说明形而上学所谓本源、真理、主次、先后并非具实存在着。相反，每次寻找这种本源意义都将使人们在增补和替代中，看到愈来愈远离那设定的终极意义。意义的获得成为替代和增补活动本身，它将人们带向无限多样、无穷增殖、永不确定的意义替补运动之中。

---

① 德里达认为，对作品的增补包括对作品材料的增补，对作者的增补和对作品属性的增补，从而使复原作品"原意"的企图永难实现。cf. Jacques Derrida, *Margins of Philosophy*, p. 23.

德里达用替补完成了对形而上学不容置疑的先验假定前提和基本概念的颠覆，将追问本源、追求真理、抱持永恒意义的回归之路置换成一条永远走向不确定性、增补性、替代性的敞开之路。同时，对形而上学将虚假设定的前提作为出发点并据为真理的做法加以质疑，并提供了一种依据可疑的出发点、依据不真的概念去反向思维以重新认识世界的可能性。

毫无疑问，德里达通过分延、播撒、踪迹、替补等模棱两可、具有双重意思的词，所要达到的目的无非是：追问自诩为绝对真理形而上学大厦赖以建立的根基是什么？这一根基的先验虚幻性是怎样有效地逃脱一代又一代哲人的质疑？破除形而上学神话的基本方略怎样才能有效地避免自身重陷形而上学泥淖？德里达相当自信地认为，自己所创造的术语不仅可以收到揭形而上学虚假之底的功效，而且，还可以免遭重陷形而上学的厄运。因为，分延、播撒、踪迹、替补等概念，是一种亦此亦彼、亦是亦非，或者既非亦非（neither-nor）、既是亦是（at once-at once）的非概念或反概念。这类“不断运动着的概念”，既无明确不变的意义，相互间又无明确恒定的关系。尤为重要的是，术语内部的双重含义既互相呼应，又不断消解任何趋向于确定性、稳定性的定于一尊的解释。术语与术语之间的区分亦已消失，犹如所有文本都成为一个文本的一堆混织物一样。

德里达用这些概念构成一张网状结构，宣告了本源的不复存在以及文本的永不完整性。对“原”文的阅读是一种误读，是以新的不完整性取代文本原有的不完整性，因为替补成为另一种根本上不完整的文本。

于是，在德里达看来，作者并不创造意义，因为作品没有所谓的原意，意义也不是作品现存的，必须无止境地在文本之外去寻求。每篇文本必须置于更多的文本之中才具有意义。德里达不无偏激地认为，“解释”这一概念必须抛弃，因为据说这个术语错误地设定了对一个隐蔽的、但仍在场的意义进行阐释。批评家再也无权躲在“解释”与“说明”等术语后面，批评即阅读，阅读即无限地寻求踪迹。这一过程永远不会完结，因为意义的最终解答和单一结论是荒谬得不可思议的，任何单个的解读行动的完成（封闭）也是荒谬的。每次阅读都是一次复述，一次解谜和形成更大的谜的活动，对一篇文本的阅读，必然成为对整个文本系统的阅读，意义永远无法完全确定，因为它总是在这些文本之间游荡。“文本不再是完成了的作品资料体，内容封闭在一本书里或字里行间，而是一个区分的网络，一种踪迹的织体（a fabric of trace），这些踪迹无止尽地涉及它自身外的事物，涉及其他区分的踪迹。”①总之，在德里达看来，解构一篇文本就是找出产生假定论据、关键概念或前提等的修辞手法，表明文本怎样损害它所维护的哲学，或者动摇它所依持的等级对立秩序。

德里达从小处着手，大处着眼，从能指、所指、差异、踪迹、播撒、替补等不起眼的概念入手，挺进形而上学营垒深处，斩断其根基。颠覆其大厦，终于以概念的不确定性和自我解构性拆除了形而上学的栅栏。然而，德里达并不满足这种后现代式“不确定性”的胜利，他要在文本的解释中拆除所有历史话语，因此，伽达默尔对解释的历史性的张扬，必然成为德里达攻击的首要目标。于是，在 20 世纪 80 年代初，德里达与伽达默尔之间展开了一次后现代主义文本解释之争，引起了学术界的广泛注意。

第二节　为了文本而放逐历史

德里达的文本解构观在一系列问题上与伽达默尔的文本解释观形成

① J. Derrida, “Living on”, in H. Bloom and P. de Man, J. Derrida, G. Hartman, J. Hillis Miller, Deconstruction and Criticism, London: Routledge and Kegan Paul, 1979, p. 83.

冲突，在后现代思想史上形成长达数年的激烈论争。

一、文本意义：写作与解读

在文本理论、意义理论、写作理论、阐释理论等多方面，德里达坚持认为伽达默尔的解释学理论仍然深陷形而上学，因而，应加以彻底清算。

在文本的意义理论方面，①德里达坚持文本作为一个动态生成过程的不确定性。在他看来，文本是一切，因而蓄藏着解释的无限可能性。同时，文本又是不确定的，它以其符号性与其他文本构成一种不断运动的参照关系，在无限意义生成活动中滑向意义的无尽分延之中。文本的意义产生于与其他文本构成的横向语境与纵向补替中。文本依赖其他文本，又区别于其他文本，它在意义网络中期待补充和替换。文本是一个永远超出自身的意义索取过程，是一系统运动“踪迹”。最终的文本是不存在的，意义是流动的、无穷的，对终极意义的把握是不可能的。

德里达坚决反对伽达默尔解释学理论，认为通过作品去复原作者原意既无必要，又无可能，因为作品的意义总是多于作者的意谓，不存在所谓的固定不变的原意。事实上，读者意义的求解，是一个文本与文本互为前提、互相参照的过程。文本在阅读活动中被不断解拆，并以此解拆的“碎片”进入诸多文本的更大的意义交汇之中，从而发现意义的多重性和文本意义无限多样的解释。

在写作和阅读理论方面，德里达也表现出与解释学完全不同的走向。德里达坚持认为，作者写作是一种制造“踪迹”的活动。写作并

① 文本（text）在最一般的意义上指按语言规则结合而成的、大于句子的语言组合体，或指语言组合体中不同语言学层次上的结构组织本身。法国“太凯尔”小组提出“文本理论”说，强调文本的自动“能产性”，文本被看成是字词“生成性作用场”。在当代符号学和解释学研究中，文本超出了语言现象范围，它可以指任何时空中存在的能指系统，如“文学文本”“音乐文本”“艺术文本”等。而在解构主义大师德里达那里，“文本”似应从广义上加以理解，包括文学、哲学、神学、法学文本，甚至有时将文化形态乃至整个世界都可以看作一个大文本。

不必然地表明作者的意图，文本与作者想说的东西往往存在距离。那种将文本看成作者原意的表达并对文本加以神化的做法，是形而上学的通病。

在德里达看来，写作犹如在无边的沙漠中跋涉，可谓四处皆“路”然而又四顾无路。在求索之途作者留下跋涉的足迹，在这依稀可辨的“踪迹”中，读者可以追溯作者远去的身影，寻找文本的“意义之域”。德里达认为，写作具有非复现性，它不是作者内心情思的语言表达。“写作是撤退”，是作者通过写作并在写作中“撤退”。他不断使文本与作者自身的言语疏离，让言语独自说话，并由此获得言说的全新生命。这样，写作所具有的无限转换能力可实现由一种存在向另一种存在的转化。写作以其无尽的“踪迹”宣告了解读意义的无限和飘渺。

德里达赞同福柯的写作观：当代写作已经使自身从表达意义的维度中挣脱出来，而只指涉自身。写作犹如游戏，在不断超越自身的规则和违反其界限中展示自身。在写作中，仅只创造一个可供写作主体永远消失的空间。作品不再使作者达到不朽，相反，它成为作者的“谋杀犯”。写作与死亡的关系表现在写作主体的个性特征的消隐里。写作主体利用他在自己所写的东西的所有冲突和差异，隐藏了他独特的个性的标记。作家的标志降低到不过是他独一无二性的不在场，他必须在书写的游戏中充当一个死者的角色①。

阅读活动不再是一种把握作者原初意图的活动，而转换成寻绎文本逻辑，追踪语言自身价值的文本拆解和重新组合活动。在文本中，人以对文本的解构而在想象中使自己分离，并借此体味到人与世界的分离。质言之，解读不是将散落的意义碎片重新聚集，而是通过语言的游戏达到语言的批判。

文学和哲学文本的解拆总是对未来敞开，它在自身不断的否定中生

---

① M. Foucault, “What is an Author?”, in J. V. Harari ed., *Textual Strategies: Perspectives in Post-Structuralist Criticism*, pp. 142-143.

成新的意义。[1]没有永恒的文本，也没有永恒的意义。文本因自我解拆而遭遇死亡，然而又因自我批判而超越死亡。文本的生命不在于其背后实在地存在一种观念，而在于它自身就是一个永远无解的问题，这个问题的解答等待着无穷的新问题的解决。文本的这一特性使意义的寻求成为一种追问活动。正是在语言之中而非在语言之外，文本使自身向问题开放，并使得意义的产生伴随意义追问活动的整体过程。

德里达在文本观和解释观等方面同伽达默尔的哲学解释学所形成的冲突，是基于德里达这样一种认识，即西方形而上学的总体发展过程就是一个为确定中心结构而进行的努力，这个中心结构作为形而上学史的篇名可以是理念、上帝、先验意识、等级秩序等。而伽达默尔的哲学解释学是属于形而上学的，因为，在德里达看来，伽达默尔秉承胡塞尔的现象学理论和海德格尔的解释学理论，一以贯之地维护中心结构，表现出一种浓厚的历史的、人本的世界观，这是德里达所不能接受的。德里达以其分延概念，力图解拆中心结构，颠倒逻各斯中心主义，坚持非时间性、非历史性的符号结构论，进而提出与伽达默尔迥异其趣的文本理论和意义理论。这样，解释学和解构学的差别，导致了当今世界著名的后现代文本意义论战。

二、清理在场形而上学残余

德里达是通过对解释学的理论基础——胡塞尔的现象学符号论的批判而开始对解释学的进攻的。德里达反中心性重差异性，反确定性重不确定性的立场，使他对胡塞尔《逻辑研究》所认为的表达并非某物的符号，而是具有一种主观意义，排除一词多义[2]十分不满。他认为，胡

① 据此，德里达在《弗洛伊德与书写的意味》一文中写道："文本不存在确定性，哪怕过去存在的文本也不具有确定性。……所有文本都是一种再生产，事实上，文本潜藏着一个永远未呈现的意义，对这个所指意义的确定总是被延搁，并被新的替代物所补充和重新组构。"

② E. Husserl, *Logische Untersuchungen*, Bd. 2, Hambug, 1975, S. 1.

塞尔的先验现象学那种无空间、无时间的意义在“活的在场”中的自我表达这一基本原则是绝对错误的。这首先因为，一切语言符号之所以需要解释，乃因其必然与一定的空间和时间发生关系，并必然存在着符号与其所指之间的差异。其次，语言具有喻义特征，它以其“意识的流动性”和“内在的时间性”以及与这些经验所发生的非在场关系，被限制在现时的非同一性关系中。德里达争辩说，传统形而上学对纯粹自我存在的理想化与胡塞尔现象学研究的实际结果互相脱节①，而且，胡塞尔对纯然客观性的追求，使其把“观念的客观性”看作“这个文化世界全部思想的结晶”。胡氏强调观念的对象存在具有客观性，并作为言语的意义和个体的存在而凝定在语言之中。因而，它使过去在现在之中重新复活，过去不是业已消逝的“无”，相反，过去成为绵延的历史，历史使过去成为“有”。这样，解释活动并不会破坏作者原意，因为原话和释语之间的差异并不影响对它们的同一性的理解。这样，同一性是首位的、直接的，而差异是次要的、间接的。

德里达进一步指出，胡塞尔仍然抱持着口语优于书写的看法。对胡氏而言，书写促成了对象的“绝对传统化”，“观念的绝对客观化”以及“其与普遍的先验主观性所发生的纯粹的关系”。②胡氏把书写看作观念形成的客观性基础，只有观念的对象才能够把自己从其创造者个人的主观意识中解放出来；正是书写构成了“无间断的存在”和“永恒的存在”。在胡氏看来，只有语言才能产生观念的客观性，语言能使人类生存于“人类视界”（Human-Horizon）之内，并使人类视界内在于世界之中。正因为人与人是相同的存在，是“我的他者”，人们才可能一起进入一种“实际的或可能的、直接的或间接的移情的联系”，达到相互理解和共同认识。在这个意义上，语言是人类存在的根基，人类之所以存在并交流思想，是因为人们最早意识到自己是语言的共同体。通过

---

① J. Derrida, *Speech and Phenomena, and Other Essays on Husserl's Theory of Signs*, Evanston: Northwestern University Press, 1973.

② J. Derrida, *The Origin of Geometry*, New York: Nicolas Hays, 1974, p. 84.

语言进行交往，人类视界保持着人性的、无限的敞开性，语言使“我们-视界”（We-Horizon）成为一个共同体，在其中人们的表达可以得以充分理解。

德里达注意到胡塞尔观念的人为推演性和语意矛盾性。一方面，胡氏确信口语使观念对象缺乏那种“无间断性的存在”，而作为其衍生物、替代物的书写构成了观念形成的客观性，能够把言语从说话主体或言语共同体的实际意图中解放出来，书写通过完全地实现的对话，创造出一个自给自足的先验范畴，使一切实在主体都从这个范畴中消逝，使交流成为可能，使“交往变得更加实际”。另一方面，德里达指出，书写又遗忘和掩盖了始源意义，那些本源意义丧失了超越自然的功能，如史前秘密和沉沦文明一样已经沉默不语，先人的意图和难言之隐早已埋没，石刻文字像天书一般难以识辨，这似乎证明：书写绝不能巩固其对象的“客观的”地位，而只会加深语言中固有的模糊性，从而使对本源的求索落空。

书写的历史性、可塑性和模糊性特点，产生于书写的形体存在（即意义的有形的表达）中。但是，德里达指出，在胡氏那里，书写使意义普遍传达的同时已远离了起源，因此，人们似乎只能借助阅读，才能使声音再现，使出场的意义重现。这样，胡塞尔显示出他仍属于西方形而上学“语音中心主义”的阵营。在德里达看来，胡塞尔充其量只能算一个与形而上学相游离的人物，因为书写的形体性、模糊性特点表明书写是一种特殊方式，但胡塞尔没有进一步颠覆书写与口语（语音）的等级关系，相反，他企图与形而上学传统保持一致，进而以书写臣服于言语以趋近始源和“活的在场”。

德里达在清算了胡塞尔的现象学符号论以后，将批判的锋芒指向了胡塞尔的学生——海德格尔。在德里达看来，海德格尔尚处在超越形而上学的路途中。这首先是因为海德格尔在本体论上企图通过确定在场去达到终极真理，在解释观上确认理解是人类了解世界的根基，解释的循环是人存在于世的基本形式。德里这据此认为，这无疑是形而上学本体论的最后归宿。

毋庸讳言，海德格尔从未放弃这样一种看法：西方形而上学在柏拉图对构成所有存在者（beings）之存在（being）加以区分之时，迈出了决定性的一步。所有的二元对立，先与后、上与下、主与次、内与外都肇源于这种原始的区分。同时，柏拉图把存在者与存在界定为理论，并赋予其良善、优先、确定性等特征，使精神超然于物质之上，灵魂内在于肉体，言语优于书写，从而将价值论引进本体论的差异性之中。

沿着这条区分存在者与存在者之存在（Sein des Seinden）的道路，整个西方形而上学总是纠缠于“在者”的问题，而将“存在”忘却了，从而使哲学史上的本体论成为“无根的本体论”。

海德格尔清楚地看到“存在作为存在”（Sein als Sein）这一问题被埋没不彰这一事实，深感“存在的被遗忘”最终将导致哲学的终结。海氏要回到前苏格拉底哲学关于“存在的澄明”的领悟，在时间中重新把“存在”从“在者”中呈现出来，以建立“有根的本体论”。他以“此在”（Dasein）作为本体论根基，并对“此在”进行存在的状态分析。海德格尔坚持认为，从柏拉图学派以降，人们把“思”转变为知识，进而以概念规定存在，在遗忘思的同时遮蔽了存在的意义。他要求思进入存在的真理，去蔽澄明，从而将传统的“在者之存在”这一问题置换成“存在之真理”的问题。他寄希望于“语言”，企图在“思的转向”中，通过对语言的诗意唤神本质的解释，实现“存在的澄明”。他借助于荷尔德林的诗歌语言以及前苏格拉底的思想，探讨“存在的真理”，因为在海德格尔看来，只有诗意地对存在加以思考，才能寻觅到存在的栖居之所，走向本真的人生。

在德里达看来，海德格尔将其存在论最终归结到语言构造世界的现身情态这一根本问题上，似乎倾听语言的直接在场，就可返回真理的本源。这样，海德格尔在诗歌艺术——语言与终极真理的同一中找到了

"在场"的永恒寓所。对海德格尔来说，艺术不是实在的模仿，而是实在本身的揭示。正是在敞开和遮蔽的双重性中，语言的诗意本质返回到本真的存在，语言切入存在真理。至此，作为本体论解释学的存在论，终于指向存在的终极意义，从而使海德格尔必得怀有这样一种希望，"即希望言语存在能够借助一个终极的词语的互相结合，亦即表达和意义的最后结合"①。这种将"在场"与"实在"的统一性，看作语言与存在（真理）的同一性的做法，在德里达看来，无疑是海德格尔的本体论-神学的幻想，一种在场形而上学的残余。

德里达注意到，海德格尔的本体论解释学既属于同时又超越于在场的形而上学。德里达曾对海德格尔进行过相当深入的研究，海氏对语言所进行的思考，以及主体非中心思想，使德里达将其视为解构的同道。尤其是后期海德格尔努力用非形而上学的方法思考存在，通过质问历史是什么构成的，而对西方形而上学的世袭领地的起源展开论争。在《论存在的问题》一书中，海德格尔试图用否定意义的"×"符号的方式加在存在之上，甚至用事件（Ereignis）的概念来代替存在。在这个意义上，存在的语言既写出了自身又抹去了自身，这在德里达看来是一种不断地留下某种"踪迹"的抹去。这种消解式的思维是经过涂改或抹去来记录事物，从而否定形而上学在场，抛弃了所谓的永恒本源、永久结构。德里达尽管受海德格尔 Destruktion（意即分解、翻掘、揭示）的影响，但他同样也看到，海氏加在存在之上的删除号，没有取消在场，相反，"在删除号下面，先验意指的在场一方面被删除，一方面仍然是痕迹清晰的"②。在德里达看来，尽管海德格尔重视基本本体论并进而通过语言去领悟存在的意义，但是，他的"超越"哲学的向度本身又成为自身超越的障碍。因为海氏把存在限定为在场，并热衷于谈论"存在

① J. Derrida, *Speech and Phenomena, and Other Essays on Husserl's Theory of Signs*, p. 160.

② J. Derrida, *Positions*, Chicago University of Chicago Press, 1981. pp. 9-10.

的话语”“语言的言语”，过分重视说话和发声而贬损文字记载，[①]而最终跳不出西方形而上学的窠臼。

德里达强调，海德格尔对黑格尔式整体性同一性思想的批判，已经把握到黑格尔的“整体循环论”将体系看作开端（archē）和终结（telos）的同一体，而海德格尔的“解释的循环”却已经将视野投注在差异和有限上。在德里达看来，这种“把差异最终决定为认识-本体论的差异”，一方面显示出海德格尔对形而上学的批判，另一方面表征出海氏醉心于最终能抵达存在的终极真理，而在其在场的形而上学、认识神学、存在神学上显示出“形而上学的残余”[②]。

德里达的策略是，继续海德格尔对形而上学的批判锋芒以及他自己对语言的批判，同时，将批判锋芒对准海德格尔的在场的解释学本体论。

这样，德里达的批判所指，事实上已由胡塞尔、海德格尔转到了伽达默尔的哲学解释学的文本观和解释观。

第三节 解构理论的问题与评价

总体上说，解构主义在二十世纪下半叶风靡整个欧美，到八十年代，这一反传统、反形而上学的激进方法论已经普遍地渗透到当代文化评论和学术思维中。解构主义的词汇：消解、颠覆、反二元论、书写、话语、分延、踪迹、播撒等已被广泛运用到哲学、文学、美学、语言学研究中。它实现了哲性诗学研究的话语转型，刷新了人们对语言与表

---

① 海德格尔对苏格拉底的评价，最能显示出其重言语轻文字的特点。海氏认为：苏格拉底是“不写的哲学家，是古往今来最纯正的思想家”。

② J. Derrida, *Positions*, Chicago: University of Chicago Press, 1981. p. 10.

达、书写与阅读、语言与文化、文学与社会等方面的认识，影响和重塑着文学评论的性格，并开拓了文学批评和文学作品阐释的新领域。①

在解构者眼中，作品与创作者的依附关系被解构，而获得完全的独立。它开始与作者的“原意”相游离，成为拥有一套自足符号而又受文化体系的整套符号影响的文本。它的阐释意义是多元多维的，因为，如德·曼所说：“解构就是在文本内，借助于文本中的因素（这种因素通常恰好就是修辞的成分暴露于语法成分的结构），就可以测定一个问题，并取消文本内作出的断定。”

解构主义在整个哲学思维上进行本体论革命的同时，在哲性诗学界产生了一场方法论革命，解除了人们头脑中根深蒂固的传统一元论，消解了人们习惯的思维定势：追求一个至高无上的权威，一个绝对正确的标准，一个一成不变的等级模式。它的多元性、无中心性、多维思路，使人们超越了传统的视界，从更新的角度反观文学和自身，从而发现了许多过去难以见到的新问题和新意义。

在当代哲性诗学研究中，解构主义的方法论意义在正面、负面两个方面都十分突出。因此，有必要稍加论列，以对其有一个比较清楚的认识。

其一，解构主义的崛起，表明了二十世纪哲学思维在工具理性化以后，美学以全新的颠覆力试图取代哲学的意图。哲学面临的双重危机在后现代文化中日渐突出。在英美国家，哲学的主要文化功能已经被美学和批评所取代。在哲学遁入语言分析而抛弃“思”的深度和维度时，在本真之思对“不可说之物保持沉默”之时，美学和批评担当了自己勉为其难的历史重担：对人类精神走向进行描述。

解构的重要策略是打破二元对立模式，对在场中心性进行解拆。因此，在文学与哲学的关系上，以德里达、福柯、巴特为代表的后结构主

① CF. J. Culler, *On Deconstruction* : *Theory and Criticism after Structuralism*, Ithaca : Cornel University Press, 1992.

义者，总是坚持对某一哲学文本的解读，就是把该文本当作文学作品，即当作一种虚构的修辞构体来读。而对文学作品的充分解读，却是将作品看作具有多种哲学意向，以从众多哲学文本的对立之中抽取出意义。因此，消解哲学与文学的区别成了解构活动的重要环节。

然而，德里达这种消解活动，连海德格尔在“思想家”和诗人、创新思想家和庸俗作家之间的区别也加以取消了。这样做的结果是，使那对人类生存处境和精神取向严峻关注的哲学精神和本真情怀，幻化成一种普遍未分化的文本世界和削平价值的语言游戏。说到底，哲学与文学的区别并不在于一为直接论证，一为隐喻表现，以文学取代哲学似乎只是一种表面现象。问题不在于人们欠缺一种方法，而只在于实际上没有人同时阅读文学和哲学两类文本，甚至根本没有人能够使这两类文本交互作用。由此看来，解构所标明的哲学与文学对立的消失，只不过提供了一种重新解读由尼采开端、由海德格尔推进的西方哲学文本而已。

解构主义是一种极端的创新。在解构主义的拆解中，哲学问题总是在追问中敞开，在“思”中被创造出来。任何创新都带有“诗意”的风格，使人目睹一种与僵化板滞的旧事物截然不同的全新的境界。因此，哲学的创新往往给人一种强烈震撼、一种诗性的透悟感。随着更新的思想的闪现，原来哲学新境失去了先锋性，不再受到青睐，并在哲学的创新意识中“成了问题”。在这个发展的历史维度上，哲学不可能是封闭的，而是永远“敞开”的，当一位哲学家自以为建构了一个体系并形成一个完满的圆圈时，永远将会有某种东西伸出或溢出，永远存在有替补、边缘、空间，在其中书写着哲学文本，这个空间构成了哲学可理解性和可能性的条件。

解构主义从来也不相信文本是一个孤立的世界，在他们看来，哲学文本之外不存在空白的、未被触及的、空虚的边缘，而存在有另一个文本，一个不具有当前参照中心的力的区分的织体。与这种文本间性相联系，哲人们必得思考这样一种写作，“它不具在场、历史、原因、始源和目的，这种写作绝对地颠覆所有形而上学、神学、目的论和本体论”。当形而上学、本体神学束缚了现代文化精神，而使哲学、文学、宗教、科学追求一种封闭的中心体系时，这种颠覆性的“新写作”将全面扭转文化的困境。这种写作以其自觉的无终极性、向未来敞开性、打破体系封闭性等特点，以其忠实而内在的方式思考哲学概念的结构化的“系谱学”，解拆了哲学与文学的对立，成为一种包括哲学在内的无限的、未分化的众多文本织体的文学。

解构主义这种新写作其实面临一种双重困境：当他忘记哲学甚至以文学取代哲学时，他的写作就失去了中心焦点，而成为一种无统一性可言、无终极意义的写作，一种永远有着“裂口”标志的写作。这样，自我指涉的矛盾凸现出来，被压制的不可理解性作为可理解性的条件得以返回，德里达最终仍不得不用形而上学的话语讲述着自己的构想。因为如果彻底，他就必然丧失其话语逻辑基础。

事实上，文学批评越是哲学化，批评家们越是认识到由现代哲学家（特别是尼采和海德格尔）提供的重新描述和颠倒之激烈和彻底，它的语调就越讥讽化。这种调侃语调充满了一种讥讽的认识：思想同语言一样可塑，而语言是无限可塑的，任何语言描述都不过是一个暂时的栖息地，不过是某种暂时可以相处的东西。文学取代哲学的意图，实际上是对文学批评附加了浓厚的政治意向。在二十世纪七十年代美国大学的文学系里，人们都似乎理所当然地认为，对文学文本的解构是与对不公正的社会制度的破坏携手并进的。解构可以说就是文学学者对走向激烈社会变化的各种努力的特有贡献。在这个意义上，文学取代哲学只不过是“对一种空无的不断命名”以及对先前的洞见成为可能的新的盲目性的不断发现。文学不再是精神可以栖息之地，不再是人类可以从中得到自己的最深刻本质表现之地，而是成为导致新的永久骚动的刺激之域。

解构主义者希望，这样的活动一旦贯彻到政治中去，就有可能成功地克服资产阶级民主对其制度的残酷和不公的盲目性。因此，解构主义提供了（也许是表面看起来相反的）一种方法，使文学教师可以成为福柯所谓的“特别的知识分子”，即能用其专门技术从事政治工作的人。可以认为，解构主义以文学取代哲学，一方面是以文学解构的激进性取代传统哲学思维方法的僵化保守性，另一方面，在哲学遁入工具理性中时，以文学对人们的精神和行为方式加以重新塑造。正如罗蒂所说：解构主义运动远不止于文学批评，最广义的解构主义可以作为一种表示，它所指的是一阵在知识分子中对现状不满和怀疑的强烈旋风。解构主义文学批评只是欧美知识分子自我形象所发生的一个微妙而又深刻变化的表征。

其二，解构策略是一种思维换型的方法论。德里达推进了这一场消解中心和终极价值的解构策略运动。德里达一方面从方法论上批判了结构主义结构中心论，另一方面从本体论上批判了海德格尔寻求终极真理的形而上学观，从而通过颠覆结构“在场”而颠覆整个形而上学大厦。他将任何一种依赖于坚定的基础，高于其他法则和等级森严的思想体系统统称为“形而上学”。

德里达的解构批评策略可归结为：展示出文本是如何同支配它们的逻辑体系相抵牾的。解构论通过抓住“症候性”的问题，即意义的疑难和死结来证实这一点。文本往往在这类问题中陷入危机，难以运行，并矛盾重重。德里达使用解构、颠倒、分延、播撒、踪迹、替补这些模棱两可的概念的目的在于：揭露形而上学二元对立的虚构性，打破语言中心的历史虚假执行语，以分延的意义不定取代理解的意义确定性，以播撒揭穿文本的裂缝，并从这一“裂口”中得到文本字面上没有的更多的东西，以踪迹和替补说明始源的迷失和根本的空缺。

于是，德里达放逐了隐遁不彰到“存在真理”，解拆了那些从形而上学之中拯救出来的“思”。但是这样一来，德里达势必在冒一种危险，即对解构施加同样的解构。因为不管怎样，德里达都不可能以其相同的始源、目的等来避免继续一种古老的谈话，因为他已失去了中心主题。德里达不可能自认为在谈论哲学传统，如果他使用的字词中没有一个与该传统使用的字词处在任何推论性关系之中的话。于是，德里达无疑是沿着书页（文本、语言）边缘滑行，以至滑出了书页。同样，为了不掉进明晰性、中心性、层次性的“形而上学泥淖”，德里达使用模棱两可的词汇以逃逸形而上学的规范。这种意义晦涩的双关语，不再按规则起作用，使用修辞法而非逻辑，使用比喻而非论证。但是，同时说几种语言和写作几种文本，在实践上，却因受阅读制约而难以完全兑现，因为这种既同始源又无同一目的的新写作，必然要求读者同时读几个文本。

然而，当代读者都生存在一个以始源、目的、目的论或本体论编织起来的文化织体中，人们大多仍然赞成科学性、严格性和客观性。因此，写作逃逸了意义之时，阅读也将变成无意义的活动。这大概是德里达所不愿意看到的。在我看来，人类精神历史的发展是延展与回溯、稳定与革新的统一。那种一味强调差别而无视统一，甚至将每一文本当成是关于同一些古老的哲学对立项：时间与空间、可感的与可理解的、主体与客体、存在与生成、同一与差别等对立的做法，事实上只会走向自己的反面。

当然，更深一层看，德里达的解构策略是通过文学解构和重写文学史施行的一种政治实践。解构主义认为，人是自己话语的囚徒，无法理智地提出某种真知灼见，因为这样的真知灼见只不过是和我们的语言有关。解构是摧毁一个特定的思想体系及其背后的那一整套政治结构和社会制度赖以生存的逻辑。解构并非荒谬地试图否认相对确定的真理、意义、特性、意图、历史的连续性这些东西的存在，而是试图把它们看作更为广泛、更为深刻的一段历史的发展结果，即语言、无意识、社会制度和实践的发展结果。

因此，解构主义哲性诗学理论并不能成为一种与政治无涉的纯理论，相反，它是观念形态的当代表现。然而，这种标榜多元论的解构主义却是危险的。因为这种多种理论的大杂烩，可能导致的结果并非是文学上的辉煌，而是精神的杂乱委顿和无所适从。解构主义在解构欢悦的游戏中，将现代主义精神十字架卸了下来，它将现代主义负荷的焦虑、畏、乌托邦、正义、意义等彻底加以解脱，否定一切形而上学的价值论和本体论，拒斥元话语和历史主体性的说法，成为一种与商品化了的日常生活本身一样宽广无边的平面行为。

其三，解构方法重新定义写作和文本的意义，使写作与文本阅读产生了“本体论位移”。在德里达看来，写作是在符号的同一性破裂（即能指与所指断裂）分延时的情形下产生的。写作本身也有某种东西最终将逃避所有的体系和逻辑。语义中总是存在一种闪烁不定、蔓延扩散的东西。后现代写作追求的是一种罗兰·巴特式的“零度写作”。小说已经自我消解了叙事而成为非小说，批评已成为没有尺度的消解游戏，诗歌放逐了情感和韵律之后，发现自己消逝在它追求本质的页码里。它将自己转化成这样一个契约：为一个怪诞、虚伪的“文学家族”进行调合的消逝感作证。

最后，解构方法在对传统文学研究方法全盘创新的同时，又留下一堆颠覆以后的文化瓦砾。可以说，对解构方法的评价在文学领域总是存在很大的差别，褒者对其解构方略推崇备至，甚至认为当今文学批评，如果不会运用解构方式，要么是太落后不合潮流，要么是智商太低。而贬之者则认为，解构方法是一种彻底的虚无主义方法。

实际上，解构方法的正负价值都相当明显。就正面价值而言，解构批评热衷于在文学文本中探索世界文本的潜隐逻辑，它不为表面的中心、秩序和二元对立所迷惑，而是从边缘对中心的消解、从“裂缝”对秩序进行颠覆，从表象中弄清事情本来的面目，从文本的无字处说出潜藏的压抑话语。在这个意义上，文学解构是一种把读者带进文本内部的捷径，是主题批评的又一个变种。只不过这个“主题”或“文本逻辑”，不是早就存在文本里而等待人们去发现的，而是对某种阅读或批评目的而言，是一种重新描述文本、解读甚至误读文本的方式，并通过这种发现和创造式的“阅读”重新书写文学史。反过来，文本也有能力“颠覆”先前的阅读而不断等待新的创造者。

解构批评是一种反抗盲目接受的新的洞见方法，它不断揭露阅读中遭受传统思维欺骗的阅读盲目性。它产生过旧的洞见，而紧跟着这种洞见的是由一种新的盲目性造成的新的洞见，并将这永远进行下去。解构批评的这些结果并不在于“确切地”阅读文本的准则，而在于能够参加不断避免可能出现的确定性的实践。这样的批评并不是用哲学代替文学，并不是把哲学运用于文学，而在于从事一种使传统的哲学—文学区别不再有效的活动。就解构批评的负面价值而言，解构批评以过激的言词和调侃的态度，彻底否定秩序、体系、权威、中心，主张变化、消解、差异是一切，这是另一种意义上的“语言暴政”。这种充满政治意味的解构方法使整个文学评论界的兴趣离文学自身越来越远，以致有人认为解构主义正在毁灭文学，使整个文学研究和评论界陷入危机，整个学术界已经感染了“德里达式的瘟疫”（耶鲁四人帮语）。

从历史维度看，解构精神是人类文化精神多元中的一种，对其不必惊慌失措和推波助澜。在后现代社会已经来临之时，学术理论界所秉持的态度应更加宽容，视野应进一步廓大，应将任何偏激的理论和实践放到历史中加以检验，以减少独断性和虚妄性。我们不必将解构方式看作是在解构自我，或在自渎自毁，以便逃脱所谓整体同一性的影响。整体同一性和非同一差异性是互相依存的，丧失了其中任何一维，则另一维也不复存在。绝然地张扬反中心性和差异性的解构者们，在将一切对立面夷为平地之时也丧失了自己赖以存在的地基。透过方法论层面，我们可以在本体论和价值论层面上看到：解构主义在告别了终极意义和价值关怀以后，不再是沉重的哲性诗学，而成为巴特所说的“文本的快乐”的游戏。在欢欣的解构游戏中，人们行进在哲学（形而上学）的边缘，而对这个边缘地带的思想本身却毅然抛弃。解构主义在二十世纪的哲性诗学思想和文化研究中，留下了深刻的历史踪迹，以致我不得不指出这一事实：跨世纪的学术文化研究，如果不透析解构和建构方法的理论意义及其误区，那么，任何理论前提的批判厘清，任何理论的价值重估和建构都将是不彻底的，也是会遭遇到难以克服的理论盲点的。同样，如果不对巴特、福柯、拉康、德里达的思想进行整体性的研究，那么，要想对后现代主义、后殖民主义、新历史主义、文化研究理论等当代思潮加以深入的把握，也是相当困难的。

第三编

后现代主义美学

第九章　后现代美学与文化消解

在二十世纪哲性诗学的坐标上，后现代主义是其话语转型的重要阶段。同时也是自我主体消解、感性世界空前突出、语言游戏成为时髦、文化出现新意义危机和话语转换的时期。

“后现代”（Postmodern）是一个历史概念，指二战以后出现的后工业社会或信息时代；而与此相关，“后现代主义”（Postmodernism）是这一社会状态中出现的一种文化哲学思潮；而“后现代性”（Postmodernity）则是一个社会理论概念，指后现代社会结构的功能性转型和知识话语转型问题。后现代是后现代主义产生的时代土壤，后现代主义是后现代社会的文化哲学表征，后现代性是后现代转向的话语系谱和结构模式。

第一节　后现代主义的理论景观

后现代思潮在世界文化意识领域掀起了一阵阵

"话语转型"旋风。这一转型旋风，在人们的思维方式和价值信仰上，造成了传统与现代话语（discourse）的断裂。而文化美学转型则波及整个艺术和批评领域，引发了前所未有的知识话语紧张，据此出发，作为一个后现代哲人，必得注意现代社会阻碍了人与人、人与社会之间的沟通的事实，使哲学思想和审美观念从形而上学的独断中解放出来，形成一种开放宽容的文化氛围。没有任何一种现代性话语可以垄断思想探索和精神自由①，也没有任何一种观念或学说可以定于一尊，而无视其他观念和学说。

一、后现代主义的源起与文化症候

后现代主义思潮是后现代社会或后工业社会、信息社会、晚期资本主义的产物。它孕育于现代主义母胎（二十世纪三十年代）中，并在二战以后与母胎撕裂而成为一个毁誉交加的文化幽灵，徘徊在整个西方文化领域。后现代主义的正式出现是在二十世纪五十年代末到六十年代前期。其声势夺人并震慑思想界是在二十世纪七十年代和八十年代。这一阶段，在欧美学术界引起一场世界性的文化哲学家之间的"后现代文化哲学论战"。到了九十年代，后现代主义以一种多元边缘的后现代性特征渗入当代文化肌体，成为言人人殊的当代文化症候。

---

① Cf A. Giddens. *Modernity and Self-Identity*, Cambridge: Polity Press, 1991.

一般而言，后现代主义是一种汇集了多种文化、哲学、艺术流派的庞杂思潮，就文化哲学而言，新解释学、解构主义、西方马克思主义、女权主义、后殖民主义构成了后现代主义论争的文化景观。但是，这些流派的观点是互相掺杂甚至是互相对立的。如果说，解构主义、女权主义是广义的后现代思潮的积极推进力量的话，那么，西方马克思主义就是后现代中一股激进的批判力量。而且，对后现代主义的不同观点，构成思想家不同身份的认同：积极推进后现代主义的人，往往以做一个后现代哲人为荣，可以称之为后现代主义者，如德里达、利奥塔德、斯潘诺斯、伊哈布·哈桑等；严肃批判、抵制后现代主义的思想家，则以后现代批判者的身份出现在思想论坛，如哈贝马斯、杰姆逊、伊格尔顿等；以学者的身份对后现代主义进行客观研究，无意于做一个后现代主义者，对后现代主义保持清醒的认识的学者，如理查·罗蒂、佛克马、赛义德等。正是这种“推进”“批判”“研究”的合力，构成了起伏跌宕的后现代文化思潮。①

后现代主义张扬一种“文化批评”精神，力图打破传统形而上学的中心性、整体性观念，而倡导综合性、无主导性的文化哲学。后现代性的显著标志是：反乌托邦、反历史决定论、反体系性、反本质主义、反意义确定性，倡导多元主义、世俗化、历史偶然性、非体系性、语言游戏、意义不确定性。这是一种禀有“后工业社会哲学精神”的新哲学，或者如德里达所说：“是非哲学式地写哲学，从外边达到哲学。”

后现代文化不再追求永恒不变的终极真理，也不贬斥历史的、变化的、偶然的因素，不再把文化美学看作反映现实的镜子。相反，后现代重视解释学精神，通过对整体性的瓦解走向差异性。文化哲学家不再是那种声称能解决或解释文化领域何以并如何对实在具有一种特殊联系的形而上学者，而是一些能理解各种事物相关方式的专家。

后现代主义者表现出一种叛逆性和价值选择性。这种选择性指涉出

---

① 参阅拙著《后现代主义文化研究》，北京大学出版社 1992 年版。

一种存在状态的多元性和文化审美的宽泛性。因此，后现代主义超出了语言艺术的界限，并对各类艺术的界限和艺术与现实的界限加以超越。这样一来，高雅文化与通俗文化的界限模糊了，艺术与非艺术的对立、小说与非小说的对立、文学与哲学的对立、文学与其他艺术的对立统统消解了。后现代文化美学走向价值空场的“反文化”“反艺术”“反美学”倾向，使其自身抵达平面游戏的边缘。

后现代主义文化症候是在与现实主义、现代主义相比较的“差异性”中呈现出来的。就精神模式而言，现实主义注重理想模式（典型），现代主义注重深度模式（象征），而后现代主义则追求“平面模式”（空无）；就价值观而言，现实主义讲求代永恒价值立言的英雄主义，现代主义讲求代自己立言的反英雄（荒诞），而后现代主义则讲求代“本我”立言的非英雄（凡夫俗子）；就人与世界的关系而言，现实主义强调历史发展的必然性和人的社会性，现代主义强调世界的必然性与人的偶然性相遇中的个体存在状况，后现代主义则强调存在的偶然性（生命与艺术是偶然的）和生命的本然性；就艺术表现而言，现实主义以全人观物，叙事人无所不知，无所不晓，并具有一种求雅的审美趣味，现代主义以个人观物，具有一种雅俗相冲突的审美取向，而后现代主义则强调纯客观的以“物”观物，讲求无个性、无感情的“极端客观性”，并表征出一种直露坦白的求俗趣味；就艺术与社会关系而言，现实主义认为艺术是超功利的审美欣赏，具有一种提升读者的功能（教化大众），现代主义认为艺术是对社会异化压抑的一种反抗，艺术表现为反抗性反弹的痛苦与丑陋，而后现代主义则认为艺术是一种商品，是日常生活中解魅化、大众化的消费品。

事实上，从现实主义到现代主义再到后现代主义，精神模式、价值观念、人与世界的关系、艺术趣味、艺术与社会的关系等，都发生了一系列的精神降解，人们在面对这种世俗化、平面化的“后”新潮时感到肯定或否定都相当艰难。在我看来，这主要是由于在现代化的设计蓝图中，人类理性出现了危机，而后现代主义则以游戏的方式去解构危机中的理性，而最终出现了“危机共振”即社会、科学、哲学、美学、艺术、信仰的危机综合爆发症候。对此，我们得返身历史，去看看后现代反理性的肇因和问题。

二、反理性的后现代性价值取向

后现代性反对现代性的“理性”。然而这种反现代性“理性”又是不彻底的，一般而言，它反对的主要是人文理性和历史理性，却对工具理性颇有保留。

不妨说，二十世纪是现代化在全球迅猛发展的世纪。现代化的核心概念，依韦伯所说是“合法性”，依哈贝马斯所说是“理性化”，合法化包含了政治经济的内容，理性化则更易理解。当我们把目光投射到现代性话语系谱的“核心”——“理性”上时，就会发现“理性”并非单一的东西，而是多层面结构，至少可以分为三个层面：工具理性、历史理性和人文理性。

“工具理性”在二十世纪高奏凯歌，步步逼近，层层渗透。不可否认它带来了很多好的方面：科技发展、生产力进步，物质生活日益发达带来了前所未有的富庶与方便。然而工具理性所带来的灾难也骇人听闻，二十世纪短短的一百年间的灾难超过了人类上下五千年。以原子弹为例，它是人类最具“理性”的产物，同时也达到了理性的边缘，原子弹这种最大理性与最大非理性的集合体，充分体现了福柯对“知识与权力”复杂网络的揭示。当知识被权力扼制时，当知识被运用于非人性的目的时，人类无法想象将会产生什么后果。如今，全球原子弹的威力已不知能将人类毁灭多少次，那么人类是否会听任工具理性去安排自身的命运？是否就此将人类未来的发展、远景和蓝图交给可怕的冰冷的工具理性呢？

工具理性的一个维度已使人类肉体和心灵受到极大震撼，但是，工具理性还有另外一种品性，那就是为战争服务。一旦战争这个恶魔诱骗了科技与它联姻，会使人类栖身的家园变得多么荒芜、多么萧条、多么死寂。

工具理性拥有愈来愈先进的高科技，却忽略了“高情感”。人变成异化的非人，变成偌大机器上一个小小的零件。如果说“奥姆真理教”因工具理性造成的心灵变态，使邪教与现代科技结合起来，毁灭人类，那么工具理性的合理性就相当值得怀疑。我要说的是，二十世纪不到一百年的时间就经历了两次世界大战，导致人类由理性走向前所未有的非理性。人类应该真切地思考这个自身存在的问题了。工具理性泛滥的症状（如克隆）和恶果，自然科学知识分子在成为“世纪英雄”的同时理应深思并反省，因为造福人类的承诺已然蒙上了毁灭人类的阴影。

“历史理性”作为二十世纪“理性”的另一个维度，同样不能逃避反省，因为它造成的巨大灾难绝不亚于工具理性。

如果说二十世纪工具理性出了问题，历史理性也造成灾难，那么对工具理性，科技工作者难辞其咎，对历史理性，社会工作者同样不能逃避责任。苦难的世界需要一个更重要的维度，那就是具有“历史记忆”和“价值重建”功能的“人文理性”——即对苦难的反思和对人的价值关怀。

“人文理性”对人文科学提出了更高的要求，不仅是人文精神和价值，也不仅是人文关怀，更是一种理性的思索与反省。在现代化进程中，文化和价值问题逐渐游离于人们关注的视野之外，并无可挽回地走向边缘，这使得人文精神日益淡化。人的精神生活显现出贫乏性，理想坍落，人们丧失心性、真诚、信念、理想、正义，导致了社会文化结构的深层危机。现代化过程的前提、灾难、前景、困惑与问题都需要人文理性去反省，同时还要反省后现代社会如何向人性复归以及后现代进程出现的一系列繁复庞杂的问题。因此在面临现代与后现代重重困境之时，人文理性将在新的社会、新的世纪、新的历史节点上对历史和现实做出真实的回答。

后现代主义对历史理性做出了反省，但同时又消解了人文理性。我不无担忧地认为，后现代主义对人文理性、历史理性的反动，而对工具理性的情有独钟，是否会重复或加重“现代性”理性的危机呢？对此，我们决不可丧失批判的意识。

总体上说，后现代主义作为一种当代世界性的文化思潮，已经越来越引起东西方各国学者们的注目。因此，有必要对后现代主义文化逻辑及其价值论争加以总体把握，并通过后现代哲人之间的尖锐论战透视其深层文化本质：文化哲学精神和哲学美学价值取向。

只有这样，我们才能真正面对而非背对后现代问题本身。

第二节　重振现代性与谬误推理

在后现代性论争中，哈贝马斯与利奥塔德的德法之争是颇为引人注目的。

一、以现代性对抗后现代性

哈贝马斯（J. Habermas）从批判哲学的角度出发，考察为什么人们急于通过“现代”这一历史处境走向“后现代”。也就是说，哈贝马斯力图弄清楚，现代性为何成了问题？遭遇到何种危机？现代性是否已经终结？哈贝马斯坚持，现代性是一项宏伟的工程，尚未完成，它具有开放性，远未终结。因此，后现代性是不可能的。

哈贝马斯认为，不能走向丹尼尔·贝尔所谓的“新宗教”，而只能走向重建“新理性”，在知识的可靠性和意识形态批判上（合法性问题）建立交往行为理论，从而重振现代性。哈贝马斯后期集中力量讨论后现代问题。

哈贝马斯继承法兰克福学派的批判理性精神，考察工具理性膨胀后的启蒙意识形态的强硬推进造成的社会制度的颓变。他认为，历史哲学所持存的历史发展必然产生进步的乐观主义观点是“不足取的”,[①] 而马尔库塞关于科技发展而人性沦落的技术悲观主义的观点同样是片面的。在哈贝马斯看来，问题的症结并不在于科技，而在于日益官僚化的行政机构。哈贝马斯看到了西方现代文化所面临的危机，但他不同意到近代文化母体中去寻找原因，而将标志西方近代文明的“启蒙”“理性”当作祸源的做法。他并不认为近二百年来带领整个西方文明进入现代文明高峰的“现代性”大潮——启蒙、理性、正义、主体性、人本学就此会突然枯竭。他要考察现代性危机，同时也要彰明向“现代性”进攻的进程。哈贝马斯不认为“后现代性”的提出就意味着“现代性”的终结。他认为，必须首先弄清楚向现代性进攻的历史发展脉络，才能更深一层地去审视“现代性”的命运。

现代性从启蒙运动诞生以后就不断遭到进攻，黑格尔是使“现代性”产生动摇的关键人物。而到了近代，这种进攻在黑格尔后学、尼采，以及尼采后学那里愈演愈烈。哈贝马斯通过谱系学分析，指出二十世纪“后尼采主义”从两个方向进一步发展了后现代性：一是法国哲学家巴塔伊（G. Bataille）、德勒兹等人的“新尼采主义”；二是德里达、福柯等人的“解构主义”。哈贝马斯对黑格尔、尼采、解构主义这一条现代性进攻的历史加以清晰地勾勒，指出这是就主体性、总体性、同一性、本源性、语言深层结构所进行的全面颠覆，而代之以非中心、非主体、非整体、非本质、非本源，最终导致“哲学的终结”（the end of philosophy）。[②]

在对向“现代性”进攻的历程研究之后，哈贝马斯指出，“后现代

① J. Habermas, *Theorie und Praxis*, Frankfurt, 1971. S. 336-337.

② J. Habermas, *The Philosophical Discourse of Modernity*, Cambridge, 1985, Chap. 3.

性”是不可能的，因为，主体性在现代尚未充分发展，它仍在“权力”概念中闪现出“生命”的底色。启蒙以来的理性也未完全消解，它仍与“话语”粘连。而且，“现代性”是一项尚未完成的计划①，它是向未来敞开的，它的启蒙理想尚未实现，它的使命尚未完成，它的生命远未终结。加上“后”这个词缀去超越“现代性”，就目前来说，尚为时过早，一切研究都应沿着“现代性”的道路前行。

成为“现代性”法庭上的辩护人，以捍卫其合法性，并以此来抵抗以贝尔、利奥塔德为代表的“新保守主义”，是哈贝马斯的文化策略。对哈贝马斯而言，后现代主义就是明目张胆地反现代主义传统——是中产阶级品味庸俗者的大逆流。后现代主义以反现代主义形式和价值为其特征，背叛并遗弃了大量保存于传统文化中的希望、价值和真理。社会的巨变使得植根于前技术社会的道德伦理、审美意识、语言逻辑、价值特性纷纷归于无效，失去其合法性根基和同社会对立的异己与超越能力。

他承认，传统意义上的理性已显出诸多弊病而遭致毁弃，但同时指出彻底否定理性又不可能。现代化如韦伯所说的“理性化”的蓝图是一项未完成的工程，从启蒙时代开始设计定向，但在具体实践中一再出现偏差而走入歧途。问题的实质在于，未能按照科学、道德、艺术各自不同的范式去发展合理的理性化制度。哈贝马斯的选择是：不放弃启蒙理想，而是反过来纠正原设计的错误和实践的偏差，调整和完成理性的重建修复，建立新理性图式——交往理性。

“交往理论”注重“话语”（discourse）的文化分析。哈贝马斯注意到在晚期资本主义社会中，国家干预主义倾向不断加剧，经济制度和行政制度发布的命令已侵入了交往者赖以生存的“生活世界”（Lebenswelt），因而造成了一些矛盾和冲突。虽然这些矛盾不再呈现出阶级冲突的形式，但是它限制、控制了人的交往，因而造成主体之间的相互

---

① J. Habermas, “Modernity Versus Postmodernity”, in *New German Critique*, No. 22.

"不理解"。这时，主体之间本来进行的"对话"变成了"争辩"：交往的双方"各自为自己的主张或行为进行辩解，因而随意对待作为行为基础的规范。这时，规范似乎成了辩解的需要"①。这样的交往行为当然是不合理的，它是一种"被歪曲的交往行为"。社会的弊端、矛盾、冲突均由此产生。因此，哈贝马斯要求交往的合理化，即要求交往不受国家、经济制度和行政制度的干预，使交往者生活在一个美好的、没有任何强制的生活世界中。在这种合法性要求下，哈马斯认为，必须把阻塞"言路"的"后工业文化逻辑链条"打断，使人们关闭的心灵敞开，通过语言使人们从"争辩"转化为"对话"。

可以说，在晚期资本主义社会的危机中，通过对话、交往获得共识的价值观，通过理解达到合理的意见一致的真理，通过社会阶层的成员之间相互理解、和平相处而达到社会和谐的目标，这就是哈贝马斯近二十年来精心构架的"新理性"图景，其乌托邦色彩十分明显。哈贝马斯对"后现代性"的对抗，引起了法国哲学家利奥塔德的激烈批驳，这一方面可以看出法国式的"解中心主体"（decentered subject）和德国式"整体性"（totality）的哲学向度的对立，另一方面也可窥见其禀性差异和精神上的历史宿怨。

二、后现代知识状况与出路

当哈贝马斯以一种"新理性"眼光在文化领域逡巡，并依据"整体性"原则构筑起"交往理论"，以期打通人与人、人与社会的隔膜而达到交流的认同和普遍共识时，法国后现代哲学家利奥塔德（J. F. Lyotard，1924—1998）以独特的"解中心"视界，将后现代是否可能的问题转化为后现代时期知识状态的研究。他在对后现代知识状况的叙事危机的考察中，一方面批判了哈贝马斯的整体观、交往理论和共识真

① J. Habermas, *Zur Rekonstruktion des Historischen Materialismus*, Frankfurt, Suhrkamp, 1982, S. 170.

理观，另一方面展示了一个后现代学者独特的时代敏锐感受力和消解同一性、对整体性开战的决心。

作为一个思想家，利奥塔德在二十世纪七十年代就敏锐地把握到“后现代主义”问题。但他与哈贝马斯的观点正好相反，认为应重新检验“合法性”问题，揭露哈贝马斯所张扬的“交往理论”和“普遍共识”下面掩盖的回归统一、重树霸主地位的实质。沿着这条路走下去，必然使利奥塔德在众多的研究方向中确立唯一的方向：对后现代知识状态的考察，看看这牵涉到社会、人、知识分子、未来世界、科技、进步、幸福的“知识”在进入后现代时期时，究竟出现了什么病态症候？究竟发生了什么危机？而对应的策略是什么？这些就是他《后现代状况：知识报告》（1979）这一富于挑战性的著作的主要内容。

知识的地位发生了变化，这一转变，在时间上可以说从二十世纪五十年代末期即已形成，在性质上，则主要表现为以下几个方面。

首先，科学知识是一种“话语”。现代最先进的“科技”无一不与“语言”相关，如语音学、传播学和控制论、电脑语言、信息传播、数据储存及流通、电传学、电脑终端机等，已经改变了传统知识两大功能即知识研究功能和知识传递功能。任何无法变成数字信码而加以传递的知识都将被淘汰。这样，不易精密化、电脑化的人文科学似乎前途未卜。

其次，随着电脑霸权的形成，一种特殊的逻辑应运而生。知识者过去由心灵和智慧的训练获知的方法已然式微，现今的知识者以一种彻底“外在化”符号化的方式，淡漠道德灵魂之维的修养而奉行商品世界那冷冰冰的操作伦理。后现代知识不再以知识本身为最高目的。知识失去了“传统的价值”而成为商品化的重要领域。

再次，科学如今与社会进步的距离加大了，前沿科研领域（诸如量子论等）呈现出规律反常，验证证伪，前后矛盾，中心消散等大量非稳定随意状态。因此，科学一变积累模式和稳定形态，为求新而求新，生产未知成为当代科技的第一需要和首要目的。

利奥塔德对合法性问题进行了广泛的研究，进而认为，传统的合法化因时过境迁而失效，只有通过“解”合法化（delegitimation），走向后现代的话语游戏的合法化。换言之，那种以单一的标准去裁定所有差异也统一所有话语的“元叙事”（Metanarrative）已被瓦解，自由解放和追求本真的“两大合法性神话”、或两套“堂皇叙事”已经消逝。如此一来，科学真理只不过是多种话语中的一种“话语”而已，与人文科学“话语”一样不再是“绝对真理”。因此，把当代科学重新加以合法化，意味着应该尊重各种话语的差异，依照不同的游戏订出不同的规则。各种话语游戏之间是平等的，无高低之分，也不可互相侵吞。

启蒙运动促使科学求真与自由解放齐头并进，造成两套堂皇的合法化叙事。一是以法国革命为代表的关于自由解放的“堂皇叙事”（grand narrative），富于激进的政治性，其特点是注重人文独立解放的思考模式；二是以德国黑格尔传统为代表的关于思辨真理的“堂皇叙事”，注重同一性、整体性价值的思维模式。这两种“神话”（myths）观念以冲突对立的交互出现的状态，为制度化的科学研究辩护。这种“解放的英雄”（hero of liberty）和“知识的英雄”（hero of knowledge）以一些堂而皇之的叙事，如精神辩证法、意义的阐释、理性主体的解放、财富的创造，为追求真理和追求正义作了承诺，并导致了科学的迅猛发展和主体性极端膨胀，出现了始料未及的后果：科学在追求真理的要求中，一方面逐步解拆牛顿式宇宙论殿堂，同时，使科学更进一步地占领了人文科学的地盘，并宣告作为同源叙事的人文最高范式和整体叙事的失效。

随着后现代的来临，在知识领域里正悄悄地进行着一场哥白尼式的革命。（1）研究的范式发生了逆转：由外在呼唤人生解放、理想、正义等堂皇话语转入人的意识拓进、语言游戏和结构分析，由追求传统同一性辩证法转到现代否定辩证法；（2）学者的使命变了：不再具有

“元话语”，转向日趋精细剔解与局部论证；由知识的启蒙变为知识专家控制信息；（3）教育的本质变了：学生不再是关切社会解放的“自由精英分子”（liberalelite），而是在终端机前面获取新型知识的聆听者；教师也不再是传统的传道授业解惑的精神导师，其地位将被电脑信息库所取代，出现在学生面前的不再是教师，而是终端机；学校中心场所不再是教室、图书馆，相反，数据库成了明日的百科全书，其所存的信息超过了任何听者的容量和接受力。数据库成为后现代人的本性。[①] 提出上述观点以后，利奥塔德对哈贝马斯的合法性和共识理论进行清算，认为人类话语交往的目的，并不在于追求共识，而在于追求谬误推理。究极而言，后现代的特色不是求同（所以不需要什么共识），而是求异。后现代达成正确思想的实现靠的不是同一性的中心维系作用，而是靠语言游戏的异质多重本质。一切都是可能的，怎么都行，只要语境变了，结构变了，关系就变了。在游戏规则上则打破中心论和专家式的一致性，以更深广的气度去宽容不一致的标准，以一种多元式的有限元话语，创立后现代知识法则：追求创造者的谬误推理或矛盾论，倡导一种异质标准（incommensurabilité）。这就是利奥塔德在承认知识的非合法状态后重新确立的后现代合法方式。

后现代境况的不同往昔，使后现代文艺美学发生了变化。那么，后现代是什么呢？后现代主义美学的特性是什么呢？利奥塔德认为，“后现代属于现代的一个组成部分”，“如想成为现代作品，必须先是后现代的才行。因此，后现代主义并不是现代主义的末期，而是现代主义的初期。而且，这一状况是不断地持续下去的。”利奥塔德这一论点，表面上似乎矛盾，其实包含了一个非常深刻的思想，是其后现代精神的集中体现。

利奥塔德认为存在两个划分后现代的标准：（1）历时态标准：后

---

① J. F. Lyotard, *The Postmodern Condition: A Report On Knowledge*, tran. Geoff Bennington and Brian Massumi, Manchester University Press, 1984, Chap. 11-12.

现代主义是不同于现实主义、现代主义的一个历史时期，它由二十世纪六十年代发生发展，将随历史而不断地向后延展。（2）共时态标准：后现代是一种精神，一套价值模式。它表征为：消解、解中心、非同一性、多元论、解“元话语”、解“元叙事”；不满现状，不屈服于权威和专制，不对既定制度发出赞叹，不对已有成规加以沿袭，不事逢迎，专事反叛；睥睨一切，蔑视限制；冲破旧范式，不断地创新。

后现代文化精神是利奥塔德衡量任何文化现象是否具有后现代性的圭臬。后现代主义是现代主义的初期状况。这就是说，现代主义创生初期，以独标新说、反叛权威陈说从事消解和否定，不断为自己的新生扫平地基。这时，现代主义理论和艺术朝气勃勃，充满活力，充满破坏和创新精神，以走向新世纪的崇高和豪迈，宣告旧世界和旧规范藩篱的彻底瓦解。因此，它具有典型的“后现代”精神。然而，当现代主义一经全面占领了文化和思想阵地，它就不再声言反叛和否定，它此时讲求新范式、新权威，讲究肯定、秩序、等级、和谐，而成为现存制度辩护人的保守的现代主义，最终彻底丧失“后现代”精神。于是又有更新的“现代主义”以“后现代精神”为武器去反抗它，然后再放弃“后现代精神”而成为秩序和等级的拥护者如此不断，以致无穷。

以这一后现代美学标准看，现代美学与后现代美学的区别在于：现代美学注重表现人对再现能力的无力感，以及伴此而生的以人性自由解放为主题去感受生命存在状况而引发的怀旧情绪。现代美学属于崇高的美学，它将那不可表现之物以无内容的形式表现出来。而后现代是在现代中，以表现自身的形式使不可表现之物表现出来。后现代不再追求形式的优美愉悦，不再凭借趣味上的共识去达成对永难企及之物的缅怀。

利奥塔德虽然在拉康、德里达、福柯的影响下，反对主体性，转而质疑现代知识的充分条件，但他坚持怀疑否定精神，以独特的学术视界，代表着西方人文科学自语言学转向以来的新趋势。

第三节　后现代文化美学逻辑

当哈贝马斯与利奥塔德的后现代论争达到白热化程度时，美国当代著名马克思主义美学家杰姆逊从左派激进立场出发加入了这场讨论。

杰姆逊认为后现代主义文化逻辑具有三个主要特征：

首先，表现为空前的文化扩张。文化已经完全大众化，高雅文化和通俗文化、纯文学与俗文学的界限基本消失。商品化的进入文化意味着艺术作品正成为商品，甚至艺术美学理论和文化理论本身也成为了商品，商品化的逻辑浸渍到人们的思维，也弥散到文化的逻辑中去了。至此，后现代文化宣布自己从过去那种特定的“文化圈层”中扩展出来，打破了艺术与生活的界限，文化彻底置入人们的日常生活，并成为众多消费品中的一类。

其次，表现为语言和表达的扭曲。后现代人已不同于现代人，其原因是，他赖以立身于世的语言已发生了重大变化。后现代语言已经完全不同于现代主义语言。在后现代语言观看来，存在主义式的人说语言、语言是人存在的家、人是语言的中心的看法业已失效。在后现代，并非我们控制语言或我们说语言，相反，我们被语言所控制，不是“我在说话”，而是“话在说我”，说话的主体是“他者”，而不是我。换言之，说话的主体并非把握着语言，语言是一个独立的体系，“我只是语言体系的一部分，是语言说我，而非我说语言”。人从万物的中心终于退到连语言也把握不了而要被语言所把握的地步，其结构表现在艺术家那里，则是昔日那种写出“真理”“终极意义”的冲动，退化为今日的“无言”。

再次，表现为其理论作为一种“后哲学”，不再宣布发现真理是自己的天职和使命。后现代社会是一个“他人引导”的社会，理论不再提供权威和标准，而是以一种怀疑的态度进行不断的否定；不再讨论什么真理、价值之类的话题，而是在一种“语境”中谈论语言效果，是一种关于语言的游戏、关于语言的表述和关于文本的论争。

将后现代主义置于历史和社会基础上加以考察之后，杰姆逊得出结论：后现代主义是当代多国化的资本主义的逻辑和活力偏离中心在文化上的一个投影。这决定了后现代主义同现代主义相区别。杰姆逊提出，后现代主义的表征为深度模式削平、历史意识消失、主体性丧失、距离感消失等几个方面：

深度模式削平而产生平面感。后现代理论与后现代艺术逻辑一致，它已削平深度而回到一个浅表层上，获得一种无深度感；它只在浅表层玩弄能指、对立、文本等概念；它不再相信什么是真理，只是不断地进行抨击批评，但抨击的对象已不再是思想，而是表述。在思想匮乏的时代，理论已不再批评思想的有无对错，而只批判文字和表达的错误，并立即用自己的文本取代别人的文本，这使得新理论不断翻新，层出不穷。这实际上是从真理走向文本，从为什么写走向只是不断地写，从思想走向表述，从意义的追寻走向文本的不断代替翻新。

历史意识消失产生断裂感。这使后现代告别了诸如传统、历史、连续性，而浮上表层，在非历史的当下时间体验中去感受断裂感。对历史的态度实质上是一种对时间的哲学观。历史感的消退意味着后现代主义拥有了一种“非连续性”的时间观。

主体性的消失意味着“零散化”。在后现代式的“耗尽”里，人体验的不是完整的世界和自我，相反，体验的是一个变了形的外部世界。人是一个已经非中心化了的主体，无法感知自己与现实的切实联系，无法将此刻和历史乃至未来相依存，无法使自己统一起来。这是一个没有中心的自我，一个没有任何身份的自我。主体零散成碎片之后，以人为中心的视点打破，主观感性消弭，主体意向性自身被悬搁，世界已不是人与物的世界，而是物与物的世界，人的能动性和创造性消失了，剩下的只是纯客观的表现物。

距离感消失皆肇因于“复制”。复制宣告所谓的“原作”已不复存在。原作消失了，独一无二性消失了，艺术成为“类象”（simulacrum），即没有原本的东西的摹本。“类象”成为后现代文化的徽章。形象、照片、摄影、电视、电影，以及商品的复制和大规模的生产，形成事物的非真实化：艺术作品的非真实化，以及可复制的形象对社会和世界的非真实化。

从文化哲学层次上看，“复制”的核心在于“本源”的丧失，也就是没有一个导源出若干他物的本源，这就从根本上消除了唯一性、独一无二性和终极价值的可能性。一切都在一个平面上，没有深度，没有历史，没有主体，没有真理，甚至没有本源。所谓同一性、整体性、中心性纷纷失效。人终于被各种人造的类象包围起来，人创造了文化，而文化的扩张使现实退隐，使主体丧失，世界成为了物的世界。

在杰姆逊看来，后现代文化氛围下的文艺与美学，无一不打上后现代的时代烙印。而后现代的艺术轨迹似乎并未给人以希望，相反，艺术感知模式的支离破碎、艺术感性魅力（或本雅明的“气息”）的丧失，先锋的革命性和艺术家的风格性的消逝，使艺术一步步成为非艺术和反艺术，审美成为“审丑”。艺术不再具有“超越性”，艺术成为适应性和沉沦性的代名词。艺术等同于生活，生活成为了后现代人无底的艺术棋盘。

从后现代主义文艺观出发，杰姆逊还倡导一种“辩证的批评”理论。这种“辩证的批评”首先提出了一种新的解释理论。他认为，对文艺作品的解释构成了批评的一个最重要的内容。而解释可以被当作一种基本的寓意行为，它是由根据一种特殊的解释性的主导符码对于一个特定文本的重写所构成的。[①] 杰姆逊的“辩证的批评”还十分注重“整体性”或“总体性”概念，他要求从艺术作品的整体中、从艺术作品与社会的政治、经济、文化等方面的总体联系中展开批评。

在近年出版的《时间的种子》[②] 一书中，杰姆逊对后现代语境中的乌托邦问题、文化断裂问题和后现代主义的局限问题提出了新的看法。他认为，在后现代表征危机中，乌托邦问题既无法回避，又无法重设，只能在现实时空中加以厘定，并构筑在未来的“后现代之后”的社会图景中。同时，后现代反文化、反美学的策略，使其失去了有效的建构性，而一味的否定已然在思维层、美学层、意识形态层面上遭遇到诸多限制，因而必须在文化断裂中重新清醒地判断当代文化境况，找到关键性的交汇点，建立新的交流地基。在这部书中，杰姆逊还论及文化民族主义与理想主义、全球化与本土化问题，使论域超出后现代问题，而进入后殖民主义问题之中。

---

① Fredric Jameson, *The Political Unconscious*: *Narrative as a Socially Symbolic Act*, Ithaca: Cornell University Press, 1981, p. 10.

② Fredric Jameson, *The Seeds of Time*, Columbia University Press, 1994.

第十章　后现代审美与诗学特征

在艺术和诗学领域，后现代主义的研究日益深入。其中，美国学者伊哈布·哈桑和斯潘诺斯的后现代诗学观颇有代表性。

第一节　后现代主义审美特征透视

1987 年，哈桑（Ihab Hassan，1925—2015）出版《后现代转折》一书，这一专著对文学领域的后现代主义特征的解剖和透视，以其精辟和独到而赢得学界的首肯。哈桑提出，现代社会到了二十世纪六十年代出现了一种全面的、根本的转折。然而这种转折并不意味着传统的中断，相反，这种转折是带动传统和定型的事物一起进入新的包容和流动状态。在这个意义上说，“后现代主义虽然算不上二十世纪西方社会中的一种原创型知识，但对当代世界具有重大的修订意义”[①]。

在哈桑看来，后现代主义与现代主义相区别，后现代主义的所有特征都是从相反方向对抗现代主义的特征的：达达主义、反形式（分裂的、开放的）、游戏、偶然、无序、无言、即兴表演、参与、反创造、解结构、对立、缺席、分散、文本间性（互文性）、修辞学、句法、平行关系、转喻、混合、表层、反阐释、误解、能指、反叙事、稗史、踪迹、反讽、不确定性、内在性。后现代主义的两个核心构成原则，即“不确定性”和“内在性”。这两个倾向不是辩证的，不完全对立，亦未引向整合，它们既相互矛盾又相互作用，表明盛行于后现代主义中的一种“多元对话”活动。

“不确定性”主要代表中心消失和本体论消失之结果。在缺少本质和本体论中心的情况下，人类可以通过一种语言来创造自己及世界。不确定性是后现代根本特征之一，这一范畴具有多重衍生性含义，诸如：模糊性、间断性、异端、多元论、散漫性、解合法化、反讽、断裂、无声等等。哈桑指出，正是不确定性揭示出后现代主义的精神品格。这是一种对一切秩序和构成的消解，它永远处在一种动荡的否定和怀疑之中。这种强大的自毁欲影响着政治实体、认识实体以及个体精神——西

---

① Ihab Hassan, *The Postmodern Turn: Essays in Postmoden Theory and Culture*, Ohio State University Press. 1987, p. 84.

方整个权力话语。仅在文学中，我们所有一切关于作者、读者、阅读、写作、文本、流派、批评理论以及文学自身的思想突然间遭到质疑，而在文艺批评方面，罗兰·巴特认为文学是“失落”“倒错”“消解”；伊瑟尔以文本的“空白”为基础创造了一种阅读理论；德·曼认为修辞学（亦即文学）是一种力，它“根本抛弃逻辑而展现出令人眼花缭乱的关联偏差的可能性”；而杰弗里·哈特曼则断言：“当代批评的宗旨是不确定性的阐释学。”哈桑指出，与不确定性相联系的第二个特征是“内在性”。内在性则代表使人类心灵适应所有现实本身的倾向（这当然也由于中心的消失而成为可能）。这意味着后现代主义不再具有超越性（transcendence）。这不再对精神、价值、终极关怀、真理、美善之类超越价值感兴趣，相反，它是对主体的内缩，是对环境、对现实、对创造的内在适应。后现代在琐屑的环境中沉醉于形而下的卑微愉悦之中。

作为一种普遍的艺术和文化哲学现象，后现代主义调转了方向，它趋向多元开放的、玩世不恭的、暂定的、离散的、不确定性的形式，一种反讽和断片的话语，一个匮乏和破碎的“苍白意识形态”（white ideology），一种分解的渴求和对复杂的、无声胜有声的创新。哈桑是带着一种充满疑惑的价值观在进行现代主义与后现代主义的比较，而比较的结论又使他在多元开放的喜悦中隐隐感到精神超越性丧失的沮丧。

哈桑对后现代文化要求特征的第一个概括是“解构性”，这是一种否定、颠覆既定模式或秩序的特征。在这方面后现代主义表征为：不确定性、零散性、非原则性、无我性、无深度性、卑琐性、不可表现性。其中除上面谈到的“不确定性”外，“零散性”“无我性”“无深度性”是从杰姆逊那里借鉴来的，剩下的“非原则性”“卑琐性”还需略加论列。

所谓“非原则性”是对一切准则和权威的“合法性”加以消解。其实在这一问题上，哈贝马斯与利奥塔德等已经进行了旷日持久的争论。利奥塔德的意见是既定的社会规范和意识形态出现了“合法性危机”，应消解元叙事和堂皇叙事，而保留语言游戏异质性的“小型叙事”。这样一来，从“上帝之死”（尼采）到“作者之死”（巴特）到“人之死”（福柯），从对权威的嘲弄到学校课程更换，“我们取消了文化，消解了知识的精神性，消解了权力语言、欲望语言和欺诈语言的结构。”① 非原则化导致了价值倒置，规范瓦解，视点位移。这种变化在艺术上显示为表现“卑琐”。后现代在消逝神性以后的大地上将人自身那见不得人的卑微展示出来。它反现实、反偶像崇拜，它拒斥模仿，力图寻找边缘（即总是寻找非中心的、非典型性），接受“衰竭”，以有声的“沉默”瓦解自己。它变得有限了，因为它同自己的表现模式以及同一切崇高的东西相较量。后现代不再狂躁，它在冷漠的视界中，展示了后现代艺术家眼中那恐怖和卑琐的世界。哈桑还揭示了后现代文化艺术的第二个特征，即“重构”趋势。具体表现为以下几个特征：反讽，种类混杂或大杂烩，狂欢，行动、参与，构成主义，内在性。

种种迹象表明，哈桑所谓的“反讽”已不再是传统美学意义上的反讽，内容已被置换，仅剩下一个名目的空壳罢了。哈桑认为反讽亦可称为“透视”，这是一种泯灭了基本原则和范式后的无方向，一种离开了制约的彻底的“自由”，一种没有重量的、不可承受的轻飘。在这种失重状态中，人无目的地不断地游戏或对话。他把“反讽”分为三种模式：中介反讽（前现代）、转折反讽（现代）和中断反讽（后现代）。“中断反讽”系指这样一种境况：多重性、散漫性、或然性、荒诞性。反讽或透视表明了真理终于断然躲避心灵，只给心灵留下一种富于讽刺意味的自我意识增殖或过剩。

而所谓的“种类混杂”，说得明白些就是“四不像”或“大杂烩”。这是一种专事拼凑、仿作的“副文学”（Paraliterature）。“题材的陈腐与剽窃，拙劣的模仿与东拼西凑，通俗与低级下流使艺术表现的边界成

① Ihab Hassan, *The Postmodern Turn: Essays in Postmodern Theory and Culture*, 1987, p. 170.

为无边的边界。高级文化与低级文化混为一缸，在这多元的现时，所有文体辩证地出现在一种现在与非现在、同一与差异的交织中。”① 哈桑借用巴赫金创造的“狂欢”一词来表现后现代的反系统的、颠覆的、包孕着苏生的要素。以“狂欢”一词指涉后现代性，其旨不在于非理性的狂热，因为那是现代主义的品格。狂欢在这里指涉的似乎是一种“一符多音”的荒诞气质，一种语言的离心力所游离出来的支离破碎感，一种拉康意义上的精神分裂症。

后现代艺术是一种行动和参与的艺术。后现代文本不论是语言性文本或是非语言性文本都要求参与行动。艺术不再是静观的对象，而是一种行动的过程。这要求被书写、修正、回答、演出。后现代艺术以参与和行动为旗帜，它在僭越自己的种属和突破藩篱的同时，宣布了其面对时间、死亡、观众和其他因素时的多变的质素。没有一成不变的文本，文本即行动。艺术文本存在于每次不可重复的参与之中，存在于每次“行动”所产生的新意义中。在构成主义作为后现代主义的特征这一问题上，哈桑语焉不详。揣其意似乎是说后现代主义文艺表现出对科学技术的崇拜。将科技作为创作灵感的激发物，这种“新灵知主义”在当代艺术中相当普遍。哈桑指出，就积极意义上讲，“后现代主义的学说锤炼了我们的感性，使之善于感受事物的差别，使我们更能包括诸多无常规、无标准的宇宙事物。”② 然而，从另一个角度上看，人们无处不遭遇到影响后现代话语的缝合或分裂的科技暴政，遭遇到日常话语、政治话语的暴政。置身于语言暴政、文化沙漠之中，犹如步履蹒跚、彷徨在精神的不毛之地。何时才能从历经磨难的沙漠到绿洲？哈桑的回答是首鼠两端式的：“我没有先见之明，有的只是些许预感，在此表达出来为提醒自己。交感信仰的匮乏，不但丰富了我们知识与行为的全部遁辞，也加强了我们的性情和意志，这就是我们的后现代境遇。我不知如

① Ihab Hassan, *The Postmodern Turn: Essays in Postmodern Theory and Culture*, 1987, p. 171.

② Ihab Hassan and Sally Hassan ed. *Innovation Reovation: New Perspectives on the Humanities*, Madison: University of Wisconsin Press, 1983 , p. 27.

何让我们的精神沙漠多增添一点生命的绿意。”①

第二节 后现代主义诗学理论

如果说伊哈布·哈桑通过现代主义与后现代主义的比较，寻绎出后现代的“不确定性”和“内在性”这两个重要特性，并在对后现代主义的价值判断上出现矛盾的话，那么，美国后现代美学家威廉·斯潘诺斯（W. V. Spanos，1925— ）则在哈桑所扩展的后现代主义范围中，进一步将后现代主义范围国际化，从而提出一种与其他后现代主义完全不同的后现代世界观、宇宙观，并以存在主义和后现代主义思想家的身份为后现代主义张本。

斯潘诺斯前期的主要思路是，从时间、空间上拓展后现代主义的疆界，形成一个不同于原来仅限于美国和文学领域（边界1）的更廓大的领域（边界2）。他否定后现代主义仅限于美英两国的说法，认为从空间上看，后现代主义遍及全球，是一场真正的国际性运动。后现代主义的源起是海德格尔和萨特的存在主义。正是基于这种独特的后现代视野，斯潘诺斯获得了一种新的世界观，一种在后现代哲学诗学语境中透视后现代文化精神的阿基米德支点。

后现代主义有着强烈的本体论怀疑特征。这种怀疑标定了那种现代主义式的“超越”成了问题；同时，这种本体论意义上的怀疑又同现代主义对自我和对历史意义的怀疑有着某种程度的承续性。怀疑导致“解构意识”，斯潘诺斯正是在这一点上，超越了一般诗学、美学理论而获得一种后现代世界观。“解构意识意味着存在——包括文学话语的存在组成了一种不可分解的横向的连续性。这种连续性从本体论开始，

① Ihab Hassam, *The Postmodern Turn*, pp. 181-182.

尔后通过语言和文化而止于政治。在这里，无论不同的横向域是如何不平衡发展，无论在何种特定历史时期，它们都是平等的。”① 也就是在这个意义上，斯氏认为，不可能单独在文学领域革命，只有哲学话语、文学话语、社会学话语、政治话语这一横向域都获得一种解构意识，解构方才有效。因此，后现代精神是一种泛文化精神，其领域遍及人类生活的各个方面和各个层次。

历史意识是后现代争论中的难点所在。斯潘诺斯与其他以反历史意识为己任的后现代主义者不同，他总是在存在主义的“历史性”与反文化的一切转为“空间”之时，坚定地站在前者立场上。斯潘诺斯所理解的“历史”并非是传统的同义语，而是一个领域，一个“机遇”。历史不仅是一个创新的领域，而且也是一个革新的契机。历史不同于矢量的时间，历史是一个过程，在这一过程中，不可逆转性却一再重复出现，过去与未来会在当下处境中接通。历史是一种既连续又断裂的认识和反思，是行动和反行动的亲合体，是传统积淀的变体，而不是现代主义者凭借一种虚设的已丧失根基的同一性去反抗假设的传统。

一言以蔽之，历史是一个不断解释又被解释的螺旋体，只有具有当代的视点，才能对历史意义做出重新解释。在这个意义上，一切历史都是当代史，而解释的创新成为历史的灵魂。历史充满机遇，充满新的可能性。

斯潘诺斯认为，海德格尔的“生存—理解—语言”结构是后现代的蓝图，具有真正的后现代主义精神。只有通过理解和解释，生存的意义才是敞开的。只有通过语言的把握，才能看到人与世界的本体结构。而且，海德格尔已经先人一步地看到，解释的危机在于解释者总是面对不可解释之物，这一令人困惑的境况正是后现代人的根本处境，同时也是解释的自我消解结构的原初状态。

---

① William V. Spanos, Repetitions: *The Postmodern Occasion in Literature and Culture.* Louisiana State University Press, 1987, p. 247.

在斯潘诺斯眼中，后现代文学具有很高的审美价值。然而，他这个结论却是对现代主义作品加以削平和简化而得到的。首先，他将现代主义还原到仅有几位作家的作品，并进一步削平和简化为几个特点，诸如附庸风雅、严肃庄重、精英意识，最后将这些特点作为反动的东西而排除掉。而他又将乔伊斯、艾略特作为后现代文学的源头。他认为“真正的后现代主义作家”包括萨特、伊丽斯·默多克、巴思、巴塞尔姆、博尔赫斯、品钦等。而后现代文学则包括存在主义文学、荒诞派文学和戏剧、“黑色幽默”文学、魔幻现实主义文学以及当代新涌现的一些文学形式。

斯潘诺斯所提出的后现代文学形式的尺度是“关于其机遇的尺度”，是无中心的、分散的尺度的观点，是一种强调个体存在的偶然性、讲求差异性的“机遇”论。他认定后现代人要真正理解处身其间的后现代世界，必须面对这一境况，把自己重新置于同更大的意义力量相关联的位置，以更开放的态度接受偶然性、断片性和历史性。从这种典型的后现代思维中，可以听到存在主义哲学诗学的余音回响。

斯潘诺斯在走向海德格尔式本体论的运动中，将存在主义加以后现代主义化，从而创造了一种重偶然性、历史性的“新本体论”。在斯潘诺斯看来，后现代主义形式并非仅仅是一种内容的扩展，而是一种存在状态的尺度，那么，后现代主义本体论意义上的“本真”，就绝不会是一种超感官的、恒定不变的和绝对的逻各斯。无论这种逻各斯是理想的还是实证的，是主观的还是客观的，是象征的还是现实的，是有机的还是机械的，是空间的还是时间的，它都使得存在的差异虚构化和层次化，并呈现为一种确定的外部真理。这种后现代本体论，既非神性本体论，又非理性本体论，而是一种生命过程本体论，一种相对的、偶然的、非连续性的本体存在。因此，斯氏的后现代本体论是一种重生命过程性、偶然性、历史性的本体论，它排除了任何历史决定论和逻辑必然性，赋予个体以无蔽本真的意义。

后现代文学的作者之维是斯潘诺斯关注的一个重要方面。他一反罗兰·巴特的“作者已死”的说法，坚持认为，作者不仅没有消逝，而且是后现代文学本体不可或缺之维。后现代作家不再像现代主义作家那样高踞文学圣殿之上发出深重的忧患之声。后现代作家已不是非凡的“创世者”，他同生活中的平凡人一样充满数不清的困惑和对困惑难以言传的无所适从。他已不再担负揭示历史必然性的使命，而只是将人生悲剧、生命的偶然性的一角掀起，向人们（包括他自己）展示人存在的处境而已。后现代作家不明言小宇宙，他本人从世人的瞩目中悄然隐退。他在无比消极冷漠的距离之中，在一种客观性的呈示之中，漠然地修剪他的指甲。后现代作家是人生的旅行者，一个明白他或她自己的文化组成角色的男人或女人，而且总是这样去扮演自己的角色。这样一位作家的创造性或破坏性行为，带有开拓和探寻不确定性的印痕。[①]

后现代作者已经卸下了“天才”的桂冠，不再是超越凡人之上的叙说着“远景”的“诗人”，作者的权威消泯在文本的平凡琐屑之中。作品文本揭示出作家仅仅是一个存在于世界之中的“常人”，一位处身历史中的说话人，一个从事颠覆和否定的“写作者”。后现代作家以自身非天才的写作活动向作者的权威性提出质疑，这样，后现代作者完成了从“诗人”向“写作者”的转化，他不再是一个超越历史的人，而是处身历史偶然性机遇中的人物。后现代作者的历史性，决定了作品文本不再具有永恒性，作品的意义存在于不断解释和再解释之中。后现代文艺的本体是活动本体、过程本体。“这种本体论话语最终建立在一种经常和随时都准备消失的表现之中，所以，它总是暂时的、不可靠的、中断的和分散的，总需要阐释，总要求助于系统分析和解构。”[②] 这是后现代文艺本体的不幸，也是它的万幸。因为，它失去了神性和灵气的同时，获得了现世普通人的平凡性和现实性。

---

① W. V. Spanos, *Repetitions*: *The Postmodern Occasion in Literature and Culture*. 1987. p. 244.

② W. V. Spanos, *Repetitions*: *The Postonodern Occasion in Literature and Culturle*, 1987, p. 246.

第三节　后现代大众传媒理论

当代一流思想家已经关注到人与人交流的阻绝和影视广播等现代传媒的单向“中断”作用，对传媒在后现代文化中的地位和作用做了精辟分析，但总体上看仍只是理论层面的言述，而尚未彻底进入传媒的社会文化层面的纵深分析。真正全面深入地研究后现代主义传媒理论，并引起当代学者普遍关注的，是法国当代哲学家、后现代文化理论家让·鲍德里亚（Jean Baudrillard，1929—2007）。

这位颇有建树的后现代者指出，如今，文化已经商品化，而商品又已经符码化。也就是说，文化只有成为商品进入市场，才能被“炒”作和被关注，而商品的价值已不再是商品本身是否能满足人的需要或具有交换价值。事实上，大众传媒（mass media）如今重新界定着传播，并打破了表层与深层的二元对立的深度模式。传媒以一种“真实的内爆”使出现于屏幕的真等同于在场的真，这种“真实”使人停留在画面的切换上，镜头代替了任何批判理论模式，因为符号已不再指涉外在的真实世界，而仅仅指涉符号本身的真实性和产生符号体系本身的真实性。

就本质而言，人们需要传媒是因为人们需要彼此间的信息交流。然而，如鲍德里亚所说，大众传媒却在不断地造成信息发出、传递、接受三维间的“中断”。传媒“炒”文化的负效应使人们再也没有心灵对话和审美沉思的可能，而只能跟着影视的感觉走，跟着广告的诱惑去选择，跟着“星”们去潇洒。传媒的介入中断了人的内省和人与人相互间的交谈。大众传媒的播出是单向度的，不像对话那样有情感心性的交流回应，这种“无回应”的播出缺乏沟通，使大众传媒成为“为了沟通”的“不沟通系统”。这种不平等的话语输出，实质上掩盖了这种“无回应话语”的话语权力实质。传播与回应的不均等关系，使权力属于能施予而又使对方无力偿付回应的一方。当然，现实中的观者也可以转换频道或关掉电视机而行使自己的选择权，这似乎也可以算是一种回应，但这仅仅是对施予的接受或不接受而已，仍然没有足够的权力运作方式给施予者以对等的回应。就这一关键性问题而言，传播是对接受者自由选择的限定，因为说到底，大众传媒的受众只有收看或不收看的自由，而没有对答回应这种平等交流对话的自由。

从更深一层看，电视的确使我们与世界的距离拉近了，它通过编辑好的“实况”的真实世界，使人看得远（tele-）并更为多样地观看这个感性世界；然而，人与世界之间因为有了媒体而“远视”的同时，看的方式却因媒介的中介作用而被限定。媒体具有“敞开”（呈现）和“遮蔽”（误导）二重性（只要想想当今世界通过镜头组接以后的弥天大谎就够了）。媒体构成真实。媒体也造成事件，媒体制造热点媒体也忽略那些不应忽略的价值，甚至媒体也制造虚假和谎言。人们看世界的立体多维的方式如今剥离得只剩下墙上的“窗”——电视了。人们长时间地凝视它，看的却是它与其他媒体之间不断参照、传译、转录、拼接而成的“超真实”的媒体语境，一个“模拟”组合的世界，一个人为的“复制”的世界。这种复制和再复制使得世界走向我们时变得主观而疏离，媒体成了沟通的“不导体”。

无可怀疑的是，传媒指出的事件是打上了权力话语的烙印的。鲍德里亚强调，媒体让我们看到的世界以牺牲世界的丰富性为代价。人成为媒体的附属或媒体的延伸。媒体将人内化，使人只能如此看、如此听、如此想。人从接受的主体成为媒体的隶属品——终端接受器。人这种“终端机”可以在多频道中不断地调换频道，并数小时一动不动地凝视斑杂的画面和芜杂的信息。这种人将自己物化（接受器化、选台器化）的结果是，人接受储存了很多信息，而这些信息却无法处理，因为人脑已被这些信息塞得满满的，人从思想的动物退化为储存信息的动物，并因超负荷的信息堵塞而导致信息膨胀焦虑症和信息紊乱综合症。电视始终将不同文化、不同习俗、不同品味、不同阶层的人，连结在传媒系统中，并在多重传播与接受过程中，将不同人的思想、体验、价值认同和心理欲望都“整流”为同一频道、同一观念模式和同一价值认同。在这里，人与世界、人与自我、人与他人的对立似乎消失了，似乎不再有主体与客体的对立，不存在超越性和深度性，不再有舞台和镜像，只有网络与屏幕，只有操作的单向涉入与接受的被动性。[①]

人们凝视电视而达到一种“出神忘我”的状态，这实际上是一种“窥视欲”的生产与再生产。人们借助电影、视盘、电视可以窥视他人的生活，乃至犯罪的过程、性与暴力的过程。人们的私有空间成了媒体聚焦之所，整个世界方方面面的事又不必要地展现在家里。尤其是那些矫情的、色情的、无情的片子，更是使人在迷醉中得到下意识欲望的满足又膨胀出更刺激的欲望。不难看出，这种传媒介入所造成的私人空间公众化和世界“类像”的家庭化，导致了传媒（尤其是卫视）的世界一体化，从而使紊乱的信息传播全球化。这一方面有可能使信息扩张和误读造成文明的冲突（亨廷顿预言二十一世纪的冲突将是不同文化和文明之间的冲突），另一方面，传媒信息的膨胀因失去控制而使当代人处于新的一轮精神分裂和欲望猥亵的失控状态之中。

就思想价值取向而言，鲍德里亚对电视传媒的负面效应是持冷峻批判态度的。因此，他在西方后现代文化语境中被认为是“非乐观态度”的后现代学者。应当肯定，鲍德里亚已经洞悉后现代传媒在加剧人们心灵的异化、在肢解社会心理和个体心性的健全方面所造成的严重威胁，并进而对传媒在“文化工业”生产中消蚀意义的功能加以清算[②]，这是颇具独到眼光的。可以说，他在传媒热衷于制造“追星”群体和消费

---

① Jean Baudrillard, *The Ecstasy of Communication*, New York: Semioteat, p. 12.

② Cf. Jean Baudrillard, *The Mirror of Production*, St. Louis, Mo: Telos Press.

“热点”之中，给当代失重的人们亮出了另一种价值尺度。

在诸多思想者和批评家激烈论争之后，后现代主义问题不是变简单了，而是变得更为复杂，涉及范围更宽更广。至此，后现代主义文化逻辑呈现出来：体现在哲学上，则是“元话语”的失效和中心性、同一性的消失；体现在宗教上，则是关注焦虑、绝望、自杀一类课题，以走向“新宗教”来挽救合法性危机的根源——信仰危机；体现在美学上则是传统美学趣味和深度的消失，走上没有深度、没有历史感的平面，从而导致“表征紊乱”；体现在文艺上则表现为精神维度的清晰，本能成为一切，人的消亡使冷漠的纯客观的写作成为后现代的标志。后现代文化逻辑的复杂性，直接显示出这个时代的复杂性。

第四节　话语膨胀与表征危机

思想的匮乏大多肇因于话语的膨胀和嘈杂。

后现代主义的来临，使整个文化艺术和审美价值观发生了惊人的话语断裂。后现代主义精神以宽容、多元、边缘性、不稳定性、悖论性、差异性来标志，一扫传统的同一性、整体性、中心论、稳定性、元话语，宣告这是一个宽容的时代，一个“怎么都行”的时代。后现代主义特性鲜明的影视图像逐渐取代文字，它以一种特定的视点去组织指涉物，并赋予其独特的意义，重新生产出一套新句法和新词汇，使观众在强大的声波和图象的冲击下，解悟到所看到的意象及意象间的联系，达到自我自觉的认同和人际交流。这一转型如此之彻底，以至于连任何传统的艺术语言和叙事规则也彻底否弃，因为在后现代者看来，这具有欺骗性的规则是永远无法臻达艺术真理的。艺术媒体、审美观念、传播媒介、发行渠道、读者趣味的改变，使文艺领域发生了一项空前未有的分裂。因而今日的文学艺术，事实上正在为影视文化所侵凌，并从深度模式向平面模式扩张，从而使后现代文学写作成为一种价值平面上的语言游戏。

后现代主义文艺美学的典型特征是话语膨胀（inflation of discourses）和表征危机（representational crisis）。后现代主义者的反中心性和一元论，企图打破千古以来的形而上学的迷误，拆解神学中心主义的殿堂，将差异性原则作为一切事物的根据，打破在场，推翻符号，将一切建立在“踪迹”上，并以书写的沉默的非现在性去替补语言中心主义的声音的现在性，从而突出差异以及存在的不在场性。如此一来，中心不复存在，因为中心在后现代哲人的构想中已植入差异性的替代链条，并进入差异符号永无止境的游戏过程。因此，后现代文化策略就不仅是将对立的等级秩序颠倒过来，而且要摧毁这个二元对立赖以产生的整体思想体系。于是，在场不断被否定，中心不再存在，二元对立不断转化为不在场的共存。

当文化的错位使多种话语的碎片共存并进而拼凑成一张无所不包又一无所有的话语编织物时，这时人们表达的语言出现了裂缝。艺术家感到，不仅世界的变形和流动难以把握，而且自我也再不可能加以确定，甚至自我也永远不能完全展现在自己面前。当艺术家探索自己的心灵，或像前辈那样进行灵魂的拷问时，人们感到语言成了障碍，它再也无法传达人内在的心声和感觉。因为写作需要符号，它是外在于人自身的，是从身上剥夺了的存在，所以它总是与人的意识保持着距离。使用符号，就意味着作者永远无法体验到和自我进行的全面交流。

后现代话语膨胀，表征出这是完全不同于传统艺术的表现对象世界或实体世界的艺术话语，而是从历史的链条中驻足现在，通过彰显可能性而使现实“解神秘化”（demystify），从而展示一种自身“有限的丰富性”的话语。这类后现代话语抛弃浪漫色彩，艺术话语逐渐向日常生活话语靠近。它在使自己的“权威”降解的过程中，一方面反抗官方意识形态的束缚，另一方面又力求保持自己的先锋性，而与大众流行的“伪艺术”相区别。尽管这事实上很难做到。

后现代文学的表征危机，表面上看是表征系统——语言的危机，实际上是文化和情怀的危机。这种由语言系统的自我解构性呈现而展示出的西方文化总体危机的问题，这种由语言言说表征到语言断裂消解，成为后现代文化的一个死结。因为元话语中心性的崩溃将导致建立在其上的整个西方文化坍塌。如此看来，后现代文学语言是一种撕裂传统语法和逻辑的语言，这种文学在语言与对象之间确立一种新的关系，从而取消了“真”与“假”的区别。它不去凑合事物，不受规律的约束，而是相信自己的真实，提出自己建立的真实标准。这正是自我知觉的源泉，似乎在它前后什么也没有，显然摆脱了一切歧异存在的纠缠。它已自主到无深度的地步：什么事情都浮在表面上，而这个表面却具有多种多样的歧异。文学语言就外部而言并不说明任何问题，它的一致只在其内部的相互关系中有所表露。实际上它只是同义语的重复，不断地重复、延伸与再现罢了。它使语言变得“浅薄”，只是靠自己复杂而没有规则的技巧在玩着滑动的能指。这是“表征危机”的关键所在。

后现代主义在平面上滑行，使得它在总体上重过程轻目的，重活动本身而轻构架体系，重现实本身，而轻历史（过去）和理想（未来）。这一特点，使后现代主义背叛了现代主义对超越性、永恒性和深度性的追求，而使自己在支离破碎的语义游戏中，仅得到一连串暂时性的“空洞能指”。这种残破的话语世界，表明任何恒定秩序的话语世界的不可能，从而达到对传统总体性秩序加以拆解和消除语词在场权力的目的。

后现代作品中的人物只不过是场景中一个可以替代的暂时性角色，他丧失了悲剧的气息，而多了些游戏成分，他以自身灵肉的无言的麻木以及中止任何选择、性格破碎和叙事零乱的方式达到减除欲望的焦虑痛苦的目的。这一切皆肇源于后现代主义的“自我”的分崩离析。个人不再有反抗异化和逃避痛苦的承诺，现实异化和精神分裂成为人的本然处境。个人既不需要反抗异化的能力，也没有抵御痛苦的必要。

后现代主义在文学主题上同样发生了递变：后现代文学的兴趣和眼光停留在生活的日常琐事乃至本能层面，其结果使得以前一向被视为一部作品的真正主题——爱情、死亡、人与人之间的关系——如今在作者和读者眼中已经变得飘忽如幽灵一般，并最终消逝殆尽。艺术家与人生的非此不可的关系已被艺术与它自身的技巧的关系所替代。人陷入生存的无意义中，无聊感显示出当代人正退回到“生存的零度”。人在无聊之中活着，因丧失生命意义指向而失去一切有意义的语言，在剥离精神性维度的同时，人恢复到直接的生存状态，永劫不复的无意义徒劳成为个体世俗生命的死的象征。于是，本能注满人的躯壳，作家隐入力比多盲目的冲撞之中。后现代主义者失却了深度而专注表面（平面），尤为关心一个人（或物）的肉体给别人的印象。

后现代主义艺术相当重视形式性，因为形式成为剩下的唯一值得关注的对象。二十世纪艺术形式的变幻总和远远超过二千年来艺术形式变换的总和。这似乎成了当代艺术的谶言：只有艺术形式才是唯一的意义剩余物，只有在形式的框架中才能重新聚拢诗人那已瓦解为碎片的记忆。在后现代式的消解活动中，一切都成为操作性的游戏，微言大义不再是“思想”提供的，相反倒是“形式”提供的。不可否认，当精神家园失落以后，人将丧失本真的归宿。真理一旦被放逐，思想之光将泯灭于生命的荒漠。人们在话语中游戏，又被话语所游戏。这种自我放逐将使人坠入“世界的夜半”之中。后现代文学的平面性，更直接地表现在后现代写作中。对后现代文学写作困境的揭示成为今日哲性诗学研究的一个前沿课题。

第五节 语言游戏与文学转型

后现代主义是文化错位和话语断裂的产物。在“知识型”话语转型中，以人的“生存零度”造成了历史的断裂，这使得后现代文化在面对文明的无限可能性的同时，面对着存在的无限焦虑。可以认为，后现代文化逻辑的复杂性，不仅显示出这个时代的复杂性，而且表明，后现代主义在思维论上“浮出历史地表”，却在价值论上“坠入历史的盲点”。

后现代主义是以消解谜底的方式重设虚无的寓言的，这一切皆因历史在压缩成一个薄片之后，暴露了后现代世界观的“白色”空洞指符。

实在地说，后现代主义世界观并不是本世纪突如其来的观念，而是长期的世俗化和非人化过程的产物。文艺复兴时期所确立的以人为宇宙中心的元话语，到了十九世纪和二十世纪遭到了一次又一次打击。科学剥蚀了以人为宇宙中心的神话，哥白尼的“日心说”使人类终于明白人不是宇宙的中心，而仅仅是茫茫宇宙中一颗星球上的微小生命；达尔文的“进化论”指明，人不是神的造物，而是猴子变来的；紧接着弗洛伊德发现了人的本能和无意识力量，使人是理性的动物的说法遭遇到毁灭性打击。人终于由宇宙中心、上帝的子民、理性的君主地位一落千丈，成为地球上草芥般的有生有死的动物之一类，其祖先是猴子，其根源是力比多和无意识。人在失去光环以后的处境成为近代哲人思考的中心，也成为文学家们“补天”使命的一部分。

基于这一思想文化背景，文学为人与世界的关系辩护，并显出不同的文学世界观：现实主义文学以唯物主义历史决定论和维多利亚时期道德论之不可动摇的等级制度为基础；象征主义者要求表象世界与真理和美的超自然领域进行交流，并对超验世界的存在坚信不疑；现代主义者对现实主义的历史决定论以及象征主义那永恒的审美等级制加以质疑，试图将虚设的秩序和暂定的意义强加在个人的经验世界之上。

后现代主义在文化价值方面进行着一场“反文化”运动，它以个性解放、本能释放、冲动自由等为旗号，以一种持久不衰的激进势态，猛烈冲击一切传统的价值观和生活模式。如果说，现代主义以消除现代世界的盲目性，张扬精神超越性为己任，在对卑微生活的否定中，体现出现代主义苦难和抗争的意志，而成为挣脱思想羁绊喋血高歌的自由之魂的话，那么，后现代主义却醉心于情感和精神的卑微，在阻绝对生活的超越性意向中与生活原则处于同一“平面”上。

后现代主义在进行一次革新的冒险。后现代主义感到传统的不堪重负，历史的精英作家难以企及，现实社会和政治已步入困境，于是便放弃了精神超越和正面挑战，反过来，通过否定自己赖以生存的社会和文化网络的合法性来与这种现实处境抗争。

后现代文化是以享乐为旨归的消费文化，这一文化的品格由大众消费意识铸成。消费文化不仅直接影响了人们的生活方式，而且使整个现代文化向享乐文化偏航。于是“玩”和“性”成为这种享乐文化的最后疆界。这种将“玩”和“性”等享乐主义作为生活方式的消费文化，以及将自由主义作为一种意识形态对文化领域的统治，已经宣告了传统价值合法性的危机。消费主义使后现代人为享乐主义所支配，在失掉了文化的一致性，颠覆传统文化秩序的同时，也影响了文化标准本身，艺术与生活之间的界限模糊以致消融了。文化历史在现代断裂开来，人们不得不重新改变自身的体验方式，将世界和历史的碎片重新聚集起来。但由于批判了历史连续性而又相信未来即现在，人们丧失了传统的整体感和完整感，碎片或部分代替了整体。

文化丧失了传统性的意味，突破了狭义文化的界限而扩张到无所不包的地步。广告、影像、复制、形象文化、无意识以及美学领域完全渗透了资本和资本的逻辑，商品化的形式遍布在文化、艺术、无意识领域的方方面面。文化工业生产与商品紧密结合，出现了新的文化工业，如跨国资本、电影工业，大批生产的光盘磁带等。

在现代社会商品交换中，全社会硬结成一种交换的金钱尺度，艺术生产变成了纯粹的商品生产。艺术成为一种交换而非满足人的精神需要，艺术创作中作者的灵感和活生生的生命被商品所扼杀。文化消费通过语言的疏离，使人的想象力和自发性渐渐萎缩，抑制了观众的想象力。因此，文化工业的每一个运动，都不可避免地把人们再现为整个社会所需要塑造出来的那种样子。更为严重的是，在每件艺术作品中，作品的风格都是一种诺言，因为被表达的东西通过风格变成了占统治地位的普遍性的形式。如果要使艺术作品体现现实，绝对有必要使现存的东西具有实在的形式。艺术这一以个性对抗共性、以自由对抗法则的精灵，却在日益精密化、科学化、信息化的社会中被技术化和程序化了，从而使艺术独立不羁的个性和自由精神被剥离并统一在社会的总体性中。这种遭到同化的文化工业反过来操纵了人的生活体验，并逐步纳入轨道。文艺为了生存而成为了商品或商品化的艺术，艺术家也彻底丧失了其批判意识和否定功能。艺术成为通俗文化的别名。

大众传播加速了后现代文艺“类象”化。由物退到物的影像（非真实性）。这种状况不幸被法国解构理论家言中：商品物化的最后阶段是形象，商品拜物教的形态是将物转化为物的形象。这一事物变成事物的形象的过程，使得事物仿佛不复存在，当指涉物退隐时，距离感消失了。人终于被各种人造的类象包围起来，人创造了文化，而文化的扩张使现实退隐，使主体丧失，世界成了物的世界。

作为完整的个人面对整体世界的瓦解也遭受到心的“分裂”，从而体验到“崇高意义的消解”和“结构形式的消解”。这种结果带来的不是一种解放，而是一种极度疲倦无聊的心态。而且随着大众传播工具的扩散，文字正被影像所代替，这些具有性力量和世俗性的影像快慰着消费者。文学的语言不断地拆毁破坏自身的意义，甚至破坏了所有语词所指的对象。它的确“解放了”今日的作家，使他们不必面对重大问题去进行严峻地思索和选择。他们不仅背对着这些问题，而且嘲笑这种问题本身。因为他们认为真理、正义、良善之类的问题，不过是能指词的短暂的产物，所以大可不必当作“真实的”或“严肃的”。文学本真的精神“气息”飘逝而去，文学成为无棋盘的游戏，后现代文学的语言因丧失了精神超越性和价值追问性，而日益变成一种不断膨胀的话语，一种夸张而刺激性的广告，一种追新求变的“操作”。人们感到语言成了障碍，它再也无法传达人内在的心声和感觉。因为写作需要使用符号，它是外在于人自身的，是从人身上剥夺了的存在，所以它总是与人的意识保持着距离。使用符号，就意味着作者永远无法体验到与自我进行全面交流。人们感到语言对自身的剥离，因而只能让自己放弃理性的思维，让无意识自然流出，直接呈现在本文中这种状况，使得文学作品像语言垃圾般不断投放市场，又迅即回到垃圾箱。

后现代语言由精神向本能的还原，使后现代语言成为思想的中断而不可遏止地滑向价值的平面。艺术家在这种语言的贬值中，突然意识到自己并不真切地存在，因为自己已不可能用这类格式化语言来表达任何属于自己的感情。个体被一堆语言垃圾所充斥，自以为在思维、在创造、在表达，其实只不过是在模仿那些早已被我们接受了的思想和语言。艺术表征出现了前所未有的危机，解救的办法是，艺术家以完全不同于日常语言的晦涩艰深的语言创作，试图改变那种贬了值的语言，力图恢复语言早已失去的活力。然而，这种自制新词无异于阻绝了交流。

这种“无言的焦虑”在“语言的欲望”冲撞中，日益失却语言的呈示性（敞开）功能，而加强了世俗性（遮蔽）功能。语言日益成为谎言。事实上，拉康和哈贝马斯很早就看到了这一点，拉康把与动物的传意密码相对立的人类言谈的特性看作是说谎的能力，而哈贝马斯则把一切谎言归结为真理的纯寄生现象，在必然显示真实的许诺被完全理解的谈话行为中，谎言就会愚蠢地暴露。

我想说的是，消费的后现代主义时代不是人类发展的终极模式，它只是人类走向新人和新社会的一环。语言的贬值的还原必将在新人的文化艺术新话语中辨析、汰变和重建。

第六节　写作困境与意义误读

后现代写作困境是伴随后现代文化哲学危机而来的。这一困境表征在文学写作的无意义和文学解读的意义上。

当后现代写作逃逸出意义之时，解读也将变成无意义的活动。当然，这种无意义活动本身却也连带地折射出特殊的意义。

后现代主义文学在消解意义时，却通过独特的方式言说着一种语言缝隙中的意义。也就是说，作品并非与人的存在和社会存在隔绝，作品是为了读者而存在的。后现代写作也并非是完全是浅层次的“呓语”，后现代写作和作品有时是曲折地在“平面”上生产自己的“深度”。它以无意义而展现无限多的意义，它以“沉默”的方式“言说”，它以拒斥意识形态的方式呈现意识形态。作品成为与周围事物隔绝的产物，它同周遭人事相分离，钻进自己的缝隙，然后在语言的玩弄中，不断间接地提到这些周围事物。在这个意义上，后现代作品同样在语言、意识形态与社会构成的复杂关系中生存。然而，作品意义的匮乏之维，也就是它所不能达到的存在之维。这种匮乏往往是作品无法言说的深意之所在。因为，意识形态以其意味深长的沉默、巨大的空隙和歧异的形式出现在作品中，使作品同意识形态的模式分开而保持距离，体现为作品同它本身分离的某种“内在距离”。而且，作家“想”说的话受到意识形态的限制、曲解和变形，作品在力求表达一种含义时，发现自己在意识形态上受到限制，必须表达另一种含义。

这种意识形态方面的扭转力造成作品内部一系列的裂缝。因此，人们读一部作品，似乎常常觉得效果“正相反”。作品要说的同它实际所说的相违背。因此，解读作品也不可能仅仅从“文本”出发，而要从意识形态的必要性出发，解释作品“没有说出的话”，也就是它构成的只是能心领神会而无法道破的沉默。批评家就是要使这些沉默说话，他提出的问题正是作品“无意中透露的”。作品说出的不只是这一种或那一种含义，而是这些含义本身的冲突和歧异。

无论是现代主义还是后现代主义作家，在他们那嬉笑怒骂、玩世不恭的行为中，我们看到的并非是“玩笑和游戏”，而是“发现”一种深蕴的对异化的反抗带来的深切反弹性自我伤害的痛苦。在我看来，作品虽已完成，然而思想压抑并没有完全消逝，作品还支撑着这一压抑并传给他人。作品中的压抑扩散成一种新冲击波，表现为任性率真与遭受控制的冲突性结合。对作品的解读则必然成为将歧异的冲突明晰化，使作品的内在震动演绎为一种现实世界必然分裂和冲突的现世图景。因此，后现代的“偶然写作”的奥秘并不在于作家随意心理流动的“自动写作”，甚至也不是逢场作戏般的临时拼凑，而是在通过无法预见的形式不断发现必然发生的事情这种情况下写成的。

尽管后现代文学总体上是反解释的，但通过作品解释，我们仍然可以发现，后现代作品将虚构和冷漠作为自己的性格特征，对这一特征的分析不能停留在表面，相反，这种作品的冷漠性表征出现代社会意识形态的冷漠性。作品是在折射意识形态，而不是“再创造”意识形态。作品的想象不是模仿现实，而是使之变形。作品以其内部的不一致显示了空隙的界限，表明意识形态同真实历史的冲突关系，即意识形态开始说出作品中并不存在的东西并显示自身的局限性。进一步看，文学以其语言的疏离，创造性地显示出日常对话的阻隔，文学语言成为意识形态的语言。反过来，后现代文学语言在改造意识形态的幻觉时，同样策略地对文学的意识形态状况进行批判，使文学丧失了形象性意味而演变成理论性知识的观念替代物。后现代文学以一种自我揭露的方式不断消解，从而揭开了意识形态本身所固有的更大的欺骗性。

后现代主义解读的要旨是对差异的追求，一种永不停息的自我解构。任何统一性、整体性、权威性都是解构对象。文学作品绝不仅仅只有一种解读法，也不可能只有一种所谓的意义。相反，任何解读的洞见本身就包含了排斥其他见解的“盲视”，在这个意义上，任何批评结论都包含着自我瓦解的危险，任何解构策略都包含着自我解构的因素。因为，文学作品自身永远包含着怀疑否定和推翻自己意旨的否定因素。后现代主义往往通过边缘、外在、异己，对中心、内在、秩序加以嘲弄、颠倒、斥责，以贬损正统、消解中心、否定等级、内外翻转、上下移位、前后错置，并在对各种文本的新阐释中强调比喻性的文字。这表明后现代批评家通过比喻性语言将作者和读者引到文本深隐的另一面，去揭示那被洞见所蒙蔽的矛盾焦点和习焉不察的自我否定意义，从而瓦解原意的向心性，打破作品形式的束缚力量，超越一切逻辑链条的桎梏，以一种全新的视界，一种自由创新的形式，使文本语言活泼起来，达到巴赫金所说的“狂欢”境界，使代表不同意识形态和文化背景的解读，真正禀有“文化相异性”和“多音谐调”的后现代性。

后现代主义追求“各种不同意义的解读”，不再将文本看作有一个固定中心和终极意义的统一体，也不再去探讨文本与文本之外不起眼的社会人生关系问题，而只是强调从文本不起眼的小地方或矛盾、含混的地方去翻掘在既定话语掩盖下的潜在意义，进而使不同意义自由竞争，在阻绝传统批评总要从多种意义、多种解释中突出一种意义、一种解释的道路时，坚持意义的不确定性和自由性，使文本意义解读活动成为一种“自由游戏”，使一种意义主宰一切让位于多种意义并置或互相对立。在这里，文本意义不复是作品“书页文字”的客观意义，也不复是作者意图指涉的主观意义，也不是读者阅读赋予的体验意义，而是作品自身存在的意义。

在后现代时代，已经没有任何东西能建立起一种哈贝马斯“共识”式的“广泛一致”的话语了。文学解读和批评多元论发现自身蕴含在后现代境况中，在它试图去阐释的相对性和不确立内在性中。而认识的、政治的以及情感的制约依然只是部分的，它们终未能为批评的多元论划界，未能创造一致的理论或实践。后现代人一无所有，没有一样东西不是暂时的、自我创造的、不完整的，在虚无之上建立了自己的话语。这是后现代文化氛围、后现代文艺的底色，也是后现代文艺批评的经纬。

人能超越时代么？人怎样才能既不在现实中沉沦，又不再遭遇虚设前景的“乌托邦”呢？人们真的能摆脱一元论么？

在这个张扬多元的后现代时代，赶时髦求物欲已经或正在造就出人类有史以来最大的一元心态。甚至连“追求多元”也成了一种时髦的“一元”。多元艺术观、多元写作、多元解读事实上仍是消解中心、趋向“边缘”的“新的一致”。我不禁要问，如果人类真的是由“动物人”走向“社会人”再走向“审美人”的话，那么，今天在把真正的思想家、艺术家视为“无用”的后现代“快餐文学”写作中，在跨国资本运作的现代性和后现代性语境中，在传媒和“类象”填满的世俗化空间和欲望化氛围中，人们该怎样又能怎样写作和解读呢？

对这种价值平面上的语言游戏，在新历史主义的文化权力话语分析中，在后殖民文化霸权中，在弱势文化的“身份改写”中，变得问题成堆。

凡是坚信人类必将从“物质人”走向“精神人”的思想者，都必得再深思。也许，真正的思想的产生，不是在话语膨胀以至于使思想窒息之时，而是在潮落消退、话语沉默之时。

第四编

后殖民主义美学

第十一章　后殖民主义语境

后殖民主义美学是一种泛化的文化理论，对其研究必须深入到后殖民主义发生发展的历史脉络中，才可能清楚地认识到后殖民美学与20世纪权力话语的微妙关系，并进而把握后殖民主义美学的文化话语分析意向。

第一节　后殖民主义的发展

后殖民主义理论是一种多元化理论，主要研究殖民时期之“后”，宗主国与殖民地之间的文化话语权力关系，以及有关种族主义、文化帝国主义、国家民族文化、文化权力身份等新问题。

后殖民主义并非本世纪中叶突然出现的，而是在对殖民主义的长期反省中逐渐发展起来的。本世纪初叶，一大批理论家就已经开始对帝国主义和殖民主义进行分析和批判。如果说，殖民主义主要是对经济、政治、军事和国家主权上进行侵略、控制和干涉的话，那么，后殖民主义则是强调对文化、知识、语言和文化霸权方面的控制。如何在经济、政治、文化方面摆脱帝国主义的殖民统治，而获得自身的独立和发展，成为后殖民理论必得面对的问题。

在这一层面，本世纪初期的两位理论家，葛兰西的“文化领导权”理论和法农的“民族文化”理论，对后殖民主义的产生和发展起到了积极的推动作用。当然，其后的米歇尔·福柯（Michel Foucault，1926—1984）的“话语”理论和“权力”理论，则成为后殖民主义思潮中的核心话题。

后殖民主义兴起的时间，学界有不同的看法。一般认为在19世纪后半叶就已萌发，而在1947年印度独立后开始出现一种新意识和新理论。其理论自觉和成熟是以赛义德的《东方主义》（1978）出版为标志。在赛义德之后，最重要的理论家有斯皮瓦克（Gayatri C. Spivak，1942—　）、霍米·巴巴（Homi Bhabha，1949—　）等。斯皮瓦克将女权主义理论、阿尔都塞理论与德里达的解构主义理论整合在自己的后殖民理论中，从而成为一位有广泛影响的批评家。而霍米·巴巴则张扬第三世界文化理论，注重符号学与文化学层面的后殖民批评，并将自己的研究从非洲文学转到印度次大陆上来。

其后，英国学者约翰·汤林森（Johm Tomlinson）以其《文化帝国主义》（*Cultural Imperialism*，1985），开始了对后殖民的媒体帝国主义、民族国家话语、全球资本主义和现代性话语的批判，从多维文化权力层面，分析揭示出文化殖民主义的内蕴及其历史走向。

另外，比尔·阿什克罗夫特（Bill Ashcroft）、加雷里·格里菲斯（Govreth Griffiths）和海伦·蒂芬（Helen Tiffin）的著作《帝国反击：后殖民文学的理论与实践》（*The Empire Writes Back*：*Theory and Practice in Postcolonial Literatures*），强调所谓“混成”（hybridization），即本土传统通过这一形式与帝国残存相结合，以一种语言创设出一种新的后殖民表述方式，即与帝国输送的“大写英语”（English）不同的、变异的“小写英语”（english）。

近年来，一批新马克思主义者也开始关注并汇入后殖民批评思潮中，如英国的特里·伊格尔顿（Terry Eagleton）和美国的弗雷德里克·杰姆逊（Fredric Jameson），尤其是杰姆逊的第三世界文化研究，为后殖民批评注入了活力。他近年发表的《处于跨国资本主义时代中的第三世界文学》，表明他的视点始终集中在全球文化后现代与后殖民处境中的第三世界文化的变革与前景上。他试图在第一世界和第三世界文化（即中心与边缘文化）的二元对立关系中，把握第三世界文化的命运，并力求寻觅到后殖民氛围中人类文化发展的新契机。杰姆逊期望第三世界文化真正与第一世界文化“对话”，以一种“他者”（或他者的“他者”）的文化身份进行一种特异的文化发言，以打破第一世界文化的中心权力话语。

此外，文化殖民、跨文化经验与历史记忆等问题，在罗伯特·扬（Robert Young）的《白色神话：写作与西方》（*White Mythologies*：*Writing History and the West*）、特里的《妇女、本土、他者》（*Women*，*Natie*，*Other*）、莫汉蒂等编的《第三世界妇女与女权主义政治》（*Third World Women and the Politics of Feminism*），以及丹尼斯·李（Dennis Lee）、贝尔·胡克斯（Bell Hooks）和小亨利·路易斯·盖茨（Henry Louis Gates Jr）的研究中，都作出了自己的独到阐释，使后殖民主义理

论具有了更全面的理论形态。同时，非洲、印度、日本、韩国、中国、新加坡，都有一大批从事文化、文学、哲学研究的学者在探讨后殖民主义问题和前景。

第二节 葛兰西的理论

后殖民主义理论受安东尼·葛兰西（Antonio Gramsci，1891—1937）“文化领导权”理论影响很大。同时，弗朗茨·法农（Frantz Fanon，1925—1961）的《黑皮肤，白面具》和《地球上的不幸者》，对后殖民主义理论的兴起同样有着重要的开创作用。

葛兰西是意大利的著名思想家。他在20世纪初叶，对帝国主义、资本主义的权力和控制抱有特殊的警惕性。他将西方国家机器描绘成一条外围的壕堑，其身后具有一个由堡垒和“阵地”组成的庞大体系，这个体系不仅控制着本国的工人和其他从属的阶级，而且还以赤裸裸的暴力统治着一个高度发达的社会。所以，这种“专制统治”不仅使一个集团或一个阶级的领导权和特权地位成为自明的，而且现实社会形态从生活方式、思维方式、言说方式、社会习惯到价值标准，都已然成为专制统治的基础。①

在葛兰西看来，资本主义经济、政治的发展直接导致工人阶级的苦难和现实社会制度的不平等。也就是说，它一方面通过政治经济的方式，剥夺其他阶级、民族和群体生活的可能性，剥夺他们生活的权力和在历史中的合法地位，另一方面，通过文化生活表达出对人的思想形式的控制。因此，资本主义通过对文化制度的大规模网络（如学校、教

① Cf. Antonil Gramsci, *Selections from the Prison Notebooks*, ed. and trans. Quinton Hoare and Geoffrey Nowell Smith, New York: International, 1971.

会、政党、报纸、传播媒介和民间社团）控制，而操纵着整个社会，使其不断同资产阶级意识形态整合为一。这种资本主义文化网络不断地宣传支持现存生产方式的文化观念，使得经济、政治和文化领域形成资本主义的霸权局面，甚至形成一种“总体国家”的神话。葛兰西认为，这种资产阶级的力量，一方面体现为暴力或国家机器的强制性，另一方面产生出一种为少数权力、利益服务的习惯性意义体系，从而使他们的统治看起来并非是赤裸裸的暴力，而是可接受的现实合法性。如何揭露资本主义的虚伪性，如何从他们所设定的普遍事物的合法性背后认清这种专制统治的真面目，并加以抵制与揭露，进而用一种新的生存方式和社会理想来取代这种不合理的社会秩序，成为葛兰西思考的中心问题。

“领导权”的概念，是葛兰西洞悉了资本主义的“统治”和“认同”作为权力的两种方式以后提出的。“统治”即通过强制性的国家机器，如军队、警察、法院等实现的，而“认同”是一种隐蔽的权力关系，也就是一种领导权的施行。如果说，“统治”是以强硬的武力压服方式出现，那么，“认同”则是对主导价值观念的趋近，它具有一种社会、道德、语言的制度化形式，而并非表征为暴力的形态。

领导权是通过市民社会的渠道，使人们形成一种世界观、方法论，甚至在文化观和价值论上达到整合，统一在某种意识形态中。强化舆论宣传，进行意识形态的灌输，已经成为“领导权”的思想意识和宣传手段的集中体现。如果它没有发展包括全部领导权的意识形态，也没有充分的、具有坚实地基的市民社会，那么，一个国家可能是不完整的国家。“领导权”始终是在历史联合体中诞生的，它显现出对本阶级的完整的领导话语权方式。如果未能形成这种完整的领导权，那么，其统治将是不能持久的，它迟早要被一种更新的力量、一种新的领导权所取代。

在统治的直接形式逐渐转换为隐晦的、文化道德的、知识的、精神方面的领导权的过程，事实上已经表明，权力不断由军事和政治冲突，转为文化和意识形态的冲突和摩擦，进而实现着现代权力关系的转换。正是在这一点上，葛兰西揭示了现代帝国主义和资本主义对异族或异端思想和其他阶层、阶级加以控制的新形式，即权力和意识形态控制的领导权的形式，通过社会舆论和表面的意见一致，对他者加以合法性控制。在现代资本主义社会中，资产阶级的统治集团，其意识形态一旦失效，其统治也必然趋于瓦解，因此，社会的解体始终是因领导权的得失而出现。当资产阶级的文化和政治从整体上处于虚弱状态时，其文化领导权的瓦解将指日可待。

领导权除了上述的“知识”“精神”和“文化”的领导权以外，还包括“思想意识领导权”和“政治领导权”。思想意识领导权主要通过知识和道德的领导，使一个社会集团统治敌对集团，在各种权力的束缚中，从思想意识方面使它成为统治者的附庸，被统治者所把握。而政治领导权则表明，加强政治，社会集团联合体的文化和道德的控制和制约，使其逐渐丧失自身的独立不倚的精神，而成为另一统治集团的附庸，达到对其控制和瓦解分化的目的。

葛兰西认为，在西欧，要想取得革命运动的成功，就必须通过长期复杂的阵地战，来反对资产阶级领导权。这种阵地战的目标，就是创造一种新的领导权机构来取代旧的领导权机构，而知识分子则在这种取代中发挥着使文化合法化，使个体更容易接近和理解文化，并使其统治普遍化的独特政治功能。所以，知识分子是领导权结构的动力，他们通过文化，即书籍、杂志、教堂、讲坛和现代传媒中反复制作和推出的思想价值准则或信仰，通过现代的传播渠道，通过控制和操纵普遍接受的词语、符号和情感，在被压迫的一方即工人阶级的意识中，牢固地确立起对生活的批判态度。真正的劳动人民则需要产生并反映这种客观需要的“有机的知识分子”。

总体上看，葛兰西强调了现代社会中权力运作的几种不同形态，即暴力性的统治方式和较温和的关于领导权的方式，而其“领导权”又可以分为思想意识领导权和政治领导权。通过这种权力话语的分析，葛兰西为现代殖民主义及其“文化霸权”或“领导权”的分析，确定了一种分析的模式和基本的思维向度。

当然，进一步从事殖民主义甚至后殖民主义文化霸权分析的理论先驱，是著名思想家法农。

第三节　法农的思想

法农作为一个诗人、人道主义者和现代思想家，不仅对近现代殖民主义造成的黑人的心灵创伤以及社会破裂进行了尖锐的抨击和分析，而且对所有遭受西方统治、文化侵略和种族歧视而默默无言的受害者加以支持。他非常明确地意识到，殖民主义是在种族和文化的优越感与文化霸权掠夺的掩盖下出现的，为现代帝国主义和资本主义经济利益服务的文化心理压迫模式。[①]

法农在其重要著作《黑皮肤，白面具》[②] 中认为，黑人具有自觉和半自觉地面对现代社会种族歧视的心理痛苦和自我意识，因此，黑人男女切身地感受和体验到了种族歧视及其罪恶。殖民主义无疑助长了这种种族歧视，因为作为一种经济制度，殖民地由白人移民和贸易公司进行土地和资源的控制开发，它不断地从政治和精神方面对所属国加以霸权式控制，并不断毁坏其本土所存在的社会关系，使黑人灵魂深处产生一种无可排解的自卑情结和劣等民族的痛苦，从而使得被扭曲的黑人心灵再叠加上更大的灾难，即使其大量生育而保证奴隶资源永不枯竭，使黑人成为没有文化地位，没有心性陶冶，也没有自主和民族自尊的所谓

---

① Cf. Frantz Fanon, *For the African Revolution*, New York: Monthly Review Press, 1967.

② Frantz Fanon, *Black Skin, White Masks*, New York: Grove Press, 1967.

"原始野人"。

这种殖民权力合理化，掩盖了黑人存在的合法性，使其在一层温情脉脉的资本渗透的面纱下，加深着种族歧视的鸿沟，增强了殖民制度的法规和结构。通过严格的社会分化制度，将黑人和白人分成了下等人和上等人，并将"宗主国"理想化。不仅奴役、买卖和控制黑人，还使黑人接受其所控制的文化教育，加以意识形态的灌输和心灵的置换术，使黑人从精神到肉体都服从于殖民者所希望的那种意识塑形，在心灵上烙上被殖民的痛苦烙印，从而为其种族主义和民族歧视做了"文化殖民"的铺垫。

在这种殖民主义的经济、政治和文化侵略的方式下，黑人无疑变成了劣等民族，变成了自我羞辱和灵魂痛苦挣扎的一群，他们为获得白人的另眼相看，挣脱自己劣等民族的枷锁而挤入上等社会，抹去自己与生俱来的黑色身份的耻辱，就在无意中对自己的肤色面貌产生憎恨，从而在灵与肉上都处于一种自卑和自毁的可悲处境。

由于身患白血病，法农 36 岁时即英年早逝。在去世前不久，他写出了重要的著作《地球上受苦的人》[①]。在此书中，他对非洲民族资本主义剥削非洲民族无产阶级和农民而成为寄生的阶级，加以尖锐地批判，并对殖民主义和遭受殖民统治的民族及其文化所产生的影响进行了分析。

在反对殖民主义的斗争中，这些民族资产阶级联合组成非洲民族主义的政治派别，其开始是爱国的进步力量，但很快就蜕变为黑人贵族行使领导权的工具。所以，民族主义政党是坚持改良主义的，而且是懦弱的，因而必须把他们从资产阶级中争取过来。也就是说，他强调了在殖民主义的压迫下，黑人只有通过自己的觉醒，才可能发现自己不幸的命运，只有通过民族解放，才可能使自己真正获得命运转折的契机。

法农强调，反对殖民主义的"革命主体"，既不是所谓的工人阶级

---

① Frantz Fanon, *The Wretched of the Earth*, New York: Grove Press, 1965.

或西方无产阶级，也不是第三世界的民族无产阶级，因为他们都在殖民主义时期享受着高工资待遇和一定的特权，因而他们都依附于帝国主义和资本主义。在他看来，在“第三世界”，真正革命的阶级是“贫苦农民”，他们才是“地球上承受苦难的人”，所以，革命应从这里寻求突破口，依靠农民的主体力量去进行自己的斗争。那些无家可归的赤贫的农民，那些流氓无产者一旦觉醒，其革命行动会迅速地深入到城市中去，并且将以这种爱国主义的行动净化他们自身和他们的国家。

第三世界的革命暴力。对战胜资本主义具有相当重要的意义，因为“只有暴力，只有那些由人民所运用，并且由一些人民的领导者组织和宣传的暴力，才会使得群众理解社会真理，并给他们以理解真理的钥匙。”① 因为，只有考虑到暴力成为一种净化、解放和革命的必要手段，才可能使殖民地人民对殖民者在心理和物质上的脆弱性彻底解除，才可以通过暴力的对抗斗争使集体的精神净化。只有“使用暴力”，才可能使革命者团结成真正的行动者的共同体，才可能使非洲的黑人摆脱其自卑情结，摆脱其失望和无能的散沙状态，从而使非洲黑人文化传统获得某种民族自豪感，并在强硬的殖民制度中去治疗自我的精神创伤。

当然，每一个新的国家，必须通过现实主义的政治行动去建立，而不是在感情上陷入“文化的神话”。在反抗殖民主义的斗争中，必须具有坚定不移的思想的明确性、组织的严密性和斗争的持续性，这样才有可能使穷苦人拯救他们自身。

法农认为，“欧洲事实上是第三世界创造出来的”②。殖民者所写的历史并非其所掠夺的那个国家的历史，而是宗主国对臣属国的掠夺、侵犯和使他国人民受冻挨饿的历史。殖民主义的实质是，剥夺当地人做人的权力，同时又使西方文化显得日益合法化。“因此，欧洲人不断地大谈人类，他们宣称自己最关心人类的福利，事实上，我们知道为他们的

---

① Frantz Fanon, *The Wretched of the Earth*, New York: Grove Press, 1965, p. 118.

② Frantz Fanon, *The Wretched of the Earth*, New York: Grove Press, 1965, p. 81.

所谓胜利，人类遭受了数不清的苦难。”①

可以认为，法农的研究，尤其是对“民族文化”的强调，使其对殖民主义的文化和种族主义的文化具有相当的警惕性。他的关注的核心问题是争取民族解放，但他仍然没有说清，在这种民族解放之后，“文化”将怎样获得自己的自主地位和独立精神，以及在这种反抗西方传统的斗争中，如何获取自己真正的力量。所以，法农的研究虽具有全球性的意义，为亚非拉的民族解放运动开创了新视域，但是，面对帝国主义庞然大物的、处于弱势的第三世界，如何找到自己新的文化美学个性，如何创造自己的一代新人，如何在反抗西方的同时，又学习西方，并超越西方，显然，这是法农尚未能完全解决的问题。不妨说，法农的意义不在于解决问题，而在于提出了这些现代问题。

总体上看，葛兰西“文化理论”建设已经提出对殖民主义抱有警惕性及其“文化领导权”的几个层面，即军事控制、经济控制、思想政治控制和文化理论控制，从而为反抗这种殖民主义文化、思想和制度提供了一个参照点，而法农则从民族主义的角度、提出了进行反抗斗争的可行性，而对殖民主义的压迫结构加以淋漓尽致地揭露，并提出反抗这种殖民统治的主体是贫苦的“农民”，是处于边缘的“黑人”，只有斗争和塑造新的文化，才可能使第三世界文化摆脱殖民主义的控制，而获得自己的新生。这一点，对其后的赛义德、斯皮瓦克、霍米·巴巴的后殖民主义的文化和美学反思，提供了一个理论基点或思想起点。

当然，除了葛兰西和法农理论对后殖民主义有重要奠基作用以外，米歇尔·福柯的权力分析话语更是成为当代思想资源，并对后殖民理论家产生了重要影响。

---

① Frantz Fanon, *The Wretched of the Earth*, New York: Grove Press, 1965, p. 251.

第十二章　赛义德的东方主义美学

本世纪后期，后殖民主义文化研究正在成为全球文化研究的一个新热点，其正确发展有待于一大批理论家的合作与努力。不过，我们可以从这杂色纷呈的后殖民理论家群落里，注意到几位重量级的理论家，他们是赛义德、斯皮瓦克和霍米·巴巴。对其理论的分析将有助于我们对后殖民主义理论的更为准确的把握。

美国著名后殖民主义批评家爱德华·赛义德（Edward Said，1935—2003），其复杂的身份、丰硕的著述、新颖的观点，引起了学术界的重视。

赛义德是巴勒斯坦人，生于耶路撒冷，小时候在开罗上学，后随父母移居黎巴嫩，并在欧洲国家流浪，1951 年到美国，他身处逆境，刻苦攻读，终于拿到哈佛大学博士学位（1964），并执教于哥伦比亚大学英文系（教授）。这种独特的身世，使赛义德能以东方人的眼光去看西方（尤其是美国）文化，以边缘话语去面对中心权力话语，从切身的流亡处境去看后殖民文化境遇。这使他的写作总是从社会、历史、政治、阶级、种族立场出发，去具体分析一切社会文本和文化文本。

关注世界人生和民族社会，使赛义德的写作超出了学院派的狭小天地，而具有明显的文化政治批判性。其主要著作有：《约瑟夫·康拉德与自传体小说》（*Joseph Conrad and the Fiction of Autobiography*，1966）、《东方主义》（*Orientalism*，1978）、《巴勒斯坦问题与美国语境》（*The Palestine Question and the American Context*，1979）、《巴勒斯坦问题》（*The Question of Palestine*，1979）、《隐蔽的伊斯兰教》（*Covering Islan*，1981）、《世界、文本、批评家》（*The World，the Text and the Critic*，1983）、《音乐详述》（*Musicial Elaborations*，1991）、《文化与帝国主义》（*Culture and Imperialism*，1993）等。其中，尤以《东方主义》《世界、文本、批评家》《文化与帝国主义》三部书影响最大。

第一节　东方主义的政治镜像

介入政治、参与社会、强调历史，使赛义德将文学研究与政治、社会、历史紧密结合起来。这一点在《东方主义》中得到彻底鲜明的体现。甚至可以说，这部“后殖民主义批评”（postcolonial criticism）的代表作，标明赛义德从纯文学方向扩展出去，而走向广阔的“文学与社会”研究，并进入到对文化帝国主义这一“禁区”的研究之内。

赛义德的东方主义研究具有明显的意识形态分析和政治权力批判的倾向。他在这个世界的话语-权力结构中看到了宗主国政治、经济、文化、观念与边缘国政治文化的明显二元对立。在这种对立的权力话语模式中，边缘国往往是仅仅作为宗主国“强大神话”的一个虚弱陪衬，一种面对文化霸权的自我贬损。这种强权政治虚设或虚构出一种“东方神话”，以此显示其文化的无上优越感。这就是“东方主义”作为西方控制东方所设定出来的政治镜像。

东方主义概念的宽泛性，使其对这一概念的解释充满误读。而误读者有以下几种：有持第一世界（西方）立场，制造“看”东方或使东方“被看”的话语权力操作者；有第三世界的民族主义者①，他们强烈的民族情绪使其日益强化东西方文化冲突论，并以此作为东方形象和东方作为西方的“他者”存在的理由；有既是第一世界文化圈中的白领或教授，却又具有第三世界的血缘的“夹缝人”或“香蕉人”（外黄里白）。他们在东西冲突中颇感尴尬，面对西方经常处于一种失语与无根状态，却在面对东方时又具有西方人的优越感。而赛义德所谓的消除误读的“正读”，是要超越那种非此即彼的僵硬二元对立的东西方文化冲突模式，强调那种东西方对垒的传统观念应该让位于新的你中有我、我中有你的“第三条道路”。

这种超越传统的所谓“不是东风压倒西风，就是西风压倒东风”的对立模式的新路，正是赛义德要纠正东方主义权力话语的意图之所在。他并不是要人们走极端搞一个“西方主义”（东方人虚构的“西方”），正如德里达解构“中心”的目的不是要使某“边缘”成为新的中心，而是要取消中心达到多元并生一样。赛义德要消除的是形而上学

---

① 这些民族主义者大量翻译甚至改译赛义德的《东方主义》，使赛义德的《东方主义》一书增添了浓烈的反西方色彩，并将赛义德当作东西方文化冲突中代表东方抗争的文化斗士。

的本质主义，并力求超越东西方对抗的基本立场，解构这种权力话语神话，从而使东方和西方具有对话、互渗、共生的新型关系。

“东方主义”（Orientalism）中虚构了一个“东方”，使东方（Orient）与西方（Occident）具有了本体论上的差异，并使西方得以用新奇和带有偏见的眼光去看东方，从而“创造”了一种与自己完全不同的民族本质，使自己终于能把握“异己者”。但这种“想象的地理和表述形式”，这种人为杜撰的“真实”，这种“东方主义者”在学术文化上研究产生的异域文化美妙色彩，使得帝国主义权力者就此对“东方”产生征服的利益心或据为己有的“野心”，使西方可以从远处居高临下地观察东方进而剥夺东方。赛义德认为，这种东方主义者的所谓纯学术研究、纯科学研究其实已经勾起了西方权力者的贪欲，这无异于成为了帝国主义帮凶。这种制造“帝国语境”强权征服的东方主义，已不再是纯学术而成为了强权政治的理论基础。因为，正如拿破仑 1798 年入侵埃及起就在全世界拉开了西方对东方掠夺的帝国主义阶段一样，19 世纪初当几位德国的东方主义学者初次见到一尊奇妙的印度塑像时，他们对东方的欣赏情趣立即被占有欲所置换，因此，“东方主义”有可能在制造了西方攫取东方的好胃口的同时，又不惜通过编造神话的方式美化“东方”清白的受害者形象，制造出又一轮的“被看”方式。

“东方”褪去了古代迷人的光辉而进入“现代”后成为一位“灰姑娘”，她只能在欧洲人的想象中“说话”。欧洲人赋予东方以空虚、失落和灾难的色彩，并以此作为东方对西方挑战的回报。西方人因为东方人在辉煌的昔日胜他们一筹而感到悲哀，而“现代”的胜利使西方终于得到心理满足，尽管向现代转型的东方对西人来说仍然暗含着“再度辉煌”的“危险”。在这个意义上说，东西方冲突的东方主义理论迎合了世界的政治权力格局和紧张的意识形态冲突。尤其是在东方各国日益走向现代化的过程中，这种权力话语的夸张性无疑会使东西方处于新一轮对峙冷战状态。赛义德据此强调，一种文化总是趋于对另一种文化加以改头换面的虚饰，而不是真实地接纳这种文化，即总是为了接受者的利益而接受被篡改过的内容。东方主义者总是将改变东方的未来面目使其神秘化，这种做法是为了自己和自己的工作，也是为其所信仰的那个东方。东方主义将东方打碎后按西方的趣味和利益重组一个容易被驾驭的“单位”，因此，这种东方主义研究是“偏执狂”的一种形式，是一种知识-权力运作的结果。“它创造了一种永恒不变的东方精神乌托邦。”①

在赛义德看来，西方为自己的经济、政治、文化利益而编造了一整套重构东方的战术，并规定了西方对东方的理解，通过文学、历史、学术著作描写的东方形象为其帝国主义的政治、军事、统治服务。这意味着作为一种权力和控制形式的东方主义在内容上是有效的，这种有效在建立“白人”优越论的种族主义思想的同时，使从事东方主义研究的知识分子陷入一种“主义”失败或“失败”主义情绪中：“东方主义的失败是知识分子的失败，也是人类的失败。东方主义站在与世界一个地区完全对立的立场上，认为这个地区同自己所在的地区不同，因此它没有看清人类的经验，没有将东方看成人类的经验”②。也就是说，作为东方主义者的西方知识分子，通过自己的文化研究并没有增进人类的总体经验，并没有消除民族主义和宗主国中心主义的偏见去解释人类文化的总体体系，却通过对东方的文化研究参与着种族歧视、文化霸权和精神垄断。赛义德要质疑这种文化研究的内在矛盾和困境，削弱这种唯心主义式的文化特权。因为对文化霸权的“抵抗”同权力运作一样，也是文化和文化研究的组成部分。

赛义德将福柯的“话语理论”与葛兰西的“领导权”理论组合起来，强调东方主义是一种话语结构，但他不同意福柯关于“主体死亡”的命题，而是强调恢复“人”的范畴，并承认个人经验在提供理论和

① E. W. Said, *Orientalism*, New York: Pantheom, 1978, p. 246.

② E. W. Said, *Orientalism*, New York: Pantheom, 1978, p. 328.

政治基础方面具有其有效性。赛义德的思考延伸到这样一个层面：处在西方强势语境的学者个体，应怎样保持个性而不被西方观念所牵引？同时，在西方的东方学者又该怎样在全球现代化浪潮中，在后殖民氛围下同社会和周围环境相联系而又保持个体经验，并对政治社会制度和文化殖民主义采取批判立场呢？

赛义德坚持个体的特殊性对学者的批判性思考的重要性，因为特殊性使学者能以个体经验对抗整体性殖民文化，当然，这种“对抗”不是民族主义式的，而是超越东方或西方利益的人类主义的或世界主义的。

处在第一世界文化领域的第三世界学者，只有通过个体经验才能有效地选择境遇并改变个体乃至群体的命运。[①] 他希望通过分析“西方”和“东方”彼此对立的文化统治权力结构而寻绎消解这种中心-边缘的矛盾体。但是，在具体的文化分析和作家作品分析中，他却感到这一权力对立是如此紧张，以至于“每一个欧洲人，无论他就东方说些什么，他最终还是个种族主义者、帝国主义者、地道的种族中心论者”[②]。这样，西方对东方的曲解误读就成为常态的和根探蒂固的。这种误读不仅出现在西方人的语言模式中，而且植根于他们的文化制度和政治环境中。就此而言，通过个体经验选择境遇并非易事。

赛义德在东方主义研究中与斯皮瓦克的后殖民理论强调女性主义的性别解构性不同，也与霍米·巴巴的后殖民主义突出其第三世界文化研究性相异，而是相当注重种族分析和政治干预，肯定了文化政治与帝国主义利欲的内在一致性。东方学者打入第一世界文化政治的高层，使“东方主义”对东方的整体误读出现了裂缝。同样，东方学者的对抗，也意味着西方自己内部的混乱。东方主义表现了西方文化内部出现了多种声音，也表明西方主义曲解东方的企图日益落空。因为东方的崛起已

---

① E. W. Said, *Orientalism*, New York: Pantheom, p. 224.

② E. W. Said, *Orientalism*, New York: Pantheom, p. 204.

经使全球总体性结构发生着深刻的变化，西方权力中心主义已面临即将到来的解体和世界文化政治的新格局。

《东方主义》一书，在后殖民主义文化研究领域中引起了人们的广泛兴趣，但也遭致各方面的误解和攻击。为此，赛义德在《东方主义》1995年在英国再版时，补写了一篇很长的后记①，申说自己的真实意图。在赛义德看来，《东方主义》不是一部宣传恐外仇外的、侵略性的东方种族主义的书，而是强调文化多元主义、批判西方坚持东方主义立场的书。促使民族主义退烧，坚持东西方对话的超越性著作，是对东西方对立境况的批判，而不是对这一僵化误解境遇的肯定，是面对世界上的文化霸权去努力消解霸权本身，而不是要用一个话语霸权去取代或抗衡另一个话语霸权。他要使知识分子从非此即彼的二元对立误区中“超前性”地走出来，从东方主义的束缚中解放出来，真正进入多元共存的后现代世界格局之中。为此，他强调后殖民主义思潮在种族与性别问题上，对欧洲中心主义与父权中心主义的广泛深入批判的现实意义。尽管东方主义的误读使东西方之间的不平等和对峙仍然存在，但后殖民主义文化批判使人们意识到，这种不平等和对峙也许将在人类互相理解和达到的共识中成为正在消失的历史经验。在这个意义上说，那种文化帝国霸权主义或东方主义的时代“已经临近终结”的论断或许将为历史所证实，而那种亨延顿式的基督教、儒教、伊斯兰教的“文明的冲突”论，也许将为世界不同民族文化的互相融合和共享文明资源并走向全球和平所取代。

在《东方主义》之后，1993年，赛义德又出版了《文化与帝国主义》，进一步深化和拓展了后殖民主义论域，在历史地审视与逻辑地分析西方文化中，集中阐释文化控制与知识权力的关系，进而在分析英国、荷兰、比利时、西班牙的侵略和统治中，直接涉及诸多政治问题，进而将文化殖民主义批判的锋芒指向美国。赛义德认为，“文化”和

① Cf. E. W. Said, *Orientalism*, New York: Pantheom, pp. 330-345.

"帝国主义"是一个当代文化政治批评出现频率很高的概念。"文化",不仅指人类的一种精神实践,并且指一个社会中具有的优秀东西的历史积累。① 而帝国主义在今天已不再热衷于从事领土征服和武装霸权地进行殖民主义活动,而是注重在文化领域里攫取第三世界的宝贵资源并进行政治、意识形态、经济、文化殖民,甚至通过文化刊物、旅行考察和学术讲座的方式征服后殖民地人民。② 从而使东西方文化冲突成为一种文化互渗和对话的理解过程。

由此可以看出,赛义德并不赞同东方人误读或美化西方的"西方主义"对抗"东方主义"方式,也不赞同民族主义式的对抗西方文化霸权,而仍然倡导一种交流对话和多元共生文化的话语权力观,这是他思想批判的个体经验方式,当然也反映了处在美国知识界的第三世界学者思想上的尴尬境遇,和无可选择的"中庸"之道。

第二节　后殖民主义文化批评

对文本从政治和文化的角度解读是赛义德后殖民主义的"文化策略"。其实,这一策略早在1975年出版的《起始:意图与方法》中就开始了。这部书表明赛义德对总体文学批评的独到贡献。在赛义德看来,作家身上具有一种渴望揭示本源的意图,这一意图涵摄并折射出社会的文化政治宗教力量,是一种使作家与其自身世界的诸种力量难以逃逸的网络。其具体方法则是将关注点集中在作为写作的文本上,而非作为阅读的文本上。他选择了弗洛伊德的《释梦》作为阐释文本,因为弗洛伊德以词语表述梦幻的难题展示了作者意图与形成的文本之间难以

---

① Cf. E. W. Said, *Culture and Imperialismm*, London: Vintago, 1993, pp. 12-13.

② 赛义德认为,社会、政治、历史和文学不可分割,文化刊物、学术讲座对东西方冲突的文化有达到理解和一定共识的可能。E. W. Said, *Culture and Imperialismm*, p. 292.

契合的关系。而这种对本源的解构式研究使赛义德在 20 世纪 70 年代就成为具有一定影响的文化理论家。

到了 20 世纪 80 年代，赛义德出版了论文集《世界、文本、批评家》（*The World*, *the Text and the Critic*, 1983），全面阐释了后殖民主义的文本理论。在赛义德看来，文本的物质性和自足性是十分可疑的，文本的存在既是理论的又是实践的，总是处于一定的时空社会关系之中，受到法律、政治、经济和社会的制约。因此文本存在于世界中而具有世界性（worldliness）。文本作为物质存在参与了世界，反过来，各种历史和意识形态的氛围又会影响实际的文本。文本诞生以后就脱离作者而成为可以为世界利益而再生产的东西。作为世界上的一个存在，它属于每一位读者。

对文化产品的“文本”而言，世界性有着相当关键的意义。文本是一种生产，其不仅生产出无数的文本阐释，而且生产出新的意义网络。文本的世界具有世界性、随机性、特殊性、历史偶然性，通过语言与背景这一意指形式合并于文本之中，构成文本传达和产生意义的能力中不可或缺的部分。每一文本都有其“语境”，它规范着不同的解释者和他的解释活动。更进一步看，文本使话语具体化，赛义德运用福柯话语理论，强调写人生本身就是把控制者和受控者之间的权力关系系统转换为纯粹的文字。表面上，文字只是写作的文字，好像看不到社会政治控制，其实，它与欲望和权力有着很深的联系。言语绝不仅仅是把冲突和统治体系语词化，而且是人与人之间斗争冲突的对象。文本中心主义、文本排他主义的观点都忽略了种族中心和人对权力的欲望，而这正是文本与世界联系的根本内容。

在阐释了文本与世界的复杂关系以后，赛义德着重讨论文本与批评的关系。他强调的是以批评家的文章为中心“位置”（place），并进而分析文本的介入时间和意识，文本的内在矛盾，文本的不可更改性，文本的偶然性，文本的控制与被控制的关系。批评是社会话语的一种显现的存在，是一个正在表述着的现在。批评同样是一个事件，它更接近一个必定未完成的、无限趋于判断和评价的过程。批评家不仅创造判断的理解艺术的价值标准，而且，他们在写作中还体现出当下的那些过程和实际情况，因为正是依靠它们，艺术和写作才具有当代的意义。因此可以说，批评和批评家是世界性的、也是需要世界性的。在这种世界性的文化政治情境中，批评家更富有社会意义或意识创造性。更能发现和揭示隐匿在常规之下的事物。同样，也更能提供一个使文本在社会政治世界中不同于其他的策略方法。

赛义德不仅将文本与世界和批评家联系起来，而且将文学经验与文化政治联系起来，进而强调政治和社会意识与文学研究的关系，推行文化政治批评，并坚持跨学科研究对后殖民主义文学研究的重要性。无疑，赛义德的文学文本理论已经成为后殖民主义文学研究的重要内容，并在西方当代文坛产生了不可忽视的影响。

第十三章　斯皮瓦克的后殖民理论

英美大多数后殖民主义批评家的关注点一直是非洲文学，赛义德的理论使其注意到了“东方”，而使后殖民主义研究真正关注印度次大陆的是美籍印度裔女学者佳娅特丽·C. 斯皮瓦克（Gayatri C. Spivak, 1942—）。她生于印度加尔各答市，1963 年移居美国。现为美国匹兹堡大学英语与文化研究系教授。其主要著作有《在他者的世界里》（*In Other World*, 1988）、《后殖民批评家》（*The Postcoloniacal Critic*, New York: Routledge, 1991），译著有《文字语言学》（*Jacques Derrida*, Of Grammatology, 1974）。另有多篇重要论文发表：《移置作用与妇女的话语》（“Displacement and Discourse of Women”, 1983）、《阐释的政治》（“The Plolitics of Interpretations”, 1983）、《爱我及我影——她》（“Love Me, Love My Ombre, Elle”, 1984）、《独立的印度：妇女的印度》（“Independent India: Women's India”）等。

斯皮瓦克并非是将自己局限于某一学科狭窄领域的专家，而是打破专业界限，横跨多学科、多流派的思想型学者。她将后殖民主义理论与她的女权主义、解构主义、西方马克思主义、心理分析学理论紧密相联，并将自己的“边缘”状态和“权力”分析的策略置于当代理论和批判领域。换言之，她善于运用女权主义理论去分析东西方女性所遭受到的权力话语剥离处境，运用解构主义的权力话语理论去透析后殖民语境的“东方”地位，运用西方马克思主义理论对殖民主义权威的形成及其构成进行重新解读，以解除权威的力量并恢复历史的真相。

这位女性理论家并非是零散地挪用这些理论，而是将其批判性、颠覆性、边缘性精神同自己本民族受殖民主义压抑的“历史记忆”联系起来，从而使她在“历史话语”的剖析、第三世界妇女的命运、文化霸权话语的透视与帝国主义批判等几方面取得令人瞩目的成绩。如今她已成为后殖民主义理论阵营中的一员先锋。

第一节 “臣属”的文化身份

“历史记忆”是一个民族经过岁月汰洗以后留下的“根”，是一个时代风雨吹打后所保存的“前理解”，是一个社会走向未来的反思基点。斯皮瓦克作为一位在美国任教的东方女性学者，经历了三重压力，即面对西方时的“东方人”的压力，面对男权话语时的女性压力，面对“第一世界”中心话语时的“第三世界”边缘压力。她切身地感到自己受制于“他国国籍”特权而受到的“意识形态的侵害”，但是，她并不想消隐自己的历史记忆和文化身份。而是宣称自己作为身处西方世界的亚裔女学者，是“第三世界妇女”的代言人，并以此文化身份去重新书写自己民族的历史。

处于中心之外的“边缘”地带的殖民地，对宗主国在政治、经济、文化、语言上的依赖，使其文化记忆深深地打上了“臣属”（葛兰西语）的烙印。[①] 历史在被中心话语重新编织中受到“认知暴力”的挤压。在西方人或宗主国的“凝视”之下，历史成为“被看”的叙述景观，并在虚构和变形中构成“历史的虚假性”。斯皮瓦克要重建真实的历史叙述，她反对这种帝国主义的历史描述和将历史叙述虚构化的“策略”，而致力于建构第三世界自身历史的新叙述逻辑。

将种族、阶级、性别作为分析的代码，使斯皮瓦克能相当深入地对殖民地权力话语加以政治揭露，对文化帝国主义的种族中心主义进行批判，进而为臣属的文化重新“命名”。[②] 然而，斯皮瓦克同时感到这样做时的尴尬，因为，所谓与“第一世界相对应的第三世界”这个概念本身就是带有帝国霸权主义色彩的能指，它很容易将这一对峙的后殖民问题转化成“民族主义”甚至简单的“反西化主义”思潮。同时，臣属阶级的学者打入第一世界学术圈以后，成为西化了的东方人，他们能相当完备地运用“西学”武库中的最新武器，并用这种最新理论去反映自己处身的尴尬——她处身于高层学术圈中，必然要求自己“应该有”的“特权地位”。于是，她被整合进统治阶级的营垒，消隐了种族、阶级、性别的差异。也就是说，她在追求“主体同质性”的西方精英身份的同时，忘记了“主体异质性”的边缘文化身份。当她作为

① G. C. Spivak, *In Oter World*, New York: Routledge, 1988, p. 208.
② G. C. Spivak, *In Oter World*, New York: Routledge, p. 267.

边缘化的“从属臣民”时她没有话语权，当她挤进中心话语圈分享其话语权时，她却只能说统一世界的“话语”。她似乎无力找回历史记忆中自我民族精神的沉默的“大音”。

这种阐述“臣属”处境而又不使自己完全进入带有霸权主义性质的西方批评理论体系性中去的“文化焦虑”，使斯皮瓦克意识到学术权威对意识形态的调整作用。因为，学术界权威话语和大学教学，就是对西方意识形态的传统观念和历史视角进行全新的“构造”。也许，摆脱尴尬处境的最好办法，就是勇毅地抛弃自己的“特权”地位，在理论上建立其作为研究主体的地位，同时并非简单地创造出反历史反霸权的激进话语，而是就整个西方话语和政治体制进行意义深远的论战和观念的全新调整，以此方式修正“臣属”的历史记忆。换言之，既要揭开帝国主义的认知裂缝，又不染上失根的怀乡病，则必须具有一种健康的心态面对帝国主义统治时期的档案，尤其是女性被压抑的档案。只有这样，才能使对殖民霸权主义的批判引起第一世界读者的关注，并由文化领域扩展到读解政治领域，并使“东方”或“西方”的问题，成为“人类”必得关注的“共同问题”。

在抹去“臣属”殖民化色彩以恢复本民族“历史记忆”的进程中，如何重新书写自己的文化身份呢？在斯皮瓦克看来，首先要以解构主义的消解中心方法①，解析宗主国文化对殖民地文化所造成的内在伤害，揭露帝国主义在意识形态领域里的种种伪装现象，并将文化研究与经济、法律、政治研究打通，从而恢复历史记忆的真实性。

其次，从历史叙事入手，用西方马克思主义的“批判理论”，揭示帝国主义对殖民地历史的歪曲和虚构，建立与之相悖的反叙述，使颠倒

---

① 斯皮瓦克作为德里达《文字语言学》的英译者，对解构主义深有研究也最感兴趣。她指出：“解构实践承认任何研究的起点都是暂时的、难以把握的。它揭示出知识的复杂性质，认识到知识意志所形成的对立面，坚持要揭示批评主体与批评对象之间的联系，并强调‘历史’和‘种族政治’是这种共同联系的‘痕迹’。”见《批评、女权主义、机制》，178页。

的历史再重新颠倒过来。这种使宗主国与臣属国两个对立物发生颠倒错位的当下语境，使得真正的文化批评成为可能。

再次，强调后殖民批评的人文话语。人文话语领域是所有后殖民理论家所关注的重要问题，而文学则是其最具有范型意义的“文本”[①]。因为其他种类（自然科学和社会科学）的话语总是趋于求得有关某一处境的终极真理，而文学尽管属于人类话语域，但呈现出有关人类境遇的真理正在于其无法发现这一所谓的终极真理状况。一般人文话语都包含某种答案的寻绎，而在文学话语中，贯穿始终并得到充分呈现的“问题本身”就是答案。文学文本中的话语是普遍的文本性构架的组成部分，它提出的结论是，使一种统一或同质的意识形态或接受一种统一的答案成为不可能。因为文学的人文话语是后殖民主义中最具有解构力量的话语，它总是将最内在的矛盾以最为触目惊心的方式揭示出来。

最后，强调后殖民批评中的“第三世界妇女”的“发言”。而这在斯皮瓦克看来，是自己工作的主要方面，也是其最为得心应手的学术领域。

第二节　妇女话语与女性命名

如果说，第三世界在第一世界的“被看”中发生了变形的话，那么，第三世界妇女则在这“变形”中沉入了历史地表之下。

随着女权运动的高涨，第三世界妇女开始进入西方的“视界”之中，无论是朱莉亚·克里斯蒂娃（J. Kristevn）对中国妇女“默默无言注视”自己的描写[②]，还是桑德拉·塔尔帕德·莫汉蒂（C. Mohanty）

① Cf. G. C. Spivak, *In Other World*, New York: Routledge.

② Cf. J. Kristevn, *About Chinese Women*, New York: Urizen, 1981.

《在西方的注视下：女性主义的学术研究和殖民话语》[1] 中，对第三世界妇女在男权中心主义主观臆断中“变形”的描写，都既注意到在东方妇女注视下的西方妇女自我“身份问题”（克里斯蒂娃），又注意到在西方妇女注视下的东方妇女，被看成抹平了文化历史和政治经济特殊语境的“一个同质的群体”时的“身份问题”（莫汉蒂）。

这种身份认同的危机，事实上更尖锐地体现在第三世界妇女群体身上。斯皮瓦克对女权主义批评家们不自觉地复制出帝国主义式的主观臆断不满，主张分析有关重新构建第三世界的文化历史叙述，因为历史上和文学中的“第三世界妇女”已经打下了父权化、殖民化过程的标记，变成为经西方女权主义者重组以后的自恋型、虚构型的“他者”（Other）。换言之，必须产生一种异质文化复原的方式，即承认第三世界妇女作为一种具有性别的和民族差异性的主体，是具有个体“个性”和“多样性”的主体。[2]

相对于第三世界男性而言，妇女更是遭受着殖民文化的压抑。妇女丧失了主体地位而沦为工具性客体，她丧失了自己的声音和言说的权力，仅仅缩减为一个空洞的能指而成为父权主义和帝国主义强大的反证。对此，斯皮瓦克指出，只有文学批评家才可能通过文学的独特的个性表达方式，去发现那被压抑着的精神和肉体的“沉默”，寻绎到那“能指”背后的历史意义的“所指”，从而有可能阐释一种新的历史认知体系，确立女性主体的历史坐标，使消隐在历史地平线之下的妇女上升到历史地平线。

在人文话语三维关系的“语言、世界、意识”中，斯皮瓦克受海德格尔“语言是存在的家”和福柯“沉默的他者”的启示，强调“语

---

① C. Mohanty, “Under Western Eyes: Feminist Scholarship and Colonial Discourses”, in C. Mohanty, A. Russo and I, Rorres, eds. *Third World Women and the Politics of Feminism*, Indian University Press, 1991.

② 在这方面，斯皮瓦克写了大量论文，如《在国际框架里的法国女性主义》、《从属臣民能说话吗？——关于印度寡妇殉节的思考》《三个女性的文本与帝国主义的批判》《帝国主义与性别差异》《女性话语和错位》《女性主义与批评理论》《移置作用与妇女话语》等。

言”和“写作”之维，并透过这一维度看“世界”和“意识”如何通过语言“表征”出来，并借此追问第三世界妇女“从属者无权说话”的“失语”状态是如何形成的。斯皮瓦克强调，世界和意识是由语言组成的，但我们不能占有这些语言，因为我们同样被那些语言所操纵。语言本身是由世界和意识决定的，语言的范畴中包含着世界和意识的范畴。能发出自己的“声音”表明其拥有自己的世界和自我的历史意识，反之，则表明世界和意识对其的“外在化”。无言状态或失语状态说明说者的缺席或被另一种力量强行置于“盲点”之中。

无疑，第三世界妇女正是因为失语而反证了自身的缺席和处于世界与意识形态的“边缘”。不妨说，在这种西方中心主义语境中，需要发掘的不仅是第三世界妇女的历史或其真凭实证，而且还要探讨殖民地作为一种研究对象是怎样借助欧洲理论产生出来的。

长期以来，美国女权主义者将“历史”看作一种贬低理论的实证经验，因而对其自身的历史视而不见，却以第一世界霸权式的知识实践指定“第三世界”作为美国女权主义的研究对象。这无疑表明，霸权主义意识形态的局限比学者个人意识的局限要严重得多。因此，当务之急是重新重视被霸权主义压制的边缘话语的声音，将第三世界妇女的命运与意识形态发展联系起来，从不同国别的女权主义文本中解读出其背后的生产支配作用、剩余价值实现和政治策略。只有禀有一种世界历史意识去关注“谁失语和怎样失语”，只有将历史和政治引入心理分析的女性问题，只有将经济文本引入当代话语权力运作分析中，才能回到对殖民主义心理分析的起点，才会发现新帝国主义的权力操作机制。

作为边缘者的女性丧失了言说的权力。在斯皮瓦克看来，这种权力是失落于“历史档案”与本土父权制的夹缝中，并且又被带有霸权主义性质的女权主义所隔绝。“女性”这个符号之所以成为“空白”和“不确定”的，是因为它触及到有关所有权的文本暴政，即政治权力、经济权力以及意识形态权力。于是，在男性权力话语中，第三世界妇女成为不在场的、无名的和不确定的空洞能指。

解决的办法并不是第一世界的标准给予第三世界妇女以政治和性别地位，因为，将所谓世界女权主义价值观的殖民话语嵌入第三世界妇女概念中，意味着西方女权主义者所确定的行为准则，也可以被用来压迫东方妇女阶层。真正可行的途径是，在第一世界文学作品日益变成文字游戏和本能欲望书写的今天，第三世界妇女健康清新的文学经验中那种人的意识、主体性、发言权斗争和对新生活的向往，与西方社会的纵欲享乐的虚无人生观形成鲜明的对照，并为第三世界文学自身的非殖民化过程提供了内在的力量。

这个世界并非以西方为唯一尺度，相反，东方妇女在世纪之交已日益走出失语的沉默而发出自己的声音——一种不能再听而不闻的“新的声音”。据此，斯皮瓦克认为，西方女权主义学者应该向正在走向“语言、世界和自我意识”的第三世界女性学习，为她们讲话；必须尊重女性话语域内出现的多元化趋向，抛弃那种作为第一世界妇女的优越感，清除主流文化所带有的种族偏见；不仅要追问“我是谁”这一个存在本体问题，而且更要问“其他的女性是谁”这一社会存在本体论问题；不仅要清楚“我如何去命名她们”这一主客体问题，而且更要清楚“她们如何命名我”这一主体间性问题。只有这样，才能消弭东西方女性之间的理解“距离”，才能解构殖民化网络，而达到第三世界妇女的重新“命名”的新历史阶段。

第三世界妇女的“命名”和“发言”对于未来世界的和谐发展关系重大。“西方”想了解“东方”决定了“西化的东方人”想要了解自己的世界，或者东西方两大对立面的反转和换位，从而消解霸权主义的种族、阶级和性别歧视。第一世界女权主义在文化批评中应充分认识第三世界并扩展不同民族和地域的读者群，必须重视这一领域巨大的多相性研究，真正学会放弃做第一世界女性的所谓优越感，并以一种对帝国主义的有深度的批判以引起第一世界读者对此问题的关注，以扩展政治批判和文化批判的领域。

斯皮瓦克作为一位美籍亚裔女学者，以其独到的理论框架、横跨多学科的视野、富有批判性的批评实践，对“臣属”的历史记忆加以清理，对殖民主义的压抑模式加以揭示，对文化帝国主义对第三世界妇女的漠视加以质疑，从而以富于创造性和敢于打破常规的方式对殖民主义加以解构，并重新创造和建构了东方女性话语，为第三世界妇女的“无言”状态“发言”，为其“无名”状态而重新“命名”。尽管在具体策略上和方法操作上，斯皮瓦克显得激进而失之于浮躁，但其文化政治理论框架和妇女文学批评实践的意向和锐气却是难能可贵的。同时，对我们更好地理解后殖民主义与女权主义的关系，也提供了一幅清晰的理论图景。

第十四章　霍米·巴巴与莫汉蒂的文化视界

在后殖民理论中，除了赛义德和斯皮瓦克的理论建树以外，霍米·巴巴、莫汉蒂、亨廷顿、杰姆逊等人的观点，亦从各个不同的方面讨论了国家民族、种族、性别、文化差异、文明冲突等问题，值得关注和分析。

第一节　文化定位与文化殖民

霍米·巴巴（Homi K. Bhabha，1949—　）是印度成长起来的波斯人后裔，现为美国普林斯顿大学英语系客座教授，英国色萨斯大学英文系教授，主编《民族与叙事》（*Nation and Narration*，1990），其论文集《文化定位》①（1994）在西方学术界有很大的影响，是一位重要的后殖民主义文化理论家。

霍米·巴巴近年致力于编辑《法农读本》（*The Fanon Reader*）。他强调，法农对“第三世界”与“第

① Homi K. Bhabha, *The Location of Culture*, London & New York: Routledge, 1994.

一世界”之间的微妙关系的分析，对黑人与白人之间的存在差异和文化殖民的权力运作方式所进行的深入分析，以及通过精神分析强调文化“含混”的做法，为当代的文化研究做出新的开拓。即超越过去简单的比喻、象征、形式、内容、叙事分析以及社会历史分析的方法，而找到一种民族性的文化差异，使得殖民话语和文化之间的冲突、语言的不确定性等，成为当代文化研究的重要内容。

后殖民话语（postcolonial discourse）是殖民者的语言和文化对殖民地文化和语言进行的播撒和渗透，这使得被殖民地的土著不得不以殖民者的话语方式来确认自我“身份”，而在自己的黑色皮肤上带上白色人的面具。这样，在一种扭曲的文化氛围中，完成了心理、精神和现实世界的被殖民过程。从而，使被压迫与压迫者之间的对立关系，转化为文化的渗透与认同关系。这可以说是被殖民者将外在的强迫性变成了内在的自觉性，从而抹平所谓的文化差异，而追逐宗主国的文化价值标准，使得文化殖民成为可能。

霍米·巴巴自己的文化身份就十分尴尬，他既非印度人，但是成长在对西方人仰其鼻息的印度，并得以跻身于中产阶级之列，但同时他又是被一般印度人所看不起的波斯人。这种杂糅的文化、阶级和经济的身份，使他永远难以将自己整合为一个单纯而统一的个体，而时时处于自我身份的怀疑之中。无疑，这构成了霍米·巴巴对文化殖民、文化霸权质疑的政治、经济和文化的前提。

霍米·巴巴很善于从拉康式的精神分析角度，对外在的强迫的权力如何通过心理因素扭曲人性加以描述。在他看来，这种心理扭曲的接受者，往往是由被动到主动，由压迫感、屈辱感到逐渐适应，甚至以此作为标准或作为身份认同的基点，这正是问题的关键所在。他认为，自己很大部分的研究内容，是从殖民地出来的学者对自己的历史身份开始提出理论反省这一点开始的。

也就是说，一方面，这种理论强调了文化的差异性，强调了弱势文化在强势文化权力之下，保持自身合法性的正当要求，同时，又关注“普遍的文化相对论”有可能使得“差异性”的文化变得不再重要的问题。因为，在这样一种普遍性的文化相对论中，那种不断地强化第一世界文化的宽泛性和普遍性，并通过一些学术机构或基金会的经费补助，教育的性别差异，种族的歧视，弱势人权的失落等问题，而不断形成新的社会契约，从而使现实社会空间中的种族、国家、性别、社群、法律、歧视等问题，成为后殖民主义者一再协调或重新评价的问题。

因此，当代学者如何对第一世界霸权的企图和文化殖民的扩张保持警惕，如何对第三世界甚至被殖民的土著由一种对立的冲突变为积极的加入和改写身份，同样加以警惕，甚至如何在所谓普遍性的“大历史”中，去书写各自差异性的“小历史”，使在第一世界单一的声音中出现一种第三世界多音杂糅的“多种声音”，实在是十分重要的。

在后殖民和后现代语境中，真正的学者必须永远质疑的是：自己的文化身份、自己的阶级、民族的立场甚至性别为何？自己究竟是属于什么样的群体？是以怎样的方式去认同自我？并用什么样的思维方式、话语方式、言说方式来展示自己的声音？因为说到底，差异性是很难抹平的，任何要想通过语言达到完全彻底的思想“对译”的想法都是幼稚的，因为在通过各种话语的交流中，恰好是看似无意义的、抹平差异的说法，隐藏了一种话语暴力、意义误读和更大的文化危机与文化矛盾。

只有承认这种危机和矛盾，只有将这种危机和矛盾刺破和挑明，才可能真正促使双方达到真诚的理解和对话的可能性，否则，对话仅仅是掩盖了差异的文化霸权的一种文化策略而已。

在这个意义上，我们可以理解霍米·巴巴所谓“文化定位”，既不是定位在后殖民宗主国的文化的普遍性意义上，也不是完全定位在抹平差异的所谓多元话语的问题上，而是定位在“处于中心之外”的非主流的文化疆界上。这使后殖民主义的文化研究的过程，是一个永远不封闭的、未完成的文化构成物。这种文化构成物除了是一种话语方式之外，更重要的是一种实践方式，它试图通过文化权力的运作，引申到经济、政治和文化的行动中。因为，不同性质的文化之间，冲突是不可避免的。

文化差异和文化碰撞，是异质文化之间得以沟通和转化的过程，因此，文化的定位既非完全是要使弱势文化被强势文化所吞没，也不是弱势要变成一个新的强势文化，而是通过互相的对话、交谈和商讨，使文化权力在双方之中达到一种均衡的发展和认同，并对双方加以制约和协调。

在我看来，在这个崇尚普遍性的世纪中，霍米·巴巴标举“少数话语”的立场，也就是边缘的文化立场，是相当有眼光的。他认为，被压制的、非主流的“弱势文化”，完全可以对占主导地位的殖民文化进行“改写”，而这种改写不仅是话语权力或文化策略方面的，也可以是政治、经济、文化和价值批判方面的。所以，这种改写也许是第三世界文化获取自己的合法性，使自己的边缘的生活方式、话语方式不致过分恶化的重要前提。

当然，霍米·巴巴也强调，在第三世界对第一世界进行改写的时候，也要注意它所具有的边界，即必须反对种族主义，反对性别歧视，反对帝国主义和新种族主义等①，从而使后殖民的文化研究不再是单纯

① Homi K. Bhabha, *The Location of Culture*, p. 26.

的政治斗争，而是一种文本领域中的话语革命。

这种强调差异性、边缘性、少数人话语的文化研究方式，对美学和文化批评具有很大的影响。甚至，当代文化理论对西方殖民主义文化和理论反思、学术反思，在美学方面都有着十分明显的反馈。也许可以说，这种重视文本、人物形象、艺术特性和民族差异的美学和文艺批评的基本立场，使霍米·巴巴的理论对美学的影响日益扩大。

霍米·巴巴的意义也许在于，他一方面勾画出心理分析中的文化心理由被动转化为主动的可能性。另一方面，也划出了所谓“跨文化比较”中的边界，因为一切忽视文化差异的结果，一切抹平少数话语的立场的做法，其最终结果都可能是复制老牌的帝国主义的政治和文化，使得全球性的文化丧失差异而变成一种平面的模块，那将是人类文化的末日。

第二节　女权主义与后殖民话语

如果说霍米·巴巴揭示了殖民主义、文化霸权和文化身份的问题的话，那么，莫汉蒂（Mohanty）则对女权主义与后殖民主义之间的关系进行了深入的探讨，可以说是从另一个维度推进了后殖民主义的理论研究。

在其《第三世界妇女和女权主义政治》[①]（1991）一书中，莫汉蒂讨论了关于殖民化的问题和第三世界女权主义问题，认为妇女在这个所谓的文明世界，事实上成为男性施暴的牺牲品。她们在各个文化领域中，都处于男权社会的附庸地位。妇女作为权力主体的对象，已经丧失

---

① C. Mohanty, A. Russo and L. Torres, eds. *Third World Women and the Politics of Feminism*, Indian University Press, 1991.

了自己言说的能力。更严重的是，第三世界妇女的生存经验和文化性存在，被相当程度地忽略了。因此，对妇女的一种漠视、忽略和侵犯，强化了西方的“文化帝国主义”特性，使得殖民化倾向在女性问题上表现得尤为突出。

“殖民化”的定义，主要是一种散漫的、通过一种特殊的分析范畴对第三世界妇女的话语方式加以规约的定义。第三世界女权主义在知识上和政治上的基本任务在于，对自居统治地位的西方女权主义的内部批判以及对自足的，有地理、历史、文化根基的女权主义所关注的一些战略进行系统地分析。因此，在讨论女权主义的时候，有一个重要问题即“殖民化”的问题是不可忽略的。因为，“殖民化”可以用来描述从大部分明显的经济和政治统治集团，到有关所谓第三世界特殊文化的论著的每件事情的特性。而且“殖民化”的阐释框架的复杂性和问题的尖锐性，总是伴随着对某种中心统治与被统治的暴力结构关系。①

在今天，西方女权主义要寻求解决的主要问题，是要弄清这种暴力的结构以及暴力的起源和它造成的恶果。这种由特定文化造成的专断权力关系，已经触目惊心地使妇女的文化、经济、政治地位受到了侵犯。尤其是第三世界妇女在物质和精神以及在历史的意志性方面，已经被“无边地殖民化”了，而产生出一种身份混合杂糅的即所谓受歧视的第三世界妇女。这种第三世界妇女的边缘化地位，是家长制和男性统治的跨文化所出现的性别歧视造成的。

正是由于第三世界差异的产生，西方女权主义者才利用了表现这些国家妇女生活特点所构成的复杂性，并使之殖民化。正是在第三世界妇女的受压迫的系统化过程中，多数现代西方女权主义的话话才行使了一种权力，而这种权力在今天需要重新定义和命名。

在这个世界上，妇女没有历史，是一种非历史的存在。她们由阶

① C. Mohanty, “Under Western Eyes: Feminist Scholarship and Colonial Discourses,” *Third World Women and the Politics of Feminism*, pp. 51-80.

级、文化、宗教及其意识形态的机构之间错综复杂的关系构成，而力求获得自己的身份认同。她们不是单独的、基于特定经济制度和政治等级之上的群体。那种简单的“跨文化比较”，导致了日常生活特点和妇女所代表的复杂政治利益的殖民化，这已经被很多学者论述过了。妇女性别差异与女性从属地化相连，其权力和权力的丧失，使得男性与女性处于二元对立之中。这种简单的二元对立公式简化了深层权力压迫的模式，但也折射出妇女受压迫是一种全球性现象，表征出全球性的殖民处境中的严重状况。

阶级、种族、宗教、第三世界妇女等问题，其实已经造成了全球妇女之间的利益斗争和所受压迫共同感的虚假感觉。莫汉蒂认为，所谓的“女性共同体”是不存在的，女性的背后的种族主义、殖民主义和帝国主义确实是真实存在的。如何从西方女权主义关于第三世界妇女的论述中，发现其妇女话语的政治效果，并对第三世界的妇女所遭致的殖民文化现象加以考察，进而发现宗教家庭、法律制度、性别分工、教育和政治对抗等尖锐问题，是当代女权主义勘测到当代女性处境备忘录的一个重要工作。

对于这种殖民化的权力结构关系的分析，使得所谓那种超越阶级和文化而确立起来的第三世界妇女反对压迫的斗争获得了一种一致性。因为权力关系是根据单方面的和无差别的权力来源以及对权力的积累建立起来的。对立是作为权力的反映而产生的普遍现象，而权力是由特定的人群所拥有的，因此，不仅妇女受到的殖民歧视是全球性的，而且第三世界妇女在第一世界也就是西方女权主义者眼中，仍然是更深的受到权力制约的群体，而这个群体是软弱无力而又和谐一致的。

无论如何，无视妇女的当代社会的文化、政治、经济、性别等身份书写或重新书写的合法性，都是把第三世界妇女放在社会阶级和种族框架内加以殖民化。利用这种殖民化，将剥夺她们的历史和政治作用，在性别上受压迫的妇女，尤以第三世界妇女为烈，因为第一世界与第三世界权力转换之间没有联系，所以，这种压迫实际上是被强化了，同时还因为第三世界还没有发展到西方已经达到的女权主义的程度，因而性别歧视堂而皇之地存在着。

在后殖民语境中的女权主义，需要通过第一世界去分析第三世界国家妇女群体经验，同时，使其反抗那种习以为常的权力运作的模式。权力运作中总是要揭露某种内在的东西，而反抗正是权力运作的一种新的逆转。只有通过反抗，第三世界的妇女才可能挣脱所有对她们的权力“凝视”和“歧视”；只有在妇女和东方被说成不同概念的限度内，西方的男性或人本主义才把他们自己描述成中心。莫汉蒂坚持，决定边缘的不是中心，但边缘却因此密切联系决定着中心。边缘与中心的对峙，使女权主义者讨论第三世界妇女的特殊性之时，同样需要注意种族中心主义的文化战略。①

不妨说，正是因为莫汉蒂注意到女性所遭致的权力疏离，丧失了说话的权利和自我思想命名的权力，并在与男性的所谓“性战争”中，不断地变成一种简单地生产与再生产的性别符号，而失落了叙说自己历史和未来的话语权。莫汉蒂才特别强调，第三世界妇女比第一世界妇女更缺乏反抗和自我身份认同的权力，面对她们时，一方面要注意到女权主义的权力运作，另一方面更需要注意的是后殖民的民族之间、国别之间和文化身份不同书写之间的重新厘定。只有这样，第三世界的妇女才可能真正书写自己的历史，从而获得与第一世界女权主义进行对话的可能性。

在后殖民主义话语中，莫汉蒂的思想不仅促进了第一世界的女权主义运动，而且也促使了第三世界女权主义的觉醒。这一切都不断地显示在文学创作和文学批评中，同时，也作为理论的结晶沉淀于女权主义和后殖民主义的美学中，使得女权主义式的后殖民主义美学，不再单纯是从事作家作品和人物语言的分析，而是重视文本中所体现的阶级、民

---

① Cf. Mohanty, “Under Western Eyes: Feminist Scholarship and Colonial Discourses”.

族、国家、文化身份和性别差异的分析，从一些不起眼的地方，撕破这种现代文化所抹平的所谓“普遍的无差异性”，而把这种差异性的惊心场面揭示出来。甚至通过文学文本和艺术创作，揭示出妇女是世界上受苦人的女权主义的结论，从而通过现有经济、文化、意识形态的等级方面，来揭露并质疑整个社会中的不合理性，为殖民地和第三世界妇女行使自己的正确权力创造一个合法性的生存空间，提供了一种有效的合法性途径。同时，也为文学创作和美学的妇女形象、妇女的价值存在，提供了理论话语和实践的参照点。

可以说，除了霍米·巴巴的含混交织的后殖民理论，强调要为沉默的一群发出自己的号召，以及莫汉蒂的女权主义的后殖民主义理论，为第三世界妇女文化身份的重新书写摇旗呐喊以外，对后殖民主义理论做出重大贡献的还有加勒比海出身的赫尔（Stuart Hall）、美国著名学者亨廷顿（Samuel P. Huntington，1927—2008）[①]等，也都对后殖民主义理论问题、东西方文化交流问题以及“文明冲突”问题提出了非常尖锐的看法。

无疑，这些看法对当代文化理论、美学、文学创作和思维方式都有重大的影响，使得今天谈论文学、美学再也不可能从狭隘的一般性语言和文本角度去谈，而必得联系到更广泛的权力话语、阶级、阶层、民族国家，甚至是女性身份、性别差异等角度去重新审视和分析。或许可以说，后殖民理论使得美学具有了更大的文化视域和当代话语生命力。

---

① S. P. Humtington, *The Clush of Civilizations and the Remaking of World Order*, 1996.

第十五章　亨廷顿的文明冲突论

在后殖民主义理论家群落中，人们大多不将亨廷顿作为后殖民主义理论家加以论列，甚至往往将他看作是与后殖民主义理论相对立的“文明冲突论”的代表。因为在美国，后殖民主义理论是一种非中心的、东方主义的边缘性话语，其反主流文化的倾向和维护第三世界自身利益的倾向十分明显，故而可以称为东方主义的后殖民主义文化现象，其代表人物是赛义德、斯皮瓦克等。而亨廷顿的文明冲突论的实质在于从西方中心论出发，维护西方中心话语和文化优势地位，并且为西方文化的“主流话语场”确立新的世界地图的坐标。

然而，正是这种看似相反的论点，说明他们恰好面对“同一个问题”，即西方文化与东方文化或“非西方”文化之间的“后冷战”关系问题，而这正是后殖民主义确立的关键点。所以，亨廷顿理论是与后殖民主义理论相对应的重要部分，这种对应的两极，构成相反相成、互补互释的关系，成为非常重要的后殖民理论参照系。离开这个参照系，仅仅谈论作为边缘话语的后殖民主义理论，将是不清晰和不全面的。

同时需要说明的是，亨廷顿作为一个政治学家、国际关系学家，分析了当前纷纭复杂的国际风云和国际政治文化场景，却很少或未直接谈到关于后殖民主义美学的问题。然而这并不能说明他对后殖民主义美学没有影响，恰恰相反，他打破了过去从政治、经济、霸权的角度谈论国际文化的旧格局旧思路，而将“文明”作为自己论点的核心范畴，来界定当今世界后冷战新格局。于是，文明、文化、宗教、语言、意识形态，乃至于文学艺术，都成为国际政治和跨国文化影响一个民族思维、性格、精神禀赋和价值取向的重要因素。从这个意义上来说，亨廷顿的理论不仅对后殖民主义文化研究，而且对后殖民主义美学研究有着重要的调整视野和扭转方向的作用，起码可以使我们从一个新角度看问题。

第一节　文明冲突的实质是宗教冲突

塞缪尔·亨廷顿（Samuel Huntington，1927—），哈佛大学阿尔伯特·魏斯赫德三世（Albert Weatherhead Ⅲ）学院教授、哈佛国际和地区问题研究所所长，约翰·奥林战略研究所主任，美国政治学学会会长。他是美国当代政治发展理论的权威，同时兼任美国政府的政治、外交方面的顾问。其主要代表 作有《士兵与国家》[①]（1957）、《政治权力：美国与苏联》（1964）、《变化社会中的政治秩序》[②]（1968）、《难以抉择：发展中国家的政治参与》（1976）、《美国政治：不谐调的允诺》（1981）、《第三次浪潮：20 世纪末的民主化》[③]（1991）、《文明的冲突与世界秩序的重建》[④]（1996）等。

亨廷顿具有著名学者和重要政治谋士的双重身份，其思想论点影响相当广泛。他的《变化社会中的政治秩序》所倡导的“新权威主义”和《文明的冲突》所强调的当今“世界秩序重建”问题，都受到了各国首脑、政府官僚和知识分子的关注，并以他的论点为导线，展开了激烈的辩论。

在 1993 年《外交》（夏季号）上，亨廷顿推出其“文明的冲突”[⑤]的理论，其后又在《纽约时报》1993 年 6 月 16 日专栏刊登其中心观点，并接受了《新闻点季刊》的采访，大肆宣传自己的“文明冲突论”。其后，在《外交》（11-12 月合期）上又发表《如果不是文明，又是什么?》[⑥] 的文章，回答各方面对他的批评和质疑。于是，亨廷顿的文明冲突理论在世界各国政界和知识界引起的巨大反响，成为近年来后殖民主义文化冲突理论论战中非常突出的文化景观。

亨廷顿的中心论旨是：世界政治在冷战局势结束后进入了“后冷战”的新阶段，全球政治主要和最危险的方面，将是不同文明集团的冲突，这使解释和观察世界政治的理论模式需要重新拟定。也就是说，随着冷战的结束，意识形态的冲突已不如过去那样重要，不同的国家展开

---

① Samuel Huntington, *The Soldier and the State*: The Theory and Politics of Civil-Military Relations, Harvard University Press, 1957.

② Samuel Huntington, *Political Order in Changing Societies*, Yale University Press, 1968.

③ Samuel Huntington, *The Third Wave*: *Democralization in the Late Twentieth Century*, University of Oklahoma Press, 1991.

④ Samuel Huntington, *The Clash of Civilizations and The Remaking of World Other*, 1996.

⑤ Samuel Huntington, “The Clash of Civilizations?” *Foreign Affairs*, Summer, 1993, Vol. 72, No. 3.

⑥ Samuel Huntington, “If Not Civilizations, What? Paradigns of the Post - Cold War World,” *Foreign Affairs*, Vol. 72, No. 5, November/December, 1993, pp. 186-194.

了新的对抗和协调方式，人们需要从新的理论框架来阐释现代世界的文化和政治现象。于是，亨廷顿用“文明的冲突模式”取代了过去的“冷战模式”，因为他坚信，在未来的岁月里，世界将不会出现一个单一的普世文化，而是会有许多不同的文化和文明并行，这使得人类历史上全球政治第一次成为“多极的和多文化的”。

在新的世界格局下，“文化认同”对多数人来说成为最有意义的东西。所谓文化认同，其最重要的层面是文明的认同。文明之间那种势均力敌的僵持状态正在发生松动，其表现为西方的影响在逐渐降低，而亚洲文明正在扩展其经济基础和政治权力，伊斯兰世界出现了人口爆炸，非西方文明正要重新肯定和设立自己新的文化价值，所以，以“文明”为基础新的世界秩序正在出现。在亨廷顿看来，在人类生存发展的历史长河中，文明之间的交往是有限而间断的，进入现代时期，全球政治才开始出现了一种多极的国际体系，并且互相影响和竞争。到了20世纪冷战时期，全球政治成为两极化的，世界被分成了三个世界。20世纪80年代末，随着苏联的崩溃，冷战的国际体系成为了历史。

在“后冷战”的世界格局里，人们之间的重要区别不再是意识形态的、政治的或经济的，而是文化的区别。人要面对的最基本问题是：我是谁？我们的国家民族身份和我们的文化身份是什么？人们用祖先、宗教、语言、历史、价值、习俗和体制来界定自己，在种族集团、宗教社群、民族身份以及在最广泛的文化层次上认同文明。在这种新的世界中，区域政治是种族的政治，全球政治是文明的政治，文明的冲突取代了超级大国的竞争。当今世界最重要的和普遍的冲突，不再是社会和阶级之间、富国和穷国之间、强国和弱国之间以经济划分的层面的冲突，而是不同文化实体的人民之间的冲突。

于是，文化既成了分裂的力量，又成了统一的力量。这种文化的力量表现为哲学观念、价值取向、社会关系和民族风俗等方面的重大差异，也表现为文化的共性和文化的差异性影响着不同国家的利益，影响着他们之间的抵抗和联合的某种抉择。换言之，政治和经济发展的主导模式，不再因意识形态、阶级斗争和其他模式的不同而相区别，而是因文明的不同而相区别。国际议题中的关键性争论问题，包含在文明之间的差异已然表明，权力正从长期以来占支配地位的西方向非西方的各种文明转移，全球政治已变成了多极和多文明的。

那么，究竟什么是“文明”呢？文明的含义是什么呢？在亨廷顿看来，对文明的看法历来就存在着多种分歧，有不同的文明观念。一种文明就是一个文化实体，不同的民族意味着存在着不同的文明，每一个文明都以自己的方式文明化或走向现代化。文明和文化涉及一个民族全面的生活方式。文明是放大了的文化，是人类最高的文化归类，是人类文化认同的最广泛范围。文明没有明确的边界，它持久而不断地变化，它是动态衍生的，兴起又衰落、合并又分裂，在时间的长河中不断地汰变，并改变自己的性格，保存自己的精华。

文明不是政治实体而是文化实体，它们并不维持秩序、进行战争、谈判条约等，但是，文化文明的差异可能会使世界的差异变得更大，不同的文明因其历史、语言、宗教、传统和价值观念的截然不同，使得他们对于生命、国家、权力、自由、平等的认识也不断发生重大分歧，这种分歧使政治思想和政治体制的差异变得触目惊心。正是这些文明的差异造成了文明的冲突，形成了多少世纪以来漫长而残酷的文化观念碰撞。

文明的冲突不仅在历史上造成了重大的灾难，而且还将决定后冷战时期以后的整个世界的走向。世界政治全球化与地区化，增加了文明冲突的可能性，随着现代传媒和通讯网络的日益发达，人们可以通过多方面多渠道的联系，使相互之间的实际距离变小，地球成为一个地球村。但是由于文化信仰、价值观念、宗教传统难以弥合的鸿沟，其心理距离反而加大了，文化分歧和敌对情绪与日俱增，于是宗教起而填补这种精神饥渴的空白，出现了原教旨主义猖獗的当代局面。

可以说，文化的认同性日益取代了意识形态的差异性，于是，文化的共同特征成为经济一体化的前提条件。而随着文明意识的增强，非同种文明之间的差异和裂痕日益明显，出现的摩擦也日益增多。

在西方中心权力话语逐渐滑坡的情况下，其他“非西方”民族越来越强调自己的文化身份和民族文化价值的重新确立，其挑战情绪正在不断滋长。而其文化精英也渐次褪掉了西化色彩，打上了更多的本土化烙印。所以，文明的重大差异造成了现代冲突的前提，甚至成为占支配地位的全球冲突的形式。

在此意义上，语言和宗教是权力转移的文化表征。尽管“英语”已成为世界之间进行知识交流的共通语，但这种通用语言只是处理语言差异和文化差异的方式，而非消灭了差异本身。英语不但没有使其他民族去掉自己的文化，且因为有这种通用语，而使其保存了自己的文化的完整性。使用英语进行知识交流，恰好有助于维持民族相互分离的有限文化认同。而且“语言与权力”紧密相关，在中世纪是拉丁语热，现代是英语热，亨廷顿认为今后或许汉语也会“热”起来。同样，宗教在20世纪末也出现了全球性复兴，尤其是原教旨主义运动的兴起，使得西方宗教并没有成为世界的中心，而只是多元信仰中的一元而已。如今，文明已经替代了民族国家、意识形态、三个世界、冷战模式和历史终结模式，成为讨论判断一切国际纷争的新思维。

那么，我们不禁要问：在亨廷顿那里，用“文明”作为核心范式取代了其他的分析世界格局的政治术语以后，他怎样看待西方与东方？怎样看待世界多种文明间的互动关系？怎样看待后殖民主义文化中的全球化和本土化问题？而这些看法在后殖民主义文化研究中具有怎样的意义？

第二节 西方与非西方的对立

当东方学者强调东西方文明的时候，亨廷顿并没有将东西方文化简单地对立，而是用西方与非西方（the West and the Rest）作为观察问题的基点，将非西方作为西方的一种对立面（the West against the Rest）。在他看来，分析当前国际的诸多重要现象时，用过去的“民族国家”来解释当今世界事物的方法已经过时，所以，他设想一种新的“地缘政治制图学”来为其规划一张新的世界地图。他也称其为冷战后的新“范式”（paradigm），因为这种新范式和化约的地图，对于当代人的思想和行动来说尤为重要，甚至可以运用它来指导各国的国家政治行为。

一般而言，当代世界图景可归纳为以下几种范式：

“一个世界的范式”，即弗兰西斯·福山（F. Fukuyama，1952—）提出的“历史终结”（the end of history）的命题。① 福山认为，自从苏联解体以后，两个超级大国的对立归于消失，人类意识形态的残酷斗争已然结束，全球冲突已经终结。亨廷顿不同意福山的“历史终结”而只存在一个世界（西方世界）的看法，认为这不仅忽视了世界发展中人的非理性因素问题，而且是一种对当代世界复杂现象的误读。②

“两个世界的范式”，总是把世界分成我们和他们、集团中的和集团外的、我们的文明和那些野蛮人，甚至是根据东方和西方、南方和北方、中心和外围来进行分类，把世界分成两相对立的文化霸权模式。这种东西方的二分法，事实上是由西方制造出的一种权力神话，而这些神话带有东方主义的缺陷。亨廷顿代替“东方”与“西方”对立的是

---

① Francis Fukuyama, “The End of History,” *The Nationa Interst*, 16, Summer, 1989; The End of History and the Last Man, New York, 1992.

② Samuel Huntington, “No Exit: The Errors of Endism,” *The National Interest*, Fall, 1989. p. 10.

“西方对抗非西方”的提法。[①]

“三个世界的范式”，即第一世界是占有霸权地位的超级大国，第二世界是西方发达国家，第三世界是众多的发展中国家。当然还有一些新的提法，如美国的世界政治理论学者罗森诺提出了“两个世界”和“后国际政治”的概念，他消解了强调世界政治中那种“国家”概念，认为过去用“国家”来进行国际关系分析，注重“国家”所具有的主权和国家所确定的边界及人口的主要行为体，通过国家之间的互动，构成国际政治的主要内容。但是，在冷战结束以后，国家利用“文化”活动（而非国家活动）达到扩大影响和保护主权的目的，成为越来越明显的行为模式。可以说，在当今世界的一百八十多个国家中，文化的一元化几乎是不可能的，因为多元民族国家和世界性的移民浪潮，使得文化的多极成份越来越重。所以，有些学者就以新的跨国组织形式，以文化和经济力量高度集中的世界大城市和地区为新的分析框架，强调除了以国家为中心的世界继续拥有其功能以外，一个新的力量即由跨国组织、非政府组织、非国家机构等行为体构成的多中心国家已经崛起。从这一角度看，罗森诺提出的所谓“全球文化”的概念，使得一部分人更将目光放到了文化差异、民族冲突和国家矛盾三者的交错问题上。

“国家论范式”，强调民族国家（nation-stabe）基于自身利益的考虑，既可与同文明国家对抗，也可与不同文明的国家结盟。国家与文明并不必然对立，国家集团事实上是由文化、宗教、历史、语言、制度等凝聚起来的，文明也是由一个或多个国家组成的。这里的国家与文明的关系相当复杂。

“软权力”（soft power）理论范式，约瑟夫·纳伊提出并强调，文化扩张和文化权力构成了当今国际关系上的主权斗争的新领域，相对于国家、民族、边界、领土等“硬权力”，文化冲突和价值观念等“软权

---

① Samuel Huntington, “The Coming Clash of Civilizations or the West Against the Rest,” *The New York Times*, June 6, 1993.

力”问题，恰好是今天把文明和文化引入国际关系中的新举措，并可能出现为巩固自身的国际地位和维护自身的国家利益而争夺“文化霸权”的新战略。因为现存的所有文明集团都在为竞相争夺经济权力、国际组织的控制权力，并为推行自己的文化政治和宗教价值观，扩大自己的文化权力和影响而努力。

正是在这个基点上，亨廷顿提出了“文明冲突论”范式，以取代过去的两极霸权模式、三个世界模式以及富国穷国模式的对立，而构成当代西方与非西方的文化对峙冲突的新格局。当然，细加分析，其二元对立的思维框架仍然存在。

“西方与非西方”的范式或模式，使亨廷顿没有将全世界的文化化约为一个、两个或散漫地看成一百八十多个，而是将其集中划分为“八大文明”，认为可以通过这种化约，形成一个易于理解的框架来把握世界。这八个文明即：西方文明、儒家文明、日本文明、伊斯兰文明、印度文明、斯拉夫-东正教文明、拉美文明、非洲文明。人们在世界的文明划分问题上已然达成某种共识，即人类历史至少曾经出现过 12 个主要文明，但其中已有七个文明不复存在，这七个文明是美索不达米亚文明、埃及文明、克里特文明、古典文明、拜占庭文明、中美洲文明和安第斯文明。

所谓“西方”文明包括欧洲和北美，加上其他一些欧洲人所居住的地区如澳大利亚和新西兰。“西方”一词现在被普遍用来指称为西方基督教世界的那一部分，所以，亨廷顿认为西方是唯一的一个根据罗盘方向而不是根据一个特殊民族、宗教或地理区域的名称来确认的文明。当然，在亨廷顿那里，与西方相对的并不是“东方”，用东方和西方来识别地理上的区域是种族中心化的，因为问题在于，相对于什么而言来谈东方和西方，这完全取决于站在什么位置。因而，他划掉了“东方”以后，就将西方以外的所有文明统称为“非西方”。

20 世纪的“西方”处于一种权力的巅峰状态，在政治、经济和军事方面具有无可抗衡的力量，然而，进入20世纪90年代后新的情况出现了，即西方的扩张正走向终结，对西方的反抗开始广泛出现，西方的力量相对于其他文明而言出现了下降、中断甚至逆转的趋势，国际体系不再是以西方为绝对核心的霸权地位，西方在20世纪90年代成为“有限的西方”。这种力量对比的变化，使亨廷顿认识到，未来世界的轴心将是西方与非西方国家的冲突，这种冲突主要不是军事和政治方面的，而是文化和价值观念方面。

随着“非西方”国家经济的崛起、文化的进一步发展和宗教势力的抬头，他们面对西方的霸权抱有几种不同态度。第一种是闭关锁国式的自我孤立，坚决拒斥西方的渗透，甚至是对西方提出明确的挑战；第二种是拥抱西方的价值观念和文化，接受其制度和文明观念，渴望通过现代化及西化的链条加入富国俱乐部；第三种是设法与西方保持平衡，发展经济和军事力量，与其他非西方国家合作共同对付西方，保持其固有的文化观念和价值制度观念，强调其国家和民族的现代化而非西方化。这一切无疑为西方文明的优势化敲响了警钟，因为，今天的西方与非西方除了在争夺经济、军事与政治的权力斗争方面构成冲突以外，在文化价值以及人权等方面也已形成了相当大的冲突。甚至可以说，人权、自由主义这些西方最重要的价值观念，在非西方中却变得最不重要。

西方曾想通过文化整合使全世界都逐渐西化，变成西方文化制度的全球翻版，在20世纪末期遭到了全面抵制。事实上，众多的非西方国家因其在文化上与西方迥然不同的特色，以及内在的摩擦和冲突，使他们力图发展自己的经济、军事和政治力量，以此同西方展开竞赛，并建立自己的不同于西方文明的现代化国家。这些国家在现代化浪潮中，在信息的高度发展中，从西方先进国家获得了一些新技术、新知识、新能源和新武器，整个综合国力不断地接近西方，而其价值观念仍然保持着本民族的价值和利益观念，与西方存在着根本区别。这造成了政治经济综合国力上升，而文明差异加大的冲突的潜在威胁性。

对此，亨廷顿以一个学者和谋士的双重身份，指出了使西方面临“挑战”的挑战对象。

其中就有儒家文明的挑战。亨廷顿认为，中国是中华文明的核心国家，对其他华人社会有其向心力。中国正在发挥重大的作用，在世界事物中的立场和方式显得充满活力。亨廷顿强调，大中华不仅是一个抽象的概念，也是一个迅速发展的文化和经济的现实，并开始变成一个政治的现实，如“亚洲四小龙”有三小龙属于华人社会。东亚的经济越来越以中国为中心、以华人为主导。这样，冷战后儒家文明圈内的国家已经在积极扩充自己的力量，并使儒家文化成为这一地区的共同文化资源和文明的向心力。

然而，这种观点遭到了中国学者的坚决批评。因为，亨廷顿将儒家文明圈作为向西方文明的挑战者，在很多海内外华人学者看来，亨廷顿预测中国可能向西方对抗，提醒西方警惕中国，完全是耸人听闻的设想假想敌。

笔者看来，儒家文化并不是一种好战的文化，而是一种容忍的和平的柔性文化，它今天的根本任务是实现自身现代化而不是向西方进行挑战。亨廷顿的这种寻找挑战国的做法，有可能刺激大中华文化圈中的许多基本力量，而将其整合到民族主义基本立场上去，甚至会产生一些负面效应。

事实上，中国的经济力量和政治影响迅速增加，走了一条独特的中国现代化道路，一条非西方的经济发展模式，对其他国家乃至世界都可能起着某种示范作用。因此，强调儒家文化对抗基督教文化将成为未来社会的主要冲突，提出中国威胁论，这确实是出于对中国综合国力的增强以及在国际上地位的上升而出现的担忧。但是问题在于，不同文化和国家之间固然会有矛盾和摩擦，文化既有冲突又有融合，既有裂变又有对话，单方面地强调冲突，就有可能使一些局部的小的矛盾转化为激烈的抗争，这种冲突论反而不利于国际和人类大同。亨廷顿过分强调今日世界几大文明的冲突必定大于民族文化之间的冲突，空前突出了精神信仰和文化遗产的重要作用，坚持宗教信仰、文化传统、种族归宿感、价值观念、意识形态等精神因素，虽有其识见，但其将西方与儒家文明和伊斯兰文明绝然对立，则可能因文化的差异而导致更大的文化冲突。

再次，是处于夹缝中国家的挑战。这些国家深受殖民主义的侵害，与西方的疏离感是明显的，但力量悬殊，并不能真正构成对西方的威胁。

这就说明，亨廷顿强调构成西方未来社会的非西方的挑战国主要是伊斯兰文明与儒家文明。他站在西方中心主义立场，对未来的发展和整个世界格局忧心忡忡，并表示要提出控制未来世界的对策，限制潜在的敌对文明即儒家文明和伊斯兰文明，扼制其军事势力的扩张，削弱其文化影响力，力求将其整合在西方的价值观念之内，使西方与非西方的文化的冲突归于失效。

未来社会中的现代化和西化之间仍然存在着重要的区别。现代化包括工业化、城市化、识字率、教育水平、富裕程度、社会动员程度、多样化的职业结构，是整个科技发展所带来的新的知识文化场。现代社会中人的态度、价值、知识和文化都区别于传统社会，西方首先获得具有现代性的文化，但是否世界各国走向现代化都必然走向西化呢？尤其是是否现代化就一定意味着西化或全盘西化呢？

现代化不等于西化。亨廷顿指出，日本、新加坡等即是现代化的繁荣社会，但它们显然是非西方的。那种认为现代文明即西方文明，西方文明即现代文明的看法，是一种完全虚假的同一。西方远在现代化以前就是西方了，使西方区别于其他文明的主要特征产生于西方现代化之前，而这些特征就是古典遗产，包括希腊哲学和理性主义、罗马法、拉丁语和基督教，还包括天主教新教、欧洲语言、社会多元主义、代议机构、个人主义等。西方的扩张促进了西方的现代化和西方化，因此有不同的“挑战”和“回应”，如拒绝主义、基马尔主义、改良主义等。总体上看，西方化和现代化密切关联，非西方社会吸收了西方文化众多的合理因素，并在走向现代化中取得了某种进展。

然而，当现代化进度加快时，西方化的比例下降而本土文化获得了复兴，于是发展着的现代化改变了西方文化和非西方文化的均势，加强了本土文化的信心。换言之，在现代化的早期阶段，西方化促进了现代化，而在后期阶段，现代化促进了非西方化和本土文化的振兴。在社会层面上，现代化提高了社会的总体经济、军事和政治实力，鼓励其社会集团中的人们对自身文化的信心，从而成为本土文化的伸张者。在个人层面，当传统纽带和社会关系断裂时，现代化便造成了异化感和反常感，并导致精神价值的认同危机。

现代化并不一定意味西方化，非西方社会并没有放弃它们自己的文化、体制和实践，而是通过不同的道路实现自身的现代化。冷战后的“西方化”确实是不可能的，西方单一文明的绝对胜利只是一种心造的幻影。相反，现代化加强了各种文明和文化的自信心，并减弱了西方文化的威慑力，世界正从根本上变得更加现代化和更少西方化。各种文明以不同的方式达到了现代化，而不一定去西化自己。亨廷顿这一看法是清醒的。他对西方国家那种一枝独秀的“西方中心论”的冷静反省是深刻的。当然，他过分强调文明的冲突必然导致未来世界的冲突，甚至成为世界大战的危险因素，确实有些危言耸听，但他看到了很多文明都以自己的方式文明化了，文明之间的差异可能会导致冲突，仍然值得人们关注。

从现代化与西化更深一层目的角度来看全球现代化存在的诸多问题，使得亨廷顿发出这样的疑问：现代化在全世界提高了文明的物质水平，但它是否提高了文明的道德和文化水平呢？许多地方的法律和秩序崩溃，国家管理不利，无政府主义日益蔓延，跨国犯罪集团猖獗，吸毒现象泛滥，信任感和社会凝聚力下降，在世界上一部分地区，民族宗教和文明间的暴力活动及其武装统治盛行，以至人们已然意识到全球性的政治危机。在世界范围内，文明似乎在许多方面正在让位于野蛮状态，它导致了一个前所未有的现象，一个全球的黑暗时代也正在降临人类。在这个正在来临的时代中，文明的冲突是对世界和平的最大威胁，而建立在多文明基础上的国际秩序是防止世界大战的最可靠保障。

可以看到，亨廷顿已经从他的新权威主义，甚至他前些年的关于美国国力和西方世界独霸的“乐观主义”走向了深刻的“悲观主义”。因此，关键性问题在于价值冲突、文化差异、文明冲突的当今时代，作为未来世界的一种总体看法，究竟应该是一种本土化即文明冲突论，还是全球化即文明融合论？

第三节　本土化与全球化

当今世界经济与政治因素的冲突已经退到了文化冲突的背后，因此，各国的外交政策制定者和国际政治研究者都必得思考一系列关于后殖民时期的战略问题，即冷战后的世界大趋势是冲突还是缓和？文明的冲突和经济政治的冲突孰重孰轻？是分裂还是整合？未来的主要动荡和冲突将发生在怎样的文化断裂线上？在这里，“冲突论”强调的是文化的差异和本土化，以及相互的矛盾、分歧与不可通约；而“融合论”强调的是文化的相容和全球化。“本土化”（Indigenization）与“全球化”（Globalization）的问题，成为当前学界讨论的热门话题。

一般而言，许多非西方国家开始走上现代化道路时，确实是对西方文明挑战的应战模式的回应，出现了文化差异性缩小的情况。但随着实力的全面提高，其用于抵挡西方文明的压力，维护自己文化精神价值的主要方式是本土化，从此构成了自身文明本源的认同和文化回归的景观。因此，非西方文化面对强权的西方文化殖民主义，其策略往往是在面对挑战的同时，又学习西方文化。但是，随着信息时代的来临，全球化呼声日益升高，那种认为现代化就是西化的文化霸权思想，接受市场经济的规则就是走向西方式民主和政治多元化的重要步骤的想法，已然遭到质疑。人们开始阐发亚洲文明的复兴问题，设想亚洲的价值观最终超越西方的价值观，以此抵制西方文化的侵蚀及影响。可以说，人类正在超越“地缘经济时代”而进入“地缘信息时代”，强调冲突论的亨廷顿，与强调融合论和全球化的其他理论家产生了相当深刻的裂痕，并爆发持续不断的论争。

如果我们从一个更广阔的角度来看，就会了解到近现代以来，国际间的关系一般经历了三个不同的历史阶段。即“民族国家阶段”，其主体主要是民族国家，国家利益高于一切；随着政治经济和文化的发展，进入“跨国关系阶段”，出现了超国家主体，构成国际关系的重要行为体，注重国际谐调和国际机制的互补互利；到了后冷战时期，进入了“全球化阶段”，民族国家的职能逐渐下降，而类似世界政府的国际机构逐步产生，国际机构决定各国一些重要的决策决议和战略。

今天，人们到处都在谈论“全球化”。何谓全球化呢？对此不妨稍加论列。

耶鲁批评派重要代表人物希利斯·米勒（J. H. Miller，1928—　）认为，整个世界在文化、政治和经济生活的许多领域一直都在“全球化”，20世纪90年代，这种大大加速的全球化过程有三个特征，即技术的全球化、经济（跨国公司）的全球化和新信息网络技术的全球化。全球化导致许多新的、跨国的、具有巨大潜力的社会组织和各种新的社会群体，并走向新的政治组合形式，即乔·卡茨所认为的“后政治”（postpolitics）的兴起和数控国家（Digital Nation）的诞生。在米勒看来，新的全球化文化中的文学，其文化社会功能越来越小。人们信奉大众传媒文化，蔑视那些仍然处于大众文化之外而想训诫他们的人。网上杂志的增加正在转换文学研究的出版合法性条件，为研究者提供了一种即刻性记忆，改变了过去的文学作品对学者和批评家的存在方式。伴随民族国家（nation-state）的衰落，独立的民族文学研究正逐渐被多语言的比较文学和世界文学研究所取代，全球化的“文化研究”迅速兴起。它成为女性主义、少数民族和在后殖民、后理论（post-theoretical）时期一度被殖民化的“非西方”的工具。文化、历史、语境、媒体、性别、阶级、种族、自我、道德、多语言主义、多元文化主义、全球化，变成了新历史主义、新范式主义、文化研究、通俗文化研究、大众传媒研究、女权主义研究以及后现代主义研究的关键词。

由此看来，全球化同本土化一样，的确是一种不容否定或忽略的现实存在。“全球化”和“本土化”是后冷战后殖民时期两种相辅相成、相对立又相统一的重要现象和趋势。我们一方面要看到二者之间的差异，另一方面也要看到二者的冲突和融合。本土化和全球化其实从来都是彼此依存的，而作为文明载体的民族自身发展是在冲突中融合而成的。同时，又在融合中产生新的冲突，并进而达到更新更高的融合。所以，从宏观上和微观上说，“文明的冲突”和“文明的融合”是具有普遍性的，单独抽出任何一维作为未来世界图景来阐释其发展轨迹，无疑都是有其盲点的。

需要注意的是，西方文明所拥有的文化强权在文化的“全球化”扩张中不知不觉地形成“文化霸权”话语，以及横向“文化扩张”的企图。同时，我们在注重“冲突论”之时，又不能过分地单一强调造成不同民族之间的灾难性的战争仅仅是由于文明的因素，而非政治经济等综合因素。笔者以为这两种看法都有失偏颇。“文化对话论”，既不是完全抹杀自身民族的特性，走向所谓的“全球化”，融合为一体，形成新的单一的文化；也不是完全走向所谓的“本土化”和冲突论，而将人类大同、人类世界的未来看成一种可怕的互相冲突、彼此殊死搏斗的图景。我们只能通过对话求同存异，借此，在本土化和全球化之间达到微妙的谐调，在冲突论与融合论之间获得一种良性的互动。

亨廷顿无疑是强调“本土化”的，而本土化与全球化是一对矛盾，彼此纠缠，互相联系，需要认真清理。我们强调的是不同民族文化的自强、自立和自觉。多种多元文化将通过对话的方式达到相互的深切理解，而在未来世界中感受到文明的光辉。

如果说，亨廷顿的理论为当代后殖民主义文化研究提供了另一层面的理论参照，那么，我们在进行后殖民主义文化和美学研究时，必得面对这种网络状态的复杂文化现象，弄清楚它的前提、问题和今后的发展方向。同时，在研究这种跨国资本主义和文化领域的新现象时，必须深切地了解这一事实：文明冲突语境中的文化帝国主义和后殖民主义，对当代美学研究有其深化作用，并有可能使我们摆脱一般狭隘的地区意识，以一种新的更大的跨国际语境来看当代西方和中国的美学问题。文化冲突理论，有可能使我们在后殖民主义研究中摆脱一种不正常的文化心理状态，而是真切地把握全球化与本土化张力结构中的当代中国文化身份的问题。我们应具有一种更正常的文化心态和更全面的文化方式去看待文化多元化，而尽可能地避免文化冲突。

无论是赛义德充满歧义的“东方主义”，还是霍米·巴巴和斯皮瓦克的具有解构或女权色彩的后殖民文化理论，或者是亨廷顿引发论战的“文明冲突论”，都使人们超越认识到，当今世界是一个越来越多元多极的世界。在后冷战时代，世界文化已经不可能仅仅存在西方中心主义话语，民族文化的差异整合性将取代西化式的现代化的普遍文化理论。

在多元历史和多元权力的世界新格局下，在精英文化和大众传媒中，如何使“第三世界文化”不成为一种“后历史”，如何使东方文化不成为“博物馆文化”，如何使当代中国文学不成为跟着西方在“现代性陷阱”中徘徊的游戏文学，确实需要中国的思想者和作家批评家深加反思。而杰姆逊的后现代后殖民文化研究，也许可为中国学者的思考提供一幅新马克思主义的理论图景。

第十六章　杰姆逊：后现代主义与第三世界

从“整体叙事”入手，运用马克思主义的观点分析与后现代后殖民文化相对应的后工业社会结构变化，是弗雷德里克·杰姆逊（Fredric Jameson，1934—　）文化理论的一大特点。注意世界范围内后现代主义文化发展，并通过后现代文化风格、文化逻辑的把握去展示其艺术审美轨迹，是杰姆逊的基本思维向度。

第一节　后现代主义文化

杰姆逊的理论既具有西方马克思主义特色，又有明显的后现代主义理论痕迹。他对晚期资本主义文化、经济、政治进行权力和意识形态分析，并关注第三世界与第一世界间的内在权力张力，以及政治经济与文化意识形态间的复杂关系，阐释了当代资本主义全球化文化霸权、后殖民主义等重要问题。

后现代主义与后殖民主义有其内在的逻辑关系。杰姆逊的后现代主义分析可以看成是后殖民主义分析的一个前提和生长点。当然，这或许也造成了杰姆逊观点的庞杂，其理论既有马克思主义、解构主义、意识形态分析的观点，又有拉康的精神分析、阿尔都塞的“症候阅读”、德里达的解构理论以及巴赫金的“对话语言学”的观点，从而使其不断在各种理论之间游移滑动，力求用一种宏观的“元批评”话语，将众多的时髦理论整合在自己的经济政治结构的分析框架中。

对福柯仅仅强调权力话语分析的做法，杰姆逊并不认同，而是强调后现代文化霸权理论最终应落实为经济问题的分析，也就是要分析资本主义生产关系，以及晚期资本主义的全球化趋势和殖民化策略。因而，他从一种统一性的观点出发，将具有各种差异性的后现代理论整合起来，形成整体叙事的方式，去透视跨国资本主义、跨时代理论家的斑斓色彩，剖析现代和后现代文学作品、第三世界与第一世界作品的叙事性所呈现的社会和“政治无意识”。① 因此，“叙事”在杰姆逊那里实在是非常关键的术语。

在他看来，寻找一种真正的叙事，将各种零散偶然的没有内在联系的文化现象，整合成一种可供考察的总体结构形态，以观察其中多重矛盾和权力运作元素的交织。从而使阐释问题从文本转向了历史文化的深

① F. Jameson, *The Political Unconscious: Narrative as a Socially Symbolic Act*, Ithaca, New York: Cornell University Press, 1981.

层面，并从一般的文化模型研究，上升到探索生产力和生产关系，尤其是资本主义发展到全球资本主义化的、后现代后殖民时期的某种新问题模式的研究。正是把握了这种多角度、多层面分析资本主义历史构成的宏观视角，使得揭示政治无意识、发现资本主义权力运作的内在规律、厘定后现代的正负面效应以及第三世界的出路等问题，成为杰姆逊的重要研究对象。①

受结构主义、心理分析和“症候阅读法”的影响，杰姆逊往往将文本看作是多层次结构，即：一、字面的描述性的表层结构；二、字内的政治性的诠释语码层面；三、文化性社会性的内在结构层面；四、深层次的形而上或总体性的历史意识和历史规律层面。通过这种不断向深层延展的结构，杰姆逊在前资本主义、资本主义和后资本主义时期，引申出三种不同的文化模式，即现实主义、现代主义和后现代主义，并对后现代主义的“物化”、文化的“商品化”“平面化”语境加以描述。他感到在现代主义和后现代主义之间难以准确地分类，而只能提供一个后现代消费符码模式的分析框架，从中透视后现代主义在20世纪科技、文化全球化运作中的真实意图，即后殖民的全球化意识和后殖民主义的文化问题。

“全球化”问题是杰姆逊近年来关注的重要对象。一般而言，全球化包括经济全球化、信息全球化等，但在文化是否全球化问题上引起了剧烈的争论，即出现了本土化（冲突论）和全球化（融合论）之争。全球化以跨国公司和国际网络为其显著标志。跨国公司在全球不同国家有自身的机构，并拥有全世界的投资者。跨国公司的激增是国家政权衰落的一个表征：一方面当代跨国贸易组织体现了跨国经济全球化垄断的特点；另一方面电子通讯技术的全球化，使电子信箱、互联网络在人类生活中构成了重要的范式转变，即从书籍时代转到了电子时代。全球化造成当代人新的生产和消费方式，生产出一种新的感性存在的后现代生

① F. Jameson, *Postmodernism*, Duke University Press, 1991.

活方式。电脑空间群体的发展和人类感性延伸，导致感知经验变异并产生新的电脑空间个人存在状态。后现代传媒和高科技网络，将整个世界逐渐整合在同一频率和文化神经元上，时间空间的彻底转换使得后现代人的心性价值发生了根本的转型。

在后殖民时代，“国家民族”并没有消亡，杰姆逊对亨廷顿所提出的国家民族业已消亡，而代之以文明冲突的说法加以拒斥，认为不同的思想社团和团体间的交流越来越多，使各种不同文化圈层间的对话、融合和冲突也日益多样化，没有任何一种话语可以完全取代国家民族所隐含的阶级斗争、意识形态和政治权力话语。尤其是知识分子，更是具有国家民族的意识，与现实生活息息相关，对现实持有批判态度。所以，后现代主义时代的叙事及其同晚期资本主义的关系，成为杰姆逊关注当代问题的聚焦点。因为处于后现代、后殖民时期的人们是无法逃离“晚期资本主义的引力场”的。而作为一个当代马克思主义者，正是要据此而构造并组织自己经验的基本框架，为这个破碎的、日益多极、多元化的世界提供一种总体理论分析模式，一个历史把握的基本方法。[1] 所以，他认为自己倡导的“全球叙事”比自由主义叙事、市场叙事或其他的政治叙事，更具有当代有效性。

在对后现代后殖民世界进行分析时，杰姆逊注意从对象本身出发，即从实践出发去把握事情的多样性、复杂性和差异性，进而在理论升华之中，去发现现象中具有本质属性的东西。他对消费符号、国家民族和第三世界的关注，使得他对“解放神学”十分推崇。他在这个据说已被解构主义将“宏伟叙事”彻底消解后的今天，仍然偏爱“乌托邦”观念，仍然按照自己的乌托邦理想和未来远景去组织自己的整体叙事和构成世界的认识范式。杰姆逊重申，在这后现代、后殖民时期，人类生活已经被压缩分割为理性化、技术化和市场化的多类事物，在这种人与

① F. Jameson, *Messages of the Visible*: *Film/Theory/Periodization*, New York: Routledge and Chapman Hall, 1991.

自然、人与世界、人与自我的急剧转型和主体消亡萎缩的时代，强调未来世界的乌托邦，并坚持这一正当而合法的要求，已经变得刻不容缓。

总体上看，杰姆逊的后现代和后殖民主义的文化思考，是从具体的社会环境、历史发展的规律和现实中具有急迫性问题出发，去进行文化和文学文本的分析，在历史与现实、社会和文化、政治与美学方面，达到了某种程度上的有机结合，并使其后现代与后殖民主义分析，在当今世界思想界有着重要的影响。

第二节 后现代主义研究

什么是后现代社会？它的特征是什么？它与以前的社会形态的关系是什么？它的前景是什么？杰姆逊在《后现代主义或晚期资本主义的文化逻辑》一文中认为，后现代社会，包括后工业社会、消费社会、传播媒介社会、信息社会等等，这是一个科技高度发达、文化观念产生根本性逆变、美学范式不同往昔的社会。

在进行文化分析时，杰姆逊将社会发展形态与文化范式相对应。他借用德勒兹和居塔里（G. Deleuze. F. Guattari.）《反奥狄浦斯》① 一书的“叙述”模式，把人类社会发展的初期（原始社会）称为“规范形成”时期（coding），第二个时期（封建社会）称为“过量规范形成”时期（overcoding），第三时期（早期资本主义）是“规范解体”时期（decoding），即摧毁一切神圣的残余，把世界从错误和迷信中解放出来，使它成为一个可以被科学说明、衡量，挣脱了一切旧式的、神秘的、神圣的价值的客体。它包括了科学革命，“非神圣化”（韦伯语）

① Gilles Deleuze & Felix Guattari, *Anti-Oedipus*: *Capitalism and Schizophrenia*, New York: Viking Press, 1977.

以及“对自然异化”（法兰克福学派语）。人们已经越来越无法忍受生活在这样一个不断向外延伸的灰色的世界里，生活在这样一个缺乏诗意的散文世界里，生活在这样一个规范解体的、被剥光了的宇宙里，于是先锋艺术家们开始寻找一种新的领地，以恢复那一小片神奇的、圣洁的、具有鲜明个性和主体色彩的世界。于是他们力图重建那古老的规范，从而达到“规范重建”时期（recoding）。然而，还有更激进的解决办法，一些先锋艺术家采取一种极端的反叛形式，即不仅抨击那个死亡的、具体化了的、规范解体的宇宙，而且抨击规范本身，抨击所有合理的规范，否定一切，反叛一切社会形态，以恢复一切规范和科学产生之前的那个原始流的时代，就是精神分裂型的“消除规范”时期。杰姆逊将这一分期理论与文学分期对应起来，认为规范解体的时代是现实主义，规范重建的时代是现代主义，而患精神分裂症（即消除规范）要求回归到原始流时代的理想，正代表了后现代主义的新特点。

按这种三阶段模式划分，市场资本主义时代出现的是现实主义，垄断资本主义阶段出现的是现代主义，而晚期资本主义（跨国资本主义）出现的是后现代主义。这三个社会阶段既相联系，又相区别，它们分别代表了不同的主体对世界的体验和自我的体验。而与之对应的现实主义、现代主义、后现代主义亦分别反映了一种新的小型结构，标志着人的性质的一次改变。

在杰姆逊看来，后现代状况是一种文化的根本断裂，过去所拥有的经验（前现代经验和现代经验）在当代业已失效，而新的流行文化艺术在错位中不断生产着文化话语。诸如拼贴的流行艺术，照相现实主义，新表现主义，偶然音乐，新潮摇滚乐，当代实验性电影和商业影片，法国新小说以及后现代文学批评等不断登场，使得当代文化成为一个观念和形式的实验场。在这里，一切都被重新评估重新改写，一切都以自我化的欲望表演为旨归，一切都以摧毁经典为能事。后现代主义确乎实现了时间空间的根本性转化，并使得当代人拥有了一份不再沉重的时尚记忆。

后现代主义取消高级文化和大众文化或商业文化之间的界限，将文化拼贴的文本（通俗作品、广告宣传、亚文学、幻想小说等）重新组合成一个新型欲望文本，并使其具有了不同于以往文化风貌的新标识：新的肉身直接性成为当代城市文化标记，其延伸既表现在当代理论方面，也表现在一种全新的消费形象或影像文化方面。这种表面化的“时尚”，将人彻底还原为身体性的存在，这一文化策略所导致的表面性渗透到所有的艺术活动中。

与此相关，时间意识连续性已然中断，这既表现在个人与公众社会历史关系层面，也表现在个人瞬间性存在的形式层面，于是出现了生命意义的降解，即生命本能从所有的活动和意图中无差别平面化地释放出来。这种后现代主体人格的非完整性，导致深度情感的消逝，代之而起的是一种本能的欣快症。这种无情的泛情，不仅使现代主义的崇高主题消逝殆尽，也使得个人独特风格归于结束，而其与众不同的表现手法也随之终结，“戏仿”成为后现代的时髦。不妨说，这种消逝了意义的现实世界能指，终于在所指隐蔽不彰之时以一种压缩的强度表征出来，“能指”在相对主义的时代氛围中，成为带有某种绝对主义意味的东西。

后现代主义文化与科技的高速发展紧密相关，但这并不意味着，当今社会的技术是最终起决定作用的因素。在跨国资本主义时代，全球网络系统出现了“高技术偏执狂”特征，这使得“技术与人”的问题成为世纪末绕不开的话题。

在后现代文化分析中，杰姆逊提出“认知绘图美学”范畴，即试图在新的世界格局中对个人主义加以重新定位，以增强个体在全球体系中的自我身份意识和自我位置意识。这种具有政治文化色彩的认知绘图，重视当代世界中尤为复杂的辩证法和生命意义，并以新的方式去评价这种自我定位的努力。事实上，杰姆逊已经改造了后现代主义的政治话语形式，他把在社会和空间规模上对全球认知绘图的文化解释和政治投影，作为后现代文化阐释的使命。

进入 20 世纪 90 年代，杰姆逊开始注重文化研究（culture studies）问题，认为“文化研究”是一种从学术政治和社会问题角度入手研究的知识话语。

文化研究是针对其他学科的局限性而出现的，因而文化研究成为了所谓的“后学科”。它并不是一种专门性的知识域，而是通过自身与其他学科之间的关系构成一个广阔的研究空间。在这个意义上可以说，文化研究具有跨学科性质或交叉学科性质，它与历史学、社会学、传播学、政治学、哲学、美学等有诸多联系。或许可以说，文化研究是一种讨论当代社会文化症候和意义方式的研究方法，它既可依据文化文本进行研究，也可以根据文化现象进行剖析。其方法论强调杂糅性，对女权主义、黑人政治、后殖民主义、大众文化、当代传媒研究等有效方法，均来者不拒加以吸收，使得这一特殊空间注重混杂的“身份”以及各种新的复杂结构的分析。

文化研究与后现代主义的差别在于，它并不注重高雅文化和低俗文化之间差异的削平，而是关注所有当代社会中的文化症候，无论是高雅文化的断片还是低俗文化的热潮，都进行文化意义上考古学式发掘。它研究各种事物的“合力关系”或“互动关系”，各种意识形态表征所出现的张力，进而在微型群体的多元景观上发现新的文化拓展的可能性。它不鼓吹以形象和媒体文化取代意识形态层面的政治斗争，而是强调各种关系在生产、分配、消费的社会综合过程中的彼此“连接”，并进而扩展到个体文化身份和群体文化身份追问，将后殖民主义理论关注的中心——民族国家、种族、性别、阶级、文化权力、个体身份等作为一种整体结构或“复合结构”加以考察。这一对象的宽泛性和考察的新策略，使其能避免各学科之短，而用其所长。

文化是一个群体接触并观察另一群体时所发现的处身氛围和存在方

式。“文化”无疑与“权力”相关。福柯对文化权力问题和文化的本体性问题有自己的独特研究，但杰姆逊认为这种“微型权力研究”断然取代了对“生产方式”的分析，并在权力分析中对“意识形态”加以排除，使其在应用范围上不具有真正的社会现实意义。从这里不难看出解构主义与新马克思主义学术意向上的差异性。

在文化研究对权力的研究问题上，杰姆逊认为，如果用权力来解释事物，就必须打破神秘化和理想化，抛弃美化事物的习惯。这样，文化研究的权力话语强调，只有从政治维度、社会维度和经济生产方式维度进行总体研究，才有可能杜绝肤浅的积习而深入到当代文化的中枢神经。这意味着文化研究只有真正研究“他者”（other），即分析晚期资本主义及其全球性制度之中的官僚阶层或跨国公司形象时，方才有效。在这个意义上说，文化研究不是后现代主义和后殖民主义研究的中断，而是其研究的一种深化和权力话语的拓展。

无言的个人身体经验是孤立而难言传的。杰姆逊在弗洛伊德“个体无意识”、荣格“集体无意识”、拉康“语言无意识”理论之后，提出了自己的“政治无意识”理论。虽然其相对前人而言，减少了心理分析理论意味，增强了社会现实的政治属性，更具有当代学术的合法性和有效性，但其意识形态的偏颇仍是十分明显的。“社会无意识”和“身体无意识”才是当代文化研究的重要内容。因为，在社会意识这一表面的症候下面存在着沸腾的社会无意识，在身体意识这一被西美尔称之为现代性表征的后面，存在着身体无意识（个体的、集体的、政治的、肉体的、欲望的等）。只有文化研究这一融会多学科研究方法的前沿学科，才可能真正触及这个问题的关键之所在，才可能真正减少单一学科研究中的偏颇和盲点。

可以说，杰姆逊的文化研究论还处在一种对象式评价的位置上，尚未真正进入这一研究领域，尽管他的一些看法充满理论色彩和新意，但是仍能感到文化批评精神上的距离。他真正有深度的研究，仍然是后现代主义文化，尤其是他对后现代主义文化逻辑的分析，使他在这一领域成为不可忽视的人物。

第三节　后现代文化逻辑

后现代主义是当代跨国资本主义的逻辑和活力偏离中心在文化上的一个投影。这决定了后现代主义同现代主义相区别，这区别表征为：深度模式削平，历史意识消失，文体性丧失，距离感消失等几个方面。

平面感，又称浅表感，指作品审美意义深度的消失。后现代主义作品不再提供任何现代主义经典作品所具有的意义。现代主义大师如普鲁斯特、里尔克或乔伊斯的作品要求读者深入其意义深渊之中，通过不断地阐释和发掘，获得审美的意义。而后现代主义却拒绝解释，如品钦《万有引力之虹》是不可解释的。作品的意义不需要寻找，书的意义就是书的一部分，没有所谓隐藏在语言背后的所谓深层意义。作品不可解释，只能体验。它提供给人们的只是在时间上分离的阅读经验，无法在解释的意义上进行分析，书的意义在不断阅读的阐释中。

后现代的平面感作为一种缺乏深度的浅薄，导源于解构主义对解释的深度模式的消解。解释即设立了现象与本质的二项对立。现象是虚假的，只有透过现象才能深入本质，探测到被表层遮蔽的作品的内在意义。后现代主义力图打破这类深度模式。

总体上说，后现代主义平面感所要打破或削平的是四种解释，或四种深层模式：第一种深度模式是黑格尔式的辩证法对现象与本质的区分，这种内与外的对立，使人们的思维总是要由外向内深拓，现象被抛弃，内部深层才是目的。后现代主义与之相对，专门注意表面，只讨论作品文本，不涉及内层（象征、寓意），不承认内外表面的对立，拒斥挖掘任何意义。第二种深度模式是弗洛伊德的表层-深层的心理分析模式，后现代主义彻底抛弃表层下面的深层压抑的说法；第三种深度模式是存在主义关于真实性与非真实性，异化与非异化的二项对立。后现代主义坚决拒斥所谓可以从非真实性下面找到真实性的说法，并宣布“异化”这一概念值得怀疑；第四种深度模式是索绪尔的符号学所区分的能指与所指，后现代取消了这种对立的区分，从而也取消了深度。

后现代文化理论与后现代艺术逻辑一致，它已削平深度而回到一个浅表层上，获得一种无深度感；它只在浅表层玩弄能指、对立、文本等概念。它不再相信什么真理，只是不断地进行抨击批评，但抨击的对象已不再是思想，而是表述。在思想匮乏的时代，理论已不再批评思想的有无对错，而只批判文字和表述的错误，并立即用自己的文本取代别人的文本，这使得新理论不断翻新，层出不穷。真理被搁置不顾，而整个世界成为一堆关于表述的文本。

削平深度模式，就是消除现象与本质、表层与深层、真实与非真实、能指与所指之间的对立，从本质走向现象、从深层走向表层、从真实走向非真实，从所指走向能指。这实际上是从真理走向文本，从为什么写走向只是不断地写，从思想走向表述，从意义的追寻走向文本的不断代替翻新。

深度模式消失的另一表现是历史意识的消失。这使后现代人告别了诸如传统、历史、连续性，而浮上表层，在非历史的当下时间中去感受断裂感。如果说现代主义注重现在，却是将历史性熔铸在当下，将当下作为人生痛苦体验的瞬间并因此而感怅然若失的话，那么，后现代主义注重的现在，是以与历史性割裂联系为前提的。那种现代式的怀旧感在后现代中完全转变成一种新的永远是现在时的异常欣快和精神分裂的生活。一般而言，历史性可理解为个体对人类时间一种存在的意识或对过去历史上兴衰变革规律的意识。这两种历史意识，在后现代文化的普遍的平淡和浅薄中已经消失。

对历史的理解，标志着一个人、一个民族、一个时代的风尚和意识。过去的历史，不在于它已经过去，而在于怎样理解过去，因为，对人而言，过去不仅过去了，而且现在仍然存在。现时中存在着某种由近溯远的对时间的意识，过去的历史总是不断在纪念碑、博物馆、艺术品上表现出来。历史意识作为一种深沉的“根”，既表现在历史维度中，也表现在个体上，在历史那里就是传统，在个体身上表现为记忆。现代主义的倾向是同时探讨关于历史传统和个人记忆（回忆）双元。而在后现代主义那里，人们对历史的态度转变了，在他们的心目中，历史上的过去消失了，历史上的未来和任何重大的历史变革的可能性也不存在。后现代把历史理解为只存在纯粹的形象和幻影。历史事件转换成了照片、文件、档案，这些仅仅记录了早已不存在的事件或时代。后现代人已没有历史，只存在于现时当中，变成没有根的浮萍般飘来飘去的人。

对历史的态度实质上是一种对时间的哲学观。历史感的消退意味着后现代拥有了一种“非连续性”的时间观。杰姆逊认为，后现代时间特点是一种“精神分裂症”，或如拉康所说的“符号链条的断裂”。因为在精神分裂症者的头脑中，句法和时间的组织完全消失了，只剩下纯粹的指符，亦即在后现代人的头脑中只有纯粹的、孤立的现在，过去和未来的时间观念已消散殆尽，只剩下永久的现在。后现代音乐除了失去意义深度以外，也失去了历史深度，只有一串串若明若暗的音流在时间中零碎地闪现。后现代小说（新小说）中，零散、片断的材料就是一切，它永远不会给出某种意义组合或最终“解决”，它只能在永久的现在的阅读经验中给人一种移动组合的感觉。如果说，现代主义力图在“破碎的意象堆积”后面重建某种理想和形式的整合，那么，后现代主义那种彻底的零碎意象堆积却反对任何形式的整合。因此，从有意识的组合（montage）到无意识偶然拼凑的大杂烩（collage）的过渡，成为从现代主义到后现代主义的表征。

后现代主义反对所有的二元并置，因此，它在驻足永久的现在的同时，就已经割裂了时间空间的辩证法，将时间转换成空间，把一切都彻底空间化，这是后现代主义现象的最终极的最一般的特征。这种后现代式的空间化不是传统意义上的材料结构的物质性空间形式，而是把思维、存在的体验和文化产品中的时间、历史因素彻底加以排斥，使时间永驻现时时所形成的新的空间形式。这种空间形式，切断了各种复杂的符号联系，排除了深层观念的文字纯表面之间的捉摸不定的关系，成为精神病状态的“当下”存在。

主体作为现代哲学的元话语，标志着人的中心地位和为万物立法的特权。然而，在后现代主义中，主体丧失了中心地位，已经“零散化”而没有一个自我的存在了。“我”这一概念，也仅仅成为语言所构成的影像而已。

后现代人对人的主体失落的透视，是借助于拉康、福柯的解构“目镜”的。语言及其社会性赋予人一个“自我”的概念，这一概念只是像镜子提供给人一个映像而已。另一方面，后现代人在紧张的工作后，体力消耗得干干净净，人完全垮了，这是一种非我的“耗尽”（burn-out）状态。这时，那种现代主义多余人的焦虑没有了立身之地，剩下的是后现代式的自我身心肢解式的彻底零散化。在这种后现代主义的“耗尽”里，人体验的不是完整的世界和自我，相反，体验的是一个变了形的外部世界和一个类似“吸毒”一般幻游者的“非我”。人没有了自己的存在，人是一个已经非中心化了的主体，无法感知自己与现实的切实联系，无法将此刻和历史乃至未来相依存，无法使自己统一起来。这是一个没有中心的自我，一个没有任何身份的自我。

随着主体的丧失，随着支配观点的意识的丧失，失去行为统一性或人物统一性的小说，变成了“无情节”的小说，一种感知的麻木。这是艺术非主体性的先兆。

主体零散成碎片以后，以人为中心的视点被打破，主观感性被消弭，主体意向性自身被悬搁，世界已不是人与物的世界，而是物与物的世界，人的能动性和创造性消失了，剩下的只是纯客观的表现物，没有一星半点情感，也没有任何表现的热情。后现代画家沃霍尔的名言就是："我想成为机器，我不要成为一个人，我像机器一样作画。"只有当艺术家变成机器时，作品才可能达到无情无思无识无语的纯客观程度。

杰姆逊注意到，纯客观的艺术观在雕塑上体现为以合成纤维制成的极度真实的人的形象，这种可以乱真的假人如果长久盯着看，转过身来就会怀疑周围的人的真实性。萨特以"解真实性"（derealization）命之，就像从里面将一个存在的人掏空了，外表依旧，但整个人成为一个空心人，就如同蜡像一样已被解真实化。现实的人又何尝不是这样，现代人曾经拥有的孤独、焦虑、畏惧的情感被掏空了，人的历史感和现实感被抽掉了，成为一种没有根、浮于表面的人。失去真实感，即失去赖以立身于世的根基，失去了生命的意义。这种极度逼真造成了一种令人恐怖的非真实感，标明后现代人成为真正意义上的边缘人，他们在自己的心灵中放逐了自己。

不仅如此，现代主义名噪一时的先锋色彩和个人魅力不再成为关注的中心，那种标榜先锋的时代已经成为过去。后现代艺术代表了主体性、自我、人格、风格的结束。后现代艺术不表现人的精神和个性，艺术风格不复有昔日的光彩，因为"主体消亡"，皮之不存，毛将焉附？

这种主体的零散化，表面上看是人性的一种倒退，其实它表明这样一个事实：当代西方"个人"或"人格"的完全堕落，人们急于摈弃这沉沦的人格，这种激进的做法是对主体性堕落的抗议，是对主体性异化的反抗。

传统美学总是要求审美尺度具有一种距离感，诸如：典型论、移情说、距离说、陌生化等，无非说明艺术不同于生活，艺术不能等同于生活，艺术只有与人的现实生活拉开距离才会给人以审美感受。后现代美学颠覆了传统美学观。杰姆逊指出，后现代主义最根本的主题就是“复制”，后现代主义的全部特征就是距离感的消失。

复制，宣告所谓的“原作”已不复存在。电影作为一门复制的艺术，人们看到一部影片的任何一部拷贝都是相同的，谁也没有见到电影的“原作”是什么。原作消失了，独一无二性消失了，艺术成为“类像”（simulacrum），即没有原本的东西的摹本。“类像”成为后现代文化的徽章。形象、照片、摄影、电视、电影，以及商品的复制和大规模的生产，所有一切都是类像，这注定了当今世界已被文本和类像所包围，丧失了现实感，形成事物的非真实化，艺术作品的非真实化以及形象、可复制的形象对社会和世界的非真实化。

复制导致距离感的消失。看电视时，出现在电视上的信息失去了“他性”，它进入了人的生活，它上面出现的形象也可以说就是属于每个人的。在电视这一媒介中，所有其他媒介中所含有的与另一现实的距离感完全消失了，这一过程可以说正是后现代主义的全部精粹。而录像时代，形象文化（包括电影、电视、广告、摄影）改变着人们的思维方式和生活方式，电视使人所看到的与绘画使人看到的完全不同。人所看到的绘画作品不是现实，而人所看到的电视却是“现实”，但又不是现实本身，而是现实影像（物）。由物退到物的影像（非真实性）。这种状况不幸被法国解构理论家言中：商品物化的最后阶段是形象，商品拜物教的最后形态是将物转化为物的形象。这一事物变成事物的形象的过程，使得事物仿佛不复存在，当指涉物退隐时，距离感也消失了。

从文化哲学层次上看，“复制”的核心在于“本源”的丧失，也就是没有一个导源出若干他物的本源，这就从根本上消除了唯一性、独一无二性和终极价值的可能性。一切都在一个平面上，没有深度，没有历史，没有主体，没有真理，甚至没有原本。所谓同一性、整体性、中心性纷纷失效。人终于被各种人造的类像包围起来，人创造了文化，而文化的扩张使现实退隐，使主体丧失，世界成为了物的世界。

后现代文化氛围下的文艺与美学，无一不打上后现代的时代烙印。而后现代的艺术轨迹似乎并未给人以希望，相反，艺术感知模式的支离破碎，艺术感性魅力或本雅明的“气息”（aura）的丧失，先锋的革命性和艺术家的风格性的消逝，使艺术一步步成为非艺术和反艺术。艺术不再具有“超越性”，仅仅等同于生活，生活成为了后现代人的艺术棋盘。

第四节　后殖民与第三世界文化

在数码复制的时代，杰姆逊关注后现代后殖民主义问题并做出自己的回答，他揭示出现代艺术向后现代艺术的转化，是以丧失时代艺术否定功能为代价的。后现代的大众化商品复制与形式上的平面模式，反映出跨国资本主义文化生产的内在危险逻辑：它使文化扩张并消弭了文化的精神特性；它迫使艺术放弃批判功能而顺应消费和科技型生产关系；它使文艺和美学遭遇到四个“削平”（深度模式削平、历史意识削平、主体性削平、价值削平），使世界“物化”，加速了表征的紊乱。因而，在杰姆逊看来，将后现代文艺印证于消费资本主义社会结构变化，就可以从哲学高度昭示出晚期资本主义文化形态的总危机，即理论话语界限消逝和语言表征规律失控。

从后现代主义基本立场上看，杰姆逊对丹尼尔·贝尔的新保守主义是坚决反对的，他反复说不能只看到后现代科技的来临，而成为给定事实的被动接受者，即应“避免像丹尼尔·贝尔那样，成为一个以技术官僚为本位的意识形态支持者，甚至成为新的社会系统本身的辩护者。”①

① Jean-Francios Lyotard, *The Postmodern Condition*: *A Report on Knowledge*, Foreword by Fredric Jameson, Manchester University Press, 1984.

杰姆逊对哈贝马斯的观点相当重视，认为哈贝马斯对抗后现代主义的态度中，“所表现出来的洞察力及敏锐度，比利奥塔德所愿意承认的，要多得多”①。就内心而言，杰姆逊对哈贝马斯的基本理论框架，诸如重建新理性、建立交流模式、达到普遍共识、注重堂皇叙事、提出合法性危机，是持积极肯定态度的。但作为美国学者，他又看到德国思辨理性以及德法宿怨存在的问题，因而他在哈贝马斯的激进对抗后现代主义的问题上又有某种保留。对利奥塔德的看法，杰姆逊表现出宽容性与原则性的统一。他承认利奥塔德对后现代知识状态的分析是迄今为止最为深刻的，然而在结论上却展开针锋相对的论争。杰姆逊不同意全面授受后现代文化，坚持一种批判立场（可以看出西方马克思主义的精神）和质疑态度，同时，对利奥塔德开出的“药方”——“谬误推理”坚决反对。杰姆逊认为：“如果全球性的私人公司，垄断如此重要的信息系统以后，那么世界将沦入悲惨的境地。基于这种认识，我们对‘谬误推理’和‘怎么都行’之类的说法确乎无法再以轻松的心情去面对。究极而言，我们不能单纯期望信息垄断的局面会通过一种有善良愿望的科技精英分子的自觉而得到改善。恰恰相反，我们只有以政治上的行动本身，才能对那信息垄断的局面提出真正的挑战。”②

杰姆逊对后现代主义的态度十分矛盾，他为后现代主义列出两个解释性范例，一是“美学范例”：后现代主义是对高级现代主义的反动；一是“社会经济范例”：后现代主义的出现与后期消费资本主义的出现“密切相关”。就前者而言，杰姆逊认为：“不仅乔伊斯、毕加索不再令人觉得古怪讨厌，而且一度被看作古怪的作品，都变成了经典之作。当代艺术中最令人反感的形式，诸如庞克（punk）、摇滚（rock），或那种所谓的公开‘性’材料，都为社会逐渐接受，获得巨大的商业成功。

① Jeam-Francios Lyotard, *The Pastmodern Condition*: *A Report on Knowledge*, Foreword by Fredric Jameson, Manchester University Press, 1984.

② Jean-Francios Lyotard, *The Postmodern Condition*: *A Report on Knowledge*, Foreword by Fredric Jameson, Manchester University Press, 1984.

当代艺术的遭际与那些高水平的老现代主义作品相比完全不同。这意味着，在我们的文化中，即使当代艺术与老现代主义一样，有相似的形式特征，但其立足点还是发生了根本的改变。”① 如果仅仅认为后现代主义是针现代主义的反动，那么其决定论的色彩太强，而且事实上二者之间还残存着承递关系。就后者而言，并不能肯定后现代主义的出现是由“消费资本主义”导致的。何况杰姆逊还说过这样一段话：“我不认为当今所有的文化生产都是‘后现代’的。后现代其实就是一个力场，截然不同的文化冲动必须依照各自的方式发展。”②

后现代主义在当今是一种时髦的文化风格，但它不是人类历史的终极境界，只是人类历史上的一环而已。人类不可能长久地停留在一个缺乏深度的“平面”上。在不久的将来，会有新的文化风格取代后现代主义。因为后现代主义所奉行的消解游戏，必然对其自身也是有效的。

作为一位文化型论家，杰姆逊自 20 世纪 80 年代以来，主要的贡献除了后现代主义文化研究以外，就是第三世界或后殖民主义文化研究。③ 因为他敏锐地感到，目前，晚期资本主义以其“有活力的、有原创力的、全球性的科技扩张”，“正专门朝向被前资本主义所包围的第三世界农业及第一世界的文化领域渗透进攻”。他对处于发展中的第三世界抱有同情，对其文化特征尤感兴趣。他的《处于跨国资本主义时代中的第三世界文学》一文，表明他的视点集中在全球文化后殖民处境中的第三世界文化的变革与前景上。他从一种“共时性”的基点出发，一方面看到后现代后殖民时期全球文化的趋同性，另一方面也看到当今世界图景中不同文化系统的冲突和对抗性。他试图在第一世界和第三世界文化（即中心与边缘文化）的二元对立关系中，把握第三世界文化

---

① Fredric Jameson, “Postmodernism and Consumer Society,” in Hal Foster ed. *The Anti-Aesthetic*: *Essays on Postmodern Culture*, Port Townsend, Wash: Bay Press, 1983, p. 124.

② Fredric Jameson, “Postmodernism or the Cultural Logic of Late Capitalism,” *New Left Review*, 146 July-August 1984.

③ Cf. *Nationalism*, *Colonialism*, *and Literature*, by T. Eagleton, F. Jameson and E. Said, University of Minnesota Press, 1990.

的命运，并寻觅到后殖民氛围中人类文化发展的新契机。

第三世界由于经济相对落后，文化亦处于非中心地位，因此，对于先进的科技和文化必然有所借鉴乃至某种依赖。杰姆逊指出，后现代时期，经济依赖是以文化依赖的形式出现的。然而，问题恰恰在于，后现代引进了供消费的新的文化节目（如外来的电视节目），它完全忽视了电视对人的行为所造成的反文化效应，以及文化价值观的混乱。第三世界对先进国家的文化依赖暴露出当今世界体系中潜存的某种意识形态冲突，如果放任下去，就会被动地招致后殖民主义文化垄断，从而失去本土文化的特色。

对第三世界文化的研究，使杰姆逊注意到这样一个事实，即第一世界掌握着文化输出的主导权，可以把自身的意识形态看作一种占优势地位的世界性价值，通过文化传媒把自身的价值观和意识编码在整个文化机器中，强制性地灌输给第三世界。而处于边缘地位的第三世界文化则只能被动接受，他们的文化传统面临威胁，母语在流失，文化在贬值，意识形态受到不断渗透和改型。因此，第三世界文化面对后现代、后殖民性文化，处于一种“拿来”“疑虑”“拒斥”“应战”这十分矛盾的心态和处境中，如何在后殖民文化语境中找到正确文化策略，是第三世界文化出路的关键所在。

行之有效的文化策略是，第三世界国家有必要以一种新的国家主义来对抗这种文化侵略，但绝不是指那仇视外国先进文化的国家保守主义，而是一种将自己国家的状况国际化的开阔胸襟和气度。夹杂仇外敌外的情绪去排斥外来影响，是没有出息和没有前途的。正确的途径在于，根据自己国家的情况和问题，去思考某种文化产品为何要引进国内，同时，对自己国家的情况和问题保持高度的敏感和洞见，这样，就有可能在跟上国际文化大趋势的同时，使本土文化模式引起外国的兴趣和关注，使本土文化展现新貌并走向世界。

杰姆逊并不以后现代文化为尊，相反，他通过那些走马灯似的解构游戏看到了后殖民时期西方文化的病症和面临的困境。他期望第三世界文化真正进入与第一世界文化“对话”的话语空间，以一种“他者”的形象，成为一种特异的文化表意方式，破除第一世界文本的中心性，进而在后现代、后殖民文化潮流中，展示第三世界文化的风格。

当然，杰姆逊理论杂糅的成分较明显，挪用现成理论多而自己独到创造少，且对“西方马克思主义”的运用大多仅停留在文化分析或一般的上层建筑与经济基础的结构模式或生产方式上，因而也受到了一些西方学者的批评，认为其思维模式显得单一，既没有原创性理论，也没有站稳真正纯粹的马克思主义立场，而是在多种理论之间滑动、游移。这也许是现实的多元、多极景观，造成杰姆逊面对当代政治、经济、文化问题时采取一种过分灵活辩证的方式使然吧。

第十七章　汤林森：文化帝国主义

如何描述或评价现代性向后现代性转化的历史轨迹？如何发掘这一历史转向中掩盖的政治、经济、文化、思想层面的问题？如何使自己对文化横剖面的分析与历史发展势态相契合并能“先行见到”一些新的文化“症候”？这些问题恐怕是20世纪末思想者所难以回避的。

英格兰布雷德福大学博士约翰·汤林森（John Tomlinson）所著《文化帝国主义》（*Cultural Imperialism*，1984）出版于20世纪80年代中期。该书定位在对西方后殖民主义话语进行分析，进而展示西方近20年来学者们彼此对立的有关文化帝国主义的讨论。涉及四层分析话语，即媒体帝国主义、民族国家话语、对全球资本主义的批判以及对现代性的批判。这四个层面的分析揭示出文化殖民的内蕴以及历史走向和文化宿命。

第一节　文化帝国主义

自福柯的“话语分析”方法在人文社会科学中广泛运用以来，本世纪下半叶有相当数量的人文社科著作都采用了这一方法。汤林森著《文化帝国主义》正是运用了“话语”的形态分析手法，使其能以独到的视角切入当代世界后殖民主义文化思潮，分析其基本走向和主要问题，并得出有一定深度的结论。

“文化帝国主义”这一概念产生于20世纪60年代，是带有后现代主义色彩的批判社会文化的术语。这一概念内容的非确定性和宽泛性，使人对它的把握往往言人人殊。汤林森力求避免下定义式地界定这一范畴，而是将其植入话语分析过程中，得出其基本框架，其具体方法是确立四个基本维度，讨论文化帝国主义这一主题。也就是说，在汤林森看来，后殖民主义具体体现在：作为“媒介帝国主义”的话语，作为“民族性”的话语，作为批判全球资本主义的话语，作为现代性批判的话语。而这四个层面是互为表里的整体。

就作为“媒介帝国主义”话语而言，汤林森在分析了众多学者对此的论述以后指出，在当代西方文化圈中，媒介无疑占有相当重要的地位。而文化帝国主义一个重要的方面，就是通过媒体中介的文化传播，将意识形态扩散到他国之中。但媒体并不是现代文化的中心，人们的文化实体的经验，也不完全由媒介获得。相反，必须将文化帝国主义的现象当作是一宽阔的文化变迁过程，其间，媒介只是众多运作要素的一种。西方媒体扩散至发展中国家的文化生活，这一变化过程是其整个现代化大格局中的一部分。

汤林森的西方中心论立场，使他否认利奥塔德（Lyotard）、鲍德里亚（Baudrillard）和杰姆逊的后现代媒介批判理论，而固执地认为，媒介只是中性地、平等地传播而不是“强加意识形态”于第三世界。汤林森没有注意到，媒介在全盘进入文化领域以后，已变成了后现代文化经验的原则，它（如电视、电影、多媒体、广播等）已经并正在以激烈而根本的方式，改变着不同的文化疆界，并使文化差异消失在信息的倾销中，从而使异于西方的文化失去“他性”，在不断组织化、有机化中产生意义，并“类型化”人们的生活经验。换言之，一种不断灌输的话语已经不单是“语言”，而是一种“权力”的方式，一种置换意义、抹平差异的权力话语。

这种打上权力话语烙印的媒体，使我们看到的世界以牺牲其丰富性为代价。人成为媒体的附属物，成为媒体的延伸。媒体将人内化，使人只能如此看、如此听、如此想。媒体以超量的信息塞入接受者脑中，从而将不同文化、不同习俗、不同品味、不同阶层的人，连结在传媒系统中，并在多重传播与接受过程中，将不同人的思想体验、价值认同和心理欲望都整合为同一频道、同一观念模式和同一价值认同，并进而形成相近相似的“集体记忆”。就这一点而言，不知汤林森是无意的忽视还是有意的遮掩。

就作为一种“民族国家”的话语而言，汤林森不同意文化帝国主义是某种固有的本土文化为外来文化“侵略”的说法，而宁愿用“影响”这一概念。并强调思考文化帝国主义的方式应由地理范畴（本土与外国文化）转为历史范畴（传统与现代），以全球的、历史的眼光去看民族国家中的文化帝国主义问题。然而作者的自由主义立场，使他否定其文化的差异性、民族性，而单方面强调其同一性、全球性，从而在忽略文化帝国主义的“支配”“制约”“霸权”问题中，将资本主义“全球化”取代“本土化”的过程“解政治化”。

事实上，本土化与全球化、民族性与世界性问题，一直是第一世界与第三世界、发达国家与欠发达国家之间一个相当敏感的问题。就文化而言，其物质层面（科技）、制度层面（社会科学）基本上可以说应当或尽可能全球化，但在精神层（人文科学）和价值层（宗教）方面，却似难以完全丧失民族特性而归大同。如果，未来社会各种文化的差异完全消失：所有的餐厅都极像麦当劳或比萨屋，所有的音乐都是西方电子摇滚乐的变种，所有的城市都像米尔顿·肯恩那般坚实而靓丽，所有的电视节目都温文雅致的国际化，世界上每一个购物中心都能看见成群相同的购物者，这幅图景难道是世界“大同”？或者仅仅是文化帝国主义全球化的结果？无疑，这种抹杀民族性而张扬全球性的做法，或许能使欠发达国家在科技经济方面得到发展并缩小与发达国家之间的差距，但在文化方面恰恰导致巨大的文化表征危机和价值认同危机，从而在西方“他者”经济文化双重压力下，产生出“集体记忆”重写和“民族性丧失”的双重困境。

不仅如此，当汤林森热衷于将“本土化”与“西化”这一文化帝国主义的“地理范畴”转化为“传统与现代”的“历史范畴”以后，出现了两个问题，一是为自己反传统找到了话语转换机制，即将文化的民族性差异转换成时代的落后与现代的差异，并以西方文化的“现代性”否定其他文化的“传统性”；二是将西方文化看作是“超民族性”的，是一种代表人类未来的世界性文化，从而忽略了西方文化本身的民族性，以及其自身仍然存在的“传统与现代”的尖锐冲突。

事实上，西方文化在科技方面高奏“科技理性”的凯歌之时，由于精神价值维度的丧失，使二十世纪出现了人类最大的灾难：原子弹、艾滋病、生化细菌弹，这些高科技乌托邦的产品，正日益威胁着人类的存在。同样，在社会政治方面，由极力标举不以人的意志为转移的“历史理性”，导致出现了二十世纪纳粹法西斯主义以及种种独裁主义、专制主义的灾难。这些因各个不同的社会乌托邦图景导致的抹杀差异，否弃个性的法西斯独裁专制，使人们感到，不仅东方面临“传统与现代”的冲突，同样，西方也面临“人文理性”消隐、精神颓败、价值虚无的“传统与现代”的冲突。这一冲突并不能以简单地打掉传统为出路，相反，正因人文传统的消隐，才使得现代病如此猖獗。东西文化之争已变成了古今之争，而传统价值的式微，精神生命的弱化是古今之争的问题焦点，是全球现代化所面临的重要问题，无论东方还是西方都不可能逃离其外。因此，将西方文化看作代表人类未来的世界性文化，无疑只是不顾事实的心造幻影而已。

就文化帝国主义作为对全球资本主义的批判而言，汤林森认为这是进行现代性分析的关键。无论是媒介帝国主义、民族国家的文化帝国主义，还是资本主义文化在全球的扩张过程，仅仅是前后连贯的说法，或是借助文化帝国主义的说法加以串连组织而已。汤林森在分别就文化帝国主义是否为资本主义的先锋、跨国资本主义与文化同质化问题、资本主义与消费主义和第三世界、西方消费文化、批判理论与资本主义的结构性脉络展开讨论，并对一些激进的批判意见加以“自由主义”立场的辩驳以后，提出了自己的看法：资本主义文化的重点是消费的总体化过程与经验的商品化。消费文化引起人的兴味的原因之一，在于良知的批判并不容易。大多数（左派与右派的）文化评论都觉得专注而热情于消费文化是有问题的，但必须区分道德化与批判取向的差异。为什么社会上普遍存在着对于消费文化的矛盾心态？或许原因是消费主义成长的环境，或甚至它在某种程度上已征服的环境，是由现代性的其他发展所遗留下来的道德-文化空间。批判资本主义的扩散，必须处理资本主义最显著的特征（也就是消费）以外的议题。只有从传统转移到现代这样的事实出发，才能完整掌握消费文化的重要性。

汤林森之所以为消费至上主义（consumerism）辩护，是因为它不仅刺激了西方现代化的迅速发展，而且使其迅速向第三世界扩张，然而，由此却忽视了消费主义的负面效应。在全球现代化进程中，消费主义以金钱神话的意识权力话语方式控制大众的自由思想，使“钱”和“消费”成为精神匮乏时代的“金钱乌托邦”。当消费意识形态通过传媒而上升为大众的显意识，人们一旦误认为钱是生命的唯一意义所在时，社会的混乱和价值的颠倒就不可避免。事实上，消费主义文化不仅直接影响了人们的生活方式，而且使整个现代文化向享乐主义文化偏航。这种消费至上、享乐至上的文化思潮对发展中国家为害尤烈，当人们沉浸在短期行为的消费热潮中，不仅丧失了物质再生产的可能性，而且也丧失了精神再生产的可能性，不仅突出激化了文化准则和社会结构准则的矛盾，而且暴露出社会结构和人的精神结构相当严重的内在矛盾，以及由这种矛盾所呈现的传统价值的合法性危机。更严重的是，这种消费主义的一元性排斥其他所有的生活方式和存在方式，造成新的一轮话语沟通和制约的无效，鼓励文化渎神和理想消解。于是，正如米兰·昆德拉在《生命中不可承受之轻》中所说：“文化正在死去，死于过剩的生产中、文字的浩瀚堆积中、数量的疯狂增长中。”文化帝国主义不仅没有扩充文化，反而正在造成文化的死亡。这一怪圈，消费主义恐难辞其咎。

汤林森讨论文化帝国主义几个不同侧面的话语，即媒体帝国主义、民族国家话语，对全球资本主义批判的目的，是将这三者整合到对现代性批判的架构之下。因为媒体、民族国家、全球资本主义都是现代性运作的主要方式和因素，换言之，前三种话语都必须建立在对现代性讨论的前提之上，因此，讨论“现代性、发展与文化宿命”，成为汤林森后殖民文化研究的重点。

第二节　现代文化命运

总体上说，“现代性”指涉的是全球发展过程中，文化衍变的社会制度结构性主轴。全球文化的同质性发展，其始源是某个特定的亦即“现代的”生活方式占据了支配性地位。决定这个特定生活方式的因素是多重的，包括资本主义的生产和消费、都市化、大众传媒的勃兴、一个以“技术-科学-理性”作为基础的支配性意识形态、世俗化“民族-国家”体系的形成、一种组织社会空间及经验的特定方式、个体存在的认知模式。总之，作为对于现代性的批判，文化帝国主义隐含的批判对象，正是这些决定了全球文化发展的因素所占据的支配性地位。

由于对现代性重要性的认识，使得汤林森不满现代学者对现代性的批判，因此，在与霍克海默、阿多诺、哈贝马斯、柏曼、佩贝·安德森、卡思陀瑞狄思等思想者就“现代性”“现代化”“欠发展”“启蒙”“理性”“发展”“强势弱势”进行辩驳以后，汤林森认为，这些论述充满了前后对立不一，以及概念上的朦胧模糊，但其核心则是说现代性并不能合格地提供人们需要的东西，即超越于物质富裕、政治解放之上的文化诉求。汤林森并不认为这是文化帝国主义话语所显示出的“现代性的失败”，而认为这只不过说明了现代性的多种文化形式而已。

但是，不断为文化帝国主义辩护并反击批判现代性思潮的汤林森，也不得不承认“现代性问题”：资本主义的现代性，在科技与经济方面强而有力，但在文化方面薄弱不堪。可以说文化的薄弱彰显了巨大的生产力，却无力引导自身走入坦途，其结果很明显地见于快速增长扩散的全球环境危机。各国政府与资本主义跨国公司，对这一现象束手无策，这显示出问题不仅在于科技层面的失败，而更是文化意志的失败，即欠缺的是长期的方向感。

这样，问题就由现代性转向后现代性。当代西方道德正当性的危机在于西方文化当前对于“后现代”这个概念的执迷。后现代文化作为当代的“主控文化”，相较于19世纪末叶的“帝国主义高度发展”时代的现代文化已大不相同。后现代或“晚期现代性”状况，充满了不确定、矛盾、缺乏道德正当性，也无文化的方向感，与19世纪欧洲人到处殖民，胸怀壮志的文化信心相比，已不可同日而语。因此，自后现代以来，“全球化”概念已经取代了“帝国主义”一词，而文化帝国主义似乎也变成了文化“全球化”。全球化与帝国主义差异之处在于已不过分注重政治经济的宏图，文化方面也有欠明晰。而只致力于从一个权势向外将某特定的社会体系扩散到全球。“全球化”指涉出全球各地域的相互关联与互相依赖，全球化的效果将削弱“所有”民族国家的文化向心力，即便是经济上的强势国家亦不能幸免。换言之，全球化过程是文化帝国主义鼎盛而又因全球化实现而自我消失的过程，是高度组织化的资本主义霸权将终结的征兆。全球化的“文化经验”，延伸到了世界上所有的国家，不仅第三世界国家，而且第一世界的欧洲人以及北美洲人，很有可能再也无法从他们的民族国家的认同中，取得以往的文化安全感。所以，今天的主控文化生产的领域，不能与文化信心相契合，而文化帝国主义的参照语汇与标准只能跟着变异。

当现代性为后现代性所取代，当文化帝国主义为文化全球化所取代时，当代学者的使命是什么呢？对此，汤林森似乎有些勉强地答道：我们需要做的是，重新扎实地就界定与执行人类文化目标的方式再做结构性重组。这个原则所隐喻的是，晚期现代性已然自主化的全球机构与制度必须予以解构。这是一个令人生畏的使命，因此在油然产生强烈的情绪中，倾向于认定晚期现代性的景况，是我们的“文化宿命”。人类世界的塑造，必须看作是随着文化意志而变化的。心里存有文化动因的想法，隐含在批判文化帝国主义的论述，或许应该将它看作一块可供反思的空间。

后现代景况是人类文化的宿命。汤林森经过艰难论辩得出的这一结论具有一定的当代意义，而且也表明了某种超越后现代性而葆有人类精神文化质素的意向性。但从总体上看，其后现代后殖民主义评论显得较单薄，有深度的历史穿透性和犀利入微的分析尚嫌不多，罗列的现象（理论分歧）多而中肯的剖析少，思潮追溯多而问题意识少。他借用了20世纪80年代前后英美学院派对媒体帝国主义分析的成果，二战后民族国家形成的转折的研究、全球资本主义的左派激进批判理论以及现代与后现代的论战等多方面理论资源，基本上说清了文化帝国主义几个层面的问题，可是未能就此进一步展开，未对其理论缺陷、现实处境、文化策略、语言变异、话语权力作出令人信服的说明，在诸如启蒙、现代性、发展、全球化、民族性问题的梳理中失之粗糙，甚至有的地方因其西方中心立场而武断地否定文化帝国主义对第三世界的“文化支配”，掩盖“文化殖民”“文化霸权”的问题实质，否定“民族性”而一味突出“全球性”的不以人的意志为转移，使人感到论者在反思工具理性时又回到工具理性中，批判历史理性时又重新拥抱历史理性，在吁求人文理性时又对人文理性信心不足。这些理论和逻辑上的欠缺，使汤林森理论的问题聚焦缺乏明晰性，当然也就缺乏高屋建瓴的气势。不过，就后殖民文化帝国主义方面的思考而言，还是可以给我们提供一些继续思考讨论的框架。

第五编

文化研究与美学

第十八章　文化研究与边缘美学

一般认为，“文化研究”是20世纪末期出现的一种新的研究方法。但事实上，文化研究在20世纪初就不断演进发展，到世纪末则成为一种包罗万象的文化研究方法。[①]

文化研究重视经典与通俗、精英文化与通俗文化、文本研究与传媒研究之间的复杂关系，同时，注重研究者的自我身份及其国家、民族、阶级、性别等文化身份的考察，重视在跨国资本和消费主义中的与中心文化相对应的边缘话语的研究。因此，文化研究不仅重视大众传媒、通俗文化，也重视后殖民主义、女权主义和多元文化主义等的文化理论与实践的研究，从而构成其杂色纷呈的多元文化景观。[②]

① Cf. David Punter ed., *Introduction to Contemporary Cultural Studies*, 1986.

② Cf. Patrick Brantlinger, *Crusoe's Foot prints: Cultural Studies in Britain and America*, 1957.

第一节 “文化研究”的命名和理论向度

文学的社会学研究和文化的社会批判理论，仅仅是作为当代文化研究的一个理论源头和理论品格的一个参照系，并不是它完善发展的最终模式。在它自身发展过程中，英国伯明翰大学“当代文化研究中心”的霍伽特（Richard Hoggart，1918—2014）教授，无疑起了非常重要的命名和理论阐释作用。“当代文化研究中心”为文化研究形成自己独特的基本理论话语，作出了积极的推进。

1970 年出版的《当代批评》中，有一篇霍伽特的文章《当代文化研究——文学与社会研究的一种途径》。在这篇重要文章中，霍伽特阐释了自己的文化研究的基本理论向度，即从高级文学和低级文学或大众文学的社会道德含义中解脱出来。不仅要评价语言的大众文艺，如广告、电影或流行音乐，而且还使人想到其他现代传媒，反对那种在好的文学和坏的文学间作非此即彼的选择。

霍伽特强调，要将文学放在一种更大的文化背景中去加以阅读，并将这种阅读作为表述其文化意义的准备。他在伯明翰大学“当代文化研究中心”，将这种阅读文化意义的阅读称为“价值阅读”，而将仅仅从语言角度进行的文学阅读称为“品质阅读”。在霍伽特看来，“品质阅读”主要是抑制新批评的形式主义批评，他们砍断了文学与社会广泛而深层次的联系，因此，作为一种纠偏，文化研究要重新恢复文学的社会文化网络，强调其审美因素、心理因素和文化因素的三重背景。

在他看来，审美因素是指那些为审美需要以及形式结构等因素所决定的特征；心理因素是指那些显然为特定作品创作个人所决定的特征；文化因素则主要是由某个时期特定社会中产生某部作品背景所决定的特征。前两个特征在某种程度上要取决于最后的文化特征，而且彼此是密切相关、不可分割的。这样，霍伽特就将文化研究的“价值阅读”上升到文学研究中的最终层面。他认为，在任何为了文化意义所作的阅读中，读者都必须从某种前提、选择活动、某种预先存在的判断出发，他无法避免地要做出隐含的或明确的价值判断，他可以清醒地意识到自己对文学作品的文化介入，因此，文化文本价值阅读中的价值判断是不可或缺的。在这个意义上，价值阅读表明了文学是一种文化中的意义载体，是有助于再现、表征文化信仰的对象物。

甚至可以说，一部作品就其文化意义而言，就在于破坏作品立足于其中的某种秩序状态，暗示出某种非秩序状态。作品要打破处身其间的社会秩序，以及赖以存在的艺术以外的任何其他的秩序网络，使文化意义通过直接体验作品，以及通过作品的观察角度而获得理解。就这个意义上说，艺术影响着一个社会中所把握的价值特性及其把握的方式。只有从文化研究的角度，才可以真切地理解文学作品的深层含义及其价值向度。

当然，霍伽特也重视大众艺术或者是与高雅艺术相对的粗俗艺术，认为这种“中等低级”的或世俗的艺术，并未完全放弃其负载的文化意义，它们自己也同样存在某种层面的文化意义，甚至广告和电视等也同样具有引起人们关注的文化层面的意义。也应纳入文化研究的视野之中。

总体上说，霍伽特的文化研究理论，以及他主持的伯明翰大学“当代文化研究中心”，为文化研究从纯文学研究中脱颖而出做出了努力。他强调了文化的表达因素和表达性阅读的重要性，进而关注这种表达的社会文化的意义。因此，这样的当代“文化研究”是从严谨的文化文本阅读开始，并与其他多学科、跨学科理论携手并进，将文学美学引向更深入的社会理论与文化价值分析中，从而得出当代社会的总体网络的意义解读。①

文化研究的理论资源，除了前面所说到的一些西方马克思主义者以外，还有解构主义理论家福柯、拉康、德里达、巴特、德勒兹和鲍德里亚。可以说，西方马克思主义的激进思潮，使文化研究者认识到了“激进话语”维护文化经典的一些盲点，同时，又使其意识到解构思潮所具有的中心颠覆性和边缘洞察性。就此而言，文化研究实现了三个“转向”：一是从经典文化转向了大众文化的研究，或从中心转向了边缘的研究；二是从文字载体的文化研究转向了影视、图像的现代文化的研究，使广告、绘画、建筑、影视、大众传媒、消费文化成为热门话题；三是从纯文学研究转向种族、性别、阶级、民族性、差异性、社区文化、媒介文化、女性文化和后殖民文化等问题的审理。这种新型的学术研究转型，形成了关于性别文化研究、地域文化研究、种族文化差异研究、当代影视文化研究、现代消费文化研究等多种研究意向。在这不断置换的问题和话题中，文化研究改写着这个时代的审美观和价值观，进而改变着整个文化的基本走向。

文化研究除了在欧美有广阔的发展外，前苏联美学家卡冈和鲍列夫也从事着自己的文化研究。如卡冈在《美学和系统方法》艺术中强调文化系统中的艺术文化结构的形态学意义，认为当代文化美学研究已经

---

① Cf. Hoggart, R. *The Uses of Literacy*, *Harmondsworth*, Middlesex: Penguin Books in association with Chatto and Windus, 1958.

不能局限于对各种艺术作简单的研究，不能局限于孤立地考察各种文化领域，而必须同时开始对文化作完整的研究，以揭示艺术在世界文化发展过程中的状况、地位和功用所包含的可变性和稳定性的辩证法。而鲍列夫在《美学》中则明确提出“艺术文化学”，将文学置放到一个广阔的文化境遇中去考察，认为艺术文化能使人的精神具有创造力，使文化进行扩大再生产的动力艺术文化价值只能由象形符号和象征符号来传达，这些符号出现在交流场合和语言场合，在这里存在着释读符号的文化译码。艺术价值是有意向性的、有目的的语言符号，而作品是艺术文化的元符号。无疑，这些思考也从某种意义上推动了文化研究的自我成形。

总体上看，文化研究属于一种后起学科，却以后来者居上的方式成为当代文化一大景观。它以一种多元杂糅的方法论来研究跨世纪、跨学科、跨地域的文化。它既在此文化中，却又不完全限定于此文化，而是在文本与社会、上层建筑与经济基础之间形成一种有机的联系，通过这种联系，使中心文化和边缘文化、雅文化和俗文化整合成一种“统一的文化模式”，从而为现代人的生存和文化的身份加以定位。

当然，在当代文化研究上做出重要贡献的，应该是两位法国思想家：布迪厄和鲍德里亚。正是他们富有创建性的思想，使我们不能不关注其理论言述。

第二节　布迪厄文化研究的当代拓展

布迪厄（Pierre Bourdieu 1930—2002）生于法国贝恩亚，二十世纪五十年代在巴黎高等师范学校学哲学，六十年代开始从事人类学研究，八十年代初被法兰西学院聘为社会学教授。这种横跨多学科的学术经验，使他对一系列社会理论问题做出了自己独到的思考。总体上说，布迪厄打破了学科界限，从跨学科的角度，分别对人类学、社会学、教育学、语言学、哲学、政治学、史学、美学、文学等都有研究，并形成一系列独到的思想范畴与相当新颖的学术框架。①

从“普遍的文化理论”的反思推进到中期的“文化实践理论”，布迪厄形成了自己独特的学术品格，并努力克服那些“巴黎时兴的唯理论主义者的表现癖”和各种各样的“理论登场表演”。他要超越传统对立关系的二分法，超越主观论与客观论的二元对立，拒斥那种形而上学式的解决各种问题的“宏大理论”和“宏伟话语”，从而使得文化与社会、结构与行为等普遍存在的文化理论的对立面得以消解。

这样，布迪厄就提出了关于知识、实践和社会理论结构及其学术途径的轮廓，从而扬弃了社会物理学与社会现象学的二元对立，以及个人和社会的二元对立，并以理论生成性使自己超越了那种非此即彼的偏窄理论思维和基本命题，从而能够反思自身，甚至能够跳出自身而反观自己，使得自己在不断打破思想封闭中走向自我精神的敞开。

布迪厄力图以一种全新的方式来透视或思考一系列旧的问题和旧的框架，正如维特根斯坦所说“从炼金术的思维方式过渡到化学的思维方式”一样，形成一种思维的飞跃，在这种全新的思维方式中，使旧的问题得以消解。因为旧的问题是与我们的思维方式和言说方式相始终的，一旦我们用一种新的方式来表达自己的观点，旧的问题就会同旧的语言外套一样被抛弃。

如何在理论上拒弃总体性形而上学理论，同时在实践上也以一种反体制、反中心话语、反理论与经验脱节的进入问题的方式，抛弃结构与能动作用的对立即微观分析与宏观分析的对立，进而明确将对他人理论

① Cf. Bourdieu, P. *Outline of a Theory of Practice*. trans. Richard Nice, Cambridge: Cambridge University Press, 1977; *Homo Academics*, 1988; *In Other Words: Essays Toward a Reflexive Sociology*, 1990; *Logic of Practice*, 1990; *Invitation of Reflexive Sociology*, Chicago: University of Chicago Press, 1992.

进行说明的分析者的活动也纳入自身研究范围之中，成为布迪厄思考的重要问题。这些流动变化的问题，使得布迪厄著作内容始终在不断地发展演变，并在不断的螺旋式的思维时间和空间中展开。他在修正自己理论之时，重审那些困难的问题和对象，并深入剖析它们。

对独断论和绝对论的抛弃，使布迪厄更注重社会关系论。就社会学而言，他强调个人与社会之间的一种“转换生成性关系”，反对绝对论模式。他既抛弃方法论上的个体主义，又拒斥方法论上的整体主义，以及“方法论上的情境主义”（methodological situationalism）所出现的对二者的虚假超越。这构成他的社会学立场的中心视角。正因为这种理论的自觉和视点的超越，使布迪厄可以抛弃个人自发性和社会约束性、自由和必然、选择和责任之类的虚假问题，进而避免在个人与结构、微观与宏观分析间非此即彼的选择。他倡导并实践方法论上的多元论，这种多元论既不同于费耶阿本德认识论的无政府主义，也不同于达达主义的所谓“怎么都行”，而将实践向度恢复为知识的对象，重新将理论的实践方面看作一种知识的生产活动，使自己与概念的关系具有一种实用主义的关系，即将这些概念仅仅作为一种帮助自己解决问题的实用工具。

布迪厄张扬理性，把理性看成是历史的产物，并强调真正的知识分子必得独立于各种世俗权力，独立于经济和政治权威的干预，而且，知识分子必须确保这种独立自主，即要用各种制度化的有序性对话阵地的存在为自身存在的前提。他坚决反对知识界中的地方主义和宗派主义，坚持要开辟一个自由平等的空间，在这个空间当中，既排斥那些互相吹捧的小集团，又坚决取缔那些以一些虚假问题在整个文化世界的以讹传讹。真正的知识分子以解放思想为已任，摆脱其职业性弊端和为自己权力本位而争斗的狭隘性，从而成为一种集体的对抗符号权力的力量。也就是说，既注意自己在社会化进程中的职责，又要独立于官方的政治；既自由解放，又具有价值关怀；既入世而关注现实，又不屈服于任何正统话语的教条。

知识分子作为符号的生产者，在当今社会面临了前所未有的意义失落和艰难的价值选择，他要么作一名所谓的专家为权力话语者服务，要么固守自己旧的文化生产方式而做一个只知授课的教授。布迪厄抛弃了这两种选择而力图寻绎一种新的参与方式，即集体性知识者或知识话语和文化符号的生产者，能够通过确立自身作为一个独立的群体存在，而以一种自足的主体去影响当今的政治。这样，知识分子的学术操守、学术敏感和学术眼界就变得分外重要。因为说到底，知识分子在塑造社会的同时也在塑造自己，而他在塑造自己的同时也在塑造这个世界。

第三节　场域理论与文化习性

总体上看，布迪厄的文化社会理论基本构架建立在三块基石上："场域""习性"和"资本"。这三块基石直接承担了其反思社会学、观照现实各个领域和人生社会的基本指南，值得深入探讨。

在布迪厄看来，社会科学的真正对象并不是研究单纯的个体，而是研究无数个体所构筑的一种"场域"，以及无数场域构筑的一种更大的场域的综合性结构。因此，场域是社会科学研究的中心，而个体则是作为场域中最活跃的、为社会建构的、不断更新自己的一种要素。从场域的角度思考，就是从社会总体关系角度进行思考，也就是说，要对社会世界的整个日常见解进行转换。布迪厄将场域看作是一个网络，一个不断建构的结构，在这个网络中，存在着占有者、行动者和体制性的多重权力结构。这样，就可以将那种简单地把社会分成阶级的社会分析方法，更细致地变成话语空间的再划分，即微型化的分析方法，将场域的观点转化为一种圈层的逻辑。整个场域中又可分成艺术场、宗教场、经济场、学术场、法律场等。

进一步说，每一个场域都是一个独特的空间、一个独特的圈层，同样也是一个具有不同规则的游戏圈，这种游戏圈使得艺术场和经济场以及法律场具有完全不同的游戏方式。但是，它们又因为“资本”种类的相通而具有相对统一的联系。场域的游戏性和游戏的规则性，使得“场域”更加准确生动地把握了社会存在状态的千变万化和它的自身内部圈层的大小、兼并、占有和区分。场域所具有的原动力原则存在于其结构的形式之中，尤其存在于各种势力、各种要素彼此冲突的力量之间的距离、差距的不对称当中。任何力量、任何权力，如果不在场域内，与场域的其他要素不发生关系，那么它就不能存在，也没有任何作用。在这种活跃变化的场域空间当中，那些权力的占有者通过获取资本权力来控制场域的生产与再生产，而其中的受控者或行动者的策略也取决于他们在场域中的地位。

不妨说，场域的概念既不同于机能主义和机体论，又不同于一般的制度性理论，场域是权力关系的场所，是不断变化的、具有连贯性的、在冲突和竞争中产生新场域的领域。在这个领域中，场域不断改变着自己的性格和形态，具有自己全新的逻辑规则。每一个场域都构成一个敞开的游戏空间，其力量的此起彼伏、权力的犬牙交错和游戏者的谋划策略，随时随地地改变着场域的某些形态。更重要的是，所有的场域都包含在权力场之内，都与权力场有着控制与被控制、制约与反抗之间的关系。在与权力场相对的其他场域中，往往出现这样的情况，比如说，艺术场往往被占统治地位的权力场所控制，因此，艺术家或者是文学“知识分子是统治阶级中被统治的那部分人”。文学知识分子在权力体制内所占据的位置及其关系，成为了社会科学关于场域的特殊思考角度。

场域具有一种普遍性的特征，也就是说处于一个特殊的场域的行动者，如知识分子、艺术家、政客等，并非直接承受外部的一些压抑。相反，所有外部权力的渗入，只有通过场域的独特形式的特殊调解之后，才会间接地影响到行为者的身上。从这个角度看，场域具有了一种自主性，它的自我重构的特殊逻辑，使其对场域圈层具有特殊的历史积累性影响。同时，场域是一系列关系的系统，是各种不同关系之和。某一艺术家或哲学家之所以是以这样的方式思考，以这样的行为或这样的言说方式作为其存在的表征，是因为存在着一个知识分子场域，场域的逻辑制约了圈层内学者艺术家的思维方式。

“场域”概念的确立，其主要功绩在于创立了一个必须重新思考的区分模式，并使我们可以这样提出问题：被考察的世界的局限性是什么？世界是如何被连接的？与什么连接？在何种程度上进行连接等。这样，就可以从实证主义、经验主义的理论真空中和理论主义的话语真空中逃逸出来，而获得自身的理论的完满性。

场域是一种“资本”的垄断。在艺术场域中，资本的垄断是文化权威；在科学场中，资本的垄断是科学权威；在宗教场中，资本的垄断是主教。改变了不同资本形式的分布及其相对的分量，也就改变了这一场域的结构。在这个意义上，场域又像一种“角斗场”，是一种权力、地位和力量的较量。

“习性”，即人的社会生态性，这既具有先天的因素，又不完全是先天的，而是在社会化的个人境遇中逐渐习得的、并逐渐演变的“第二天性”。

其实，这个问题并非始于布迪厄，也并非一个新问题，而是困惑人类思想家的一个本体存在问题。这一问题在哲学上可以表述为“个体与社会”关系的问题，或者是“人与社会环境”问题。个体的遗传或者个体本身所带来的东西，只是其生命发展中的一个基本要素，而不是其全部密码。人适应或塑造社会环境，人也被社会环境所塑造。人通过教育的提升，不断地改造着外部社会，同时也积淀而生成自己新的天性。所以，人既是历史和社会的结果，又是历史和社会的原因，既是社会的客体，又是社会的主体，二者统一于人的实践活动中。

“实践性”是人的社会属性的集中体现。因为实践发于主体，在创造更新客体世界的同时，又创造更新着主体自身。人在历史中不断地通过实践改变外部社会时，人本身的天性也随着实践活动而不断地发展和完善。社会环境决定人，人也决定环境，人的发展受到环境制约又决定环境的发展。而这一环境或社会始终是历史的、社会的、政治的、经济的和文化的多重关系的，直接从这多重关系去看人自身的习性，才有可能真正发现人性的奥秘。

“习性”是一种结构塑形机制（structuring mechanism），其运作来自行动者自身内部。习性既不完全是个人性的，其本身也不是行为的全部因素，习性是生成的而不是一成不变的。如果个体与社会的互动使习性成为人的第二天性，同时又包含着人的第一天性的内涵，那么就结构分析而言，习性即是一种小型的话语权，它不仅是个体自身存在的一种文化空间和心理积淀，同时也是一种小群体之间的话语通约。在布迪厄看来，习性首先是一种姿态、一种特殊的逻辑。习性的建构原则存在于社会性的构成中，或者存在于被构造了的和构造着的性情体系中。

“习性”与“习惯”不同，习惯是外部社会使主体逐渐获得的适应性，而习性却具有一种能动性，不断创造自己的新本质的特性，所以它具有生成性、建构性，甚至带有某种意义上的创造性能力。这种能力尤其是在艺术当中，更是伸展了人性的新维度，更新着性情系统的新编码。作为人类第二天性的“习性”，它表明了主体选择的目的性和自身生成形态的预设性，所以，它要求一种普遍的、预先构成中的自我幻象。习性的逻辑展开，有效地回避了在个人与社会之间非此即彼的选择，而且将个人和社会双向的能动性集中起来，宣称个体是不能逃离于社会、集体之外的。

习性，即一种在个体之上体现出来的社会化了的主体性。如果说，场域是一种大型话语权，那么，习性就是一种与个体紧密相关的小型话语权。就此而言，习性与场域的关系是双重的，从习性的角度可以看到铭刻在人躯体上的社会制度，而从场域的角度，我们可以观察到客观关系的体系，它们是刻在事物或制度上的铭文。

习性与场域是一种互动关系：一方面，场域构造习性，习性体现场域的内在必要性；另一方面，二者具有一种知识关系，即认识的建构关系。习性有助于把场域建构成一个有意义的世界和价值世界，在这个世界，人们可以进行一种文化资本的估价。人的存在，是由社会现实赋予形体以习性，社会现实既存在于社会中，又存在于思维中；既存在于场域之中，又存在于习性中；既外在于行动者，又存在于行动者的内心。

习性是社会世界的产物，在习性与场域的关系中，历史进入一种与自身相关的“同谋”关系。习性是个体与群体的统一、是人与社会的统一、主观与客观的统一。习性不是命运，习性是历史的产物，习性向个体的性情、好恶和经验敞开，并在实践系统中不断地迭加和删除旧有的习性，添进新的习性。因此，习性使得个人服从某一个文化场、经济场，同时，习性又使人超越原有场域获得新的本质。就此而言，习性不是本质主义的，不是定义性的，而是时间中的生命反思和对时间生命的反思，是在时间中生成的历史性延展。历史性和相对性是其徽章。

总体上说，“习性”就是知觉、评价和行动的分类图式系统，既有一定的稳定性，又有一定的自我延展性，它来自于社会制度，又存在于个体身体之中。在这种场域和习性的关系中，存在着某种恒定的因素和可变的因素。人的生存，或者是以社会塑形的身体方式存在的习性，包含了生存或习性世界的一部分。

第四节　文化资本与象征资本

受马克思影响，布迪厄将“实践”“资本”等核心概念作为观察社会的重要角度。他指出，“资本”是以物化的形式或肉身化的形式累积起来的，这是一种铭写在客体或主体结构中的力量，也是一条强调社会世界的内在规律性的原则。资本表现为几种根本的类型，即经济资本、文化资本、社会资本、符号资本。这里，主要讨论文化资本、符号资本和社会资本。

布迪厄认为，“资本”需要实践去积累，需要以客观化的形式或具体化的形式积累。在积累中，在交换世界里，资本获得了当今世界换取生产利润的潜在能力，以及自身存在的鲜明意象。资本可以大体上分为物质形式资本和非物质形式的文化资本和社会资本。物质资本在交换过程中可以表现为非物质形式，而非物质形式的资本也可表现为物质形式。

文化资本与经济资本不同之处在于，经济资本可以立即转化为金钱，它是以财产权的形式被制度化的，而文化资本在某些条件下才可以转化为经济资本。文化资本的特点在于，它是以受教育的资格形式被制度化的，是构成社会符号力的基本条件。人们在文化知识、教育中不断地通过文化资本的积累获得社会权力，文化资本决定了大众文化及人们的日常生活，使新的习性可能性得到了限制。文化资本有着具体的状态，是以精神和身体的持久性情的形式存在的。客观的状态以文化商品的形式获得呈现。就单个人而言，他的学术能力与学术投资之间的关系表明，其能力和才能本身，就是与其实践上文化资本的投资，即受教育的程度和时间成正比的。

一般说来，在发达的资本主义社会存在两种支配形式：一种以经济资本为基础，是支配的主导形式，另一种以文化资本为基础，是支配的从属形式。文化资本的基本状态与身体相联系，其积累处于具体状态之中的即通常称之为教育、文化、修养的形式。它必须是受教育者经历过许多时间和亲身体验，才能够获得其知识结构的质的飞跃。这种时间的投资、韧性的投资和意志力的投资，还包括经济资本的投资，使得文化资本的获取需要相当长的时间作为衡量的标准。如何在这种文化投资的过程中保证其有效性和节约时间，使得人才的合法性变得尤为重要。将文化资本集中起来，塑造成人的一种素质、气质及其整个文化习性，成为进入现代社会秩序的一个重要砝码。

文化资本的积累不能超越个体及其表现能力，而只能随个体的生物能力及生命的衰落而逐渐消亡，它不像经济资本那样可作为遗产流传。文化资本的传递和获取比经济资本具有更多的隐蔽性，文化资本越是具有稀有的符码，就越能获取更高的价值回报。文化资本的传递成了资本继承性传递最佳的隐蔽形式。当然，在一定的时间之内，经济资本不一定能完全转化为文化资本，文化资本也不一定完全能够转化为经济资本。就客观化状态而言，被客观化的文化资本（如文学作品、绘画作品等）在物质方面是可以传递的，如名画的收藏可以像经济资本一样一代代传递并增值，所以文化资本既具有物质性的一面，又具有文化象征性的一面。

就体制化状态而言，文化资本的客观化往往以学术资格这一形式出现。如此一来，就有一个文化身份“合法化”问题，即必须具有学术上可以认可的文化资本。所以，一切自学者或中断学业者、受教育不全者的文化资本，在其一生中随时都可能遭到质疑。整个现代社会是一个证书和学历的社会，学术资格和文化能力的证书是个体的价值标榜的符号，是其文化资本的合法价值的保障。体制化的、官方承认的、得到保证的文化资本与简单的文化再生产之间具有根本性的差异。也就是说，官方认可的体制化的文化资本，成为人们所力求获取的自身价值认同和保障，而简单的文化资本则要求人一生不断地去证明自身的合法性。在这种文化资本的标准格式下，人们逐渐抛弃了自己个体的、独特的成才或者获取文化资本的途径，而涌进了大学教育的羊肠小道，去获取社会所认同的各级证书，并被迫接受社会公认性的权力话语。正是因为文化资本的体制化和学术资格制度化，使得文化资本拥有者的相互比较成为可能；正是因为把经济资本转化为文化资本的策略，导致了现代学校教育的爆炸和资格膨胀的短期效应。同时，众多统一的人才成批地生产出来，也使这种体制化公认的权力日益巩固。

“象征资本”与文化资本有着不可忽略内在联系。所谓象征资本，就是被人们承认接受了的政治、经济、社会、文化的资本。文化资本转化为象征资本之时，不断地被复制和模仿。尤其是在“现代性”成为当今神话的世界，文化资本更被转化成了一种现代性的符号资本。

象征符号资本具有两面性，它既是一个权力话语系统，同时又面临自身的合法性问题，即在这一文化范围或文化秩序中，是否和为什么应获得其成员的忠诚和信任的问题。在“现代性”的神话中，异化、失范的经验和“合法性危机”，隐含在这种文化象征符号的更迭之中。“现代性”这一切“传统”都面临着合法性危机，因为现代性表明了自然的非神圣化，生活的契约化，制度的明朗化，以及对合法性的重大修正。合法性理论因此试图恢复业已失去的世界的一些特征，力图将该秩序中的习惯和规范解释为与神意相连的一种传统，同时，还存在一种规范和标准的契约化，以及渗透于生活各个领域的制度。正如哈贝马斯所认为的那样，在当代的文化中，合法性问题的领域还要进一步拓宽。在文化象征符号控制之下，个体与群体为争取自身的合法性变得非常重要。

“合法性”这一概念往往又是一个非学术性难题，现存的各种非纯粹的强制统治形式，可能都要以合法性为基础，或迟或早要取得合法性，尤其要取得象征符号的合法性。因此可以说，生活在符号控制下的社会是一个没有危机的社会，因为人们的价值观念得到认同，其生活、文化、消费的方式，都在无形中进行模仿和做出抉择。但同时，这又是一个充满危机的社会，因为当每个个体的价值观念必须整合在一个具有共同性的价值之上时，个体无疑会产生深切的文化撕裂痛苦和文化圈、文化场域被置换被扬弃的痛苦。

不难看到，象征资本又是一个“话语暴力系统”，它总是要将客观的等级制度、权力关系、社会结构再现成合法性、合理性的社会理想秩序。人的价值判断的认知结构都笼罩在一种权力的意识形态当中，社会的生存空间和话语空间转化成文化资本空间，而“教育”就变成这种空间的转换中介。

布迪厄在《教育、社会、文化的再生产》一书中认为，教育是作为一种象征符号暴力手段在从事社会的再生产，也就说，通过教育资源的获得，而建立起一种权力支配与被支配之间的关系。在现代社会中，教育使人获得进入现代性社会的通行证，教育的多少、文化符号拥有量的差别，将人划分为具有不同学识和能力的群体和个体。教育和学术变成一种象征符号性资源，成为人们增强支配性地位和获得权威的途径。

布迪厄对文化象征资本的看法是，任何文化知识体系都有一种把社会权力体系引入并使之合法性的特性，而权力意识形态的结构化将社会限制和支配剥夺合法化了。文化资本是构成社会符号力的基本条件，具有不同的文化象征资本，就具有不同的文化符号支配和被支配的可能性。拥有更多的文化象征资本的人可以支配或控制文化资本少的群落，具有主导性权力话语支配力的群体，可以支配社会地位、身份和等级差异方面处于弱势的社会群落。在国际或地缘文化学中，处于文化弱势的“国家—民族”，由于文化资本的匮乏和象征资本的相对处于弱势，而屈从或被排斥在世界中心话语的边缘。因此，对个人而言，通过教育、文化、知识、美感、情趣、语言等，象征符号性暴力为人们提供或剥夺其所需要的关于自身文化的认同感和自我价值的认同感。

人的创造离不开场域，离不开文化资本，离不开象征符号资本的差异性和趋同性。在这个多元化的世纪，由于主导性文化资源的暴力体系的存在，使得所有非主导地位的文化都存在不同程度的文化危机、价值危机和合法性危机，为了消除这种合法性的焦虑，保存自我，发展群体，改变现实，文化符号的获取就成为现代社会中最大的神话，或成为现代社会中的“现代巫术”。

“社会资本”是一种实际存在的或者潜在的资本集合体，也就是说，属于整个社会的为社会团体的所认可的集体性资本。在这个网络中获得物质的或象征性的交换时，这些资本或许会通过一些为众人所关注的共有名称，而在社会的体制化中得到保证。社会资本主要是一种社会的声望、知名度及其占有文化象征和经济资本的数量的程度，它得到各方的普遍性认同，从而产生一种社会的价值增值效益。

任何个体都处于某一群体或某一关系网络当中，它都将获得一种维持其长久的、体制上得到保障的具体关系。因此，各种会员制、各种党派、各种民族团体等，总是具有某种意义上的垄断权和基本的体制性，通过一些机制的运作，尽可能将其相同性质的个体结集在一起，以保持团体的存在或延续。就此而言，社会资本作为一种团体性的资本，其程度和分量上远远超过了作为资本对象个人所拥有的个体资本。所以，为社会资本所关注所追踪，就可以成为社会的“热点”和“知名”的存在者。正如布迪厄所说的，当这个社会资本群体内部弱势成员的荣誉受到威胁时，扩散性的代理关系就会要求其领袖站出来维护集体荣誉，这种体制性的代理方式保证了社会资本的集中，而且还可以通过一致认可的集团发言人，通过驱逐或开除引起尴尬的个人来保护整个团体免受耻辱。在这个意义上，贵族头衔或名士风范是体制化的社会资本的典型形式。这种社会资本以一种恒久的稳定的方式，保证了社会关系的一种相对稳定。

社会资本具有一种相当的合法性，是取得了合法性以后的稳定性的人格化的合法存在。处于一个显赫的团体中，因其不断地曝光，不断地出现在公众面前，而建构了权力的主要部分，因此，所谓显赫就是在具有重量级的社会团体中拥有了象征性权力，而获得普遍性的社会接受与认可。

不难看出，布迪厄分析的“资本”，尤其是分析的文化资本、象征资本、社会资本和经济资本之间的相互运作和转化的关系，揭示了文化权力内部的机制及其隐蔽性。但是，我们也应看到，他并没能揭示出文化权力的跨文化语境，以及不同文化群体、不同国籍、不同民族之间的文化冲突的内在权力运作。因此，这使得我们有理由认为，他在从事文化话语的微观分析中，忽略了跨文化语境的宏观文化分析。

第五节　身体视域与诗性精神

在现代性社会，人们的思想、哲学和诗学对身体的关注，日渐为一些空洞的逻辑性话语所掩盖，因此，身体视域的隐没和回归，就成为布迪厄的工作平台。

当然，就综合性反思、身心关系、个人社会关系、文化自然等关系而言，可以说自梅洛-庞蒂以降，有很多人对其加以关注和研究。尤其是福柯和吉登斯的对身体视域的有深度的分析，打开了一种全新的理论视角和关注世界人生的新的路径，然而，布迪厄仍然有其自身的独特性和他人所不逮之处。如他对现代教育对身体的培育、塑形和挤压所做的深刻的揭示，对文化资本的积累和文化控制对人的性情、心性、趣味和能力的习性控制，以及生产与再生产社会的规范和更新社会的基本价值尺度方面，都有重要的论述，尤其是他关于“身体资本”相对于其他资本是一种“刚性存在”，以及身体资本合法化与制度化的问题，均值得深加关注。

在布迪厄看来，身体的发展与其所处的社会地位有着不可分割的关系，对身体的运用、塑形恰好显示了这种身体背后的权力压迫和文化资本的隐蔽性存在。身体是一种资本，而且是一种作为价值承载者的资本，积聚着社会的权力和社会不平等的差异性。或许，正是在身体成为资本的这种现代性图景中，身体资本可以转化为经济资本，也可以转化为一种文化资本。在这个意义上，身体是资本，也是象征的符号；身体是工具，也是自身控制和被控制被支配的“他者”，身体还是一种话语的形式，在现代性的状况之中，在身体和社会之间，具有多种的不平等权力关系。

一般而言，身体的延伸和成长是通过个体在社会中所处的地位，及其习性和场域所形成的文化圈而体现出其阶层的痕迹的。

习性被场域塑形，而场域的一些特性又在身体上体现出来。身体往往可以置换成经济资本，因为他通过购买、传递、交换等，可以使谦恭或倨傲的身体因习性、地位和品位不同，体现出不同的身体和身体姿态。这正好成了当今“文化研究”的关注点，即经济资本与身体形态、吃、喝、广告及大众文化等，都无不与身体紧密相关。今天的文化艺术无一不与经济资本和身体形态发生紧密地联系，并体现了社会支配关系。

身体在现代社会当中空前地遭遇到时间和空间的分裂，遭遇到欲望的冲击和现实社会权力的压抑，感受到边缘化情绪性体验。因此，个人身心与制度的断裂，理性与社会的断裂，造成了现代人身体的多种流动变化的踪迹。于是，重生命感觉性，重灵肉分离性，重精神游戏性，成为了当代审美文化和诗学的中心。尤其是大众传媒直接刺激和消费身体性的东西，使得远距离的身体控制成为可能。于是，大众文艺节目、体育盛典和政治狂欢等大众化的节日，成为今日现代高度发展时期的身体欲望话语的再生产。这样，身体与自我问题，身体与心灵问题，变成今日的社会文化研究的重要问题。肉体取代灵魂，灵魂在肉体中沉睡，已然成为今日艺术所关注的救赎与解放的问题。正是在这一节点上，布迪厄从社会理论当中跨入了文化研究理论，并进入当代审美的反思性之中。

从身体视域出发的艺术观是一种“自由交流”的艺术观，在《自由交流》一书中，布迪厄将自己的视野延展到文化研究的审美视野当中，他从文学家的本质、文化矛盾、美学形式和艺术功能几个方面做出了自己的价值判断。

布迪厄非常反感那些虚假的文学家和文字游戏者，他们靠制造事件起家，达到目的后却成为因循守旧的学院派。他们在激进之后的保守时期，却将自己的朝三暮四说成是思想自由的明证。在布迪厄看来，真正的艺术家必然遭遇到文化上的深刻矛盾，即最有自主性的作品没有市场，而那些千篇一律的遵命之作却有很好的销路。然而，销路与真正价值无关。于是恪守一种孤独的独立的意识、独立的价值判断，成为艺术家必得禀有的真正本质。

知识分子的形象在文学作品中具有一些新的模式，即怎样对待精神生活。因为，缺乏思想的老板和缺乏权力的记者，如今已经按照时髦和落伍，新潮和陈旧的标准去判断艺术家的新颖程度。而其精神产品也不再按照真假、美丑、平庸和独特的标准去看，而是不断地推出时髦的话语、时尚的作品。人们将时装和股票的逻辑带进艺术，甚至将政治权谋逻辑带进艺术，于是，艺术成为时装表演，成为赌博话语的操作，成为无情的煽情。布迪厄呼吁，应以反思性取代旧式知识分子的泛批判理论，因为那些过分夸张煽情的浪漫激情尤其容易被新的乌托邦所利用，并与现存秩序相合拍。

就文化矛盾而言，在现代与后现代时期，出现了一种文化一元论，或是一种绝对论、独断论的复归。布迪厄强调应该张扬文化相对主义，即一方面是“大文化”与“小文化”的对立，另一方面是西方与东方的对立，只有这样，才有可能在一种自由、宽容的价值体系中去把握自己。当然，布迪厄同样强调，他反对那些谴责多元主义的人，也反对那些以多元文化主义为名去扼杀表达自由的人，同样也反对那些文化股票的小持有者，他称之为“文化的白种穷人”。他们因为没有多少文化，便紧紧抓住文化，并处于激烈的文化的帮会的斗争之中。不妨说，文化矛盾是这个时代的疲惫尊容，文化矛盾深层次地表现出文化资本和权力话语运作的内在矛盾。由此，布迪厄更深一层地看到了关于文化资助当中的不合理性。他考察后认为，文化资助是一种微妙的统治形式，它之所以起作用，正是因为人们没有察觉到这是统治，这种统治建立在不知不觉之上，也就是说，与被统治者是同谋。而文化研究就应该是揭底，将这种同谋的关系，将文化领域中这种不知不觉的支配与被支配的关系揭穿。

当然，文化矛盾还在于政治上的激进主义，往往与美学上的激进主义互相联手，而使得真正的批判性思想常常反对那些借批判之名而行保守之实的人。同样，文化的资助者往往资助了庸才，因为庸才更听话，而这种支持无疑是对真正艺术家的一种致命打击。因此，今天的文化矛盾在公共制度之下，在具有自由的时候却出现了不自由状态，如何调整这种形式，为各种游戏规则制定合理的规则，对一些失控的现状加以文化资本、象征资本的调控，将直接取决于反思性思想家的工作成效。

在文化矛盾的主体性方面，布迪厄注重艺术精神的自主性和文化批判的独特性，艺术家精神是自由的，他必须有清醒的价值依托，那就是，作为批判的艺术家，他将那些具有社会学性质的意见和思考完全融入艺术创作之中。

就美学形式而言，布迪厄认为，艺术家在历史过程中获得的自由仅仅限于形式，使得人们感受作品产生了感官意义上的新异感。但是，文化错位总是存在的，有些人对形式感兴趣，而看不见形式背后的批判功能，有些人对批判功能感兴趣，却又看不到外在的审美形式。其实，作品有其必然的形式，因为形式和内容具有同样的颠覆性。艺术形式是艺术内容的凝聚之处，艺术形式的不同与环境断裂相关，有些艺术形式去掉了这些断裂，并以断裂为生存的条件，而有些却仅仅是玩弄形式的残片。就艺术语言而言，布迪厄认为，在艺术作品中使用的语言应具有多重意义性，即具有容易听懂，浅显明白的特征，同时也要将思想嵌入普遍性语言当中，使美学语言有其自身的深刻逻辑，这样，才可以透过语言去把握语言背后的思想。要解决语言与公众脱节的问题，应发出多层次的信息，就像进行口头传说的古代诗人一样，他们的语言既可以让所有人都听懂，又具有只被一部分人所理解的深奥含义。正唯此，深奥和价值是艺术不可或缺的，为了世俗的交流而一味追求浅显是得不偿失的。

意义揭示与美学解放问题。布迪厄在文化审美意义上反对一切游戏之作，认为只有真正揭露社会内在机制的深刻矛盾的作品才是有效的。一方面要注重大众接受的形式和语言，另一方面要去揭示独特的奥秘。因为只有揭示奥秘才会带来新的美学发现，而且，艺术家和知识分子并不考虑表演和掩饰，因为掩饰不是他们的目的。相反，他们应该对作品所折射的社会机制特别是支配文化界的社会机制进行充分的揭露，发挥其象征符号作用。同时，布迪厄还特别重视艺术在大众传媒上占有的文化资本，他甚至认为，五十位机灵的游行者在电视上成功地露面五分钟，其政治效果不亚于一场五十万人的大游行。

在一个商业思想家、国务思想家、政治思想家成堆的时候，艺术家显得无足轻重，然而，当真正的艺术家不再满足于传播信息，热炒事件，而是阐述世界，阐述社会，生产全新的信息，思考全新的问题，并将这些强制性问题和强制性思考公之于众，那么，新的意义就会真正出现。

布迪厄从文化政治的角度，重新看待艺术对现实的参与和渗透。他坚信，真正的艺术是对往昔意义的追忆，是对真正人性的解放。这种追忆和解放将被囚在过去中的现在释放出来，而简单的纪念仅仅只是保持原状而已。这种追忆的解放性促使人们正视过去，蔑视死亡，并对现在加以更清醒的理性分析和实践性剖析。正是在人与艺术的自由交流中，实现了真实平等的人性价值观。布迪厄所倡导的建立在场域自主性上的批判的独立性，保证了艺术家知识分子创作的自由。他那种摆脱象征资本、符号资本权力统治，争取正义和真理的呼声，将使我们真正领会这位理论家的精神风采。

第六节 文化颓败与文化重建

无论如何，布迪厄在20世纪思想舞台上的地位是重要的，他以反思性的思路开辟了一条独特的社会理论和批评之路。

当我们能倾听这各种不同的关于“现代性”分析的声音，那么，我们就能够弄清“现代性”是一个多元并存的概念，任何绝对论的阐释和绝对论的分析都将走入一种误区。正是在这个意义上，布迪厄作为一个多元主义的反思者，他对场域理论，对习性理论，对文化资本、象征资本、社会资本理论，对反思性理论的独特标榜，对艺术思想和艺术追忆功能的重新呼唤，使得我们有可能真正透过他的实践理论以及身体视域的独特视角，看到他的理论的真实意图之所在。

作为一位反思型的社会文化理论批评家，布迪厄实现了自己以冷峻的理性关注社会结构再生的承诺，并揭示出两种关于社会与人的假定：其一，人从社会学的角度看，总倾向于肯定现实，即“现实的本体论妥协”，由此生发出对人在现实中总是依顺、从众以及与此相关的种种乌托邦神话得以蒙混过关的社会基础。其二，对社会文化基础产生的体制具有“反向否定性估计”，从而彻底改变对现实的阐释方式，这正是一切具有批判精神和务实精神的知识分子关注社会、阐释社会的角度。在这种肯定性倾向和否定性倾向之中，应该扬弃这种非此即彼的对立性，而寻觅到一种真正的途径。也就是说，寻求强加一种对现实合法性界定，而这种界定的符号效力或可以促使社会秩序得以保存，或可以促使社会秩序得以颠覆。正是处于这种包容性的张力场中，我们面对的世界才是一个充满变化契机，充满丰富阐释可能性的空间。

尽管布迪厄的理论目前很热，但也存在一些问题。比如，他建构出一种共识性的社会图景，并进行一般性的结构分析，而没有放在某种具体的历史语境当中，因此，存在一种结构功能主义所犯的普遍性错误。另一方面，布迪厄对那种把历史看作是一种宏伟的堂皇历史，即对从过去到现在、从传统到现代的所谓的“文化转型史”进行质疑，从而用一种日常的语言对这种宏大的话语加以批评，进而真正关注具体的人，通过人的身体视域和心灵的实践创造生活的本身，以实现自身的文化资本的更迭和再生产。然而，布迪厄也许过分注重日常性哲学、日常性思考，而对那种关于社会转型的宏观的研究彻底加以拒斥，也有可能导致微观一元论和日常话语独断论。因此，如何真正在理论研究中保持客观科学的立场、多元开放的态度，是值得当今学术界深入思考的问题。

布迪厄文化理论批评的意义在于，它有助于使第三世界处于边缘文化区域的知识分子对知识生产和增长重新加以理解和认识，对其立场、前提、利益冲突、文化资本加以深切的反思。我们面对的是一系列复杂的世纪之交的问题，除了第一世界他们所面对的现代与后现代的重要问题，我们自身也面临“现代性转型”问题，因此，如何张扬一种健康的文化，而非一种颓败的文化，如何保持文化批判的自身有效性和合法性，对象征符号资本在社会中的密度、量的思考和位置的定位，以及对一切文化特权的颠覆，都成为我们必得反思的学术前沿话语。

在某种意义上说，一切社会文化交往都是文化场域的斗争，都充满着场与场、圈与圈、层与层之间的差异和对抗。而文化生产的象征符号所具有的暴力倾向，使得精英圈和日常生活文化圈之间也同样存在着一种对抗或潜对抗性。这两个层面，往往表征为本土化与全球化之争，精英文化与大众文化之争。这些现实问题实在是不能回避的，需要我们借助一些新的有效的理论框架，作真实有效的全面审理。

当然，在当今中国知识界接受西方新的文化理论时，我们可以在西方第一世界文化资本高度集中并同时向外输出时，看出当代中国文化精神受支配性的流失和换型，从而在自身的文化建设和文化反省中，能清醒意识到我们自身文化建设的紧迫性，这无论如何都是有着重要意义的。

第十九章　鲍德里亚的消费文化话语

在后现代消费社会中，人的心理和行为方式有了显著的变化。如何对这种心理和行为变异进行社会学的深层分析，揭露这个高速发展社会下残存的机制和精神生态困境问题，进而解构旧的体制和认识论价值论模式，沿着现代性批判理论道路对西方社会出现的新变化进行分析，理清消费社会中的客体、符号以及符码的多层复杂关系，呈现后现代社会的消费主义本质，成为当代世界学界重量级思想家为之努力的方向。这一方向调整，使得文学研究日益泛化为文化研究，以期从更广阔的社会文化背景追寻文学转型和文论转型的深层原因。

为了对后现代社会进行总体性分析，法国思想家鲍德里亚（Jean Baudrillard，1929—2007）从后现代消费社会理论角度对当代世界加以透视，获得新的问题意识。他的基本关注层面是：现代性问题与文化危机，消费社会形态转型和媒介传播的结构，消费主义与日常生活，商品拜物教中的精神生态危机，大众传媒与世俗化问题。这些前沿学术问题的探究，对当代世界性消费社会文化困境的揭示有重要意义。

第一节　现代性问题与“完美的罪行”

对当代传媒形态和全球化境况中生存层面的关注，使鲍德里亚更为关注当代人缺乏交流、闭锁心灵和充满误解误读的现状。这促使其将思考的重点放在信息传播和技术霸权问题的研究上，从而为当代信息播撒和心灵整合的研究提供了一个可资重视的文化视点。

在出版《消费社会》《生产之镜》《拟像与模拟》《冷酷的回忆》等著作并获得巨大的声誉后，在其新著《完美的罪行》中，鲍德里亚进一步将自己的研究领域拓宽，不仅研究现代性传媒和技术问题，而且广泛地探索后现代社会中的诸多问题。其中，对完美的罪行、逼真的技术、镜中之物、冷漠和仇恨等当代精神状况进入了深度分析。

在他看来，“罪行”虽然从来不是完美的，但在“完美的罪行”中，完美本身就是罪行，如同在透明的恶中，透明本身就是恶一样。“完美的罪行就是创造一个无缺陷的世界并不留痕迹地离开这个世界的罪行。但是在这方面我们没有成功。我们仍然到处留下痕迹——病毒、笔误、病菌和灾难——像在人造世界中心人的签名似的不完善的标记。"[1] 鲍德里亚在分析当今世界的典型事例中，澄清了一系列的误区，诸如当代人容易将虚拟的事物看成现实实在，将心造的幻影当成现实，将超验之思想看成必然的境况，将表面现象当成事情本身。尤其是通过罪行的分析，指明将罪行完美地遮掩使之具有合法性，从而达到消除对世界的激进幻想："在我们不断积累、增加、竞相许愿的现代性中，我们已忘掉的是：逃避给人以力量，能力产生于不在场。虽然我们不能再对抗不在场的象征性控制，我们今天还是陷入了相反的幻觉之中，屏幕与影像激增的、幻想破灭的幻觉之中。"[2]

当前人类正处于新的类像时代，计算机信息处理、媒体和自动控制系统，以及按照类像符码和模型而形成的社会组织，已取代生产的地位而成为社会的组织原则。后现代时期的商品价值已不再取决于商品本身是否能满足人的需要或具有交换价值，而是取决于交换体系中作为文化功能的符码。鲍德里亚声称："这个世界的气氛不再是神圣的。这不再是表象神圣的领域，而是绝对商品的领域，其实只是广告性的。在我们符号世界的中心，有一个广告恶神，一个恶作剧精灵。它合并了商品及其被摄制时候的滑稽动作。"[3] 后现代类像时代是一个由模型、符码和控制论所支配的信息与符号时代。任何商品化消费（包括文化艺术），都成为消费者社会心理实现和标示其社会地位、文化品位、区别生活水准高下的文化符号。"长久以来，电视和大众传媒都走出了他们大众传媒的空间，从内部包围'现实'的生活……我们都相信自己的感受器，这就是因为生活过于相近、时间和距离萎陷而产生了强烈的雾视效果。……我们曾批评空想的、宗教的、思想的所有幻觉——当时是令人高兴的幻觉破灭的黄金时代。现在只剩下一个：对批评本身的幻觉。进入批评射程的客体——性、梦、工作、历史、权力——以它们自身的消失进

---

① 鲍德里亚：《完美的罪行》，王为民译，北京：商务印书馆，2000 年版，第 43 页。
② 鲍德里亚：《完美的罪行》，王为民译，北京：商务印书馆，2000 年版，第 8 页。
③ 鲍德里亚：《完美的罪行》，王为民译，北京：商务印书馆，2000 年版，第 72 页。

行报复，反过来，产生出对真实事物的令人快慰的幻觉。由于不再有受害者可折磨，对批评的幻觉就自己苦恼了。比工业机器更糟，思想的齿轮处于技术性的停顿状态。在其行程的尽头，批评思想缠绕在自己身上。”①

事实上，当代传媒中的垃圾信息以各种高清晰的图像呈现出来，人们在购买消费、工作选举、填写意见或参加社会活动中，受到传媒不断的鼓动和教唆，大众由此而逐渐滋生一种对立厌恶情绪。于是，冷漠的大众变成了忧郁沉默的一群，社会也因缺乏反馈而消隐。不同阶级、不同的意识形态、不同文化形式之间，以及媒体的符号制造术与真实本身之间的各种界限均已消失。如此一来，“大众传媒的‘表现’就导致一种普遍的虚拟，这种虚拟以其不间断的升级使现实终止。这种虚拟的基本概念，就是高清晰度。影像的虚拟，还有时间的虚拟（实时），音乐的虚拟（高保真），性的虚拟（淫画），思维的虚拟（人工智能），语言的虚拟（数字语言），身体的虚拟（遗传基因码和染色体组）。……人工智能不经意落入了一个太高的清晰度、一个对数据和运算的狂热曲解之中，此现象仅仅证明是已实现的对思维的空想。”② 这一内在而真实的揭示，使人洞悉了当代技术至上主义的内在困境。

更为严重的是，当代人过分依赖计算机，“在普及的接口中，思维自身将变成虚拟的实在，合成影像或文字处理自动输入的等同物。……带着虚拟的实在以其所有的后果，我们走到了技术的尽头，站在作为非常表面的技术一边。在尽头的那一边，不再有可逆性、痕迹、甚至对先前世界的怀念。”③ 鲍德里亚对这种状况甚为忧虑，并进而注意到：非群体性的个体“软性”问题，诸如个人、身体、文化等，成为了当代理论关注的热点。殊不知，对计算机的依赖最终表征为对网络这一新传媒形式的依赖，巨大的页面浏览量已经正在使网络成为平面媒体之后的

① 鲍德里亚：《完美的罪行》，王为民译，北京：商务印书馆，2000年版，第29—30页。
② 鲍德里亚：《完美的罪行》，王为民译，北京：商务印书馆，2000年版，第33—34页。
③ 鲍德里亚：《完美的罪行》，王为民译，北京：商务印书馆，2000年版，第35—36页。

第四媒体，这种媒体巨大的盈利欲望造就设定了“广告+电子商务”（网上商店）的赢利模式，等着每一个打开网页浏览的人。于是消费和诱导就成功地结合起来。

现在世界盛行的是对理性本身的反动，而事实上理论家们又找不到取代理性之物，于是在思想的空场中，理性日益丧失其当代合法性。人们在日常生活中也日益重视偶然原则、赌博原则、机遇原则，于是抛弃理性标准成为这个时代的思维惯性，并遭遇到若干严重的后果。“大众传媒的真相就是：它们的功能是对世界的特殊、唯一、只叙述事件的特性进行中性化，代之以一个配备了多种相互同质、互为意义并互相参照的传媒的宇宙。在此范围内，它们互相成为内容——而这便是消费社会的总体‘信息’。”① 鲍德里亚已经看到后现代传媒在加剧人们心灵的异化、在肢解社会心理和个体心性的健全方面所造成的严重威胁，并进而对传媒在“文化工业”生产中消蚀意义的功能加以清算，这是颇具独到眼光的。

在一个技术崇拜的时代，复制成为这个世界的最大胆的谋划。“支配这个世界的不再是上帝，是我们自己的感觉器官。……我们甚至不再提亚当的脐的问题：是整个人类必须装上一个逼真的脐，只要我们身上不再有会把我们与真实世界连接起来的期待的任何痕迹。在一定的时间内，我们还是妇女所生，但不久，我们就和试管婴儿这一代人一起返回到亚当的无脐的状态：未来的人类将不再有脐。”② 应该说，鲍德里亚对当代弊端的反思是沉痛而有深度的。在我看来，衡量一位思想家的最好的尺度，就是看它在所谓的流行文化或者泡沫文化前的反思性深度，以及对历史的深切了解所达到的文化批评悟性。只有庸俗的评论家，才会对一切新潮的东西低能地叫好，才会无原则地从事短期行为的平面性文化泡沫活动。

---

① 鲍德里亚：《消费社会》，刘成富，全志刚译，南京：南京大学出版社，2000 年版。

② 鲍德里亚：《完美的罪行》，刘成富，全志刚译，南京：南京大学出版社，2000 年版，第 25 页。

对技术性问题带来的负面效应，对当代新文化现象的剖析，使得鲍德里亚的分析上升到文化哲学高度。于是一种独特的人文悲情跃然纸上："我们既被吞食，又被吸收和完全排除。列维—斯特劳斯划分了两种文化：吸收、吞食和掠夺的文化——吃人肉的文化，及呕吐、排出、驱逐的文化——吸人血的文化。但是，我们的文化，我们的当代文化似乎在两种文化之间，在最深入的结合：功能的结合、空间的结合、人的结合和最激进的排出，几乎是生活必需的排斥之间实现了一个引人注目的综合。"① 这种激愤的言辞在这部书中比比皆是，使《完美的罪行》成为当代人真实人生的独特写照，同时也是对现代性合法性的新质疑。

由此，我们清楚了精神生态已经失衡的世界和我们的思想平面化状态，进而重新思考价值平衡的可能性。因为，在现代性的境遇中，思想者的魅力不在于怂恿价值平面化，而是追问深度模式是怎样消失的，而且质疑那些现代性的罪行怎样被新的技术乌托邦修辞成为"完美"的。

第二节　消费社会中的日常生活精神颓败

消费源于人的需要，而人的需要可以不断制造出来。当代人缺乏交流、闭锁心灵和充满误解误读的现状，使鲍德里亚将思考的焦点放在后现代信息传播和消费社会中的人的价值存在研究上。一方面他关注电视传播的正负面效应，另一方面，关注消费社会中身体与自我问题、身体与他者问题、肉体取代灵魂而灵魂在肉体中沉睡问题。这诸多问题，已然成为今日文化研究所关注的救赎与解放的问题。

一般而言，当代消费社会具有几个明显特征。

其一，从消费社会根源而言，消费社会以最大限度攫取财富为目

① 鲍德里亚：《完美的罪行》，王为民译，北京：商务印书馆，2000年版，第39页。

的，不断为大众制造新的欲望需要。在个人暴富的历史场景中，每个人都感到幸福生活就是更多地购物和消费，消费本身成为幸福生活的现实写照，成为人们互相攀比互相吹嘘的话语平台。社会物质不再是匮乏的而是过剩的，思想不再是珍贵的而是老生常谈的，节约不再是美德而是过时的陈词，社会财富这块大蛋糕等着人们疯狂地分而割之，“据为己有”成为“丰盛社会”的个体原则。

其二，消费意识的转化，超前消费和一掷万金成为时代精神的表征。消费社会运作结构善于将人们漫无边际的欲望投射到具体产品消费上去，使社会身份同消费品结合起来，消费构成一个欲望满足的对象系统，成为获得身份的商品符码体系和符号信仰的过程。加上广告的轰炸诱导，当代人不断膨胀自己的欲望，纷纷抛弃了独立思考的原则而加入到听从广告消费的物质饕餮大军之中，更多地占有、更多地消费、更多地享受成为消费社会中虚假的人生指南，甚至消费活动本身也成为人获得自由的精神假象。从而丧失了人与自然、人与社会、人与他人、人与自我的丰满社会存在关系，成为全面地商品拜物教的信徒。

正是基于消费社会的特殊性，在《消费社会》中，鲍德里亚鲜明而清晰地剖析消费社会中人与社会生产、人与物质消费、人与大众传媒、人与精神存在的多重关系。他强调将消费主义社会与工业资本主义社会加以比较，并注意到工业资本主义比消费主义少一些诱惑欺骗性，而消费社会却承诺其无法给予的普遍的“幸福”和通过消费达到的“自由”，从而使“幸福自由”本身被消费化了。可以说，这部篇幅不大的书使鲍德里亚成为当今消费社会最为清醒的反思批判家，也使当代危机得以显豁：

首先，日常生活中的大众交流问题。

当今世界的物质性使得人们慢慢地变成了官能性物质性的人。人类生活在“物的时代”，因不断张扬物质生活的合法性而贬低精神存在，而使人日益成为“物”。这就是鲍德里亚对当代人生活处境的总体判断，这一判断隐含了深刻的批判力量和忧患意识。

全球化使整个世界的运行速度加快并超速，速度本身成为人与团体成功的砝码。于是，大众交流中获得的不是现实，而是对现实产生的眩晕。这种眩晕不仅是日常生活的节奏加快所造成的，而且是主体在生活中不能真切地把握自身的存在，使日常生活成为生活的河床，并将这种意义加以碎片化造成的。“日常性提供了这样一种奇怪的混合情形：由舒适和被动性所证明出来的快慰，与有可能成为命运牺牲品的‘犹豫的快乐’搅到了一起。”① 面对种种日常社会现象的解释，需要关注这种日常生活为人们了解生命的意义提供了怎样的新视域，为观察变动不居的世界提供了怎样的新角度。因为日常生活与日常生活的批判是面对一种事物的不同阐释结果。

在这个后现代或者后物质时代，文化已经商品化，而商品又已经消费化。也就是说，文化只有成为商品进入市场，才能被“炒”作和被关注，而商品的价值已不再是商品本身是否能满足人的需要或具有交换价值。日常生活的意义正在于其消费性和个体欲望满足性。但是，鲍德里亚同时注意到事情更严重的一面：日常经济活动带来了公共环境的破坏。噪音、空气和水污染、自然的破坏和大型公共设施的建造，以及汽车的全球化后果，引起了巨大的技术上、心理上和人力上的赤字。这种现代性生活，使人在旋转的生活漩涡中感到世界的庞大和自身的渺小。生活的日常性逐渐演变为一种生活的挫折感并导致一种得过且过的犬儒主义流行。于是，一方面人在国民生产总值的增长中感到幸福生活为期不远，另一方面这种“增长”的神话“掩盖一种集体迷恋的巫术”。② 因此，经济学家成为这个世界的权力运作人，他们一会儿坚持丰盛必将到来的神话，转眼之间又哀叹未来社会的物质匮乏和浪费，使得人生的意义在日常生活的低水平满足中，遗漏了最为重要的重心。在我看来，

① 鲍德里亚：《消费社会》，刘成富，钱志刚译，南京：南京大学出版社，2000 年版，第 14 页。
② 鲍德里亚：《消费社会》，刘成富，钱志刚译，南京：南京大学出版社，2000 年版，第 21 页。

在日常生活和大众文化交流中，如何弄清个体存在意义，阐明在物质世界中人的存在的精神性，以及透视经济生活导致的幸福神话，对从事文化研究和日常生活研究的人来说，殊为重要。

其次，消费社会的潜在危险。

消费生活与当代人的生存意义之间有不少差距。“生存意义”的价值贬抑在消费社会中往往意味着经济价值的增长。在日常生活消费中心论者看来，极大丰盛的物质在消费中才有实际意义，而精神生活则好像成为反日常生活的存在。在全球化语境中，创业者的传奇已到处让位于消费人的神话。“自我奋斗者”、创始人、先驱者、探险家和垦荒者的传奇色彩已经失效，不再是新生代的偶像。今天的极度消费的“大浪费者生活”亦已成为“简单的”日常生活，生活的意义仅仅是疯狂购物，过花天酒地、纸醉金迷的生活。生活的社会功能和意义在于“奢侈的、无益的、无度的消费功能”。当这一切成为全民共识时，消费中的惊人浪费就成为日常生活的合理景观。“在我们目前的体制中，这种戏剧性的浪费，不再具备它在原始节日与交换礼物的宗教节日里所具备的集体的、象征性的而且起决定作用的意义。这种不可思议的消耗也具有‘个性’并由大众传媒来传播。”①

更为严重的是，在全球军备和扩军中，用于军事预算和国家官僚开支中的社会财富数额巨大：“这种浪费与赠送礼物的宗教节日里的象征性的方向毫不搭界，它是一种堕落的政治经济体制中绝望的、生死攸关的解决方法。这种最高层次的‘消费’与个人对商品如饥似渴的渴望一样属于消费社会的一部分。……在这个社会中，浪费式消费已变成一种日常义务，一种类似于间接赋税的通常无形的强制性指令，一种对经济秩序束缚的不自觉的参与。”② 可以说，如今的巨大浪费正是在国家的军事投资、官僚体制的维护、人们消费观念的转变上。这是造成当今

---

① 鲍德里亚：《消费社会》，刘成富，钱志刚译，南京：南京大学出版社，2000年版，第28页。

② 鲍德里亚：《消费社会》，刘成富，钱志刚译，南京：南京大学出版社，2000年版，第28—29页。

社会仅仅追求发展速度和人人拼命竞争的根本原因。说到底，消费社会需要商品来维持这个社会良性发展的假象，而真实的命运是政府和个人在需要物质消费中摧毁这个社会的和平和持续发展。商品过渡消费和刺激消费只会导致社会机体和心理慢性堕落。在这种慢性社会性自杀中，日常生活的原初意义未能得到应有的升华，相反，却使得体制性思想得以顺利征服所有的丧失自我主体的“消费人”。

消费人价值认同的形成，具有相当复杂的社会机制，除了整个生活质量、文化信念、消费程度的社会价值认同外，主要是个体身份的确认——在社会生活中找到自己的位置，获得整个社会的反馈和公认。在鲍德里亚看来，商品消费的象征符号表达不仅是某种流行式样风格，而是名牌政治的声望和权力。人们在消费商品时已不仅仅是消费物品本身具有的内涵，而是在消费物品所代表的社会身份符号价值。诸如富贵、浪漫、时髦、前卫、归属感等象征衍生价值就像异灵附身于商品上，散发出身份符号的魅力魅惑着消费者。消费者在一种被动迷醉状态下被物化成社会存在中的符号——自我身份确认。然而，在日益庞大的消费中，能够获得这种自我身份的真实确认吗？应该说，用消费主义理念支撑的社会，完全有可能成为大众媒体与世俗文化主导的世俗社会。这种社会的运转机制和存在的问题都需要审理。

其三，广告中虚假的幸福。

大众传媒在不断地造成信息发出、传递、接受三维间的“中断”。传媒“炒”文化的负效应使人们不再重视心灵对话的可能性，传媒已成为一种话语权力的炒作。这种权力转化为金钱话语使得“广告”成为当代消费社会中的不倒翁。当代广告是商场货品的展示在空间上的巨大扩充。广告通过躯体欲望和消费需要的生产调动人们的内在欲望。在耸人听闻的广告词语后面的“幸福”话语，成为消费社会的人生意义“拯救”的代名词。广告在不断重复的“平等”和“自由”的广而告知中，消解了西方新教伦理对民众的精神垄断和行为规范。这种平等神话的出现，使得社会阶层在消费层面上达到平等，但这种所谓的平等掩盖了内在深刻的不平等。“这种‘消息’话语和‘消费’话语的精心配量在情感方面独独照顾后者，试图为广告指定一项充当背景、充当一种喋喋不休因而使人安心的网络功能，在这一网络中，通过广告短剧汇集了一切尘世沧桑。在这些尘世沧桑，经过剪辑而变得中性化，于是自身也落到了共时消费之下。每日广播并非听上去那样杂乱无章：其有条不紊的轮换强制性地造成了唯一的接受模式，即消费模式。”① 在消费体系中，广告明白无误地诱导和训导人们该怎样安顿自己的肉身，获得躯体感官的享乐。并由此使得大众彼此的模仿攀比，进入一个高消费的跟潮的消费主义状态。大众在模仿他者偶像之中“挪用”他者的形象，这种消费式的模仿将权力视觉化，或者将话语权力的表征表面化和商品化。②

当代理论家莱斯理·斯克莱尔在《文化帝国主义与在第三世界的消费主义文化意识形态》中认为：广告是这种消费主义的文化意识形态传播的主要渠道，常常将自己装扮成教育的、至少是提供信息的正面行为。这存在一个问题：第三世界的大众媒体问题。对第三世界大众媒体以及其与广告的关系的研究，正适于着手研究消费主义的文化意识形态的运行方式。这一研究应在文化和媒体帝国主义的理论框架之内进行。广告的类型在国家和国家之间尽管有些微差别，在每日出版和定期出版的媒体、电台、电视以及露天宣传栏广告之间也有些差异，但是商品和服务广告的绝大多数都是与消费相关的，而无关于生产。媒体帝国主义在逻辑上是由文化帝国主义所导出的。如果允许美国或者西方对文化的控制，那么它显然是通过对大众媒体的控制来达到，因为它制造了使人服从于“霸权文化”的条件，并且限制了对它进行有效抵抗的可能性。

不难看到，现代广告传媒的权力集中体现在影视和广告播撒等具体

① 鲍德里亚：《消费社会》，刘成富，钱志刚译，南京：南京大学出版社，2000年版，第129页。
② 参鲍德里亚：《物体系》，林志明译，上海：上海人民出版社，2001年版。

形式上。现代生活离不开广告，以致美国一个年仅16岁的少年，就已长期受到10万条广告的冲击。广告的负面效应在于：充满诱惑的广告本身就是一种世界性的言说方式，一种制约人的意识的不可选择的“选择”。而这消费至上所引发的人与人、人与社会、人与世界的紧张关系却不期而然地被超前消费性生活包装所掩盖。在国际和国内问题成堆的今天，影视娱乐与传媒广告却无视这些一触即发的问题，甚至以表面的热闹掩盖这些问题，从而呈现不出任何时代中风的症候。正如鲍德里亚所说的那样“物的量的吸收是有限的，消化系统是有限的，但物的文化系统则是不确定的。相对说来，它还是个无关紧要的系统。广告的窍门和战略性价值就在于此：通过他人来激起每个人对物化社会的神话产生欲望。……机动、欲望、奇遇、刺激、别人的不断判断、不断发展的色情化、信息以及广告的煽动：所有这些在普遍竞争的现实背景中，构成了一种抽象的集体参与的命运。”① 在这个虚拟时代，是真实的“现实”还是虚假的“复制品”已不再重要。相反，电子时代生产的虚拟形象比真实的现实还要“逼真”。

然而，这种“逼真”毕竟不是“真实”本身。人们看广告似乎常常觉得效果“正相反”，上面吹得天花乱坠的同它实际上指涉的东西恰好自我消解。“问题”正是在其“没有说出的话”中无意透露的。“广告既不让人去理解，也不让人去学习，而是让人去希望，在此意义上，它是一种预言性话语。”② 现代某些传媒广告在许诺人世间温情时又显示出钱权交易性。这种表面热闹的画面其本质是将虚设和冷漠作为其性格，其外热内冷的冷漠性表征出现代社会意识话语的冷漠性，并以其内部和外部的巨大反差显示了空隙的界限。这表明意识话语同真实历史的冲突关系，从而以自我揭露的方式不断消解虚假。当消费的意识形态通过传媒而上升为大众的显意识时，人们一旦误认为钱是生命中唯一意义

---

① 鲍德里亚：《消费社会》，刘成富，钱志刚译，南京：南京大学出版社，2000年版，第52-53页。

② 鲍德里亚：《消费社会》，刘成富，钱志刚译，南京：南京大学出版社，2000年版，第137页。

所在时，社会的失序就不可避免。

在这个鼓励消费的社会体制中，尽管创造的机遇和分配的制度不是平等的，但“丰盛”社会的新结构使这一问题得到了重新解决。除了巨富以外，剩下的人被排斥在工业体系增长之外成了“穷人”。这样，消费社会中的民主问题凸现出来。社会真实平等如能力、责任、社会机遇、幸福和平等，转变成了在物以及社会成就的其他明显标志面前的平等，转变为地位、电视、汽车和音响的消费形式上的民主。鲍德里亚强调：“在社会矛盾和不平等方面，它又符合宪法中的形式民主。两者互为借口，共同形成了一种总体民主意识，而将民主的缺席以及平等的不可求的真相掩藏了起来。”① 人们在消费社会中被虚假的自我平衡——崇尚同一时装、在电视上观看同一个节目、大家一起去某俱乐部等所迷惑，甚至用消费平均化术语来掩盖真实问题，其本身就已经是用商品消费与符码标志，来替代对真正不平等问题和对其进行的逻辑的和社会学的分析。问题的深层在于，在当代社会中，电视正在对“公共领域”和“私人领域”间的界限加以消解，从而使得一切私人生活空间都有可能被公众化。

其四，人造物质的丰富与自然权力的匮乏。

人造物质的丰富与自然权力的匮乏，跨国传媒的意识形态化造成的东方对西方“文化霸权”的潜移默化的认同，这意味着消费主义的一元性正在排斥其他生活方式和存在方式。一方面是人造物质日益过剩：消费、信息、通讯、文化均由体制安排并组织成新的生产力，以获取最大利润也完成了“从一种暴力结构向另一种非暴力结构转化：它以丰盛和消费替代剥削和战争。”② 另一方面，是自然物质权力的日益匮乏，即城市工业界的影响使得新的稀有之物出现：“空间和时间、纯净空气、绿色、水、宁静……在生产资料和服务大量提供的时候，一些过去无需

---

① 鲍德里亚：《消费社会》，刘成富，钱志刚译，南京：南京大学出版社，2000年版，第33页。

② 鲍德里亚：《消费社会》，刘成富，钱志刚译，南京：南京大学出版社，2000年版，第42页。

花钱唾手可得的财富却变成了唯有特要者才能享用的奢侈品。”① 在空调、手表、电视机、汽车等日益过剩而贬值的状况下，“绿色”却成为昂贵而需要重新争夺的资源。如今，人们热衷于谈论健康权、空间权、健美权、假期权、知识权和文化权。那么是谁剥夺了这些自然权力？是谁在重新分配这些自然权力？在鲍德里亚看来，“新鲜空气权”意味着作为自然财富的新鲜空气的损失，意味着向商品地位的过渡，意味着不平等的社会再分配。这种盲目拜物的逻辑就是消费的意识形态。②

可以认为，极度生产以及耗费资源，庞大的消费主义并刺激消费欲望，日益成为人们生活大循环中的癌症，使一种丧失了简朴精神生活状态成为当代物质过剩中的精神贫乏常态。面对这种当代生存状态，应该反思现代性社会的合法性问题。因为：“物质的增长不仅意味着需求增长，以及财富与需求之间的某种不平衡，而且意味着在需求增长与生产力增长之间这种不平衡本身的增长。‘心理贫困化’产生于此。潜在的、慢性的危机状态本身，在功能上与物质增长是联系在一起的。但后者会走向中断的界限，导致爆炸性的矛盾。”③ 鲍德里亚的警告并非耸人听闻，而是将物质丰富化与心理贫困化联系起来，并将过渡的物质消费同人的精神生态问题贯穿起来。

第三节　商品拜物教中的人文审美生态危机

消费社会中精神生态问题，关涉到人类的未来发展。正惟此，鲍德里亚尤其关注以下紧迫问题：

---

① 鲍德里亚：《消费社会》，刘成富，钱志刚译，南京：南京大学出版社，2000年版，第43页。

② 鲍德里亚：《消费社会》，刘成富，钱志刚译，南京：南京大学出版社，2000年版，第44—45页。

③ 鲍德里亚：《消费社会》，刘成富，钱志刚译，南京：南京大学出版社，2000年版，第51页。

首先，城市的异化与人的片断化。

城市从西美尔开始就被看成是现代性中一个重要的场域，是现代性膨胀的温床。城市对现代性从生产本位主义的选择与暴富到消费的无限性，提供了最好的竞争和分配场所。在其中，人与自我的关系被虚拟化、神秘化，变得更有利于操作。人们在消费物的同时也消费这种主体成功的神话。于是，对一个自由的、有意识的主体提出永恒价值的假设，便成为一种过时晚装。如今，“消费是一个系统，它维护着符号秩序和组织完整：因此它既是一种道德（一种理想价值体系），也是一种沟通体系，一种交换结构。”① 事实上，流通、购买、销售、对财富及物品符码的占有，构成了当代社会语汇和行为的编码，整个社会都在物质和消费层面上获得沟通和交谈。这种消费结构，使得个体的需求及享受成为关键词：“这里起作用的不再是欲望，甚至也不是‘品味’或特殊爱好，而是被一种扩散了的牵挂挑动起来的普遍好奇——这便是‘娱乐道德’，其中充满了自娱的绝对命令，即深入开发能使自我兴奋、享受、满意的一切可能性。”②

在“消费主义”风靡之时，个体就进入到大众生活逻辑之中，成为一种弥漫在世界逻辑中的新型权力话语，并有效地排除了人与人之间、群体与群体之间面对面的直接交流的需要，从而使文化传播成为一种世俗性的间隔方式。伴随着数码复制的新传媒方式的出现，一种新的大众生活交流方式已然来临，同时也将新的问题摆在了我们面前。

其次，文化消费与“媚俗”的审美时尚。

文化消费中的最严重问题在于精神性的“文化危害”，又称为“智力危害”。一种文化模式被另一种话语体系重新论述，并且抽离历史维度而成为一种非历史的替代品时，就变成了消费对象。这在大众传媒的网络时代尤其明显。过分的文化消费是对历史的平面化消解，或者对被

① 鲍德里亚：《消费社会》，刘成富，钱志刚译，南京：南京大学出版社，2000年版，第68页。
② 鲍德里亚：《消费社会》，刘成富，钱志刚译，南京：南京大学出版社，2000年版，第73页。

消费对象进行滑稽追忆，在这个过程中，一切曾经严肃发生的事情都被加以调侃模仿和游戏化消解。这样，“大众传播将文化和知识排斥在外。它决不可能让那些真正象征性或说教性的过程发生作用，因为那将会损害这一仪式意义所在的集体参与——这种参与只有通过一种礼拜仪式、一套被精心抽空了意义内容的符号形式编码才能得以实现。”① 这意味着，艺术作品不再成为特殊时间和空间中的被欣赏对象而孤芳自赏，相反，消费大众感到艺术品带来的真正快乐在于文化工业再生产中可以制造出价廉物美的艺术品“备份”。

于是，在鲍德里亚看来，媚俗成为时代审美的风尚，那些过分粉饰的、伪造的“蹩脚”物品，附属物品、民间小杂什、“纪念品”，成为人们生活中的装饰品。“媚俗有一种独特的价值贫乏，而这种价值贫乏是与一种最大的统计效益联系在一起的：某些阶级整个地占有着它。与此相对的是那些稀缺物品的最大独特品质，这是与它们的有限主体联系在一起的。这里与‘美’并不相干：相干的是独特性，而这是一种社会学功能。”② 在媚俗而贫乏的文化氛围中，人们分成不同的阶层并形成日益弱化着自身的欣赏趣味。“媚俗”提出了其“模拟美学”——失去原作精神的滑稽模仿。这种缺乏实际操作意义的对功能的模拟美学，与社会赋予媚俗的功能相关。“这一功能便是，表达阶级的社会预期和愿望以及对具有高等阶级形式、风尚和符号的某种文化的虚幻参与；这是一种导致了物品亚文化的文化适应美学。”③

连结在传媒系统中的媚俗，并在多重传播与接受过程中，将不同人的思想、价值认同整合为同一观念模式和同一价值认同。这种传媒介入所造成的私人空间公众化和世界“类像化”和家庭化，导致了传媒的全球化倾向。从此，“媚俗美学”成为后传播时代的审美风尚，即美学已渗透到了经济、政治、文化以及日常生活中，因而丧失了其自主性和

① 鲍德里亚：《消费社会》，刘成富，钱志刚译，南京：南京大学出版社，2000年版，第105页。
② 鲍德里亚：《消费社会》，刘成富，钱志刚译，南京：南京大学出版社，2000年版，第114页。
③ 鲍德里亚：《消费社会》，刘成富，钱志刚译，南京：南京大学出版社，2000年版，第115页。

特殊性。“可以把流行定义为心理认知不同层次的一种游戏或操作：一种心理的立体主义，它不根据空间分析，而根据整个文化，以其知识和技术装备，如客观现实、反映写照、绘画表现、技术表现（摄影）、抽象概括、推论叙述等等，为出发点在几个世纪的过程中制定的种种认知模态来寻求对物品进行衍射。另一方面，音标的使用和工业技术造成了分割模式、双重模式、抽象模式、重复模式。”①。这导致艺术判断的丧失和艺术市场标准的丧失：一方面是媚俗艺术品漫天要价，使得价格不再代表作品的相对价值，而只是表现了一种“价值的疯狂”和价格的暴力，另一方面，是消费逻辑取消了艺术表现的传统崇高地位，媚俗艺术品成为一个身份和地位的矫情的符码。更为严重的是，将日常性作为艺术作品的精神气质，在重复之中显示重复的乏味，或者在作品中注重对象的日常性、偶然性、粗糙性，使艺术成为生活无力的附庸品，从而将艺术的独创性和革命性加以消解。

其三，电视播撒与消费心理模式

电视传媒指出的事件是打上了权力话语的烙印的。鲍德里亚强调，媒体让我们看到的世界以牺牲世界的丰富性为代价。人成为媒体的附属或媒体的延伸。媒体将人类化，使人只能如此看、如此听、如此想。“大众传播的这一技术程式造成了某一类非常具有强制性的信息：信息消费之信息，即对世界进行剪辑、戏剧化和曲解的信息，以及把消息当成商品一样进行赋值的信息、对作为符号的内容进行颂扬的信息。简而言之，这是一种包装。”②

人从接受的主体成为媒体的隶属品——终端接受器，接受储存了很多信息，而却无法处理，因为人脑已被这些信息塞得满满的，人从思想的动物退化为储存信息的动物，并因超负荷的信息堵塞而导致信息膨胀焦虑症和信息紊乱综合症。“电视带来的‘信息’，并非它传送的画面，

---

① 鲍德里亚：《消费社会》，刘成富，钱志刚译，南京：南京大学出版社，2000 年版，第 126 页。

② 鲍德里亚：《消费社会》，刘成富，钱志刚译，南京：南京大学出版社，2000 年版，第 130 页。

而是它造成的新的关系和感知模式、家庭和集团传统结构的改变。谈得更远一些，在电视和当代大众传媒的情形中，被接受、吸收、‘消费’的，与其说是某个场景，不如说是所有场景的潜在性。”① 电视始终将不同文化、不同习俗、不同品味、不同阶层的人连结在传媒系统中，并在多重传播与接受过程中，将不同人的思想、体验、价值认同和心理欲望都“整流”为同一频道、同一观念模式和同一价值认同。在这里，人与世界、人与自我、人与他人的对立似乎消失了，似乎不再有主体与客体的对立，不存在超越性和深度性，不再有舞台和镜像，只有网络与屏幕，只有操作的单向涉入与接受的被动性。②

不可忽视的是，电视在根据某种编码规则对现实进行了重新诠释后又不加区别地将它们播发出来。这一编码规则既是一种意识形态结构，也是一种充满大众文化意识形态的编码规则的技术结构。“大众传媒化消费中的意义转向、政治的非政治化、文化的非文化化、主体的非性化都是超越于对内容的‘肆意’重新诠释之上的。一切都是在形式上发生了改变：无论何处，在真实的地点和场所之中，都有完全产自编码规则要素组合的一种‘新现实’的替代品。”③ 同时，媒体具有“敞开”（呈现）和“遮蔽”（误导）二重性，当今世界通过镜头组接以后的弥天大谎层出不穷，甚至电脑特技制造的“真实的谎言”或“虚假的真实”随处可见。于是，媒体不断地造成各种“热点”和“事端”，媒体成为当代价值的命名者——在制造虚假和谎言的同时，不断地塞给人们虚假的幸福感和存在感。“电视传媒通过其技术组织所承载的，是一个可以任意显像、任意剪辑并可用画面解读的世界的思想（意识形态）。它承载着的意识形态是，那个对已变成符号系统的世界进行解读的系统是万能的。电视只是希望能成为一个缺席世界的元语言。”④

---

① 鲍德里亚：《消费社会》，刘成富，钱志刚译，南京：南京大学出版社，2000年版，第131页。

② Baudrillard, J. *The Ecstasy of Communication*, New York: Semioteat, 1998, p. 12.

③ 鲍德里亚：《消费社会》，刘成富，钱志刚译，南京：南京大学出版社，2000年版，第135页。

④ 鲍德里亚：《消费社会》，刘成富，钱志刚译，南京：南京大学出版社，2000年版，第131页。

人们通过媒体看到的是，媒体与其他媒体之间不断参照、传译、转录、拼接而成的“超真实”“超文本”的媒体语境，一个“模拟”组合的“数码复制”的世界。这种复制和再复制使得世界走向我们时，变得主观而疏离。“它就这样伪造了一种消费总体性，按麦克卢汉的说法就是使消费者们重新部落化，就是说通过一种同谋关系、一种与信息但更主要是与媒介自身及其编码规则相适应的内在、即时的勾结关系，透过每一个消费者而瞄准了所有其他消费者，又透过所有其他消费者瞄准了每一个消费者。”① 尤其是在多媒体电脑加工的文化品，更日益成为沟通中的“绝缘体”。传媒在多频道全天候的持续播出中，人不断接受储存很多芜杂的信息，而这些信息却无法处理，并因超负荷的信息填塞而导致信息膨胀焦虑症和信息紊乱综合症。

当然，传媒在促进人们彼此间的信息交流方面，提供了快捷多样的形式。拒绝传媒是愚蠢的，然而同时又必须看到，大众传播行使自己的权力时，又在不断地造成信息发出、传递、接受三维间的“中断”。传媒“炒”文化的负效应，使人们跟着影视的诱导和广告的诱惑去确立自身的行为方式，传媒的全能性介入中断了人的独处内省和人我间的交谈。大众传播的单向度属性，是一种“无回应”缺乏反馈的话语输出，但是其自由选择模式掩盖了这种“无回应话语”的不平等话语权力实质。“电视广播传媒提供的、被无意识地深深地解码了并‘消费了’的真正信息，并不是通过音像展示出来的内容，而是与这些传媒的技术实质本身联系着的、使事物与现实相脱节而变成互相承接的等同符号的那种强制模式。”② 人们凝视电视而达到一种“出神忘我”的状态，这实际上是一种“窥视欲”的生产与再生产。人们借助电影、视盘、电视可以窥视他人的生活，乃至犯罪的过程、性与暴力的过程。人们的私有空间成了媒体聚焦之所，整个世界方方面面的事又不必要地展现在家

① 鲍德里亚：《消费社会》，刘成富，钱志刚译，南京：南京大学出版社，2000 年版，第 133 页。
② 鲍德里亚：《消费社会》，刘成富，钱志刚译，南京：南京大学出版社，2000 年版，第 130 页。

里。尤其是那些矫情的、色情的、无情的片子，更是使人在迷醉中得到下意识欲望的满足又膨胀出更刺激的欲望。不难看出，这种传媒介入所造成的私人空间公众化和世界“类像”的家庭化，导致了传媒（尤其是卫视）的世界一体化，从而使紊乱的信息传播全球化。这一方面有可能使信息扩张和误读造成“文明的冲突”，另一方面，传媒信息的膨胀因失去控制而使当代人处于新的一轮精神分裂和欲望怂恿的失控状态之中。

其四，身体策略与生命自恋

人们在放弃了最终的价值承诺以后，开始在消费社会中充分地享受身体欲望的放纵。于是，“在经历了一千年的清教传统之后，对它作为身体和性解放符号的‘重新发现’。人们给它套上的卫生保健学、营养学、医疗学的光环，时时萦绕心头的对青春、美貌、阳刚、阴柔之气的追求，以及附带的护理、饮食制度、健身实践和包裹着它的快感神话——今天的一切都证明身体变成了救赎物品。在这一心理和意识形态功能中它彻底取代了灵魂。”①

身体在消费神话中成为新的神话：人具有自己的“处身性”，人的本质不再是一些抽象的形式原则，而是充满肉体欲望和现代感觉的“生命”。身体已经从“面容之美”表现走向了“躯体之力”的表现，从精神意象的呈现走向了欲望肉体的展示。身体成为肉体性、享受性和存在性的证明，脸逐渐被肉体所取代。不仅如此，身体地位成为一种文化表征，在文化话语中，身体关系的组织模式都反映了事物关系的组织模式及社会关系的组织模式。这要求社会说明：身体“这一话语是如何打着协调每个人与自己身体关系的幌子，在主体与作为双重威胁的客观身体之间，重新引入了与社会生活关系相同的关系、与社会关系的规定性相同的规定性：讹诈、镇压、被迫害综合症、配偶神经症。”② 身体的痛

① 鲍德里亚：《消费社会》，刘成富，钱志刚译，南京：南京大学出版社，2000年版，第138页。
② 鲍德里亚：《消费社会》，刘成富，钱志刚译，南京：南京大学出版社，2000年版，第141页。

苦和走向死亡的灵魂，使得消费社会中个体神经处于高度敏感和麻木无感两极之间。身体欲望由于金钱的强势牵扯，已经很难对真正的精神价值作出切实的判断。

身体的满足成为灵魂逃亡的最新形式——休闲本身的意识形态。于是，在消费中进行集体性的身体“指导性自恋”，成为今天社会欲望再生产的一个无穷宝库。“休息、放松、散心、消遣也许都是出于‘需要’，但它们自身并没有规定对休闲本身的苛求，即对时间的消费。自由时间，也许意味着人们用以填满它的种种游戏活动，但它首先意味着可以自由地耗费时间，有时是将它‘消磨’掉，纯粹地浪费掉。”① 休闲并非是对时间的自由支配，那只是它的一个标签。在错觉的年代，身体的外表前所未有地成为虚假的美丽修饰，身体策略成为刺激生命原始欲望的方式。人们在高速社会节奏中，将身体和欲望作为交换价值并被它所操纵，个体在日常生活的错觉中，自觉主动地变成了金钱和时间的附庸。

鲍德里亚所描述的后现代消费社会，是一个充满风险和危机的社会，隐藏在这个社会表面正常背后的，是模态社会的支配性权力结构。首先，现代性理性在纯粹肉身欲望的冲击中，已经成为理性的碎片，并遭遇到非理性意志全面侵占。享乐主义拜金主义成为整个世界的生存法则，如今的人生指南已经不再是由思想者发出，而是由电视消费广告播撒。消费成为刺激欲望再生产欲望的人生道德主宰，人在消费欲望之流中才能感到自己的存在意义。消费欲望终于在金钱经济支配的大城市生活中树立起来，它在推动现代人去涉猎私人权力和私人空间当中，却开始抛弃了公共空间和公共权力。随着这种身体空间感和生命时间感的进一步加固，由身体状态的膨胀就引申出这样的当代文化意识形态：个体对异化社会的反抗是没有意义的，坚持理想精神同样是凌空蹈虚而无实际利益的，个人无限制地获取欲望满足是正当的，所以无论怎样沉醉在

① 鲍德里亚：《消费社会》，刘成富，钱志刚译，南京：南京大学出版社，2000年版，第171页。

消费中都不过分。在这样的逻辑之下，凡是满足欲望的消费就具有终极合法性，凡是个体身体的欲望就只能释放出来。这样一来，社会意识形态整体上转化为消费意识形态，并不断被消费意识话语所控制。于是，人类的道德体系和心智原则有限性终于让位于个体消费欲望的无限性，消费神话在价值失范和道德滑坡中变得漠然起来。

应该说，在西方马克思主义学者执着于社会异化、意识形态、阶级斗争、希望绝望问题之后，文化学家开始注视着平等、消费、电视、身体等问题；在解释学与解构学争论文本意义的正读与误读、差异与共识时，消费文化研究深入到日常生活的机制，分析内在运作机制和话语表征关系、文化意识转型。这种从巨型社会文化意识形态分析到微型文化消费意识形态转化，使得当代危机问题有可能得到真实的显露。

第四节　白色社会中的大众传媒镜像

精神生态问题成为当代问题的汇聚点，有其自身的发展逻辑。在全球化消费主义发展进程中，自然生态和精神生态成为一个问题的两个方面。因为 ego（自我）与 eco（生态）有着内在的和谐联系，需要均衡发展。然而，在这个被鲍德里亚称为日常消费生活的“白色社会”中，这种和谐却被一再地破坏了。鲍德里亚不断审理全球化文化生态失衡在社会心理和个体心性的健全方面所造成的威胁，并进而对传媒在“文化工业”生产中消蚀意义的功能加以清算，是有批判眼光的。

生产过剩的“丰盛”社会中，当代人的活法是“白色”的——没有感情介入，没有形而上冲动，也不可能再有异端邪说。在鲍德里亚看来，后现代时期的商品价值已不再取决于商品本身是否能满足人的需要或具有交换价值，而是取决于交换体系中作为文化功能的符码。这是一个充斥着预防性白色的饱和了的社会，一个没有眩晕没有历史深度的社会，一个除了物质神话或者不断造神话之外，没有其他精神神话可以立足的消费社会。也许只有激进的革命的突发事件和意外的分化瓦解才能打碎这“白色的弥撒”。

在这个日常消费生活的“白色社会”中，我们应该听听思想家的警示：“在利用公共交通工具的情况下，每一个他人都和其他人一样。这样的杂然共在把本己的此在完全消解在‘他人的’存在方式中，而各具差别和突出之处的他人则又更其消失不见了。在这种不触目而又不能定局的情况中，常人展开了他的真正独裁。常人怎样享乐，我们就怎样享乐；常人对文学艺术怎样阅读怎样判断，我们就怎样阅读怎样判断；竟至常人怎样从‘大众’中抽身，我们也就怎样抽身；常人对什么东西愤怒，我们就对什么东西‘愤怒’。这个常人不是任何确定的人，而一切人（却不是作为总和）都是这个常人，就是这个常人指定着日常生活的存在方式。”① 海德格尔的话，敲响了现代性日常生活世界享乐中“常人”的危险警钟。

布迪厄在《现代世界知识分子的角色》中也认为：经济对人文和科学研究的控制在学科中变得日益明显。知识分子发现，他们越来越被排除在公共论辩之外，而越来越多的人（技术官僚、新闻记者、负责公众意见调查的人、营销顾问等）却赋予自己一种知识分子权威，以行使政治权力。这些新贵声称他们的技术或经济—政治文化具有超越传统文化，特别是文学和哲学的优越性。传统文化发现自己被贬到无用、雌伏的地位。传统式的知识分子的预言功能被抛弃。“这一套机构只是电视行使了一种形式特别有害的象征暴力。象征暴力是一种通过施行者与承受者的合谋和默契而施加的一种暴力，通常双方都意识不到自己是在施行或在承受……电视成了影响着很大一部分人头脑的某种垄断机器。然而只关注社会新闻，把宝贵的时间浪费在空洞无聊或者无关痛痒的谈资

① 海德格尔：《存在与时间》，陈嘉映、王庆节译，北京：三联书店，1987年版，第156页。

上，这样一来，便排斥了公众为行使民主权利应该掌握的重要信息”。[①]

著名东欧思想家斯拉沃热·齐泽克（Slavoj Zizek），更是从精神内层注意到当代人精神和存在中具有的难以言清的精神错乱症候，他从拉康的心理分析视角重新描述人类思想和人类欲望的基本结构，认为社会共同体的功能已经失调，每个个体在灵肉濒临崩溃、矛盾焦虑的同时，也在文明内部冲突的现实压力下寻求身份和欲望的妥协：“我们今天亲眼目睹的冲突，与其说是不同文明之间的冲突，不如说是同一文明内部的冲突。也就是说，我们要睁大眼睛看一看，这种‘文明冲突’究竟是因何而起的？眼前正在发生的真正‘冲突’，不都显然与全球资本主义的扩张密切相关吗？……只有在每一个社会都承认，将其撕裂的‘冲突’来自其内部，不同社会之间的真正接触才是可能的，这种接触是以参与统一斗争的共同经验为基础的”。[②] 这事实上就把个体内部的欲望同全球化导致的文明内部的冲突联系起来了。

应该看到，整个西方社会运动尖锐对峙的矛盾开始为追求幸福生活的信念所抚平，社会境况日益成为消费性的和科技中心的，科技成了新意识形态。政治和文化的尖锐冲突随着时间的冲洗，其价值观、自我的政治观，逐渐为生活的有序感、现实的身份感和理想的幻灭感所取代。于是，人们更多地感到社会共同体中的地位，在整个政治谱系中存在认同意义的延续性，这一延续性意味着政治责任感的持续影响和自己新身份的不断改写。

消费世纪是资本符号下加速了的生产力扩展的结果，因而这个世纪是彻底异化的世纪。商品逻辑成为整个人类生活的逻辑，后现代消费逻辑不仅支配着生产的物质产品，而且支配着整个文化、性欲、人际关系，以至个体的幻象和冲动。在鲍德里亚看来，“一切都由这一逻辑决

① 布迪厄：《关于电视》，许钧译，沈阳：辽宁教育出版社，2000年版，第14—15页。

② 参斯拉沃热·齐泽克：《意识形态崇高客体》，季广茂译，北京：中央编译出版社2002版，中文版序，第7—10页。

定着，这不仅在于一切功能、一切需求都被具体化、被操纵为利益的话语，而且在于一个更为深刻的方面，即一切都被戏剧化了，也就是说，被展现、挑动、被编排为形象、符号和可消费的范型。”① 人类目前正处于一个后现代类像时代，计算机、信息处理、媒体、自动控制系统以及按照类像符码和模型而形成的社会组织，已经取代了生产的地位，成为社会的组织原则。

不难看到，鲍德里亚已经洞悉后现代文化在社会心理和个体心性的健全方面所造成的威胁，并进而对“文化工业”消蚀意义的功能加以清算。他对后现代传媒的审理，进入到后现代理论本身的审理，认为其理论模式已经被“后现代化”——理论不再是反思和划定边界，而是为了迎合当今时代的快速、时髦、肤浅和片断化特征。理论在这种自我蒸发中变成了一种“超级商品”，成为无思时代兜售和宣扬最时髦消费意识和人生态度的一种谎言工具而已。

对完美的罪行的分析、对类像世界和指涉关系的批判，和对消费社会的审理，使鲍德里亚注重后传播时代类像流中运作的权力关系和意义消解问题。因为这种不断复制传播的、内爆的、虚假的类像，使得世界上的政治经济文化消失了界限，社会万象处于目眩神迷的变幻流动之中，哲学话语、社会理论、大众传播理论及政治理论的边缘正在侵蚀消融，甚至不同社会形态和意识形态结构都不再壁垒森严，而是在消费主义中内爆为一种无差别的类像流，一种现实与类像彼此不分的新状态。而且，消费社会物品符号体系中的物品意义，并不局限于它的物质性和功能性，而是因“时尚流行”而增益意义。② 但是这种现实与类像部分的状态中的问题却相当复杂。法国“五月风暴”后，资本主义社会中正统的、官方的价值观伦理观受到前所未有的质疑和消解。解构主义后现代主义对当代电影、电视、小说、社会新闻等文化商品加以权力运

---

① 鲍德里亚：《消费社会》，第224页。

② 参见鲍德里亚：《拟仿物与拟像》，台北：时报文化出版企业公司，1998年版；鲍德里亚：《物体系》，林志明译，上海：上海人民出版社，2001年版。

作，不断颠覆着各种社会秩序文化禁忌，张扬造反的文化嬉皮士和大众丑学。如此一来，影视传媒中的黑道大盗、冷面杀手成了时代的英雄和人们仿效的对象，镜头的血腥感成为刺激都市人惰性生活的兴奋剂，欲望写作和激情戏成为感官压迫和解放的动力，传媒调动一切手段刺激人们放纵自己的欲望，挑动身体感觉、本能情绪、形下器官的后现代手法日渐满足人们的窥视欲。

于是，文化颓败不可避免地推倒了自己的第一块多米诺骨牌，文化的商品化和文化的世俗化并没有消解官方主流文化，而是日益消解着知识分子的精英文化，并常常打着“主流文化”的招牌或者与之合流，进行世俗文化扩充和当代文化的混杂，使当代社会在全面繁荣的假象下，诞生出内在的意义危机，并播撒着文化商品正使社会价值系统崩溃的文化病毒。

第五节　鲍德里亚文化理论的意义与局限

进入80年代，鲍德里亚面对现实的尖锐问题而更加勤奋地写作，出版了《致命的策略》（1983）、《扭曲的神性》（1987）、《冷静的回忆》（1987）、《痛苦的昭示》（1990）等著作，并被大量译介到英语世界，不断地确立其后现代文化理论家的地位。在反响很大的《致命的策略》中，他依照西方主流学界提出的“主体的消解”论，进一步拆解主体地位和存在价值，要求主体放弃它主宰客体世界的欲求，使自己成为一个具有客观主义立场的后现代物质主义者。从某种意义上说，那种文艺复兴时期以来的主体的人，那种具有绝对主体价值的大写的“人”，那种被整个西方传统锻造成主体神话“人”，在后现代后殖民时期缺席了。于是“个性化”填充了这个缺席的主体“人”的地位，并且以其日常生活的方式使任何想重建主体之人的想法归于落空。应该说，鲍德里亚的文化研究理论对“个体身体”私人空间的重视，对过去那种唯理性的否定感性生命的做法，确有纠偏作用。但是这种“跟着欲望走”，使当代消费主义在个体的狭窄空间中不断播撒非主体意识，从而使当代个体肉身膨胀中，少了一种社会价值的内在焦虑感而重新被物化为白色的“客体”。

于是，“致命的策略”就成为——将任何逻辑推导极限，从而使其走向自身的反面：消费社会的极限就是无止境地疯狂消费，传媒的极限就是彻底抛弃形而上学而追逐世俗化，从而使这个理性社会走向反面——非理性。在我看来，鲍德里亚已经面对后现代传媒社会的病灶却无力开出药方，这种所谓极端的“策略”本身是“致命”的。因为现代化所带来的消费的全球化，不是通过怂恿和推到极限就可以复归的，相反，这种丧失了人文知识分子精神吁求的非理性做法，可能是雪上加霜，后果不堪设想。这里，也可以看到鲍德里亚理论的内在困境。

同福柯、德里达、拉康相比，鲍德里亚的思想影响的深度和广度都不能与之比肩。但20世纪80年代后期，鲍德里亚的主要著作被广泛译介，参与了后现代谱系的重新修订，并很快确立其后现代理论家的地位。尽管在社会知识谱系分析、形而上学的颠覆、话语心理无意识结构的剖析上，鲍德里亚理论缺乏原创性深度性，但在对消费社会、传播机制、文化心理制约、后现代文化权力运作等方面的研究，无疑具有独到的创建性和启发性，并成为当代十分热门的“文化研究”和“文化批评”的理论基础。因而，鲍德里亚学说具有不容忽视的当代意义：

其一，在对商品拜物教的分析中，鲍德里亚的分析超越了霍克海默和阿多尔诺的西方马克思主义分析模式，而采用后现代式的话语权力分析方式——不仅否认直接经验之下有任何实在意义存在，而且不再希望在表层后面能够寻到深层本质，在虚拟形象后面有任何真实阐释“深度模式”。其所绘出的后现代社会大众传媒的图景，在某种意义上提供了一种阐释后现代社会镜像的新视角。

其二，在后现代时期，政治经济文化哲学和艺术美学上转变是根本性的，无论是从经济上清理跨国资本运作与文化霸权的关系，还是从政治上看全球化中的东方主义与西方主义的权力角逐，无论是从文化上看数码复制时代的平面化问题，还是从大众传媒和消费社会的种种问题看人类话语泡沫中的失语，都能发现某种新视域和新问题。具体地说，消费社会已经进入一种文化身份的符号争斗中。商品权力话语消解了高雅文化的壁垒而与通俗文化合谋，轻而易举地通过大众传媒侵入到当代文化的神经，将日常生活作为市场需求和世俗文化模式设定为当下社会文化的普遍原则，并企图将消费主义作为当代人生活的合法性底线。于是在哲学“元话语”失效和中心性、同一性话语消失后，人们在焦虑、绝望中寻找到挽救信仰危机的解救方法。然而传统美学趣味和深度的消失使得“表征紊乱”成为时代的症结，本能欲望的满足和怂恿成为消费时代的焦虑。因而后现代消费时代问题的袒露性，显示出这个时代的复杂性，并对当代问题的深层面揭开了重要的一角。

其三，西方“他者”的警示作用。后现代大众传播和消费社会是西方社会的现实写照，这一问题在全球化的播撒中已经逐渐延伸进当代中国大众生活。中国近年来出现的消费主义思潮和电视媒体膨胀的世俗化倾向，已经和正在深刻地改变着当代中国个体空间和大众场域。鲍德里亚文化理论提醒我们对知识生产重新理解和认识，对其立场、前提、利益冲突、文化产业资本加以深切的反思。应该说，当代中国学者面对的是一系列复杂的世纪之交的问题，除了第一世界所面临的“现代与后现代”传媒和消费问题外，第三世界也面临“现代性转型”问题。因此，如何张扬一种健康的文化，而非一种颓败的文化，如何保持文化理论的有效性和合法性，对各种文化符号资本在社会中的权力运作加以分析定位，并对一切文化特权加以质疑，必得成为我们思考的重要层面。

在我看来，鲍德里亚消费社会和大众传播理论的新颖意义，与他理论内在的局限是矛盾地混合在一起的，这种理论局限性需要深入考察。

首先，过分强调丧失深度价值的传媒时代的技术中心主义情结。除了消费的名牌政治和大众传媒的虚假身份外，其他似乎都不再具有意义。现实与符号象征再现的区别在象征领域已然被取消，这使生活在象征境遇中的人类沟通模式遭到改写——从手写文明到印刷文明和电子媒体，形成新的“真实虚拟”的沟通系统。这种不同含义的意义编码构成了文化的多重症候，对应着人类文化心灵的各个层面，但由于符号象征系统还能指涉未经编码的内容，因而与其现实的对象又处于非对称状态，使得现实在被感知时成为一种虚拟的状态，成为多余的剩余物，人们就被置于一种“超实在”（hyper reality）虚无中。① 应该说，鲍德里亚的这种虚拟理论的关键在于，他已经取消了现实的第一性问题，将观念对现实的折射过分夸大。同时，值得注意的是，传统意识形态是文字时代用文字与精神意识的对称性来谈论问题，而类像时代是图文时代甚至图图时代，用类像的图文表征问题。于是，永无休止的为新而创新传媒形式使最时尚的消费形式成为时代中心，并耗尽了当代人精神内容和信仰形式的全部资源，使当代人整体价值观念和生活方式正在发生着深刻的变异。

其次，消费主义成为时代精神和个体享乐的问题。无论如何，在后现代高速发展的经济战车中，人们基于对社会个体身份和历史虚无的理解，不再将理想主义作为自己的存身之道，而是将消费主义作为达到世俗幸福的捷径。于是消费成为获得身份建构自身以及建构与他人关系的关键环节，甚至成为支撑现行体制和团体机构生存发展的润滑剂。消费不再是为了刺激再生产，而是在名牌政治化和时尚崇尚克隆中呈现当代崇洋心态——商品拜物教和西方中心观念。“消费”心态观念与“西方”名牌政治，终于成为一个铜币的两面。

形而上学理想化到大众传媒时代世俗化的进程，可以看到西方最前

---

① Baudrillard J. *The Ecstasy of Communication*, Semioext（e）, 1998, pp. 82-83.

沿的历史文化轨迹和精神蜕变脉络。这一脉络表明，从现代社会进入后现代社会以后，每个人的生活维度都不再是单维的，而是集体网络关系中的一员，具有相互交往链接的深层因素和变异的可能性。这种身份和认同是相互作用的，一个人虽然具有多重身份，但最主要的身份是通过社会交往和社会传播获得社会认同。社会认同是随着时间的流逝、政治身份的变化以及他人合作方式的空间转换而相对固定的某种文化属性。这种文化社会身份不是一成不变的，因为身份认同是通过社会过程形成的，随着社会关系的重新组合，在共同语境中不断获得修正和重塑。大众传媒加速了对传统价值颠覆的个体日程，相当多的人进行了自我反叛，个体产生了不可忽略的认同危机。揭示这种危机并开创新的问题域以化解这种后工业社会中的消费主义症结，成为当代文化研究理论的努力方向。这也许是鲍德里亚文化理论在当今世界不断升温的内在原因。[①]

鲍德里亚《完美的罪行》《消费社会》《生产之镜》等的社会文化分析，在当代世界的思想界有相当的影响力。就思想价值取向而言，他对电视传媒的负面效应是持冷峻批判态度的。因此，他被认为是“非乐观态度”的后现代文化学者。他在洞悉后现代传媒在加剧人们心灵的异化、在肢解社会心理和个体心性的健全方面所造成的严重威胁基础上，进而对传媒在“文化工业”生产中消蚀意义的功能加以清算，[②] 这是具有学术推进意义的。应该说，鲍德里亚在消费社会中警醒人们关注生命的本真意义，在传媒热衷于制造“追星”群体和消费“热点”之中，给当代精神失重的人们亮出了另一种价值尺度，并为人类走出消费社会和消费主义的阴影，重建精神生态的平衡系统作出了前沿性的学术思考。

---

① 参见艾伦·杜宁（Alan Durning）:《多少算够：消费社会与地球的未来》，毕聿译，长春：吉林人民出版社，1997 年版；堤清二：《消费社会批判》，朱绍文等译校，北京：经济科学出版社，1998 年版。

② Cf. Baudrillard, J. *The Mirror of Production*, St Louis, Mo: Telos Press. 1975.

第六编

生态文学与生态美学

第二十章　生态文化的发端及其现实针对性

最新西方美学的发展，并没有因解构主义、后现代主义、后殖民主义、文化研究不断翻新而止步。20世纪后期，西方的“生态文化”和“生态批评”理论从发生发展到逐渐推向全球，已然成为一种跨学科的新的美学研究方法。当然，就理论的传承脉络而言，可以说，生态文化和生态批评不是普通的关于人与环境的文学研究，而是属于文化研究的大范围中的一个新拓展的理论领域。这主要突出表现在几个重要维度上：当代西方美学研究进入了“理论生产缓慢期”，西方文学批评理论不再是层出不穷的花样翻新，而是重新重视作为自然和社会双重身份的“世界”，表现出文艺对自然形式的模仿价值；文学批评理论研究仍未定型，仍在注重新历史、把捉政治意识形态、确定种族和性别关系中不断寻找新的审美视角和文化地基，重新确定自我理论学科形态；西方美学产生有世界性影响的大师正在减少，经典性的美学文本也在减少，当代西方美学进入所谓“理论终结”时代或“后理论时代”。

生态理论的发端与全球化的两个重大危机相关，

其一是当今世界日益恶化的自然生态危机，其二是人类精神痼疾在现代消费社会中的人文精神生态危机。这两大危机均来源于现代性的恶果。

第一节　现代性文化断根和消费主义症候

所谓现代性只有短短 500 年，再往前的西方是“黑暗的中世纪”。其后文艺复兴运动和宗教改革运动冲击了欧洲封建教会的统治，为资本主义和科学技术的诞生开辟了道路。18 世纪以来，蒸汽机的发明使西方现代性开始加速。19 世纪的热力学、电磁场理论、生物进化论使得东方成为僵化的“停滞的帝国”，而现代性的西方开始成为人类的“话语权力中心”：照相机的发明使画家对对象的逼真描摹相形见绌；蒸汽火车和汽车改变了人们的空间感觉；冰箱和电灯改变了人们的生活和审美观；电影出现改变了人类的感觉方式和视觉方式。20 世纪，飞机、通讯卫星、电视、电脑、人类登月等，更是让西方在科技、军事和经济领域获得话语霸权。现代性与科技发明和人类殖民紧密相关，短短 200 年就使得西方成为世界霸主。

现代性扩张导致的东方各国的“全盘西化”浪潮，已经被百年历史证明不是东方的福音，而是人类单面化和异化的开始。人类遭遇的问题，核大战也罢，资源耗尽也罢，环境污染也罢，海啸和外星球撞击地球也罢，告诉人们一个事实，现代性到了极度膨胀会反过来毁灭人类。现代性为人们承诺美好生活的同时，又带给人们太多的生态灾难：自然生态危机、社会生态危机、精神生态危机、文化生态危机，使得森林毁灭，水土流失，河海污染，物种退化，精神失落，道德沦丧，心态失衡，形成威胁人类生存的生态大灾难场。① 面对精神生态失衡的消费主义和文化霸权主义，哲人们提倡具有文化生态意义的重回乡土感受生命大地的精神复归方式。

如今，除了自然生态危机以外，在全球范围内人类还制造了900万机器人，智能机器人已将近50万，根据目前技术可以在十年左右复制4000多万，被植入智能芯片的他们在半个世纪以内会反过来会成为世界上一支“铁军”，一旦失控就有可能危害人类。更不用说克隆人和带有人工芯片的克隆人，他们具有的智商有可能整体上危害人类的生存。

1972年，罗马俱乐部发表了关于人类危机的著名报告《成长的界限》。认为经济过热与人口增长如果不加以有效遏制，地球及生活在地球上的人类将由于环境污染和食物不足而在100年内毁灭。报告有如一石激起千层浪，全球为之震惊。其后世界各国通过裁军、放慢经济发展、控制人口增长、注重资源利用、保护环境，企图避免或者推迟人类毁灭的命运。但不堪重负的地球和人类成长极限的濒危状态并未缓解，而且有日益恶化的症候。

人类的精神生态同样遭遇到空前的危机。在西方现代性的导引下，

---

① 贝特在《大地之歌》中尖锐地指出：公元第三个千年刚刚开始，大自然却早已进入了危机四伏的时代。大难临头前的祈祷都是那么相似。全球变暖、冰川和永久冻土融化，海平面上升，降雨模式改变、海洋过度捕捞，沙漠迅猛扩展，森林覆盖率急剧下降，淡水资源严重匮乏，物种加速灭绝。我们生存于一个无法逃避有毒废弃物、酸雨和各种有害化学物质的世界。城市的空气混合着二氧化氮、二氧化硫、苯、二氧化碳。农业已经离不开化肥和农药，而畜牧业，牲畜的饲料里竟然含有能导致人中枢神经崩溃的疯牛病毒。文学批评怎么能够不直面这样的世界？怎么能够不发出这样的质问：我们究竟从哪里开始走错了路？

无论是亚洲还是非洲正在走向“理论翻新时代”和“肉体体验时代”。于是，升级、突破、扩展、肉身感、消费主义就成为这代人的精神轨迹。当代人成为从旧的“经验时代”蜕变的出来又仰望着“理论时代”的中间人，他们从生活话语方式、日常行为模式、当下时尚态度中，将生活娱乐化、文化流星化、生命肉身化、精神平面化。于是在一种“新新人类”的日常生活化中，改变着当代人的想象、城市的色彩和气质、周边的环境和思维演变。

消费主义不断制造人们“疯狂追新”，集中表现在接近痴迷的“升级化”上：电脑在升级，病毒也升级；邮箱在升级，垃圾邮件也升级；游戏在升级，黑客也在升级；消费主义在升级，恐怖主义也在升级；身体在时尚升级（暴走、LOMO、街舞、纹身），精神却在降级（疯病、自杀率、酗酒、下半身写作）；肉体在人造升级（色发、减肥、整容），灵魂却在沉睡中降级；生活无边自由方式在多元升级，精神生态却在颓败降级。如何使升级不成为一种外在的无根的形式，使生命中不成为没有价值含金量的转瞬过渡，而是真正实现人的精神和存在的生态平衡，人们还必须往深里思深里想。

在几个世纪的现代性过速拓展和无所谓信仰的消费狂欢中，人类不期然地面对了两个严重现状：一是“古今冲突”中传统文化断根问题，另一个是“新中产阶级”的虚假幸福意识。[①] 人们面临着大城市迅速膨胀而乡土逐渐萎缩的局面，它造成链状的城乡双向价值碰撞问题：一方面，乡土人口向城市迈进，所带来的烙印般的前现代乡村价值、故土信念和生活方式，遭到了城市的多元生活方式的碰撞和冲击。由于农业社会在人类发展中必须转向工业社会，而在这转型中农民处于社会权力的

---

① C. 怀特·米尔斯（C. Wright·Mills）认为：“文化断根造就了这批无信仰、无历史的非英雄，私有财产与地位的脱节又促进了他们有关个人与社会关系的‘虚假意识’。与以往阶级不同，新中产白领以没有统一的方向和‘政治冷漠’自成一类。他们从旧的社会组织和思想模式中流离出来，被抛入新的存在形式，却找不到思想归宿，只能将就地‘在失去意义的世界里不带信仰地生活’（韦伯语）——专注于技术完善、个人升迁和业余消遣，以此补偿精神懈怠与政治消极，犹如徘徊于美梦与梦魇之间的梦游人。”

末端而无力进入真正的话语层。这一离乡离土的迁徙成为世界范围内的现代性乡土社会解体、家族中心丧失以及集体理性转换为个人本位主义的合法性开始。

同样，新中产阶级白领层，出现了人的肉身安顿在巨大的建筑空间中，却找不到精神归宿之所的现象。在失去意义中丧失信仰的生活使得金钱直接成为当代人的信仰，在金钱位数的升级同时不断地感到离具有超越意义的幸福越来越远。当代各阶层人士，相当一部分人说不出自己究竟是否幸福，为什么幸福或不幸福——居无所在的人有失去家园的不幸，深居大屋也有失去生活感觉的不幸。那么，幸福生活怎样才可能？是不是在“升级”想象中房子越大钱越多就一定越幸福？这种幸福的匮乏状态，抵达了一个重大问题——“消费主义”。

消费主义生成了一种据为己有意识，即永远获取最好的商品，将世界上最引人注目的世俗享受据为己有。然而，消费主义具有双重欺骗性。人们过去重幸福，现在谈自由。似乎如今每个人都能够自由的选择自己的路。只要有钱就可以选择任何属于自己购买力和升级力的物品，而使自己的生活同样升级；似乎提供了消费者的自由，就完全解决了自由。事实并非如此。后工业时代消费主义在关于福利和幸福的承诺中，设置了习焉不察的虚假命题。消费主义的欺骗在于：允诺的是一种幸福的普遍性——似乎每个人都可以自由地选择。其另一欺骗性在于它设定了一个虚假命题：一旦你提供了消费者的自由，你就完全解决了自由问题。这样自由事实上被降格为了消费，它藐视了“自我实现原则”。作为人而言的自我实现，并非物质就可以满足的。物质满足仅仅是最基本的层次，而精神的满足和身份满足价值实现的满足更为不易。当代不少人的精神疯狂不是根源于物质的匮乏，而在于精神的空洞化和价值基因的稀释化。消费社会以最大限度攫取财富为目的，不断为大众制造新的欲望需要。在个人暴富的历史场景中，每个人都感到幸福生活就是更多地购物和消费，消费本身成为幸福生活的现实写照，成为人们互相攀比互相吹嘘的话语平台。针对消费主义生活的名牌崇拜，消费中心主义，喧哗与贪婪等问题，人们开始反省生命生活的意义，体认到信息时代的生活是智者引导的“复杂生活”，它不能使人灵肉和谐，而只会让人丧失灵魂。

这一图景将这样的当下呈现在眼前：当代科技、城市空间和日常生活的巨大变化使当代人的感知方式、价值观念、行为模式、交流方式、身体权利、生死问题、虚拟空间和普世伦理发生了重大的断裂和出位。今天的“网络化”的语言粗俗以及“闪族”的不期而至，使得当代图景更为扑朔迷离。在电脑时代肉身体验范围逐渐变小，其他感官功能日益荒废的情况下，肉体感觉往往只好通过非正常的途径获得。这种青春身体感，代表了对传统的完全扬弃和对自己另类自由生活的无边张扬。今天的升级时代，这个庞大的教育机构和艺术文化机制，已经很难阻挡青年人的所做所想，因为他们坚信两条：一是另类自由，二是无边自由。

观念的变化和生活方式的断裂所导致的“文化失根”，在一个世纪内会持续而震撼地走向现代性的人的心灵。在现代化的城市变化中，所有迁徙者都遭遇到自身的生活方式、思想观念、文化模式冲击和调整，同时随着这种迁徙，人们的艺术审美的方式和人栖居的方式同样将发生诸多变化。这一深刻的变化，给生态美学的建构留下了新的可能性，给现代人怀乡、思乡、回乡，留下了丰沛的想象空间。面对“升级”时代，我们不仅应在世界巨大变化中感到时代前行的脚步，也应在精神生态平衡中看到未来世界整体图景。在现代化与乡村问题没有真正互动之前，在城乡矛盾激化没有认真重视之前，仅仅谈论城市新新人类的身体感“升级”现象是不够的。只有一个民族和谐发展，一个国家均衡发展，城乡矛盾有了合理化的解决途径，在身体感时尚感升级的同时，精神也获得升级的勃勃生机，这样的“灵肉升级”才有可持续发展的意义，才具有当代精神生态平衡的价值依据。

其实，西方人在现代性的弊端中已经认识到“竭泽而渔”“杀鸡取卵”“急功近利”的种种危害，已经开始自我反思并迷途知返——标举“生态文化”。这意味着在现代性弊端的清理中，西方哲人们开始重视人性的深度拓展和文化精神的提升，并坚信生态学的自然环境出现了问题必须修正。

第二节　人类自然生态危机和精神生态危机

在我看来，生态文化问题是一种跨学科的人类与自然的命运考辨，是人类反思自然生态后进而反思文化生态的开始。这种生态自然观使得西方人在现代性问题上意识到不能再盲人瞎马了，反身而诚开始研究生态文化、生态哲学、生态美学、生态艺术。这意味着被现代性所打压的传统艺术应该重新加以评估和阐释其人类心灵价值。

现代性包括“制度现代性”和“审美现代性”，这两种现代性总是发生对立和分裂。“制度现代化”使人不断异化。过去创造一个螺丝钉，从铸铁开始到做成大抵是一个人完成。人在最初蓝图到最后产品的实现中，体现了自我创造的完美性。但现在就像卓别林《摩登时代》那样，人一辈子被分工为只能拧一颗螺丝钉，人只是现代性大生产线中的一个环节，人被“异化”了。在制度现代性中，人被“异化”后，艺术的审美现代性不愿意跟着“异化”，就开始反抗“异化”。于是，审美现代性以揭露反抗“异化”为其纲领，其反抗方式是把艺术“审美”转变为“审丑”——不愿意看到过去的艺术歌颂田园生活的美好，而将艺术变成了“反抗”的艺术——艺术表征出来形态的比生活形态更加丑陋：立体派画的人已然成为了三只眼睛；蒙克《呼号》中人站在桥头惊恐至极以至于眼睛脑袋都大为变形；“野兽派”绘画在变形夸张中表现出对战争的恐惧和对未来的恐惧，一切都是丑陋的！

传统审美是“天人合一”中的和谐之美，不管是西方的艺术还是东方的艺术，不管是古希腊的艺术还是先秦的艺术，或者是具有文艺复兴时的艺术，大都是张扬美的艺术。人们惊叹于《维纳斯的诞生》《蒙娜丽莎》《伏尔加河上的纤夫》的精妙，感动于交响乐中的巴赫、莫扎特、贝多芬音乐的纯粹。但到了现代性艺术——如本雅明所说“悲悯性”艺术、马尔库塞所说“反抗性”艺术时，西方艺术突然蜕变为“丑”：绘画和音乐进入现代性以后，变成了非常刺目刺耳的不和谐形式。究其原因，就在于马尔库塞的“艺术不再是审美，艺术变成了反抗”。

应如何看待西方现代文化好的方面并警惕“丑”的方面呢？如果把所有艺术弄得脏乱差是否可以呢？当然不可以！因为这除了游戏和作秀之外，没有更多的新思想诞生，没有对整个西方文化史和艺术史走向的准确定位。审“丑”是对西方制度性的现代性的一种反抗，用“审美现代性”去反抗“制度现代性”正在走向自己的反面——艺术成为恶心的艺术而丧失自己的价值——丑艺术逐渐被人们所厌恶和抛弃。我想说的是，我们不应该跟在西方后面迈上这条不归路，而应该用生态文化精神去重新审视世界艺术的未来发展的可能性，一方面要求自然生态平衡，另一方面要求人的精神生态平衡。新世纪人类为什么要让自己“分裂”让艺术成为疯狂呢？为什么不能超越西方现代性弊端而正视自我身份呢？为什么不思考避免西方现代性“异化”式制度性断裂的覆辙，而开始修复人类艺术的精神性断裂呢？

21 世纪人类文化发展正在逐渐走向清明的理性化，这意味是文化发展的良性化、生态化、新型化、境界化，即抛弃那些“顽主形态”的恶俗趣味和游戏人生的“比矮主义”，而走向与自己心灵对话的独立精神和个体追求。重视个体心灵的独处。人都是孤独的，在孤独中，人可以逃离外在世界的喧嚣和肉身化的沉重，回到本心的怡然自得和本真心性之中。应在日常生活中力图弄清个体存在意义，阐明在物质世界中人的存在的精神性，为人类生存留下反思和回归的空间。

我们必须扬弃西方的现代文化与后现代艺术的低俗性和虚无性，冷静思考人类的未来是否可以将东西方文化中精神相通的要素整合起来，在相互理解消除文化误读发现差异性文化之间心灵相似性。在真正的文化生态整体创新中，拿出巨大的心智和勇气着手解决人类共同面临的精神生态失衡问题，让人类告别冷战、战争、瘟疫、罪恶，走向新世纪绿色生态的自然和社会，让人性更具有生命的绿色！①

第三节 生态理论的发生与发展

面对现实的自然生态和精神生态危机，生态文化应运而生。作为学术史的生态文化理论的诞生于何时，学术界尚无定论。

“生态学”一词，是由希腊语 oicos（房子、住所）派生而来，最早出现在德语中，即 die ökologie，英语为 the ecology。生态主义并非横空出世，其思想渊源与 18 世纪的浪漫主义运动有着分不开的关系。1858 年美国作家梭罗在《瓦尔登湖》一书中阐释了自己的人与自然和谐的观念。他从生态平衡的角度反对喧嚣的城市，而赞美树林和溪流的自然世界。

1886 年德国动物学家海克尔在《生物体普通形态学》一书中，阐述了动物植物关系演化的系统树，认为精神与物质应该和谐统一：“我们把生态学理解为关于有机体与周围环境关系的全部科学，进一步可以把全部生存条件考虑在内。生态学是作为研究生物及其环境关系的学科

① Cf. Laurence Coupe (ed.): *The green studies reader : from Romanticism to Ecocriticism*, London; New York : Routledge, 2000.

而出现的。随着这一学科的发展，现代生态学逐步把人放在了研究的中心位置，人与自然的关系成为生态学关注的核心。”这一说法应是生态理论的滥觞。

一般认为，1970年在西方兴起的“生态主义”（Ecologism）开始了生态文化的艰难历程。生态文化和生态批评出现，就是在这样一个大背景下开始的。相对于其他西方美学而言晚出的“生态批评”（Ecocriticism），一旦出现就在世界上迅速引起人们的理论兴趣，并不断加强这一理论的世界化进程。西蒙·C. 埃斯托克（Simon C. Estok）认为，生态批评的诞生因为视角不同而有三个不同的日期：作为文化术语的“生态批评”最初由威廉·罗依克特（William Ruekert）在1978年发表的文章“文学与生态学：生态批评的实验”中提出，但是并没有引起人们的重视；十五年后的1993年，帕特里克·墨菲创办“文学与环境跨学科研究”杂志，以其重量级的话语权力，重新阐释生态批评的重要性，引起广泛地关注和响应，标志着生态批评学派的逐渐形成，但是还没有学派的纲领和正式理论出版物；1996年切瑞尔·格罗特菲尔蒂、哈罗德·弗罗姆编《生态批评读本：文学生态学的里程碑》和劳伦斯·布依尔的《环境的想象》的出版，生态批评终于有了自己的理论纲领和重要的美学原则，并在学术界引起深度关注与研究，其体系构架在不断辩论中走向成熟。

可以说，20世纪60年代以来，生态哲学（Ecophilosophy）、生态神学（Ecotheology）、生态政治学（Ecological politics）、生态经济学（Ecological economics）、生态人文主义（Ecological humanism）、生态女性主义（Ecofeminism）、生态文学（Ecoliterature）、生态艺术（Ecological art）、生态社会学（Ecosociology）、生态伦理学（Ecological）、生态人类学（Ecological anthropology）、生态心理学（Ecological psychology）、生态批评（Ecocriticism）、深生态学（Deep ecology）等研究领域如同雨后春笋，人们在西方美学的“高原平台期”中又发现一个新的研究角度

——去掉人类中心主义，坚持自然中心主义，以人与自然的和谐共处作为生态理论的基本法则，以此消除人类沙文主义僭妄的生态批评。与以前相比，“生态”一词体现出鲜明的价值倾向性和实践意味，“生态”一词所蕴涵的人文精神含义更为深厚。生态哲学把对自然生态危机的根源追溯到现代文明的人类中心主义、二元对立思维模式上，将自然科学研究所提供的生态思维和生态方法渗透到人的世界观和生存体验中，努力把生态精神培育为一种通向全新文明前景的思维方式、价值基础、精神信仰和文化观念。总之，今天的生态文化运动已经变成了一场自然科学研究成果与人文思考相结合、理论研究与实践行动相结合、对现代文明的批判反思与对一种更加健康完善的新文明的建设性思考并重的文化运动。

与其他的西方美学突显形而上理论思辨性不同，生态理论是一种直面人类现实处境的实践理论。生态批评家大都反对雅克·德里达《文字学》：“文本之外一无所有”的文本中心主义看法，坚持认为：语言或文本的存在仅仅是实体世界的文化表征，并不能说明物质世界无足轻重，文本之外的重要东西多不胜数，怎能说一无所有？贝特认为：“后现代主义宣称一切尺度都是文本尺度，生态诗学则主张我们必须牢牢把握一种可能性，即某种被称为诗歌的文本尺度可以使我们回忆起人类最古老的知识：没有大地尺度，我们就不复存在。”生态理论反对当代理论陷入“语言唯心主义”或“文化主义”的陷阱之中不能自拔，致力于将人类面临的现实危机和当下困境揭示出来，走出“语言的牢笼”的自我画地为牢，超越语言文本的心造幻影，关注时代的困境。莱德菲尔德在《塞来斯廷预言》和《第十种洞察力》中强调：现代社会的腐败和贪婪是物质中心化和精神边缘化的人性异化造成的，腐败源自于整个世界物质主义弥漫的“有所企求”的贪欲，人们缺乏精神超越维度而处于现实欲望难平的浮躁焦虑中，这一系列现代文明病症导致了人类的整体精神失衡。一言以蔽之，西方人在近400年走上了文化偏执歧途，仅仅关注经济发展和消费水准，这种严重的文化偏执症，导致人痴迷于物质增长而丧失人性深度和人文厚度。当然，这些尖锐的批评，在西方马克思主义的文化批判中也是屡见不鲜的。

第二十一章　生态文学的特征与价值取向

生态文学是生态文化重要组成部分。生态文化在其制度形态层面被边缘化，如环境问题很晚才进入政治思考和环境保护制度等方面，注重保护物质生产的技术形式转变、能源形式转变以及人类生活方式转变的生态场景，尽量不使其恶化；生态文化在精神形态层面，努力促进环境教育、科技发展生态化、生态哲学、生态神学、生态文学、生态艺术等领域的发展。

第一节　打破人类中心主义话语

人类文明自从有文字记载以来已经有数千年的历史，而地球上的人类总数从最初的 2000 万发展到 60 亿，而已经长眠于地的人已经有百亿之众，与人类同存的其他物种大部分已经灭绝，一部分正在加速地消逝。面对这一惨烈的世界性场域，人类思想者在 20 世纪后期终于打破了西方传统人类中心主义世界观，在张扬生态文化中力求唤起全球性生态意识的觉醒。

可以说，生态文学以注重人与自然的和谐和提倡自然中心主义反对人类中心主义为旨归，其文学特征在于以生态思想和生态视角为出发点，将然为本的文学和以人为本的文学相并列。哈佛大学教授布伊尔认为：生态文学是“为处于危险的世界写作”的。生态文学在某种意义上为人类防止人类生态灾难亮起了红灯，是全球化时代作家对地球命运的严重关注和无限忧虑在创作中的呈现，也是世界面临危机中的人类生态价值自省。

其实，在海明威的《老人与海》中，人类中心主义表现得非常突出：“人”与“自然”的对立是构成故事的动机和基线，这一层次的关键是显示了杀戮和斗争是宇宙的根本规律。海水里，海母被海龟吃掉，而至弱的海母也能喷射毒汁捕获自己的战利品；海面上，老人捕马林鱼，鲨鱼撕咬老人的捕获品，老人尽全力搏斗：“老头儿对准鲨鱼的扁平的脑顶中央扎去，然后把刀子拔出，又朝同一个地方扎了一下。它依旧闭紧了咬住鱼，于是老头儿再从它的左眼上戳进去，但它还是缠住死鱼不放。老头儿又把刀子扎进它的脊骨和脑子中间去。这一次戳进去很容易，他觉得鲨鱼的软骨断了。但它们是成群结队来的，他只看到它们的鳍在水里划出的纹路，看到它们扑到死鱼身上去时所放出的鳞光。他用棍棒朝它们的头上打去，听到上下颚裂开和它们钻到船下面去咬鱼时把船晃动的声音。凡是他能够感觉到的，听见的，他就不顾一切地用棍棒劈去。他觉得有什么东西抓住了他的那根棍，随着棍就丢掉了。他把舵把从舵上拽掉，用它去打，去砍，两只手抱住它，一次又一次地劈下去，但是它们已经窜到船头跟前去咬那条死鱼，一忽儿一个接着一个地扑上来，一忽儿一拥而上，当它们再一次折转身扑来的时候，它们把水面下发亮的鱼肉一块一块地撕去了。”海明威通过人与非人的对立，指明现实与自然、人与物的关系是互相杀戮的关系，没有强者，也无所谓目的。但到了最后，老人用生命换来的鱼，成了白骨空架，成了飘飘荡荡的垃圾，这宣布了老人的失败。无论人做出了多么惊心动魄的努力，在宇宙规律之中都显得渺小而不值一提，而且，将在潮水（喻时间）的冲刷下，化得无影无踪。海明威一再说明一种人类中心主义的“美国精神”——真正的人是不能被摧垮的，尽管他行动上失败了，但在精神上仍保持了人格的完整，立于永远不败之地。人之所以禀有这种康拉德式的破灭后的胜利，关键在于人在失败后面对现实的态度。外在力量只能消灭人的肉体，却不能摧毁人的精神。这体现了海明威式的重压下的优雅风度，保持了人的真正价值和尊严。但是，这种人类中心主义的“美国精神”和个体尊严，在生态文化时代遭到了生态理论家们的质疑。可以说，这种“美国精神”隐含着这样一个潜在话语——人类是万物的主宰，可以对天地万物加以征服改造。然而，面对着大自然生态环境的惨遭破坏，以及自然加倍地报复，人们感到了巨大的生态压力和生态焦虑。人们看到所谓的现代性的全球“进步”，带来的却是人类无尽的苦难和这颗不堪重负的星球，于是，征服自然和杀戮的英雄主义逐渐让位于人与自然的和谐相处。

并非所有写自然的作品就可以成为生态文学。有人认为，关于人与自然界的关系文学解决，就是人的生态文学问题。人与自然界的关系表现为人类社会与自然界的关系，涉及人同物理环境、生物环境、社会环境之间的相互关系的研究，人类社会对自然资源利用、人类活动对自然界的作用，环境对人和人类社会的作用。

在我看来，所谓生态文学主要是指那些敏感地对现代世界生态危机加以揭示，对其人类中心主义价值观加以批判，对导致生态危机的现代文明加以反省的作品。生态文学并不将人类看成自然界的中心，也反对将人类的利益作为自然价值判断的绝对尺度。他们从一次次生态灾难的恶果和今后数不清的生态危机预警中体察到，只有将包括自然和精神的整个世界生态系统的整体利益作为人类未来终极前提和最高价值，人类才有可能有效而全面地消除威胁人类存在的生态危机，从而获得重新调整有利于人类的长远利益或根本利益的和谐生存的地球环境。

第二节 梭罗和华兹华斯的生态学探索

在生态文学领域，有广义的生态文学作品，即那些通过具有生态文化意识的传统文学作品，如梭罗《瓦尔登湖》、华兹华斯《序曲》、托马斯·哈代的威塞斯系列小说等。这类作品并未直接提出“生态”这一关键词，甚至也没有将生态危机的后果推导到令人吃惊的程度，但是作品中不乏人与自然相交融的生命和谐意识，不乏对人与自然疏离对立的现代文明的深度批判；狭义的生态文学作品是作家有鲜明的生态文化立场，前卫地反思人与自然的关系，直面现代性生态危机而发出自己的批判之声，如雷切尔·卡森的《海的边缘》《寂静的春天》,[①] 苏联作家艾特玛托夫的《白轮船》、美国小说家博伊尔的《地球之友》，日本女作家加藤幸子的《都市中的自然》和《森林的诱惑》等。

在生态文学的视野中，人类不仅与自然相分裂，人也与自我和社会

---

① 其中，尤其需要注意的是雷切尔·卡森（Rachel Carson，1907—1964）的观点。她作为生态文学的创始人和整个生态文化和环境运动的推动者，描写自然环境的恶化，揭示生态困境问题，传播生态思想观念，对生态文学和环保运动的发展、诸多国家环境政策和发展战略产生了重要的影响。

相分裂——如今肉身沉重，而灵魂轻飘，似乎只要肉身安定了，让灵魂飘逝也无所谓。我们可以从俄国女作家拉祖莫斯卡娅的著名戏剧《青春禁忌游戏》中获得启示：在一个风雪交加的夜晚，四个即将毕业的高中生到老师家为她庆祝生日。他们唱起了生日歌并带来了生日礼物和祝福。然而当几个孩子表明了他们真实目的——考试成绩很差而想拿到老师手中的保险柜钥匙调换试卷。女教师在震惊中加以拒绝，明白了自己所信仰的教育已经完全失败，孩子们可以撕下面具为达到自己的目的而不择手段。为了彻底从精神上击垮老师，学生们开始了丑陋的表演：喝酒、甩东西、嘲笑真理和良心、讥讽女教师的处境，男学生竟然当着女教师的面假装强暴女学生。女教师的精神防线崩溃了，她意识到整个俄罗斯教育其实培养的是一群自私自利的小市民，在这场搏斗中她唯一凭借的是人类的起码良知，可是这太单薄了。为了阻止强暴女学生，她交出了钥匙并把自己锁进了卧室。老师的悲伤欲绝使其他的三个孩子突然醒悟，他们把钥匙挂在了女教师的卧室门口。天亮了，他们发现女教师已经吊死在卧室中。这一悲剧震撼人心！可以说，当代教育的失败、精神的无所依、价值的漂泊感和金钱至上主义，是因为现代性在强调金钱、速度和时间的同时，抛弃了人类赖以生存的诗意大地和精神拯救维度。如何重新回到精神重构的新理性，回到原初生命源头大地之上，进入意义世界寻觅向本源靠拢的可能性，成为生态美学研究的必然使命和心路历程。

生态文学发出的是人类“诗意地栖居”的心灵诉求，其中心维度要把握的是人类与自然的互动生成关系，考量自然如何影响人的生存和心灵。就生态文学创作而言，注重生态哲学的深度思考，加深生态文化的审美体验，获得正确的生态价值判断，探索人在世界中重获“家园”感的新感知方式；就生态文学的作品构成而言，注重文本中的自然中心主义和人与自然的和谐，通过文本叙事加强人对生态人文的素养，在叙事文本的引导下探索走出全球生态危机的可能性，在文本的价值反思中获得生态文学意味着对人的心灵的再塑造；就生态文学阅读而言，强调通过阅读提升人从自然母体中生存的内在精神世界观，对自然的颓败和地球的困境有感同身受的危机感，获得正当的生态思维和家园感并激发其热爱生命的天性，恢复人的精神世界和自然关系的内在和谐。“我们在阅读文学作品时，对于文本中揭示的调节人与环境相互作用的复杂机体可以有更新的理解。具有环境意识的文学研究提供了一个更加深广的机会，带着对自然之声的新鲜敏感去阅读文学作品。”① 生态文学的创作和阅读的关键，是对人的自我狂妄的中心思维模式的重新调节，进而向生态中心世界观的不断迈进，获得对非人类生命形式和物理环境的全球整体概念的正确审美感知。

生态文学的特殊性在于，它是人类与自然从对抗—征服—报复的恶性循环中走出来，表达人与自然重新摆正位置的诉求在文学形式中的表达。不少生态文学作品预测了人类的苦难未来和走出困境的可能性，在生态文化预警中展示人与自然重新融为一体的“远景”，力求回归自然以逃避未来生态灾难和人类毁灭。因此，生态文学不是一般地描写自然风光中人与自然的闲适感，而是从文学文本中空前地凸显人类的重大困境，并对这种危及人类整体未来的困境加以审美解答，进而超越对具体问题的思考而直接深入到对智慧的深层关注中去，激发起人类与非人类的自然世界联系的内在情感，寻找人类与自然重归于好的和谐世界的新途径，探索在人与自然发展的互惠型的人类自然新伦理。

第三节　生态批评和生态美学的发展

生态批评是一个言人人殊的话语体。大多数人认同彻丽尔·格罗特

① Michael P. Branch (ed.), *Reading the earth: New Directions In The Study of Literature and Environment*, XIV.

费尔蒂的定义："生态批评是探讨文学与自然环境之关系的批评。"生态批评家们关注到现代化造成的生态破坏及温室效应已经引起了全球生态恶化，这种恶化的严重程度已经威胁到人类生存环境和未来发展。于是强调一方面从生态文化生态文学角度进入文学研究，另一方面从文学审美经验角度对遏制生态恶化获得生态平衡达到人类的可持续发展加以深度阐释，已然成为文学思想家和文学创作家在全球化时代必须担当的历史使命。

一般认为，"生态批评"这一概念由美国学者威廉·鲁克尔曼在1978年首次提出，他的文章《文学与生态学：一次生态批评实验》在《衣阿华评论》1978年冬季号上刊出，以"生态批评"概念明确地将"文学与生态学结合起来"。1992年，"文学与环境研究会"在美国内华达大学成立。1994年，克洛伯尔出版专著《生态批评：浪漫的想象与生态意识》，提倡"生态学的文学批评"（ecological literary criticism）或"生态学取向的批评"（ecological oriented criticism）。1995年在科罗拉多大学召开了首次研讨会，会议部分论文以《阅读大地：文学与环境研究的新走向》为书名正式出版（1998）。其后，生态批评的著作有如雨后春笋般地充斥美学界。①

1996年美国第一本生态批评论文集《生态批评读本》由格罗特费尔蒂和弗罗姆主编出版，其宗旨在于"分别讨论生态学及生态美学、文学的生态批评和生态文学的批评"，使得生态批评更具有文学批评的特征和范式。在导言中格罗特费尔蒂（Cheryll Glotfelty）给生态批评加以定义："生态批评研究文学与物理环境之间的关系。正如女性主义批评从性别意识的视角考察语言和文学，马克思主义批评把生产方式和经济

① 美国批评家斯莱梅克曾这样惊叹生态批评如此迅速地成为当今文学研究的显学："从二十世纪八九十年代开始，环境文学和生态批评逐渐成为一种全球性的文学现象。ecolist 和 ecocrit 这两个新词根在期刊、学术出版物、学术会议、学术项目以及无数的专题研究、论文里大量出现，有如洪水泛滥。"生态批评的主要代表人物有格罗特费尔蒂、劳伦斯·布耶尔、乔纳森·贝特、埃里克·托德·史密斯、莫菲、多默尼克·海德等 。

阶级的自觉带进文本阅读，生态批评运用一种以地球为中心的方法研究文学。”

1998年英国第一本生态批评论文集《书写环境：生态批评与文学》在伦敦出版，分生态批评理论、生态批评的历史、当代生态文学三个部分。这本由克里治和塞梅尔斯主编的著作认为：“生态批评要探讨文学里的环境观念和环境表现”。

1999年夏季的《新文学史》是生态批评专号，共发表十篇专论生态批评的文章，2000年出版的生态批评著作主要有默菲教授主编的论文集《自然取向的文学研究之广阔领域》，托尔梅奇等主编的《生态批评新论集》，贝特的《大地之歌》等。2001年，布伊尔出版了新著《为危险的世界写作：美国及其他国家的文学、文化与环境》，麦泽尔主编出版了《生态批评的世纪》。2002年初，弗吉尼亚大学出版社隆重推出第一套生态批评丛书——“生态批评探索丛书”。美国的格伦·洛夫于2003年末出版的《实用生态批评》、英国的格雷格·加勒德于2004年8月出版的《生态批评》。

对“生态批评”的定义，言人人殊，难有定论。米歇尔·P. 布兰奇等人在《阅读大地》中说：“隐含（且通常明确包含）在这种新批评方式诸多作为之中的是一种对文化变化的呼唤。生态批评不只是对文学中的自然进行分析的一种手段，它还意味着走向一种更为生物中心的世界观，一种伦理学的扩展，将全球共同体的人类性观念扩大到可以容纳非人类的生活形式和物理环境。正如女权主义和非裔美国文学批评呼唤一种文化变化，即通过揭露早期观点的狭隘性而努力促成一种更具包容性的世界观一样，生态批评通过考察我们关于自然世界之文化假定的狭隘性如何限制了我们展望一个生态方面可持续发展的人类社会的能力而呼唤文化的改变。”

哈佛大学英文系教授劳伦斯·布伊尔（Lawrence Buell）在其著作《环境想象：梭罗、自然书写和美国文化的构成》中将生态精神贯穿到文学和美学的更为深入的层面里。在这部堪称“生态文学批评的里程碑”的著作中，布伊尔将其矛头指向了20世纪以来文学和批评中的一个主要倾向：对真实世界的指涉维度的丧失。①布伊尔认为：生态批评通常是在一种环境运动实践精神下开展的。换言之，生态批评家不仅把自己看作从事学术活动的人。他们深切关注当今的环境危机，很多人还参与各种环境改良运动。他们还相信，人文学科，特别是文学和文化研究可以为理解及挽救环境危机做出贡献。生态批评是跨学科的。宣扬美学上的形式主义或是学科上的自足性是成不了生态批评家的。生态批评从科学研究、人文地理、发展心理学、社会人类学、哲学（伦理学、认识论、现象学）、史学、宗教以及性别、种族研究中吸取阐释模型。其结果显然是在不同的生态批评家之间产生了方法论上的巨大差异。随着生态运动的壮大，“生态批评”这一术语的含义也越来越复杂。起初使用它的是研究自然写作及自然诗歌的文学学者，这些作品着眼于非人类世界及其与人的关系。与之相应的是早期的生态批评家的理论假设也比今天简单。比如，许多早期的生态批评家强烈反对现代文本性理论，并宣称生态批评的核心任务是要强调文学应该使读者重新去与自然“接触”。

大致上可以说，“生态批评”是从文学批评角度进入生态问题的美学批评方式，一方面要解决文学与自然环境深层关系问题，另一方面要关注文学艺术与社会生态、文化生态、精神生态的内在关联。生态批评关注文本如何拒绝、展示或者激发人类热爱生命的天性：“集中在生命进程或者类似生命进程中的内在人类倾向，激发起我们与非人类的自然世界联系的想象和情感。在宗教信仰带来的安全感、现代性的焦虑、后现代的碎片与混乱之后，作家们开始探索人类归属世界的新途径，探索在我们与自然之间发展一种谨慎而互惠型伦理的新途径。因此，生态批

① Cf. Lawrence Buell: *The Enviroment Imagination: Thoreau, Nature Writing and The Formation of American Culture*, Cambridge: Harvard University Press, 1995。

评的一个重要驱动力就是定位、敞开并且讨论这种表现在文学形式中的渴求。”①生态批评运用现代生态学观点考察文学艺术与自然、社会以及人的精神状态的关系，同时运用文学想象叙事手段透视生态文化，探索人在世界中的诗化生存状态，思考人、自然、艺术与批评三者关系——对人与自然征服与报复关系的反思，对生态艺术批评的人文原则的确定，对现代主体中心问题和多元价值新构造的推演。正是在这一点上，我同意《阅读大地》的编者所说的：“具有生态敏感性的文学批评的一个重要作用就在于它具有一种潜能，推动人类全体成员培养起更加深厚的生态人文素养。”②

第四节　生态批评几个美学特征

一、生态批评以研究文学中的自然生态和精神生态问题为主，力求在作品中呈现人与自然世界的复杂动向，把握文学与自然环境互涉互动关系。生态批评在文学批评中使用频率增加而范围不断扩大，因而生态批评已经作为美学的重要术语收入西方美学术语词典。

二、生态批评亦可从生态文化角度重新阐释阅读传统文学经典，从中解读出被遮蔽的生态文化意义和生态美学意义，并重新建立人与自我、人与他人、人与社会、人与自然、人与大地的诗意审美关系。

三、生态批评对艺术创作中的人的主体性问题保持“政治正确”立场——既不能有人类中心主义立场，也不能有绝对地自然中心主义立场，而是讲求人类与自然的和睦相处，主张人类由“自我意识”向“生态意识”转变。人类与地球是共存亡的生命契合关系，人类不再是

① Michael P. Branch (ed.), *Reading the earth: New Directions in The Study of Literature and Environment*, Moscow, Idaho: University of Idaho Press, 1998, Ⅻ.

② Michael P. Branch (ed.), *Reading the earth*, Ⅻ.

自然的主宰，而是大地物种中的一员，与自然世界中的其他成员生死与共。

四、生态批评将文学研究与生命科学相联系，从两个领域对文学与自然加以研究，注重从人类社会发展与生态环境变化角度进入文学层面，从而使生态批评具有了文学跨学科特性。生态批评是人类面对生态灾难之后的文学反思，是文学艺术家对人类在地球的地位的重新定位，是思想家对西方现代性弊端的重新清算。

五、生态批评在对生态文化现象进行观照时，承继了绿色革命的意识形态，强调不能背离文学精神和文学话语，而要尽可能在文学文本形式和艺术手法层面展开话语叙事，通过“文学性”写作的形式美手法去体现出生态文化精神。

六、生态批评的内容要求从生命本质和地球的双重视野中，考察人类的过去与未来存在状态。这一视角将已经流于形式主义的文学研究与危机重重的地球生存问题联系起来。文学从此可以抛弃形式主义的文字游戏，从语言消解的各种文学批评话语中振作起来，重新审视“人类的”生活意义和“世界的”生态意义。

总体上看，生态批评将文学与自然环境的关系作为自己研究的领域，它一方面必须是“文学性”研究，另一方面又必须触及“生态性”问题。这种“文学性”与“生态性”的整合不同于其他的文学批评或美学。生态批评对人类未来充满希望，并不断呼唤着诗意乐观的生存态度，拒斥“对未来的绝望”，从而显示出生态批评的乐观主义精神特质。

当然任何一种新的理论出现，都有不完备乃至理论盲点，生态批评也不例外。这种新的批评模式在文学界引起广泛关注的同时，也得到社会的广泛批评。达纳·菲利普斯在《生态论的真相》一书中对生态批评提出若干异议，认为生态批评是旧瓶装新酒，理论上没有什么创新，而是用时髦的术语哗众取宠而已；生态批评仍没有形成自恰的理论体系，其理论根据的匮乏使之只不过成为激情的叙述话语；生态文学批评充满野心，想当然地把相当复杂的进化论及生态理论纳入文学批评之中而难以消化。但不管怎么说，生态批评仍在西方美学的“文本喧哗”“话语游戏”中走出来，开始俯身生养死葬的大地，直面并关心人类存在的真实困境，这是不可否定的事实。

第二十二章　深生态学的理论张力与价值

生态文化理论发展，使得人们不仅注意文学与生态的表层关联，而且注意到表层下面掩盖的深层问题①，德国学者施韦兹（Schweiter，1875—1965）和美国学者泰勒（Taylor）提出的“尊重生命”理论，将人的道德范围从有感觉能力的动物扩大到了所有生命物。美国学者莱奥波德（Aldo leopold，1886—1948）的“大地伦理学”则将道德主体的范围从个体生命物扩大到了生态系统，大地被看成人类生存的不可毁弃的整体系统。这种系统整体意识为深生态学的诞生提供了地基。② 其后，“深生态学”应运而生。

---

① 深生态学的其他主要倡导者有：George Sessions，Bill Devall，Alan Drengson，Richard Sylvan，Warwick Fox，Freya Mathews，David Rothenberg。

② 深生态学来源还包括自然主义田园牧歌的文学传统、生态科学、“新物理学”、女权主义、一些基督教资源、东方的精神传统，以及海德格尔、罗伯森·杰弗斯、约翰·缪尔等对深生态学有所贡献的思想资源。

第一节 深生态学的发展

“深生态学”（Deep ecology）的概念为挪威哲学家奈斯（Arne Naess）1982年首次提出，后来以访谈的形式出现在《十个方向》一书中。① 奈斯认为，深生态学的核心是从人类精神史的深层生存视角出发提出人类何处去的关键问题。“深”与“浅”相对，意味着在人所不明或为人忽视的地方，才是真正需要拷问和挖掘的场域。② 这样“深生态学”就触及现代性弊端中最核心的问题——科学技术的发展更使人在自然面前巨人化，自然从人的平等共处中剥离出来，处在被人类征服蹂躏强制的弱势地位。作为宇宙主宰的人，自感大大优越于自然，在人定胜天的狂妄中肆无忌惮不计后果地盘剥自然。自然在人类现代性的掠夺下危机四伏——海洋过度捕捞、沙漠迅猛扩展、森林覆盖率下降、淡水资

① 奈斯的主要著作《生态学、社会与生活方式》（*Ecology, Community and Life Style*）于1989年被翻译成英语。

② 奈斯在论述深层生态学的体系时给出了一个结构图。图表分成4个层次：第1层次是“最高前提和生态智慧”；第2层次是“8点深层生态学平台或原则”；第3层次是“普遍规范结论和‘事实’假说”；第4层次是“具体规则或适用于具体情况的决定”。从第1层次到第4层次是“逻辑推导”，从第4层次到第1层次是“追问”。

源严重匮乏、物种加速灭绝、城市空气污染等。直面大难临头的世界性生态危机，使人终于认清了自己的浅薄和贪婪。深生态学呼吁切实抛弃“人高于自然”的中心主义等级观念，而提倡人与其他物种“众生平等”的观念，遏制为了个人的贪婪而将地球引向毁灭的境地，从而挽救地球生态和人类未来。唐纳德·沃斯特认为：“我们今天所面临的全球性生态危机，起因不在生态系统自身，而在于我们的文化系统。”这种从社会文化的角度探讨生态问题的思路，已经成为生态文学创作者的文化共识。①

当代西方的困惑在于，这种商业文化、海洋文化、竞争文化、斗争文化遭遇到很大的问题。美国副总统戈尔在电影《*An In Convenient Truth*》（2006）触目惊心的叙述画面中，展示人类在现代性浪潮中遭到空前危机：生态危机、瘟疫层出、温室效应、南北极正在融化，文明最终在人类无止境的现实竞争和消耗资源中正走向自我毁灭。联合国提出三个1%，指出有三种病百人中就出现一人，包括精神病1%、自杀率1%、艾滋病1%。② 今天的学者诗人似乎少有思想家和诗人痛苦的灵魂，自然科学中心主义将人文科学的人文关怀边缘化！只有意识到现代性的危害，由穷奢极欲回到尊敬山体、敬畏水脉、爱护地球、和谐公平，这样人类未来才有美好的可能。

比尔·戴维尔（Bill Devall）在《深生态学》中认为：今天需要的则是将生态思维拓展到“生态智慧”中去。“智慧”这个词来自古希腊，它关系着伦理、准则和实践。生态智慧，或者说深生态学意味着从科学向智慧的转向。深生态学有以下特质：

① 生态思想史家沃斯特（Donald Worster）认为：在战后年代里，生态学取得了理论上的精深缜密、学术上的突出地位和资金上的完全保证，但也失去了很多内部一致性。它陷入了各分支领域的嘈杂纷争中……他们至少在很长时间内或很广范围内，无法就世界的基本面貌达成一致意见。

② 根据联合国艾滋病规划署2007年统计数据，全球艾滋病感染者达6000万，死亡2500万。根据世界卫生组织统计，全球抑郁症发病率约为11%。全世界目前大约有1亿2000万人患有抑郁症。目前自杀是第五大死因，而在15岁到34岁死亡人群中，自杀是首位死因。参见王卫红主编：《抑郁症、自杀与危机干预》，重庆：重庆出版社，2006年版，第145页。

一、拒斥人类中心主义的狂妄，质疑西方伦理传统的人是万物之主的霸权观。重视资源保护与发展运动、动物权利与动物解放运动、人道主义哲学等哲学领域中的改革运动，并从生态学视角指出这些运动中存在的人类中心主义的不足，坚持应逐渐唤醒民众的生态意识。

二、深生态学基本原则和理论构想是："深生态学的基础是构成生态意识对我们自身与自然的直觉与经验，政治以及公共政策方面的立场都从这种意识中自然而然的流淌出来"。它的两个最重要的原则是"自我实现"与"建立在生态中心基础上的平等"。应该用生态中心主义取代人类中心主义，整个世界系统的价值应重估，应摆正自己在地球上的位置。

三、对世界各种生命形式不分轩轾地加以认同。平等看待所有生命和自然，所有其他生命存在的利益与自己的利益既相关又相依。自然并不与人类利益相冲突，关怀自然是人类个体自我实现的一部分。

四、发展生态乌托邦理想是人类进行环境教育的重要部分。生态乌托邦为人类提供了一个无法完全实现却让我们始终保持理想的所在，进而培养一种能够理解"自我与他人以及世界的不可分割的联系"的健全人格，实现人的内在自然（心理）与外在自然的和谐。

五、对工具理性加以批判，强调用精神启蒙或艺术诗意表达的人文理性取代工具理性，从而提升生命质量和精神存在价值。

六、深生态学不是抽象理论游戏，而是要在社会文化的实践行动中发出真实的声音，人们可以通过根据深生态学理论展开实践行为而变成更加成熟健全的人。①

① Eric Katz, Andrew Light, and David Rothenberg (ed.), *Beneath the surface*, XIII.

第二节　深生态学的现实语境

其一，现代以来，人类文化遭遇到空前的精神困境。这种困境说明东西方危机的表层是人与环境的自然生态危机，而深层是人的危机、情怀的危机和艺术的危机。在二十世纪五六十年代兴起的后工业社会所带来的后现代文化，使西方“现代性”遭到质疑。随着人类知识的空前膨胀，科技的霸权和扩张导致了现代性合法化危机。这一状况反过来深刻地规范着人类的心理机制和行为模式，导致一种反文化、反美学、反文学的极端倾向。生命的意义和艺术的深度同时消失，消费意识的渗透使自然与人类意识这两个领域日益商品化，进而，高雅文化与通俗文化的界限逐渐模糊。对这种自现代主义文化以来的文化危机，这种被诗人称为“人不再去度过幽美的心灵生活，人失去精神上的古典与超越的力量，人只是猛奔在物欲世界中的一头文明的野兽”的现象，不仅西方的思想家注意到了，东方的思想艺术家也已体察到了。哲人们为了救赎几近窒息的心灵，解放被榨取殆尽的生命，开出的药方竟众口一词：以艺术之气韵给生命以血性，以艺术之意境提升人生的境界，使之摆脱物欲，重返精神家园。

于是，艺术灵性成为诗人哲人追求的目标。正唯此，海德格尔要人们转变向外求索的欲望，凝神静思，体会诗哲的灵魂时感受着的愁绪，使自己成为趋近诗思的人。这种强调诗意的倾听和本质直观的方式，就是以有限的生命把握人生意义和价值。只有尽心澄情，才能存神见道。这一观点对西方艺术美学影响重大，其后阿多诺、布洛赫、马尔库塞都相当重视通过人的感性审美生成去解救人们被遮蔽的心性。

人过分追逐外在目的，往往不期然地使自己沦为可怜的“手段”。

同样，人在过分注意于“语言游戏”时会遭遇到思维路断、言语道绝的困境。关心人的心性超越、灵魂安顿，以达到精神的自由解放的维度，在哲性诗学家那里是独有见地的。生态美学重视艺术对灵魂的提升功效。因为美和艺术把未来的理想先行带入历史现实，艺术积淀着人类远古无意识，并从一个更高的存在（道）出发，召唤人们进入审美境界，从纯审美中规范现实向纯存在转换。以艺术之清泉洗涤世俗之尘埃，在宁静的蕴涵中包孕着对人生和世界的一往情深，既超出现实又诗意地返回人生，这就是人与艺术精神的内在契合，或许也是人的超越性的本真写照。就此，比尔·戴维尔认为：“深生态学努力发展个体、社会和所有自然之间的一种新的平衡而和谐关系。它可以从根本上满足我们的深层呼唤：忠诚于并且信任我们的直觉；勇敢的采取直接行动；怀着愉快的自信与感觉的和谐共同舞蹈，这种感觉的和谐是通过与我们身体的节奏、流水的节奏、天气和季节的变化、地球上所有生命的过程的自发而富有游戏精神的对话而被发现的。”① 可以说，深生态学力图通过重新陶冶出具有生态意识的个体从事文化更新工作，从根本上铲除导致生态危机的现代文明的病根。

其二，人的断片化使得“精神生态”出了问题。

今天，在全球语境中探讨人在环境危机中精神生态何以可能达到和谐的问题，不仅表明“人的全面发展”成了问题，而且“精神生态”也成了问题。西方现代性的世俗化图景：从人的神话到神死了，大写的人死了，知识精英死了，剩下的是小写的人和比矮的人；从乌托邦到日常生活的合理化，世俗生活成为幸福的别名；从理性中心主义到感觉中心主义，整个世界和知识分子心态发生了整体倾斜，人的片面发展成为时代的标识。大卫·罗森伯格解释说“真正的关联性思维会消解掉建立起关联的作为断点的实体。人不存在了，自然不存在了，只有作为最初追问力量的连续体。这样，某种特定的情感就将光明或者晦暗的影子投

---

① Bill Devall, *George Sessions*, Deep ecology, p. 7.

注在对运动的观察上，投注在一种召唤的力量上，这种力量似乎来自自然，又似乎是受到我们影响，但实际上它谁也不属于，它是看者和被看者的连接。”① 事实上，人在这个片断化的时代日益片断化和异化。人们已经从前现代的线性时间观中走出来，进入现代性的当下时间，更进一步进入后现代的时间的空间化——无时间。于是文化远离了贵族化和垄断化，远离了权威性和启蒙性，进入到肉身化、独白化、自恋化、欲望化、比矮化、自贬化、消费化。如何使文化和人的精神绿色生态化地发展，需要认真地思考和实践。

其三，深生态学是一种激进的深环境主义。

在我看来，深生态学是一种有深度的生态哲学，它在思考人与世界的关系或人类与非人类世界的深度关联中升华为“人类性”思考的生态智慧，这种整体性的高智慧将人与自然的关系作为其思考的核心和根本，从而超越了西方主客体二元对立的哲学传统。“自然本身作为一首具体的诗歌是充满混淆的。节奏和诗节从一个时刻向另一个时刻转变。但我们永远不是只决定我们所见之物的属性。我们希望看到结构，并且决定它在那里。当我们看的时候，世界为我们提供秩序。我们并没有选择栖居地。它允许我们在里面生长繁荣。”② 其实，这个世界无限丰富的生命现象背后有一种更为根本和深沉的生命力量存在，它是世界上一切存在物的前提。

深生态学理论家基本认同两个基本原则，“生态中心的平等原则”和“自我实现原则”。从这两个原则出发，深生态学在人与自然关系方面坚持生态系统的整体性思想，反对个体主义独立或外在于整体性。从而与整个西方传统的个人主义和个人至上相对抗。深生态学进而认为整体对个体具有决定性意义，没有任何个体能够脱离开人类整体系统而

---

① Eric Katz, Andrew Light, and David Rothenberg (ed.), *Beneath the surface*, pp. 161-162.

② Eric Katz, Andrew Light, and David Rothenberg (ed.), *Beneath the surface*, p. 166.

存在。①

深生态学的平等原则具有“众生平等”的高远性，所有的生命和存在都具有不可剥夺不可替代的内在价值。人类并不比任何物种高，而只是生态系统中平等的一部分。它对那种仅仅从人类利益出发对自然加以盘剥的人类中心主义的立场加以坚决地抵制。同样，深生态学对人类的未来并不悲观，而是在环境危机中对前景充满乐观的理论话语。他们将生态危机与文化远景问题联系起来，力求揭示人类文化心理和制度范式是如何影响地球生态的，并通过深度反思来重新厘定人类文化的重量。

第三节　生态批评对当代美学的意义

西方文化的全球化是人类多元文化丰富性凋敝的开始。人类的政治制度、人权准则、金融体系、科技发展都会全球化，这是人类共同进步的基本保证。但文化形态、审美感性、艺术精神、宗教信仰必须保持各自的身份特色，丢掉这一点人类的精神生态、文化生态就会出现重大断裂和本体错位。

一、人类性价值中断与东西方前沿话语整合

生态批评美学既从生态学视野出发研究文学与宇宙生态系统关系，又从生态学角度看文学批评，强调生态学角度高于审美角度，审美之维服从生态之维，使生态与审美获得互动互释。更深一层看人类精神生态谱系：“人类性价值中断”问题困扰着人类，不管是美国还是欧洲，不

① Cf. Eric Katz, Andrew Light, and David Rothenberg (ed.): *Beneath the surface*: critical essays in the philosophy of deep ecology, Cambridge, Mass.: MIT Press, 2000.

管是亚洲还是非洲，所面临的共同问题都是——当代价值伦理、审美情趣和心性襟抱与传统的整体中断和大面积沦落。传统的“价值中断”造成了人类总是从零开始，对过去创造的巨大物质与精神财富和人类深厚的价值本源加以否定，使所谓“追新逐后”的“唯新主义”成为对传统“釜底抽薪”的借口。其结果使人成了无根、无源、无本、无家之人，于是寻家、归家、精神复归——寻找人类故乡和精神家园成为现代、后现代人类精神生命的真实写照。

在生态文化和生态批评问题上，有一个重要的问题必须提出来。生态文化问题的提出，一方面是从现代性内部产生的自我反思，另一方面是东方文化对西方现代性文化的某种程度的纠偏。从历史上看，西方文化源头与东方文化有不解之缘。在相当长一段时间，古希腊被看成是西方文明的本源。事实上，那种将希腊文明看成是西方文明传统的观念在当代受到越来越多的质疑。从某种意义上来讲，这是现代性以来的西方中心主义观念形成的一种文化偏见。希腊是西方文明一度中断而后发扬光大的文化形态。西方文明并不仅仅源于希腊的克里特岛，而且同古代近东地区尤其是底格里斯和幼发拉底两河流域文化紧密相关。

质言之，西方文明受东方文明影响很大。西方人将希腊作为西方文明的开端，并以各种现代性叙事阐释这一文化源头，进而片面地将西方文化看成人类最初的曙光。事实在于，希腊文化作为一种曾经失落的文明，是近代以来因现代性和全球化的需要而被创造出来的一种所谓连贯的文明形态。其实，西方文明既不是一种连续性文明，又不是独立成熟的文明形态，而是深深地受到东方文明影响的文明。美国史学家威尔·杜兰在《世界文明史·东方的遗产》中如是说：“我们之所以由东方开始，不是因为亚洲乃我们所熟知为最古老文明之地，而是因为亚洲文明是形成希腊与罗马文化的背景与基石，而梅因（Sir Henry Maine）却误以为希腊与罗马文明乃是现代文明之源。当我们获知大多数重要的发明、经济与政治组织、科学与文学、哲学与宗教，都是来自埃及及东方时，我们定会惊讶不止。”

两河流域和埃及文明中关于人与人的关系的处理和人与超自然力的神的关系的处理，启发了西方人。在文字、艺术、宗教等方面，西方文明对近东文明有着诸多借鉴：诸如建筑学、测量学、城建学、军事技术、制造术、雕刻艺术都是从两河流域和埃及传入，而天文学、数学、几何学、修辞学、历法、贸易艺术，钱币使用、国际条约的签订都是由两河流域和埃及的文明开创先河的。在这个意义上可以说，西方文化乃至宗教都有东方的因素，与东方有不解之缘，西方文明是吸收东方先进文明而获得精神能量的。正是将人置于宇宙中心，强调“人是万物的尺度”（古希腊哲学家普罗塔哥拉），才使得现代西方人与古希腊人在坚持人文主义，高扬人性中找到了精神共鸣。

因此，今天的生态文化使东方文化又一次对西方前沿文化产生了影响，这一生态话语流动和互动互用，实在是人类走出生态危机和精神危机的福音。①

二、生态文化聆听物种灭绝的警钟

西方艺术家和美学家近些年来大力提倡生态文化和美学，这一方面有对工业社会或后工业社会出现的众多问题的反省，另一方面也有对艺术中近几十年来出现了过多的卑污和血腥的抵制。这种生态美学在全球播撒，得到了人们普遍认同。然而问题在于：“自本世纪以来，已有5400余种动物在人类统治下而提前灭绝。如今的人类，早已从为生存而有节制地向大自然索取变为无节制地奢求。人类大肆屠杀动物，血腥气充塞天地间。然动物物种有限而人类欲望无穷，这种无节制的疯狂攫取，破坏了自然界的生物链，最终会将人类自己也逼到死亡的境地。”我想，人类无疑成为了这个世界最为凶狠野蛮的动物，这种“现代性”

① CF. Michael P. Branch (ed.): *Reading the Earth: New Directions In The Study of Literature and Environment*, Moscow, Idaho: University of Idaho Press, 1998.

机器所导致的无节制的疯狂虐杀和私欲占有，使得人类亘古未有地陷入了虐杀与自杀的悖论之中。善待动物的吁求是值得新世纪人深思再深思的。

在我看来，在全球化的人与动物的紧张关系中，人的这种嗜血杀戮的本性，这种社会达尔文主义的鼓噪，事实上已经将人与动物的和谐关系彻底扭曲，使得人成为一种不断用各种理由（政治的、经济的、文化的、甚至艺术的理由）心安理得地从事冷漠的杀戮，进而使杀戮操作化表演化！从而丧失了人与万物同一的人性共识和基本法则。不仅如此，这种血腥感的制造者，事实上是人类中心主义虚拟的人类霸权推进者，虚幻地以为人可以处在动物之上，可以任意决定动物的生死，可以将自己的意志无限地强加在动物身上。人类正在滥用上帝权力的徽章，正在为人类从整个生物链条脱节埋下祸根。

生态批评要求人们做到：不断削弱骨髓里的贪婪之欲，不借任何冠冕堂皇的目的从事杀戮，不为了任何理由为自己制造杀戮的口实。那种为了显示富贵而穿裘戴貂，在西方世界已经成为一种陋习，一种为环境保护组织看来的近乎犯罪的行为。同样，为了口福贪婪而滥杀动物，已然表明人类短视和疯狂。自然报复的时间表，已经缩短并且排满，5400余种动物在人类统治下而提前灭绝，为人类难以言说的前景敲响了警钟！

三、生态文化对人的生存意义的新导向

莱德菲尔德在生态美学意义上的“文化寻根”，不同于寻根文学以乡土民俗、传统民族性精神的发掘与再现为特色，而是以人类文明的回顾与前瞻为宏观构思框架，试图引导人们觉悟到作者所坚信的某种新世界观——新时代（New Age）运动的思想。因此，西方20世纪后期的寻根文学不仅是文学现象，同时也是代表着西方民间思想运动的重要文化现象。

近几十年来，西方模仿东方生活形态，出现了“慢生活主义”，而且大有风靡世界的趋势。1986年意大利作家卡罗·皮逊尼发起并带动了一股全球性的“慢生活”浪潮。1999年，第一届“慢城市国际大会”在意大利奥维托召开。“慢城市”有更多的空间和绿地供人们休闲娱乐，生活速度放慢，在意大利就有30多个小城加入了“慢城市”的行列。近年来，美国的“慢学校”开始出现，加利福尼亚伯克利马丁·路德·金学校就是代表。在这所学校没有拼命的竞争没有严格的作息时间和所谓的竞争机制，授课时间和课程的安排都按照学生的需要来设置。于是，人们慢慢地运动，慢慢地呼吸，慢慢地吃东西，慢慢地聆听，慢条斯理地工作，温婉地交际，怡然自得，慢慢地享受生活，这是一种很高的境界。

同样，西方人对东方精神的吐纳，导致近年来欧洲出现了“极简单生活主义”。人们认识到，人陷入了一种贪婪“加法”的恶性循环，越干越多，越多越干，节奏越来越快，人生越来越忙，生命力越来越弱，时间越来越少。于是，西方人向东方学习，开始做“生命减法”——老子说“损之又损，以至于无为，无为而无不为”。人们感到生活原来可以如此简单——而事实上生活原本就是如此简单!

总体上说，面对消费主义和文化霸权主义，生态主义提倡具有文化生态意义的简单生活方式和简单消费的方式。消费主义“身体”扩张与全球同质化潜在逻辑，使消费主义日渐明显。一些反对消费主义张扬绿色生态生活方式的人认为：现代化或现代生活不是高楼、汽车、病毒、荒漠、沙尘暴，真正的优质生活不需要太多人工的雕饰和超过需要的物质炫耀。如今许多人已经认识到“拼命生产、拼命消费”生存方式的弊端，中产阶级中更悄然兴起了“简单生活”——把家搬到乡村，自钉木板房，不使用过多电器，挣有限的“薪水”，充分享受大自然中的空气、阳光。社会学家认为：这种返璞归真、回归自然、“少就是多”（less is more）的“简单生活”，在21世纪它必将成为一种普遍的风气。也许，简单的生活，简单的消费，也就是像托尔斯泰晚年素朴的生活可能会重新呈现出魅力。

事实上，人对外界空间的无尽征服，使人变得越来越渺小。现在科学家们基本达成了一种共识，那就是太阳系不只是一个，而是十万个。我们面对着浩瀚的时空大限，宇宙也不只是一个，而是复数——数十个或上百个。在这个复数的宇宙中，发光的物体只有百分之五，有百分之九十五不发光的物体默默地主宰着宇宙的命运。在其中，人只不过是一粒灰尘，所做的任何事情对于茫茫宇宙来说，都微不足道。

今天西方科学家警告人们：地球环境在恶化，而南极冰层的最终消融，其破坏力极大，一方面将使冰川下深冻的数百万年前仍然存活的瘟疫病菌随洋流传播，人类对这种病菌没有任何免疫力；另一方面，南北极的冰层融化后，海平面将升高二十米，这意味着沿海国家如日本将沉入海底，威尼斯将在海底，世界很多海边城市都将被淹，人类上万年的富饶的平川都将沉于海底。如果扩大城市和过度消费自然资源，增加温室效应，未来世界将并不美妙。因此，人类的未来应该是东西方共同来思考的未来，也是在东西方对话中生出新世界蓝图的未来。

第四节　生态文化的启示与精神价值整体创新

当代非艺术成为喧宾夺主的政治波普，真正的艺术就成了病态的艺术。如今，自然生态观使得西方人将其引入人文价值领域，开始研究生态文化、生态哲学、生态美学、生态艺术。这意味着人类从战胜自然乖戾中，开始学会尊重自然和人性。中西传统文化是大抵遵从“天人合一”中的中庸和谐之美，所以不管是古希腊的文化还是先秦的文化精神，都对中庸之道的生态和谐精神加以提倡。西方古希腊有着“中庸”

思想：数学家毕达哥拉斯在他的《金言》中说："一切事情，中庸是最好的"；哲学家德谟克利特说："从一个极端到另一个极端的动摇不定的灵魂，是既不稳定又不愉快的"；苏格拉底讨论过"中道"问题，柏拉图认为需要"中"的原则，以论证绝对精确的真理，亚里士多德在《政治学》和《尼各马可伦理学》中对"中庸"作深入分析说："中庸在过度和不及之间，在两种恶事之间。在感受和行为中都有不及和超越应有的限度，德行则寻求和选取中间。中庸是最高的善和极端的美。"可以说，孔子、子思与柏拉图、亚里士多德在"中道"观点上志趣相近、不谋而合，决定了中庸在中西古典伦理思想中的核心地位，更影响了中西方世界两千年来的发展进程。

然而，现代性的二元对立违背了中庸的"一分为三"的多元精神，现代性艺术成为了"反抗"的艺术时，西方艺术已然变"丑"。生态美学呼吁，今日世界不需要用"审美性"的现代性去反抗"制度性"的现代性，而是用生态平衡去要求人的精神生态平衡。现代性出现了"异化"制度性的断裂，导致艺术方面也出现了精神性的断裂，只有通过生态文化的调理，才可以避免重蹈覆辙，而寻找人类文化身份的重建之路。

我坚持认为，东方思想东方经验的缺席是人类的败笔，东方经验的和谐性和东方话语的包容性，可以纠偏西方现代性的单边主义和消费主义，从而平等地向全球播撒自己的有益经验并造福人类。东方尤其是中国文化中的思想精髓，如绿色和谐思想、辩证思想、综合模糊思想、重视本源性和差异性的思想、强调"仁者爱人"等思想，这些思想是中国思想对西方的一种滋养或者互动。与现代性强调人对自然的征服和最大限度地榨取剩余价值的经济学完全不同，在"后东方主义"时期，具有东方思想的生态美学和生态文化正在化解人和他人、人和自己、人和自然的冲突。由此，我们就不难理解为什么海德格尔晚年要关注老子《道德经》中的中国思想？为何罗兰·巴特要纵论日本的俳句、书法和天皇在东京中心虚位问题？为什么德里达要到中国大谈“宽恕”问题和中国文化现象？为什么赛义德在病榻上对遥远的东方中国如此神往？是什么使他们对东方发生了兴趣？除了东方经济的重新崛起以外，当然是文化“差异性”。差异性文化使得西方一流思想家开始了对“东方”的全新关注。如果我们什么都“拿来”而不“输出”的话，东西方文化就会出现文化生态平衡问题。

可以认为，西方正在吸收东方文化精神而从事人类文化的新整合。换言之，新世纪西方知识界将目光转向东方，必将给西方中心主义的思维模式和社科认识模式以新思维，并将被西方中心主义边缘化的东方知识界，带来重新估价一切价值的勇气和重新寻求人类未来文化新价值的文化契机。

主要参考文献

Abrams, M.H. "How to do Things with Texts", in *Partisan Review*, 46, No.4, 1979.

Barthes, R. *Critical Essays*, trans. Richard, Evanston: Northwestern University Press, 1972.

Barthes, R. *The pleasure of the Text*, trans. by R. Miller, Hill, New York, 1975.

Barthes, R. "The Death of the Author", in *Image-Music-Text*, trans. by S.Heath, New York, Fontana, London, 1977.

Barnes, B. *Scietific Knowledge and Sociological Theory*, London: Routledge and Kegan Paul, 1974.

Bleicher, J. *Contemporary Hermeneutics: Hermeneutics as Method*, Philosophy and Critique, London: Routledge and Kegan Paul, 1980.

Calinescu, M. *Five Faces of Moderity*, Duke University Press, 1987.

Derrida, J. *Of Grammatology*, trans. by F.C.Spivak. Baltimore: Johns Hopkins University Press, 1976.

Derrida, J. *Writing and Difference*, trans. by Alan Bass, Chicago: University of Chicago Press, 1978.

Dufrenne, M. *The Phinomenology of Aesthetic Experience*, Evanston: Northwestern University Press, 1973.

Eco, U. *The Role of the Reader*, Explorations in the Semiotics of Texts, Indiana University Press,1979.

Foucault, M. *The Archaeology of Knowledge and the Discourse on Language*, trans.by A.M.Sheridan Smith, New York: Pantheon, 1972.

Foucault, M. "Intellectuals and Power", in Language, Counter-Memory, Practice, trans.by S.Simon and ed.by D.F.Bouchard, Ithaca: Cornell University Press, 1977.

Gadamer, H. G. and Boehm, G. eds. *Philosophical Hermeneutics*, trans. by D.E.Linge, Berkeley: University of California Press, 1976.

Gadamer, H.G.Reason in the Age of Science, trans.by Frederick G.Lawrence, Cambridge: MIT Press, 1981.

Gadamer, H.G. *Truth and Method*, New York: The Continum Publishing Co., 1975.

Garrett, J. *Hans-Georg Gadamer's Theory of Preunderstanding*, Dissertation: University of Minnesota, 1978.

Gerhace, M. *The Question of Belief in Literary Criticism: An Introduction to Hermeneutical Theory of Paul Ricoeur*, Suttgart, Heinz, 1979.

Giere, R.N. *Explaining Science*, A Cognitive Approach, The University of Chicago Press, 1988.

Habermas, J. *Knowledge and Human Interests*, trans. by Shapiro, J. London: Heinemann, 1971.

Habermas, J. *Communication and the Evolution of Cociety*, trans. by Thomas McCarty. Boston: Beacon Press, 1979.

Habermas, J. *Legitimization Crisism* trans.by T.McCarthy, London: Heinemann, 1976.

Habermas, J. "A Review of Gadamer's Truth and Method", in F.Dallmay and T. McCarthy eds. by Understanding Social Inquiry, Notre Dame Press, 1977.

Habermas, J. "A philosophical－Political Profile", in *New Left Review*, May, 1985.

Habermas, J. *Technik und Wissenschaft als Ideologie*, Frankfurt, 1969.

Habermas, J. *Theory and Practice*, Beacon Press, 1974.

Habermas, J. *Poetry, Language, Thought, Harper and Row*, 1971.

Habermas, J. *Hlderoin and the Essence of Poetry*, in Existence and Being, Chicago Henry Regnery, 1949.

Habermas, J. *On the Way to Language*, trans. by Peter D Hertz, New York: Harper and Row, 1971.

Habermas, J. "letter on Humanism", in *Basic Writings*, ed. by David Krell, New York: Harper and Row, 1977.

Habermas, J. *On Time and Being*, New York: Harper, 1972.

Heidegger, M. *Being and Time*, trans. by J. Macqyarrie and Robinson, London, 1962.

Hirsch, E. D. *Validity in Interpretation*, New Haven: Yale University Press, 1967.

Habermas, J. "Three Dimensions in Hermeneutics", In *New Literary History*, vol. 3.

Hoy, D. C. *The Critical Circle*, Berkeley: University of California Press, 1982.

Husserl, E. *Ideas: General Introduction to Pure Phenomenology*, trans. by W.R Boyce Gibson, New York: The Macmillan Company, 1960.

Husserl, E. *Formal and Transcendental Logic*, 1969.

Husserl, E. *Cartesian Meditations: An Introduction to Phenomenology*, 1966.

Husserl, E. *The Crisis of European Csiences and Transcedental Phenomenology: An Introduction to Phnomenological Philosophy*, 1970.

Ingardem R.W. "Artistic and Aeshetic Values", in *British Journal of Aes-*

thetics, vol.4, 1964.

Ingardem R.W.*The literary Work of Art*, trans.by G.Garbowiez, Evanston: Northwestern University Press, 1973.

Ingardem R.W.*The Cognition of the Work of Art*, trans.by R.Crowley and K.R.Olson, Evanston: Northwestern University Press, 1973.

Iser, W.*The Act of Reading*. Baltinore, 1978.

Iser, W. *The Implied Reader*, Baltimore: Johns Hopkins University Press, 1974.

Jameson, F. "Postmodernism and Consumer Society", in Hal Foster ed. *The Anti-Aesthetic: Essays on Postmodern Culture*, Port Townsend: Bay Press, 1983.

Jameson, F.*The Pirsin–House of Language*, Princeton: Princeton University Press, 1972.

Huhl, P.D.*Interpretation*, Princeton: Princeton University Press, 1980.

Kolodny, A. "A Map for Rereading: or, Gender and the Interpretation of Literary Texts," in *New Literary History* vol.11, 1980.

Leeuwen, T.M.V.*The Surplus of Meaning: Ontology and Ricoeur*, Amsterdm, Rodopi, 1981.

Levinson, S, and Steven Mailloux, eds.*Interpreting Law and Literature: A Hermeneutic Reader*, Evanston: Northwestern University Press, 1988.

Magliola, R. *Phenomenology and Literature: An Introduction*, Indiana: Purdue University Press, 1977.

Madison, G. B. *The Hermeneutics of Postmodernity*, Indiana University Press, 1988.

Mailloux, S.*Interpretive Conventions: The Reader in the Study of American Fiction*, Ithaca: Cornell University Press, 1982.

Mannheim, K.*Heidegger and Utopia*, New York: Harvest, 1964.

McCormick, P. *Heidegger and the Language of World*, Ottawa: University of Ottawa Press, 1976.

Mitchell, W. J. T. ed. *The Politics of Interpretation*, Chicago: University of Chicago Press, 1983.

Mohanty, N. *Edmund Husserl's Theory of Meaning*, Den Haag, 1964.

Palmer, R. E. *Hermeneutics: Interpretation Theory in Schleiermacher*, Dilthey, Heidegger and Gadamer, Evanston: Northwestern University Press, 1960.

Perry, M. *Literary Dynamics: How the Order of a Text Creates its Meanings*, in *Poetics today*, vol, 1 and 2.

Pettit, P. *On the Idea of Phenomenology*, Dublin, 1969.

Pivcevic, E. E. *Husserl and Phenomenology*, London, 1970.

Pitkin, H. *The Concept of Representation*, Berkeley and Los Angeles: University of California Press, 1967.

Poulet, G. *Phenomenology of Reading*, in *New Loterary History*, Vol.1.

Kockelmans, J. J. *A First Introduction to Husserl's Phenomenology*, 1967.

Rabinow, P. and Willian M. S. eds. *Interpretative Social Science: A Reader*, Berkeley and Los Angeles: University of California Press, 1979.

Rickman, H. P. ed. *Selected Works of Welhelm Dilthey*, Led. Wouthampton, 1962.

Ricoeur, P. *Herneneutics and the Human Science*, Cambridge University Press, 1981.

Ricoeur, P. *Time and Narrative*, trans. by Kathleen Mclaughlin and Davud Pellauer. 3 Vols. Chicago: University of Chicago Press, 1975.

Ricoeur, P. *The Conflict of Interpretatyions*, Evanston: Northwestern University Press, 1974.

Ricoeur, P. *History and Truth*, Northwestern University Press, 1965.

Ricoeur, P. *Ethics and Culture: Habermas and Gadamer in Dialogue*, in *Philosophy Today*, X.

Ricoeur, P. *Critical Hermeneutics: A Study in the Thought of Paul Ricoeur and Jürgen Habermas*, Cambridge: Cambridge University Press, 1981.

Ricoeur, P. *Husserl: An Analysis of His Phenomenology*, Evanston: Illinois, Northwester University Press, 1967.

Ricoeur, P. *Freud and Philosophy: An Essay on Interpretation*, New Haven: Yale University Press, 1970.

Ricoeur, P. *Interpretation Theory: Discourse and the Surplus of Meaning*, For Worth Texas Christian University Press, 1976.

Ricoeur, P. *The Rule of Metaphor*, Toronto: University of Toronto Press, 1977.

Robert, C. *Reception Theory: A Critical Introduction*, London and New York, 1984.

Rorty, P. *Philosophy and the Mirror of Nature*, Princeton University Press, 1979.

Rorty, R. *Consequences of Pragmatism*, Minneapolis: University of Minnesota Press, 1982.

Rorse, J. *Knowledge and Power*, Cornell University Press, 1987.

Ruthrof, H.G. *The Reader's Construction of Narrative*, London: Routledge and Kegan Paul, 1981.

Sahlins, M. *Culture and Practical Reason*, Chicago: University of Chicago Press, 1976.

Said, E.W. *The World, the Text, and the Critic*, Cambridge: Harvard University Press, 1983.

Santayana, G. *Interpretation of Poetry and Religion*, New York: Harper and Row, 1957.

Schleiermacher, F. *Hermeneutik*, Hrsg. Von H. Kimmerle: Herdelberg, 1959.

Scholes, R. *Textual Power*, New Haven: Yale University Press, 1985.

Shapere, D. *Reason and The Search for Knowledge*, Dorderecht, Reidel, 1984.

Singleton, C. S. ed., *Interpretation, Theory and Practice*. Baltimore: Johns Hopkins University Press, 1969.

Skinner, Q. "Motives, Intentions, and the Interpretation of Texts", in *On Literary Intention*, ed. By David Newton-de Molina, 1976.

Spiegelberg, H. *The Phenomenological Movement: A Historical Introduction*, The Hague. Martinus Nijhoff 1960.

Summers, D. "Intentions in the Hitory of Art", in *New Literary* 17, 1985.

Tompkings, J. P. ed., *Reader-Response Criticism, From Formalism to Post-Structuralism*, Balitimore: Johns Hopkins University Press, 1980.

Toulmin, S. *Foresight and Understanding*, New York: Harper and Tow, 1961.

Toulmin, S. *Human Knowledge*, Princeton: Princeton University Press, 1972.

Weight, G. H. *Explanation and Understanding*, Ithaca: Cornell University Press, 1971.

Anderson, B. *The Imagined Community*, London: Verso, 1992.

Arac, J. ed. *Postmodernism and Politics*, Minneapolis: University of Minnesota Press, 1986.

Baudrillard, J. *Simulations*, trans. by Paul Foss ed al., New York: Semiotest, 1983.

Baudrillard, J. *America*, London: Verso, 1988.

Baudrillard, J. *In the Shadow of the Silent Majorities, or the End of the Social*. 1983.

Bhabha, H. K. "The Other Question: The Stereotype and Colonial Discourse", Screen, Vol. 24, 1983.

Bhabha, H.K. *The Location of Culture*, New York: Routledge, Forthcoming.

Bhabha, H.K. "Signs Taken for Wonders: Questions of Ambivalence and Authority under a Tree outside Delhi, May 1817", Critical Inquiry 12.1, 1985.

Bourdieu, P. *In Other Words: Essays Toward a Reflexive Sociology*, 1990.

Bourdieu, P. *Homo Acadenics*, 1988.

Bourdieu, P. *Outline of a Theory of Practice*, trans. by Richard Nice, Cambridge: Cambridge University Press, 1977.

Brantlinger, P. *Crusoe's Footprints: Cultural Studies in Britain and America*, 1990.

Bullock, A. & Stallybrass eds. *The Fontana Dictionary of Modern Thought*, London: Fonana, 1977.

Burgern P. *Theory of Avant-grarde*, trans. by Michael Shaw, Minneapolis: University of Minnesota Press, 1984.

Curran J. ed al. eds. *Mass Communication and Society*, London: Arnold.

Craib, I. *Modern Social Theory*, Brighton: Wheatsheaf Books, 1984.

David I.K. *Ritual, Politics and Power*, New Haven: Yale University Press.

Derrida, J. *Of Grammatology*, trans. by F.C. Spivak, Baltimore: Johns Hopkins University Press, 1976.

Derrida, J. *Writing and Difference*, trans. by Alan Bass, University of Chicago Press, 1978.

Dirlik, A. "The Postcolonial Aura: Third World Criticism in the Age of Golbal Capitalism", Critical Inquiry 20.

Frank, A.G. *Crisis in the Third World*, London: Heinemann Education, 1981.

Foucault, M. *Madness and Civilization*, trans. by Richard Howard, New York, 1965.

Foucault, M. *The Order of Things: An Archaeology of the Human Sciences*, New York: Random House, 1970.

Foucault, M. *The Archaeology of Knowledge and the Discourse on Language, trans.by A.M.Sheridan Smith, New York: Pantheon*, 1972.

Foucault, M.*Discipline and Punish: The Birth of the Prison*, trans.by Alan Sheridan, New York, 1977.

Foucault, M. *Language, Counter – Menory, Practice*, ed. Donale F. Bouchard, Oxford: Basil Blackwell, 1977.

Foucault, M.*The History of Sexuality*, Volume 1, An Introduction, trans. by Robert Hurley, New York: Random House, 1978.

Foucault, M. *Power Knowledge*, ed. Colin Gordon, Brighton: Harvester Press, 1980.

Foucault, M. "What is an Author?" in *Textual Strategies: Perspectives in Post – Structurralist Criticism*, ed. J. V. Harari, Ithaca: Cornell University Press, 1981.

Foucault, M. "What Is Enlightenment?" in *The Foucault Reader*, New York: Pantheon, 1984.

Foucault, M. "Truth and Power," in *Power Knowledge: Selected Interviews and Other Writings*, 1972–1977, ed.Colin Gordon, New York, 1989.

Geertz, C.*The Interpretation of Cultures*, New York: Basic Books, 1973.

Gellner, E.*Nations and nationalism*, Oxford: Basil Blackwell, 1983.

Geuss, R.*The Idea of a Critical Theory*, Cambridge: Cambridge University Press, 1981.

Giddens, A.*Central Problems in Social Theory*, London: Macmillan, 1979.

Giddens, A.*The Nation–state and Violence*, Cambridge: Polity, 1985.

Greenblatt, S. "*Introduction*" *, the Forms of Power and the Power of Forms in the Renaissance*, Special Issue, Genre 15, 1982.

Greenblatt, S.*Renaissance Self–Fashioning*, Chicago: University of Chicago Press, 1980.

Greenblatt, S. *Shakespearean Negootiation*, Berkley: University of California Press, 1988.

Greenblatt, S. *Learning to Cruse*, New York: Routledge, 1990.

Greenblatt, S. *Marvelous Possessions*, Chicago: University of Chicago Press, 1991.

Greenblatt, S. "Invisible Bullets: Renaissance Authority and Svbversion", in *Political Shakespeare*, ed. Dollimore and Sinfield.

Greenblatt, S. "Toward a Poetics of Culture", in *Veeser* ed. The New Historicism, London: Vintage, 1989.

Grossberg, L. et al. eds. *Culture Studies*, New York: Routledge, 1992.

Gurevitch, M. ed al. eds. *Culture, Society and the Media*, London: Methuen, 1982.

Harari, J. V. ed. *Textual Strategies: Perspectives in Post-Strucuralist Criticism*, London: Methuen, 1979.

Harrvey, D. *The Condition of Postmodernity*, Oxford: Balckwell, 1989.

Hall, S. & Jacques, M. *New Times: The Changing Dace of Politics in the 1990s*, London: Lawrence and Wishart, 1989.

Horne, D. *The Public Culture*, London: Pluto, 1986.

Huntington, S. P. *The Soldier and the State: The Theory and Politics of Civil-Military Relations*, Harvard University Press, 1957.

Huntington, S. P. *Political Order in Changing Societies*, New Haven: Yale University Press, 1968.

Huntington, S. P. *The Third Wave: Democratization in the Late Twentieth Century*, University of Oklahoma Press, 1991.

Huntington, S. P. "The Clash of Civilizations?" in *Foreign Affaires*, Summer, 1993, Vol. 72, No. 3.

Huntington, S. P. "If Not Civilizations, What? Paradigms of the Post-Cold

War World" ,in *Foreign Affairs*, Vol.72,No.5,Novemver/December,1993.

Jameson,F."Postmodenism and Consumer Society" ,in Hal Foster ed. The Anti-Aesthetic: Essays on Postmodern Culturel, Port Townsend, Wash: Bay Press,1983.

Jameson, F. *The Prison - House of Language*, Princeton University Press,1972.

Jameson,F.*The Political Unconscious*, Cornell University Press,1981.

Jusdanis,G.*Belated Modernity and Aesthetic Culture: Inventing National Literature*, Minneapolis: University of Minnesota Press,1991.

Keoker,A.and Cook,D.*The Postmodern Scene*, London: Macmillan Education,1988.

Kun-Hsing Chen eds.*Stuart Hall: Critical Dialogues*, New York: Routledge,1996.

Laing,D."The Music Industry and the 'Cultural Imperialism' Thesis", in *Media Culture and Society*, 1986.

Lee,C.C.*Media Imperialism Reconsidered*, Beverly Hills: Sage,1979.

Lyotard,J.F.*The Inhuman*, Stanford: Stanford University Press,1991.

MacBrede,S.*The Power of Television: Many Voices*, Paris: Unesco,1980.

McGowan,J. *Postmodernism and Its Critics*, Ithaca: Cornell University Press,1991.

Moore,G.E.*Some Main Problems of Philosophy*, London,1953.

McPhail,T.L.*Electronic Colonialism*, Beverley Hills: Sage,1987.

Milner,A et al.*Postmodern Conditions*, New York: Berg,1990.

Miyoshi,M."A Borderless World? From Colonialis, to Transnationalism and the Decline of the Nation-state" ,in *Critical Inquiry* 19,McClintock,Critical Texts 3,1986.

Montrose, L. A. " Renaissance Literary Studies and the Subject of

History",*English Literary Renaissance* 16,1986.

Montrose,L.A."The Poetics and Politics of Culture" ,in Veeser ed.*The New Historicism*, London:Routledge.

Montrose,L. A. "The New Historicism and Its Discontents: Politicizing Renaissance Drama",PMLA,May 1987.

Popper, K. *The Poverty of Historicsm*, London: Routledge and Kegan Paul,1957.

Popper,K.*In Search of a Better World*,*Lecture and Essays from Thirty Years*, London and New York:Routledge,1992.

Pratt,M.L.*Imperial Eyes*, New York:Routledge,1992.

Rorty,R.*Philosophy and the Mirror of Nature*, Princeton: Princeton University Press,1979.

Roty,R.*Consequences of Pragmatism*, Minneapolis:University of Minnesota Press,1982.

Read,W.*America's Mass Media Merchants*, Baltimore:Johns Hopkins University Press,1976.

Rorse,J.*Knowledge and Power*, Cornell University Press,1987.

Sahlins,M.*Culture and Practical Reason*, Chicago:University of Chicago Press,1976.

Said,E.W.*Orientalism*, New York:Pantheon,1978.

Said,E.W.*The World*,*the Text*,*and the Critic*, Cambridge:Harvard University Press,1983.

Said,E.W."Opponents,Audiences,Constituencies,and Community", in W.J.Y. Mitchell, ed. *The Politics of Interpretation*, Chicago: University of Chicago Press,1983.

Said,E.W."Representing the Colonized:Anthropology's Interlocutor", *Critical Inquiry*, Vol.15,1989.

Said, E.W. *Joseph Conrad and the Fiction of Autobiography*, Cambridge: Harvard University Press, 1966.

Said, E. W. *Beginnings: Intention and Method*, New York: Basic Books, 1973.

Said, E.W. *Identity, Authority and Freedom: The Protentate and the Traveller*, University of Cape Town, 1991.

Schiller, H.J. *Communication and Cultural Combination*, New York: M.E. Sharpe, 1976.

Scholes, R. *Textual Power*, New Haver: Yale University Press, 1985.

Shapere, D. *Reason and The Search for Knowledge*, Dorderecht: Reidel, 1984.

Spivak, G.C. *Outside in the Teaching Machine*, New York: Routledge, 1993.

Spivak, G.C. *The Postcolonial Critic*, New York: Routledge, 1991.

Spivak, G.C. "Theory in the Margin", *Consequences of Theory.*

Thomas, B. *The New Historicism and Other Old Fashioned Topics*, Princeton: Princeton University Press, 1991.

Veeser, H.A. ed. *The New Historicism*, New York: Routledge, 1989.

Webster, Z. *Introduction to the Sociology of Development*, London: Macmillan, 1984.

White, H. "New Historicism: A Comment", in H. Aram Veeser ed., *The New Historicism*, New York: Routledge, 1989.

White, H. *Tropics of Discourse: Essays in Cultural Criticism*, Baltimore: Johns Hopkons University Press, 1978.

White, H. *The Content of the Form: Narrative and Historical Representation*, Baltimore: Johns Hopkins University Press, 1987.

White, H. *Metahistory: The Historical Imagination in Nineteenth-Century Europe.* Baltimore: Johns Hopkins University Press, 1973.

图书在版编目(CIP)数据

当代西方美学主潮/王岳川著.—合肥:黄山书社,2017.8

(中国文学理论与批评丛书/吴子林主编)

ISBN 978-7-5461-6683-4

Ⅰ.①当… Ⅱ.①王… Ⅲ.①美学史-研究-西方国家-现代 Ⅳ.①B83-095

中国版本图书馆 CIP 数据核字(2017)第 192353 号

当代西方美学主潮

DANGDAI XIFANG MEIXUE ZHUCHAO

王岳川 著

策　　划　汤吟菲　朱莉莉

责任编辑　朱莉莉　汤吟菲

责任印制　李　磊

装帧设计　观止堂_未氓

出版发行　时代出版传媒股份有限公司(http://www.press-mart.com)

　　　　　黄山书社(http://www.hspress.cn)

地址邮编　安徽省合肥市蜀山区翡翠路 1118 号出版传媒广场 7 层 230071

印　　刷　安徽新华印刷股份有限公司

版　　次　2019 年 10 月第 1 版

印　　次　2019 年 10 月第 1 次印刷

开　　本　700mm × 1000mm　1/16

字　　数　580 千

印　　张　29

书　　号　ISBN 978-7-5461-6683-4

定　　价　86.80 元

服务热线　0551-63533706

销售热线　0551-63533761

官方直营书店(https://hsss.tmall.com)